普通高等教育“十一五”国家级规划教材

普通高等院校计算机类专业规划教材·精品系列

总主编　谭浩强

计算机网络

黄　彦◎主　编

张建勋◎副主编

安淑芝◎主　审

中国铁道出版社有限公司

CHINA RAILWAY PUBLISHING HOUSE CO., LTD.

内 容 简 介

计算机网络是计算机及相关专业的一门重要的专业课程。有关计算机网络的教材种类繁多、各具特色。本书的特点在于既注重计算机网络基础理论的讲解，又注重实践和应用，并充分考虑内容的前瞻性。

全书共分为 10 章。第 1 章讲解了计算机网络的基础知识及体系结构；第 2~6 章按照 TCP/IP 体系结构的层次对各层的相关内容进行了较详细的讲解；第 7~10 章介绍了无线网络、网络安全、多媒体网络和网络前沿技术等内容。书中包含重难点的讲解视频，以二维码的形式供读者扫描观看；每章后附有习题。附录中按照字母顺序给出了全书出现的缩略词，并注明了书中第一次出现的章节，以方便读者查阅。配套教材《计算机网络实验指导及习题集》包含各章实验、习题指导和综合实验，供读者加强实践和练习。

本书适合作为普通高等学校网络工程专业、计算机专业、信息技术专业、电子商务专业以及其他相关专业的网络课程教材，也可以作为广大网络管理人员及技术人员学习网络知识的参考书。

图书在版编目（CIP）数据

计算机网络/黄彦主编．—5 版．—北京：中国铁道出版社有限公司，2020.4

普通高等教育“十一五”国家级规划教材　普通高等院校计算机类专业规划教材.精品系列

ISBN 978-7-113-26727-8

Ⅰ.①计…　Ⅱ.①黄…　Ⅲ.①计算机网络-高等学校-教材　Ⅳ.①TP393

中国版本图书馆 CIP 数据核字(2020)第 045853 号

书　　名：计算机网络
作　　者：黄　彦

策　　划：周海燕　　**编辑部电话：**(010)51873090
责任编辑：周海燕　刘丽丽　徐盼欣
封面设计：刘　颖
责任校对：张玉华
责任印制：樊启鹏

出版发行：中国铁道出版社有限公司（100054，北京市西城区右安门西街 8 号）
网　　址：http:// www.tdpress.com/51eds/
印　　刷：三河市宏盛印务有限公司
版　　次：2004 年 1 月第 1 版　2020 年 4 月第 5 版　2020 年 4 月第 1 次印刷
开　　本：787 mm×1 092 mm 1/16　**印张：**20.75　**字数：**507 千
书　　号：ISBN 978-7-113-26727-8
定　　价：54.00 元

前　言

PREFACE

网络发展突飞猛进，《计算机网络》第五版在谭浩强老师、浩强工作室、中国铁道出版社有限公司以及广大读者的支持下出版了。第五版在第四版的基础上拓展了理论知识的深度和广度，同时更加重视实验和练习，因此将《计算机网络实验指导及习题集》作为配套教材出版。第五版做了较大调整，由第四版的 11 章调整为 10 章。同时考虑计算机网络技术的新发展并根据读者的要求和反馈建议，对原书内容做了相应的补充和修改。

本版结构调整之处：

① 将第四版的第 1、2 章合并为第五版的第 1 章“计算机网络概述”。

② 将第四版的 3、4 章内容整合后，再拆分为第五版的第 2 章“物理层”和第 3 章“数据链路层”。

③ 删除了第四版的第 10 章。

④ 删除了第四版各章的实验以及第 11 章综合训练。

⑤ 增加了第 9 章“多媒体网络”和第 10 章“网络前沿技术”。

本版新增加的内容：

① 在第 1 章“计算机网络概述”中，增加了“计算机网络的评价指标”的内容。

② 在第 2 章“物理层”中，增加了“脉冲编码调制”和“物理层协议”的内容。

③ 在第 3 章“数据链路层”中，增加了“点对点协议”和“十万兆位以太网”的内容。

④ 在第 4 章“网络层”中，增加了“ICMPv6”、“三层交换机”、“多播路由协议”和“多协议标签交换”的内容。

⑤ 在第 5 章“传输层”中，增加了“套接字”、“TCP 流量控制”和“基于 Socket 的网络编程”的内容。

⑥ 在第 6 章“应用层”中，增加了“动态主机配置协议”和“基于 Web 的网络编程”的内容。

⑦ 在第 7 章“无线网络”中，增加了“无线体域网”、“无线城域网”、“第 5 代移动通信系统”、“移动 Ad Hoc 网络”和“无线传感器网络”的内容。

⑧ 在第 8 章“网络安全”中，增加了“网络安全的攻防体系”、“网络安全的层次体系及等级保护制度”、“因特网的安全协议”和“入侵防御”的内容。

⑨ 增加了第 9 章“多媒体网络”和第 10 章“网络前沿技术”的内容。

本版修改之处：

① 全书以 5 层模型——物理层、数据链路层、网络层、传输层和应用层组织，替代了第四版的 4 层模型组织方法。

② 考虑方块检验、高级数据链路控制协议和令牌总线网等在目前的计算机网络中已少有应用，因此将其删除；考虑网络层拥塞控制、网关、简单网络管理协议、卫星接入和居民宽带网等内容限于篇幅难以阐述透彻，因此将其删除；考虑组建家庭网络的内容过于简单，亦将其删除。

③ 使用术语“网络核心”和“网络边缘”替代了传统的“通信子网“和“资源子网”，同时将数据交换技术以及客户机/服务器、对等连接模型的内容移至第 1.1.2 节，以阐述两个重要概念。

④ 在数据链路层和传输层都强调了可靠传输的实现技术，并注重阐述了二者的衔接关系。

⑤ 强化了 IPv6 的相关内容。

⑥ 应用层协议的实现方式阐述得更为深入。

⑦ 无线网络一章重新组织了架构。

除此之外，书中凡与时间相关的内容都更新为当前内容。

作者在本书写作时力求体现如下特点：

① 考虑到既要便于学生理解网络的基本概念又要注重实际应用，所以本书在介绍网络基本概念时主要以 7 层协议模型为主，在介绍网络应用技术时则以 5 层协议模型为主。

② 网络技术发展和其他信息技术一样突飞猛进，所以本书在介绍计算机网络基础知识的同时，注意跟踪网络发展的最新技术。

③ 在介绍基础理论的同时，用了较大篇幅介绍实践和应用的知识。

④ 本书还包含重难点的讲解视频，以二维码的形式供读者扫描观看。既拓宽了本书的知识容量，又可以帮助读者深入理解相关的理论和技术。

⑤ 由于计算机网络技术是实践性非常强的一门技术，本书每一章末都附有一定量的习题。认真解答习题对于理解概念、综合运用知识十分重要。

⑥ 配套教材《计算机网络实验指导及习题集》包含与本书对应的各章实验、习题指导以及综合实验，进一步加强了本书的实践性和应用性。

全书共分为 10 章，其中第 1 ~ 6 章讲解了计算机网络的基础知识，第 7 ~ 10 章介绍了计算机网络应用技术。考虑到本教材的特点，网络应用技术部分占了较大的篇幅。

① 第 1 章在介绍计算机网络基本概念的基础上，讲解了主流的网络体系结构——OSI/RM 和 TCP/IP。

② 第 2~6 章按照当前应用最广泛的 TCP/IP 体系结构，对各层的相关理论、技术和协议作了详细的讲解。

有关计算机网络应用技术的内容分为四部分：

① 第 7 章介绍了无线网络。

② 第 8 章介绍了网络安全。

③ 第 9 章介绍了多媒体网络。

④ 第 10 章介绍了网络前沿技术。

本书凝聚了作者多年网络教学、科研的经验，非常适合作为普通高等学校网络工程专业、计算机专业、信息技术专业、电子商务专业或其他相关专业的网络、网络技术与应用等课程的教材，也可以作为广大网络管理人员及技术人员学习网络知识的参考书。

本书参考了很多优秀教材、论文、报告以及网站资料，在此对所引用文献的作者表示衷心的感谢。同时，感谢谭浩强老师多年来的帮助，感谢中国铁道出版社有限公司多年来的合作与支持。

本书由黄彦任主编，张建勋任副主编，杨晓辉、桂莹、崔麟、鲍英、梁睿、王伟参与编写。其中第 1 章由黄彦和桂莹编写；第 2 章由桂莹编写；第 3 章由梁睿和王伟编写；第 4 章由黄彦编写；第 5 章由王伟和杨晓辉编写；第 6 章由杨晓辉编写；第 7 章由崔麟编写；第 8 章由鲍英编写；第 9 章和第 10 章由张建勋编写。全书由黄彦、张建勋统稿，安淑芝教授主审。

由于时间仓促，编者水平有限，书中的不足和疏漏之处在所难免，恳请读者给予批评指正。我们也会在适当时间进行修订和补充，并发布在中国铁道出版社有限公司网站：http://www.tdpress.com/51eds/相关栏目中。

编　者

2019 年 11 月

目录

CONTENTS

第 1 章　计算机网络概述 1

1.1　计算机网络简介 1

1.1.1　计算机网络的产生和发展 1

1.1.2　计算机网络的定义 6

1.2　计算机网络的分类 9

1.2.1　按地理位置分类 9

1.2.2　按网络拓扑结构分类 10

1.2.3　其他分类 12

1.3　计算机网络的组成 12

1.3.1　计算机网络的硬件组成 13

1.3.2　计算机网络的软件组成 14

1.4　计算机网络的评价指标 16

1.4.1　计算机网络的性能指标 16

1.4.2　计算机网络的非性能指标 18

1.5　计算机网络体系结构 19

1.5.1　网络体系结构 19

1.5.2　开放系统互连参考模型 25

1.5.3　TCP/IP 参考模型 29

小结 34

习题 34

第 2 章　物理层 36

2.1　数据、信号和编码 36

2.1.1　数据和信号 36

2.1.2　数字调制 38

2.1.3　数字编码 41

2.1.4　脉冲编码调制 43

2.2　传输介质和物理层设备 45

2.2.1　传输介质 45

2.2.2　物理层设备 49

2.3　数据传输技术 51

2.3.1　数据传输类型 51

2.3.2　同步技术 52

2.3.3 数据传输方式 …… 53
2.3.4 多路复用技术 …… 54
2.4 物理层协议 …… 56
2.4.1 物理层协议概述 …… 56
2.4.2 EIA-RS-232 接口标准 …… 56
小结 …… 58
习题 …… 58
第 3 章 数据链路层 …… 59
3.1 数据链路层概述 …… 59
3.1.1 数据链路层的地位 …… 59
3.1.2 数据链路层的术语和概念 …… 60
3.2 差错检验 …… 60
3.2.1 奇偶检验及检验和 …… 61
3.2.2 循环冗余检验 …… 61
3.3 可靠传输 …… 63
3.3.1 停-等协议 …… 63
3.3.2 连续 ARQ 协议 …… 66
3.4 点对点协议 PPP …… 67
3.4.1 PPP 协议简介 …… 68
3.4.2 PPP 协议的帧格式 …… 69
3.4.3 PPP 协议的工作原理 …… 70
3.5 数据链路层设备 …… 72
3.5.1 网卡 …… 72
3.5.2 网桥 …… 73
3.5.3 交换机 …… 74
3.6 局域网 …… 76
3.6.1 局域网概述 …… 76
3.6.2 共享介质局域网 …… 78
3.6.3 交换式局域网 …… 83
3.6.4 以太网 …… 85
3.6.5 虚拟局域网 …… 90
小结 …… 92
习题 …… 92
第 4 章 网络层 …… 94
4.1 网络层概述 …… 94
4.1.1 网络层提供的服务 …… 94

4.1.2 网络层功能 94
4.1.3 网络层编址 95
4.2 网际协议 IP 96
4.2.1 IPv4 96
4.2.2 IPv6 104
4.2.3 IPv4 过渡到 IPv6 109
4.3 地址解析协议和逆向地址解析协议 ARP/RARP 109
4.3.1 ARP 110
4.3.2 RARP 111
4.4 因特网控制信息协议 ICMP 111
4.4.1 ICMP 111
4.4.2 ICMPv6 113
4.5 路由算法和路由协议 116
4.5.1 路由算法 116
4.5.2 路由协议 120
4.6 网络层设备 122
4.6.1 路由器 122
4.6.2 三层交换机 126
4.7 IP 多播 127
4.7.1 IP 多播的基本概念 127
4.7.2 因特网组管理协议 IGMP 129
4.7.3 多播路由协议 131
4.8 多协议标签交换 MPLS 133
4.8.1 标记交换 133
4.8.2 MPLS 工作原理 134
小结 136
习题 136
第 5 章 传输层 138
5.1 传输层概述 138
5.1.1 进程之间的通信 138
5.1.2 传输层协议 139
5.1.3 传输层地址 140
5.1.4 套接字 141
5.2 用户数据报协议 UDP 142
5.2.1 UDP 的特点 142
5.2.2 UDP 用户数据报格式 143
5.3 传输控制协议 TCP 原理 144

5.3.1 TCP 特点 144
5.3.2 TCP 段格式 144
5.3.3 TCP 连接管理 146
5.4 TCP 可靠传输 147
5.4.1 TCP 滑动窗口 148
5.4.2 超时重传时间的选择 151
5.5 TCP 的流量控制和拥塞控制 152
5.5.1 TCP 流量控制 152
5.5.2 TCP 拥塞控制 153
5.6 基于 Socket 的网络编程 154
5.6.1 网络应用程序体系结构 154
5.6.2 基于 Socket 的网络编程 156
小结 157
习题 158
第 6 章 应用层 159
6.1 应用层概述 159
6.1.1 应用层的任务 159
6.1.2 应用层协议 160
6.1.3 统一资源定位器与统一资源标识 161
6.2 域名系统 DNS 163
6.2.1 DNS 的概念 163
6.2.2 DNS 的查询过程 165
6.2.3 域名的注册 166
6.3 超文本传输协议 HTTP 167
6.3.1 万维网 WWW 167
6.3.2 HTTP 协议的基本原理 168
6.3.3 有状态协议与无状态协议 170
6.3.4 HTTP 的持续性连接与非持续性连接 170
6.3.5 HTTP 的请求类型与实施方法 171
6.3.6 HTTP 的报文格式 172
6.3.7 HTTP 的会话跟踪机制 174
6.4 文件传输协议 FTP 175
6.4.1 FTP 的连接 175
6.4.2 FTP 的数据通信 176
6.4.3 简单文件传输协议 TFTP 177
6.5 电子邮件协议 178
6.5.1 电子邮件的发送和接收 178

6.5.2 邮件消息格式 179
6.5.3 简单邮件传输协议 SMTP 182
6.5.4 邮局协议 POP3 184
6.5.5 因特网邮件存取协议 IMAP4 185
6.6 其他常用网络应用协议 186
6.6.1 动态主机配置协议 DHCP 186
6.6.2 远程终端协议 Telnet 187
6.7 内容分布 188
6.7.1 Web 缓存 188
6.7.2 内容分布网络 CDN 189
6.7.3 P2P 文件分发 190
6.8 基于 Web 的网络编程 192
小结 194
习题 195
第 7 章 无线网络 196
7.1 无线网络概述 196
7.1.1 无线网络的特点 196
7.1.2 无线网络的分类 197
7.2 无线通信介质和设备 198
7.2.1 无线通信介质 198
7.2.2 无线网络连接设备 204
7.3 无线通信的主要技术 205
7.3.1 多址技术 206
7.3.2 双工技术 208
7.3.3 多输入多输出/智能天线技术 209
7.4 无线体域网和无线个域网 209
7.4.1 无线体域网 210
7.4.2 无线个域网 211
7.5 无线局域网 214
7.5.1 无线局域网拓扑结构 214
7.5.2 无线局域网协议 215
7.5.3 网络设备接入方案 218
7.6 无线城域网 219
7.7 蜂窝移动通信系统 220
7.7.1 第 1 代移动通信系统 221
7.7.2 第 2 代移动通信系统 221
7.7.3 第 3 代移动通信系统 222

7.7.4 第4代移动通信系统 223
7.7.5 第5代移动通信系统 224
7.8 移动 Ad Hoc 网络和无线传感器网络 225
7.8.1 移动 Ad Hoc 网络 225
7.8.2 无线传感器网络 227
小结 231
习题 231
第8章 网络安全 232
8.1 网络安全概述 232
8.1.1 计算机网络面临的安全威胁 232
8.1.2 网络安全的攻防体系 233
8.1.3 网络安全的层次体系及等级保护制度 234
8.2 数据加密技术 237
8.2.1 数据加密技术基础 237
8.2.2 传统加密算法 240
8.2.3 数据加密标准 DES 243
8.2.4 公开密钥加密算法 RSA 245
8.2.5 数据加密技术的应用 247
8.3 因特网的安全协议 249
8.3.1 网络层安全协议 249
8.3.2 传输层安全协议 253
8.3.3 应用层安全协议 254
8.4 防火墙 256
8.4.1 防火墙的概念 256
8.4.2 防火墙技术 257
8.5 入侵检测和入侵防御 260
8.5.1 入侵检测 260
8.5.2 入侵防御 262
小结 264
习题 265
第9章 多媒体网络 266
9.1 多媒体网络概述 266
9.1.1 多媒体网络的定义 266
9.1.2 多媒体网络的特征 267
9.1.3 多媒体网络协议栈 267
9.1.4 多媒体网络应用的分类 269

9.2　流式存储音视频 270
9.2.1　UDP 流 270
9.2.2　HTTP 流 271
9.2.3　DASH 流 272
9.3　交互式 IP 语音 272
9.3.1　IP 语音概述 272
9.3.2　IP 语音的基本原理 273
9.3.3　IP 语音的通话质量 274
9.4　交互式会话应用的协议 276
9.4.1　实时传输协议 RTP 276
9.4.2　会话发起协议 SIP 277
9.5　网络服务质量 281
9.5.1　Best-Effort 模型 281
9.5.2　IntServ 模型 281
9.5.3　DiffServ 模型 282
9.5.4　基于 DiffServ 模型的 QoS 业务 282
小结 283
习题 283
第 10 章　网络前沿技术 284
10.1　云计算技术 284
10.1.1　云计算概述 284
10.1.2　云计算的应用 286
10.1.3　云计算的发展趋势 288
10.2　边缘计算技术 289
10.2.1　边缘计算的兴起 290
10.2.2　边缘计算的定义 290
10.2.3　边缘计算的平台 291
10.2.4　边缘计算的典型应用 292
10.2.5　边缘计算的挑战 294
10.2.6　边缘计算、雾计算与云计算模式的比较 295
10.3　软件定义网络技术 296
10.3.1　SDN 的设计思想 296
10.3.2　SDN 的层次架构 296
10.3.3　SDN 的工作流程 297
10.3.4　SDN 的应用场景 299
10.3.5　SDN 的研究发展 300
10.4　数据中心网络 301

10.4.1 传统数据中心网络架构 301
10.4.2 数据中心网络的演进 302
10.4.3 数据中心网络的发展趋势 306
小结 307
习题 307
附录 A 缩略词 308
参考文献 317

第 1 章　计算机网络概述

本章从计算机网络的产生和发展入手，依次介绍了计算机网络的定义、结构、分类、组成以及评价指标等基本知识，读者从中可以了解到计算机网络是一个十分复杂的系统。将一个复杂过程分解为若干容易处理的部分，然后逐个分析处理，这种结构化设计方法是工程设计中经常使用的手段。对于计算机网络，分层是系统分解的最好方法之一。本章介绍了网络分层的方法以及两种主流的网络分层体系结构。

1.1　计算机网络简介

计算机网络（Computer Network）的产生和发展，实质上是计算机技术和通信技术相结合并不断发展的过程。

1.1.1　计算机网络的产生和发展

众所周知，研制计算机的初衷是进行科学计算，但随着计算机技术的飞速发展和计算机的普及，计算机之间信息交换的需求也随之增长，因此人们将计算机技术与通信技术相结合而产生了计算机网络。计算机网络的发展历程大致可分为 4 个阶段。

1. 第 1 阶段：面向终端的计算机通信网络

早期的计算机网络产生于 20 世纪 50 年代初，它是将一台计算机经通信线路与若干台终端直接相连，如图 1-1（a）所示。其典型代表是美国的半自动地面防空系统（Semi-Automatic Ground Environment，SAGE），它把远距离的雷达和其他测控设备的信号通过通信线路传送到一台旋风计算机进行处理和控制，首次实现了计算机技术与通信技术的结合。

20 世纪 60 年代初，面向终端的计算机通信网络有了新的发展，在主机和通信线路之间设置了通信控制处理机，专门负责通信控制。在终端聚集处设置了集中器，用低速线路将各终端汇集到集中器，再通过高速线路与计算机相连，如图 1-1（b）所示。这样不但将计算机承担的通信控制交由通信控制处理机完成，减轻了主机负担，而且降低了通信线路的成本。这种结构的典型代表是美国的航空公司飞机订票系统——半自动商务研究环境（Semi-Automated Business Research Environment，SABRE），这一系统通过电话线，将位于纽约的一台国际商业机器公司（International Business Machines Corporation，IBM）的计算机和超过 65 个城市的终端连接在一起，处理飞机座位库存和乘客记录。

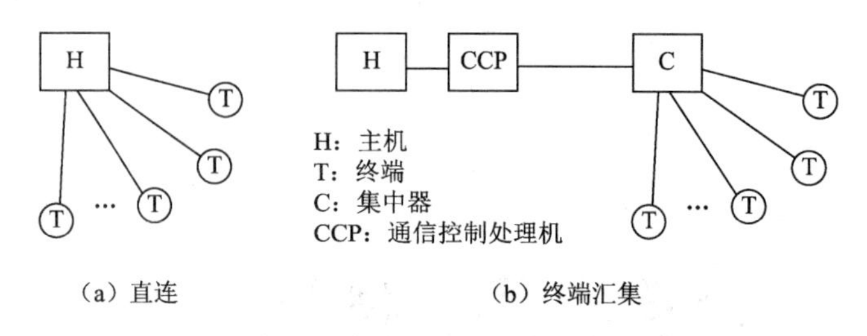

图 1-1　面向终端的计算机通信网络

面向终端的计算机通信网络是一种主从式结构，计算机处于主控地位，承担着数据处理和通信控制工作，而各终端一般只具备输入/输出功能，处于从属地位。这种网络与现在所说的计算机网络的概念不同，可以说只是现代计算机网络的雏形。

2．第 2 阶段：以分组交换网为中心的现代计算机网络

现代计算机网络（以下简称计算机网络）产生于 20 世纪 60 年代中期，其标志是由美国国防部高级研究计划署研制的 ARPANET（Advanced Research Projects Agency Network），该网络首次使用了分组交换（Packet Switching）技术，为计算机网络的发展奠定了基础。

ARPANET 实际上是 20 世纪 60 年代冷战时期的产物。美国军方的目的是对付外来的核进攻威胁，因而要求该网络必须是具有很强的生存性且能够适应现代战争的新型网络。据此要求，一批专家提出了分组交换技术，且应用于 ARPANET。该网络各主机之间不是直接用线路相连，而是由接口报文处理机（Interface Message Processor，IMP）转接后互连。接口报文处理机及其之间互连的通信线路一起负责主机间的通信任务，共同构成了网络核心。主机和终端都处在网络核心的外围，构成了网络边缘，如图 1-2 所示。

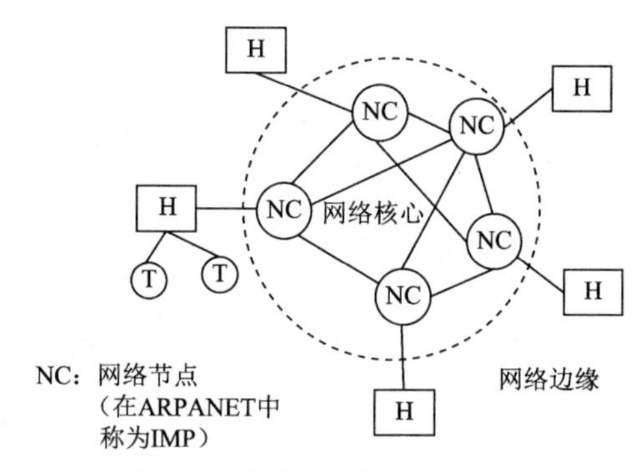

图 1-2　计算机网络的一般结构

3．第 3 阶段：专用网络和网络互连

最初的 ARPANET 是一个单一的、封闭的网络。20 世纪 70 年代中期，网络的数目开始增加，涌现出一些分组交换网，如将夏威夷岛上的大学连接起来的微波网络 ALOHAnet。同时，局域网（Local Area Network，LAN）技术理论首次被提出。人们当时意识到，研制网络互连体系结构的时机已经成熟。20 世纪 70 年代末期，网际协议（Internet Protocol，IP）、传输控制协议（Transmission Control Protocol，TCP）和用户数据报协议（User Datagram Protocol，UDP）3 个重要的因特网（Internet）协议概念上已经完成，标志着网络互连体系结构的原则已经确立。此时约有 200 台主机与 ARPANET 相连。1977 年，国际标准化组织（International Organization for Standardization，ISO）专门设立了一个委员会，研究网络互连的标准体系结构，并于 1983 年提出异种机系统互连的标准框架，即开放系统互连参考模型（Open Systems Interconnection/Reference Model，OSI/RM）。

20 世纪 80 年代，随着微机的广泛使用，局域网获得了迅速发展，电气与电子工程师协会

（Institute of Electrical and Electronic Engineers，IEEE）于 1980 年成立了 IEEE 802 局域网络标准委员会，并制定了一系列局域网标准。其中，IEEE 802.3 标准——以太网（Ethernet）成为局域网技术的主流，并逐渐发展到今天的快速以太网（IEEE 802.3u）、千兆位以太网（IEEE 802.3z）、万兆位以太网（IEEE 802.3ae）和十万兆以太网（IEEE 802.3ba）。

1983 年，TCP/IP 被批准为美国军方的网络传输协议。同年，ARPANET 分化为 ARPANET 和 MILNET（Military Network）两个网络。1984 年，美国国家科学基金会决定将教育科研网 CSNET（Computer Science Network）与 ARPANET 合并，运行 TCP/IP，向世界范围扩展，并将此网命名为 Internet。据统计，20 世纪 80 年代连接到 Internet 上的主机数量已达到 10 000 台。

4. 第 4 阶段：Internet 的迅猛发展

20 世纪 90 年代，计算机网络得以迅猛发展，人类自此进入了网络时代。

1993 年，美国公布了国家信息基础设施（National Information Infrastructure，NII）发展计划，推动了国际范围内网络发展热潮。

1993 年，由欧洲核子研究组织（Conseil Européenn pour la Recherche Nucléaire，CERN）开发的万维网（World Wild Web，WWW）首次在 Internet 上露面，立即引起轰动并大获成功。万维网的最大贡献在于大大方便了非专业人员对网络的使用，并成为 Internet 用户日后成指数级增长的主要驱动力。英国调查机构 Netcraft 的报告显示，2018 年 9 月全球站点数量突破 5 亿大关。第 43 次《中国互联网络发展状况统计报告》（2019 年 2 月）提供的数据表明，截至 2018 年 12 月，中国网民规模达 8.29 亿，Internet 普及率为 59.6%。

1992 年，许多研究人员致力于开发具有图形用户界面（Graphical User Interface，GUI）接口的 Web 浏览器，其中 Andreesen 和他的同事于 1993 年发布了浏览器 Mosaic 的 α 版。到 1995 年，用户可以使用 Mosaic 和 Netscape 浏览器在 Web 上冲浪。同时许多公司开始运行 Web 服务器并在 Web 上处理商务。微软公司（Microsoft Corporation）于 1996 年开始开发浏览器 Internet Explorer，导致网景通信公司（Netscape Communications Corporation）和微软之间的浏览器之战，并以微软公司的获胜而告终。

20 世纪 90 年代的后 5 年，许多主流公司和数以千计的后起之秀创造 Internet 产品和服务。到 2000 年末，Internet 已支持数百个流行的应用程序，包括电子邮件、即时信息和 MP3 的对等文件共享等。

20 世纪 90 年代，网络研究在路由（Routing，即路径选择）与高速路由器和局域网两个领域取得了重大进展。从技术上努力解决定义和实现实时的 Internet 服务模式问题。

进入 21 世纪以来，计算机网络的发展主要体现在光通信、住宅宽带接入 Internet、对等网络（Peer to Peer，P2P）、三网融合、移动通信、移动互联网（Mobile Internet）、物联网（Internet of Things，IoS）、大数据（Big Data）和云计算（Cloud Computing）等多个方面。

今天，光通信技术已经很成熟，光纤通信已是各种通信网的主要传输方式。现在光纤的使用已不只限于陆地，光缆已广泛铺设到大西洋、太平洋海底，这些海底光缆使得全球通信变得非常简单快捷。同时，光缆已铺设到房间内，实现了光纤到办公室（Fiber To The Office，FTTO）和光纤到家庭（Fiber To The Home，FTTH）。未来传输网络的最终目标，是构建全光网络，即在接入网、城域网（Metropolitan Area Network，MAN）和主干网完全实现“光纤传输代替铜线传输”。而目前的一切研发进展，都是“逼近”这个目标的过程。

根据咨询机构 Ovum 的数据，2015—2021 年，全球光通信器件市场规模总体呈增长趋势，预期 2020 年收入规模将达 166 亿美元。欧美等发达国家已经把光纤通信置于国家发展的战略地位。

2016 年 12 月，国家工业和信息化部发布《信息通信行业发展规划（2016—2020 年）》，提出要构建新一代信息通信基础设施，包括推动高速光纤宽带网络跨越发展、基本实现行政村光纤通达、推进超高速大容量光传输技术应用、升级主干传输网等。中国的光通信产业正处于发展的高潮，覆盖全国的“八纵八横”光缆主干网络铺设完成标志着我国光通信长途干线网络建设实现跨越式发展。近 10 年，在国家政策引导下，我国移动、联通和电信三大运营商掀起了光网络建设高潮，城域网不断完善，光纤入户建设突飞猛进，接入网线路铺设距离不断延伸。截至 2018 年年末，全国接入网络基本实现光纤化，光缆线路总长度达 4 358 万 km，总长度位居世界第一，全国光网城市全面建成。光纤接入（FTTH/O）用户规模达 3.68 亿户，占固定 Internet 宽带接入用户总数的 90.4%。

住宅宽带接入 Internet 采用数字用户线（Digital Subscriber Line，DSL）和电缆调制解调器（Cable Modern）技术，在世界范围迅速推广，为多媒体应用的发展奠定了良好基础。近年来随着光通信技术的发展和普及，FTTO 和 FTTH 成为现实，最终解决了用户接入网络的“最后一公里问题”。

P2P 是指信息直接在对等方之间传输，而无须通过中心服务器，对等方（用户计算机）一般具有间歇性的连接。目前 Internet 上流行的 P2P 应用主要有 P2P 文件共享、即时通信（Instant Messaging，IM）、P2P 流媒体、分布式存储等。例如，微信就是一款移动即时通信软件，它在亚洲地区拥有最大的用户群体，2019 年一季度活跃用户量已达 11.12 亿。

三网融合是指电信网、广播电视网、Internet 在向宽带通信网、数字电视网、下一代网络（Next Generation Network，NGN）演进过程中，三大网络通过技术改造，其技术功能趋于一致，业务范围趋于相同，网络互联互通、资源共享，能为用户提供语音、数据和广播电视等多种服务。

三网融合是一个渐进的过程。美国、英国、法国和日韩等国家起步较早，已通过立法推动三网融合。我国的三网融合已经上升为国家战略的高度，根据规划，我国三网融合工作分为两个阶段进行，其中 2010—2012 年重点开展广播电视和电信业务双向进入试点，2013—2015 年全面实现三网融合发展。国务院办公厅于 2010 年 6 月 30 日和 2012 年 1 月 4 日先后公布两批试点地区（城市）名单，使得三网融合试点已基本涵盖全国。2015 年 9 月 5 日国务院办公厅印发《三网融合推广方案》，加快在全国全面推进三网融合，推动信息网络基础设施互联互通和资源共享。

在移动通信领域，曾被誉为新世纪“宠儿”的第三代移动通信技术（3rd-Generation，3G）已淡出了历史舞台，第四代移动通信技术（4th-Generation，4G）成为目前的主导制式。2018 年全球 4G 以 40%成为全球占比最高的移动通信技术，支撑了约 33.5 亿的终端用户。截至 2019 年 8 月底，我国三大运营商的移动电话用户总数达 15.96 亿户，其中 4G 用户规模为 12.57 亿户，占移动电话用户的 78.8%。

第五代移动通信技术（5th-Generation，5G）是最新一代移动通信技术。5G 的性能目标是高数据速率、减少时延（Delay 或 Latency）、节省能源、降低成本、提高系统容量和大规模设备连接。ITU IMT-2020 规范要求速度高达 20 Gbit/s。5G 的研发始于 2013 年，欧盟、美国、日韩和中国是重要的参与者。2018 年 6 月 13 日，首个 5G 国际标准正式颁布，我国企业多项技术方案进入国际核心标准规范。2019 年 6 月 6 日，工信部正式向中国电信、中国移动、中国联通和中国广电发放 5G 商用牌照。其后中国移动、中国联通和中国电信于 11 月 1 日正式上线 5G 商用套餐，标志着中国进入 5G 商用时代。从发展态势看，5G 还处于技术标准的研究阶段，后续 4G 还将保持主导地位并实现持续高速发展。

移动通信与 Internet 相结合是历史的必然。伴随着 4G 时代的到来，以及手机、平板电脑等移动设备的出现，移动互联网正逐渐渗透到人们生活、工作的各个领域，短信、移动音乐、手机游戏、视频应用、手机支付以及位置服务等丰富多彩的移动互联网应用迅猛发展，正在深刻改变信息时代的社会生活，移动互联网迎来了发展高潮。

随着全球的移动互联网基础设施（手机保有量和通信环境）的不断完善，全球过半人口（57%）被卷入移动互联网。我国移动互联网接入流量从 2011 年的 5.4 亿 GB 上升到 2018 年的 711.1 亿 GB。截至 2018 年 12 月，手机网民规模达 8.17 亿，占总网民数的 98.6%。

物联网是新一代信息技术的重要组成部分。顾名思义，物联网就是物物相连的 Internet。物联网的核心和基础仍然是 Internet，是在 Internet 基础上的延伸和扩展，其用户端延伸和扩展到了任何物品与物品之间进行的信息交换和通信。物联网通过智能感知、识别技术与普适计算，广泛应用于网络的融合中，也因此被称为继计算机、Internet 之后世界信息产业发展的第三次浪潮。

作为开启智能时代的关键环节，物联网的重要性不言而喻。世界各国纷纷出台政策进行战略布局，抢抓新一轮信息产业的发展先机，如美国以物联网应用为核心的“智慧地球”计划、欧盟的十四点行动计划、日本的“U–Japan 计划”等。2011 年 12 月，我国工信部发布了《物联网“十二五”发展规划》，确定九大领域重点示范工程，分别是智能工业、智能农业、智能物流、智能交通、智能电网、智能环保、智能安防、智能医疗和智能家居。

整体来看，全球物联网相关技术、标准、应用和服务还处于起步阶段，物联网核心技术持续发展，标准体系加快构建，产业体系处于建立和完善过程中。未来几年，全球物联网市场规模将出现快速增长，年均复合增速将保持在 20%左右，到 2022 年全球物联网市场规模有望达到 2.3 万亿美元。我国物联网标准体系已形成初步框架，物联网在广东、江苏、上海等地区都已经有了局部的建设。据统计，2019 年我国物联网产业规模达到 9 332 亿元。

进入 2012 年，大数据一词越来越多地被提及，人们用它来描述和定义信息爆炸时代产生的海量数据，并命名与之相关的技术发展与创新。越来越多的政府、企业等机构开始意识到数据正在成为组织最重要的资产，数据分析能力正在成为组织的核心竞争力。

美国政府将大数据视为强化美国竞争力的关键因素之一，把大数据研究和生产计划提高到国家战略层面。日本在 2013 年 6 月公布了创建最尖端 IT（Internet Technology）国家宣言。“宣言”全面阐述了 2013—2020 年期间以发展开放公共数据和大数据为核心的日本新 IT 国家战略。日本著名的矢野经济研究所预测，2020 年度日本大数据市场规模有望超过 1 兆日元。

我国在《促进大数据发展行动纲要》等政策的指引下，已形成了以 8 个国家大数据综合试验区为引领，京津冀、长三角、珠三角和中西部 4 个聚集区域协同发展的格局。我国大数据核心技术研发加速突破，产业不断成熟，持续向经济运行、社会生活等各应用领域渗透。未来 5 年，预计我国大数据市场年复合增长率将达到 17.3%。

2006 年谷歌（Google）公司首次提出了云计算的概念，通俗地说就是以 Internet 为中心，在网站上提供快速且安全的云计算服务与数据存储，让每一个使用 Internet 的人都可以使用网络上的庞大计算资源与数据中心。云计算主要应用有云物联、云安全、云游戏、云存储等。2018 年全球云计算的市场规模已达到 2 720 亿美元，预计到 2023 年将增加至 6 233 亿美元。

我国政府高度重视云计算产业发展，相继发布了《云计算发展三年行动计划（2017—2019 年）》和《推动企业上云实施指南（2018—2020 年）》。我国大型云服务商已跻身全球市场前列，且企业营收保持了高速增长。阿里云已经成为全球第三大公有云服务商，市场占有率仅次于亚马逊（Amazon）和微软。技术上致力于解决软硬件平台、自主研发、安全性、边缘计算与云计算的协同等问题。我国云计算应用正从 Internet 行业向政务、金融、工业等传统行业加速渗透。

作为历史上发展最快的技术，计算机网络前进的步伐可以用飞速来形容，为千千万万的探索者带来了前所未有的研究机遇。

1.1.2 计算机网络的定义

什么是计算机网络？人们对此一直存在争论，迄今为止仍没有一个公认的定义。

从技术门类的角度来看，计算机网络可以认为是计算机技术和通信技术相结合，实现远程信息处理、资源共享的系统。从现代计算机网络的角度出发，可以认为是自主计算机系统的互连集合。“自主”这一概念排除了网络系统中的从属关系，“互连”不仅指计算机间物理上的连通，而且指计算机间的交换信息、资源共享，这就需要通信设备和传输介质的支持以及网络协议的协调控制。因此，本书给出的计算机网络的定义是：计算机网络是将若干台具有独立功能的计算机，通过通信设备和传输介质相互连接，以网络软件实现通信、资源共享和协同工作的系统。

网络中由传输介质链路连接在一起的设备，称为网络节点（Node Computer，NC），链路称为通信信道（Channels of Communication），常简称为节点和信道。

计算机网络的组成部件，主要完成网络通信和资源共享两种功能。从而可将计算机网络看成一个两级网络，即核心部分和边缘部分，如图 1-2 所示。其中，NC 为网络节点，与通信介质构成网络核心；H 为主机（Host），T 为终端（Terminal），两者共同构成网络边缘。两级计算机子网是现代计算机网络结构的主要形式。

1. 网络边缘

网络边缘实现资源共享功能，包括数据处理、提供网络资源和网络服务。网络边缘主要包括主机、外设及其相关软件，例如，服务器、客户机、智能手机、网络摄像头等。网络边缘设备之间的通信方式主要有客户机/服务器（Client/Server，C/S）方式和对等连接（P2P）方式。

（1）客户机/服务器方式

计算机网络中，为网络用户提供共享资源和服务功能的计算机或设备称为服务器（根据服务器所提供的服务，又可以将服务器分为文件服务器、打印服务器、应用服务器和通信服务器等），服务器运行服务器端软件。接受服务或访问服务器上共享资源的计算机称为客户机，客户机运行客户端软件。

随着计算机网络服务功能的改变，这种方式经历了前期的工作站/文件服务器方式，以及目前在 Internet 上普遍应用的浏览器/服务器（Browser/Server，B/S）方式的发展过程。

① 工作站/文件服务器方式：在工作站/文件服务器方式的计算机网络中，工作站对文件服务器的文件资源的访问处理过程，是将所需的文件整个下载到工作站上，处理结束后再上传到文件服务器。目前，单纯的工作站/文件服务器方式的计算机网络基本上已不再使用了。

② 客户机/服务器方式：在 C/S 方式的计算机网络中，客户机对服务器资源的访问处理，只下载相关部分，处理结束后再上传到服务器。

③ 浏览器/服务器方式：B/S 方式的计算机网络与 C/S 方式的计算机网络的主要区别是在客户端运行的是浏览器软件。客户不需要了解更多的计算机操作知识，甚至只需会操作鼠标就能够运行相应的操作。

（2）对等连接方式

在对等连接方式中，没有专用的服务器，网络中的所有计算机都是平等的，各台计算机既是服务器又是客户机，每台计算机分别管理自己的资源和用户，同时又可以作为客户机访问其他计算机的资源。

由于每台计算机独自管理自己的资源，很难控制网络中的资源和用户，安全性稍差。

2．网络核心

网络核心主要包括交换机（Switch）、路由器（Router）、网桥（Bridge）、中继器（Repeater）、集线器（Hub）、网卡（Network Interface Card，NIC）和缆线等设备和相关软件。网络核心实现网络通信功能，包括数据的加工、传输和交换等通信处理工作，即将位于网络边缘的一台主机的信息传送给另一台主机。其中交换是网络核心部分最重要的功能。

交换又称转接，是在多节点网络中，利用交换机、路由器等转接设备，在节点间建立临时连接，完成通信的一种技术。交换技术按照其原理划分，可分为线路交换（Circuit Switching）和存储转发交换（Store and Forward Switching）两种技术。其中，存储转发交换又可按照转发的信息单位不同，分为报文交换（Message Switching）和分组交换。

（1）线路交换

线路交换就像电话系统一样，在通信期间，发送方和接收方之间一直保持一条专用的物理通路，而通路中间经过了若干节点的转接。

线路交换的通信过程包括三个阶段：建立线路、传输数据和拆除线路。

① 建立线路：在传输数据之前，先要为此次传输建立一条专用的物理通路。在图 1-3 所示的网络拓扑中，1、2、3、4 和 5 为网络转接节点，而 A、B、C、D 和 E 为通信站点。若站点 A 要向站点 D 传输数据，需要在 A~D 之间建立一条物理连接。具体的方法是站点 A 向节点 1 发出欲与站点 D 连接的请求，由于站点 A 与节点 1 已有直接连接，因此不必再建立连接。需要做的是在节点 1 到节点 4 之间建立一条专用线路。从图中我们可以看到，从 1 到 4 的通路有多条，比如 1—5—4、1—3—4 和 1—2—3—4 等。这时就需要根据一定的路径选择算法，从中选择一条，如 1—3—4。节点 4 再利用直接连接与站点 D 连通。至此就完成了 A~D 之间的线路建立。

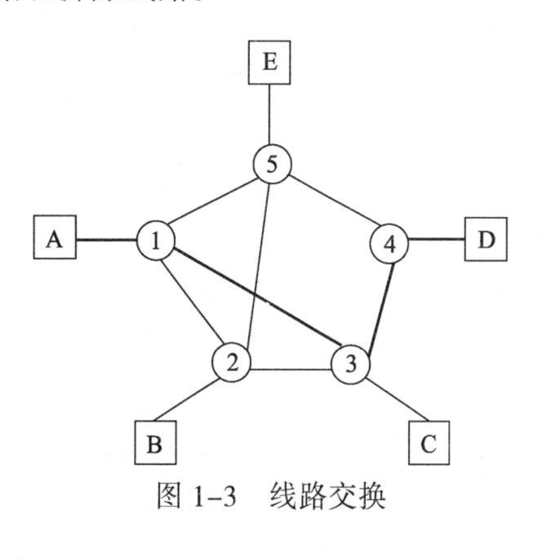

图 1-3　线路交换

② 传输数据：建立线路 A—1—3—4—D 之后，站点 A 就可以把数据沿着这条线路传输到站点 D。数据既可以是数字数据，也可以是模拟数据。

③ 拆除线路：传输数据完成后，需要终止线路连接，以便重新分配通信网络资源。拆除线路可由通信的两个站点中的任何一个完成。就像电话系统中，通话双方的任何一方都可先挂机。但需注意的是，拆除线路的信号必须依次传送到线路所经过的每个节点。

线路交换在传输数据之前需建立连接，增加了时延。建立连接之后就专用该线路，即使在没有数据传输时，也要占用线路，因此线路的利用率低。但是，建立连接之后，线路就被用户专用，传输时延短（只存在传播时延），这一特性使线路交换适合实时性强的信号传输，如电话和实况转播等。

（2）报文交换

报文交换是基于存储转发原理的一种交换技术。存储转发的基本原理是：数据在传输过程中，要由交换节点将输入数据存入节点的缓冲区内，一旦输出线路空闲，就将数据发送出去。

报文交换所传输的信息单位是报文，其中需要包含收发站地址、检验码等控制信息。在发送站，先将要发送的信息分割组成一个个的报文，然后发送到相邻的交换节点，报文在交换节点存储等待。当通往报文接收站的线路空闲时，交换节点就将报文发送到下一个交换节点，直至传送到接收站。

报文交换方式以报文为单位来占用信道，发送站和接收站无须建立专用的通路，可实现多个用户共用一个信道，从而提高信道的利用率。但是，由于报文一般较长，交换节点需配置大容量的存储器，以备存储整个报文。报文交换的传输时延取决于交换节点的存储转发时间，具有不确定性。因此，它适用于高信息容量的数据通信，不适合实时性传输。

（3）分组交换

视频 1-1 分组交换

分组交换又称包交换，最早应用于 ARPANET。分组交换也是基于存储转发原理的一种技术。与报文交换不同的是，它的信息传输单位是分组（Packet）。分组格式要比报文短，它包括分组头部和数据两部分，头部包含收发站地址、分组编号和检验码等控制信息。在源节点，报文被分割成若干分组，分组可按不同的路径传输，其间要在交换节点存储转发，最后在接收端按照分组编号重新装配成报文。分组交换由于分组长度小，降低了对交换节点存储容量的要求，同时也缩短了网络时延。但是，在发送端和接收端需对报文进行拆卸和装配，增加了网络软硬件的复杂性和报文处理时间。分组交换适用于大型、高信息容量的数据通信。分组交换有两种常用的实现方法：数据报（Datagram）和虚电路（Virtual Circuit）。

① 数据报：在数据报方式中，每个分组被独立传输，也就是分组可能经由不同的路径到达接收站。这种方式中的分组称为数据报。图 1-4 显示了数据报方式的传输过程。例如，站点 A 要向站点 D 传送一个报文，报文在源节点 1 被分割成 4 个数据报，它们分别经过不同的路径到达站点 D，数据报 1 的传送路径是 1—5—4，数据报 2 的传送路径是 1—2—3—4，数据报 3 的传送路径是 1—2—5—4，数据报 4 的传送路径是 1—3—4。由于 4 个数据报所经的路径不同，从而导致它们的到达失去了顺序（假设为 4、1、3、2）。目的节点 4 在收到一个报文的所有分组后，按照报文的编号顺序装配恢复源报文，最后将报文送至目的端 D。数据报方式会导致属于同一个报文的分组以乱序到达目的节点，在到达接收站之前还需对数据报进行排序重组。

② 虚电路：在虚电路方式中，传输数据之前，需要建立一条发送站和接收站之间的传输路径，这条路径称为虚电路。发送数据时，所有的分组都沿着这条虚电路按顺序传送。图 1-5 显示了虚电路方式的传输过程。例如，站点 A 要向站点 D 传送一个报文，报文在交换节点 1 被分割成 4 个数据报，数据报 1、2、3 和 4，沿一条虚电路 1—3—4，按顺序传送。虚电路方式能够保证分组按照发送的顺序到达，省去了数据报方式中对分组的排序重组。

另外，“虚电路”这一术语是为了区别于线路交换而言的。线路交换是各交换节点为发送站和接收站建立一条专用的物理通路；而虚电路方式是在交换节点之间建立路由，即在交换节点的路由表内创建一个表项。当交换节点收到一个分组后，它检查路由表，按照其匹配项的出口发送分组。因此，虚电路是一条逻辑线路，它可以与其他连接共享一条物理线路。

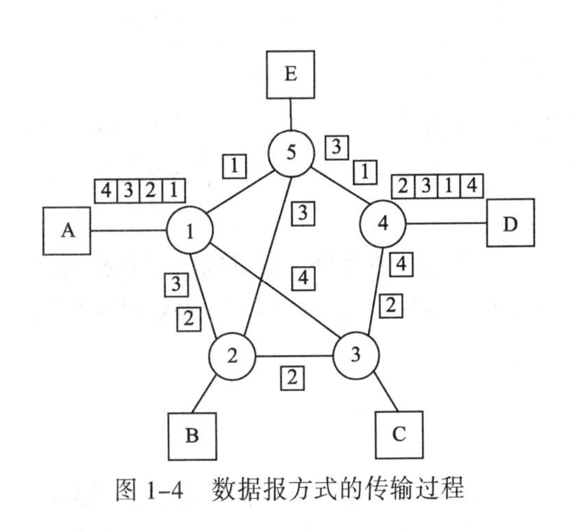

图 1-4　数据报方式的传输过程

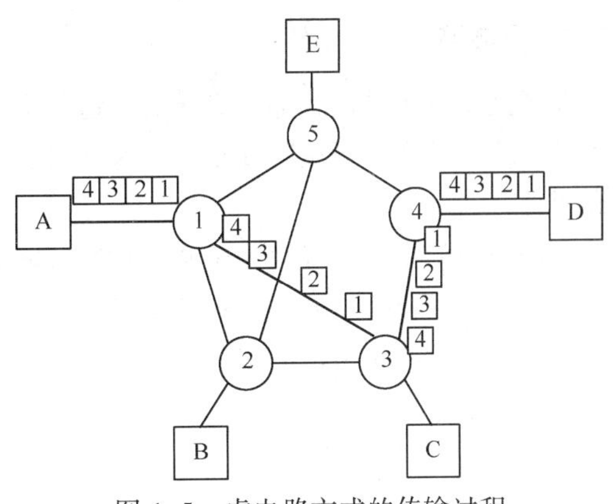

图 1-5　虚电路方式的传输过程

1.2　计算机网络的分类

计算机网络可按不同的标准分类，常用的分类方法是按地理位置和按网络的拓扑结构进行划分。

1.2.1　按地理位置分类

按地理位置划分，计算机网络可分为广域网（Wide Area Network，WAN）、城域网（Metropolitan Area Network，MAN）和局域网（Local Area Network，LAN）。大致的分类情况如表 1-1 所示。

表 1-1　计算机网络的分类（按地理位置划分）

计算机之间的距离（数量级）	计算机的位置	网 络 分 类
10 m	同一房间	局域网（LAN）
100 m	同一建筑物	局域网（LAN）
1 km	同一园区	局域网（LAN）
10 km	同一城市	城域网（MAN）
100 km	同一国家	广域网（WAN）
1 000 km	同一洲	广域网（WAN）
10 000 km	同一星球	互连的广域网（Internet）

1. 广域网

广域网的作用范围通常为几十千米到几千千米以上，可以跨越辽阔的地理区域进行长距离的信息传输。所包含的地理范围通常是一个国家或洲。

在广域网内，用于通信的传输装置和介质一般由电信部门提供，网络则由多个部门或国家联合组建，网络规模大，能实现较大范围的资源共享。

2. 城域网

城域网的作用范围介于广域网和局域网之间，是一个城市或地区组建的网络，作用范围一般为几十千米。城域网以及宽带城域网的建设已成为目前网络建设的热点。由于城域网本身没有明显的技术特点，因此后续章节只讨论广域网和局域网。

3. 局域网

局域网是一个单位或部门组建的小型网络，一般局限在一座建筑物或园区内，其作用范围通常为十米至几千米。局域网规模小、速度快，应用非常广泛。关于局域网在第 3 章 3.6 节将做详细介绍。

需要指出的是，广域网、城域网和局域网的划分只是一个相对的分界。而且随着计算机网络技术的发展，三者的界限已经变得模糊。另外，Internet 不是广域网，而是广域网、城域网和局域网互连而形成的遍布全球的网络。

1.2.2 按网络拓扑结构分类

计算机网络的拓扑结构是引用拓扑学中研究与大小、形状无关的点、线特性的方法，把网络单元定义为节点，两节点间的线路定义为链路，则网络节点和链路的几何位置就是网络的拓扑结构。网络的拓扑结构的基本类型主要有总线、环状、星状、树状和网状结构。

1. 总线拓扑结构

总线拓扑（Bus Topology）结构是将网络中的所有设备都通过一根公共总线连接，通信时信息沿总线进行广播式传送，如图 1-6 所示。

总线拓扑结构简单，增删节点容易。网络中任何节点的故障都不会造成全网的瘫痪，可靠性高。但是任何两个节点之间传送数据都要经过总线，总线成为整个网络的瓶颈。当节点数目多时，易发生信息拥塞。

总线拓扑结构投资少、安装布线容易、可靠性较高，是常用的局域网拓扑结构之一。由于网络中的所有设备共用总线这一条传输信道，因此存在信道争用问题。为了减少信道争用带来的冲突，带有冲突检测的载波监听多路访问（Carrier Sense Multiple Access/Collision Detection，CSMA/CD）协议被用于总线网中。为了防止信号到达总线两端的回声，总线两端都要安装吸收信号的端接器。最著名的总线网是以太网，以太网曾一度成为总线网的代名词。

2. 环状拓扑结构

环状拓扑（Ring Topology）结构中，所有设备被连接成环，信息是通过环广播传送的，如图 1-7 所示。在环状拓扑结构中每一台设备只能和相邻节点直接通信。与其他节点通信时，信息必须依次经过二者间的每一个节点。

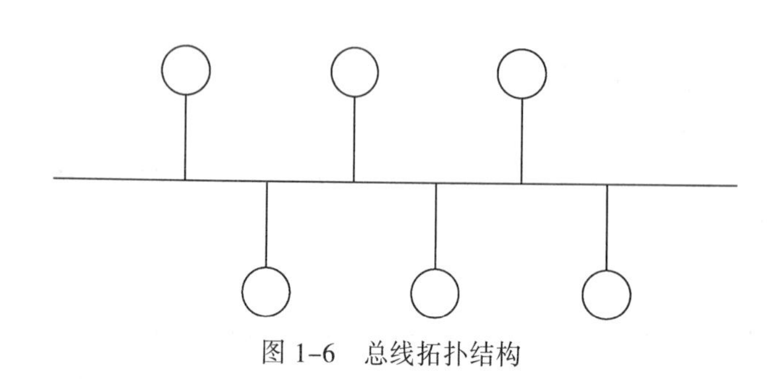

图 1-6 总线拓扑结构

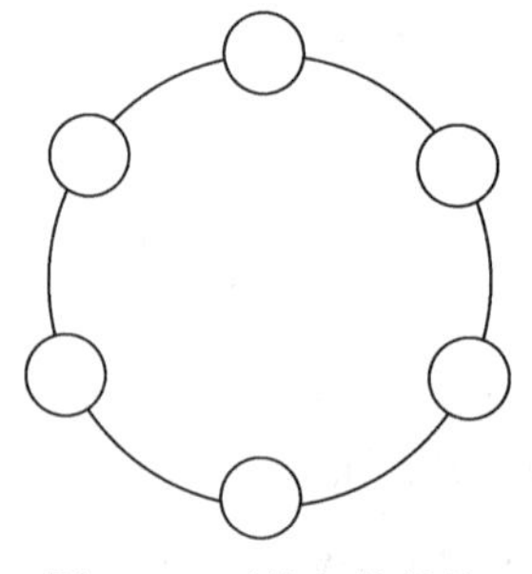

图 1-7 环状拓扑结构

环状拓扑结构传输路径固定，无路径选择问题，故实现简单。但任何节点的故障都会导致全网瘫痪，可靠性较差。网络的管理比较复杂，投资费用较高。当环状拓扑结构需要调整时，如节点的增加、删除和修改，一般需要将整个网重新配置，扩展性、灵活性差，维护困难。

环状网一般采用令牌（一种特殊格式的帧）来控制数据的传输，只有获得令牌的节点才能发送数据，因此避免了冲突现象。环状网有单环和双环两种结构。双环结构常用于以光导纤维作为传输介质的环状网中，目的是设置一条备用环路，当光纤环发生故障时，可迅速启用备用环，提高环状网的可靠性。曾被广泛应用的环状网有令牌环（Token Ring）网和光纤分布式数据接口（Fiber Distributed Data Interface，FDDI）。

3. 星状拓扑结构

星状拓扑（Star Topology）结构由一个中央节点和若干从节点组成，如图 1-8 所示。中央节点可以与从节点直接通信，而从节点之间的通信必须经过中央节点的转发。

星状拓扑结构简单，建网容易，传输速率高。每个节点独占一条传输线路，消除了数据传送堵塞现象。一台计算机及其接口的故障不会影响到网络，扩展性好，配置灵活，增加、删除和修改一个站点容易实现，网络易管理和维护。网络可靠性依赖于中央节点，中央节点一旦出现故障将导致全网瘫痪。

星状网中央节点是该网的瓶颈。早期的星状网，中央节点是一台功能强大的计算机，既具有独立的信息处理能力，又具备信息转接能力。目前星状网的中央节点多采用诸如交换机等网络转接设备。

必须特别注意网络的物理拓扑和逻辑拓扑之间的区别。物理拓扑是指网络布线的连接方式，而逻辑拓扑是指网络的访问控制方式。自 20 世纪 90 年代，网络的物理拓扑大多向星状网演化。常见的采用星状物理拓扑的网络有 100BaseT 以太网、令牌环网和异步传输模式（Asynchronous Transfer Mode，ATM）网等。

4. 树状拓扑结构

树状拓扑（Tree Topology）结构的形状像一棵倒置的树，顶端是树根，树根以下带分支，每个分支还可以再带子分支，但不形成闭合回路，如图 1-9 所示。树状拓扑是一种层次结构，节点按层次连接，信息交换主要在上下相邻节点之间进行，同层节点之间不进行数据交换。树根接收各节点发送的数据，然后再广播发送到全网。

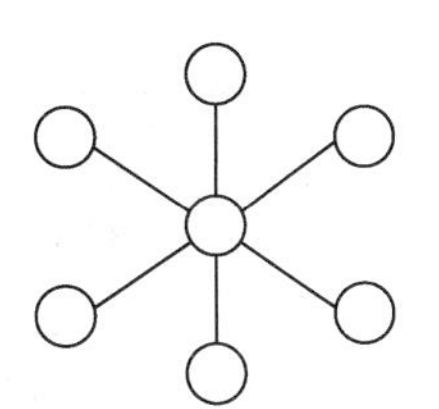

图 1-8　星状拓扑结构

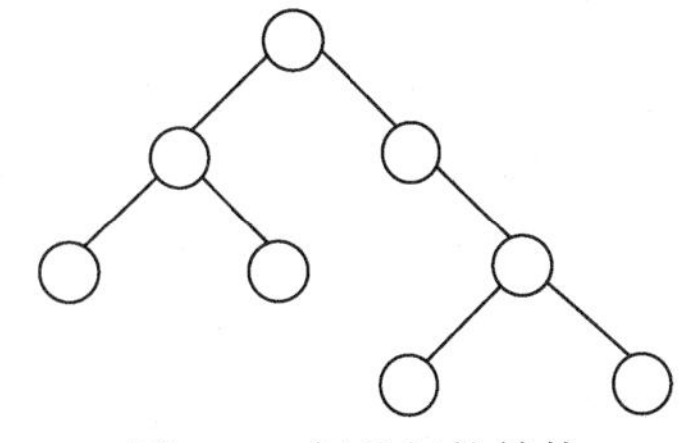

图 1-9　树状拓扑结构

树状拓扑结构适用于汇集信息的应用要求，连接简单，维护方便，易于扩展和故障隔离。其链路具有一定的专用性，无须对原网做任何改动就可以扩充节点。一般一个分支和节点的故障不影响另一分支节点的工作，很容易将故障分支与整个系统隔离开来。树形拓扑结构的缺点是各个节点对根的依赖性太大，如果根发生故障，则全网不能正常工作。

树状拓扑结构是星状拓扑结构的一种变形，它是由多个层次的星状结构纵向连接而成。当局域网的规模比较大，而且网络覆盖的单位存在行政或业务隶属关系时，一般采用树状拓扑结构组网。

5. 网状拓扑结构

网状拓扑（Mesh Topology）结构分为一般网状拓扑结构和全连接网状拓扑结构两种。全连接网状拓扑结构中的每个节点都与其他所有节点相连通。一般网状拓扑结构中每个节点至少与其他两个节点直接相连。图 1-10（a）所示为一般网状拓扑结构，图 1-10（b）所示为全连接网状拓扑结构。

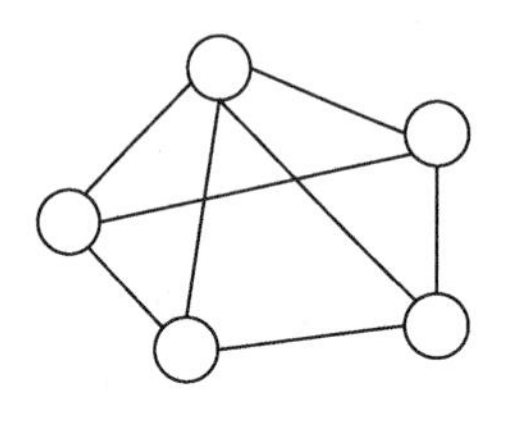

（a）一般网状拓扑结构

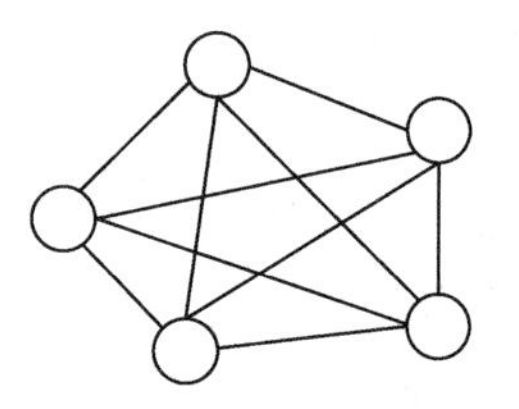

（b）全连接网状拓扑结构

图 1-10　网状拓扑结构

网状拓扑结构的容错能力强，如果网络中一个节点或一段链路发生故障，信息可通过其他节点和链路到达目的节点，故可靠性高。但其建网费用高，布线困难。

网状网的最大特点是其强大的容错能力，因此主要用于强调可靠性的网络中，如帧中继（Frame Relay）网、ATM 网等。

在实际组网中，为了符合不同的要求，拓扑结构不一定是单一的，往往都是几种结构的混用。

1.2.3　其他分类

计算机网络还有多种分类方法，如按网络的使用范围、按信息交换方式分类等。

按网络的使用范围分类，计算机网络可分为公用网和专用网两类。公用网（Public Network）一般是国家邮电部门建造的网络，所有按规定交纳费用的人都可以使用，如 CHINANET、CERNET 等。专用网（Private Network）是某个部门为其特殊工作的需要而建造的网络，一般只为本单位的人员提供服务，如军队、银行和铁路等系统的专用网。

按信息交换方式划分，计算机网络可分为电路交换网、报文交换网和分组交换网 3 类。电路交换网的特征是在整个通信过程中，需始终保持两节点间的通信线路连通，即形成一个专用的通信线路，如同电话通信。电路交换网适用于实时通信，但网络利用率低。报文交换网的通信线路是非专用的，它利用存储转发原理，将待传输的报文存储在网络节点中，等到信道空闲时再发送出去。报文交换网提高了网络利用率，但由于长报文传输时会带来很多问题，目前已很少使用。分组交换网将报文划分为若干小的传输单位——分组，并将分组单独传送，能够更好地利用网络，是当今广泛采用的网络形式，如大家熟知的 Internet。

1.3　计算机网络的组成

完整的计算机网络系统是由网络硬件系统和网络软件系统组成的。下面仅以基于 C/S 模式的计算机网络为例进行说明。

1.3.1　计算机网络的硬件组成

计算机网络硬件系统是由服务器、客户机、通信处理设备和通信介质组成。服务器和客户机是构成网络边缘的主要设备，通信处理设备和通信介质是构成网络核心的主要设备。

1. 服务器

服务器一般是一台高配置（诸如 CPU 速度快、内存和硬盘的容量高等）的计算机，它为客户机提供服务。按照服务器所能提供的资源来区分，可分为文件服务器、打印服务器、应用系统服务器和通信服务器等。在实际应用中，常把几种服务集中在一台服务器上，这样一台服务器就能执行几种服务功能。例如，将文件服务器连接到网络共享打印机，此服务器就能作为文件和打印服务器使用。

文件服务器在网络中起着非常重要的作用。它负责管理用户的文件资源，处理客户机的访问请求，将相应的文件下载到某一客户机。为了保证文件的安全性，常为文件服务器配置磁盘阵列或备份的文件服务器。

打印服务器负责处理网络中用户的打印请求。一台或几台打印机与一台计算机相连，并在计算机中运行打印服务程序，使得各客户机都能共享打印机，这就构成了打印服务器。还有一种网络打印机，内部装有网卡，可以直接与网络的传输介质相连，作为打印服务器。

应用系统服务器运行 C/S 应用程序的服务器端软件，该服务器一般保存着大量信息供用户查询。应用系统服务器处理客户端程序的查询请求，只将查询结果返回给客户机。

通信服务器负责处理本网络与其他网络的通信，以及远程用户与本网的通信。

2. 客户机

客户机运行 C/S 应用程序的客户端软件，网络用户通过客户机与网络联系。由于网络中的客户机能够共享服务器的资源，因而一般情况下其配置比服务器低。

3. 网卡

服务器和客户机都需要安装网卡。网卡是计算机和传输介质之间的物理接口，又称网络适配器。网卡的作用是将计算机内的数据转换成传输信号发送出去，并把传输信号转换成计算机内的数据接收进来。其基本功能是：并行数据和串行信号的转换、帧的拆装、网络访问控制和数据缓冲等。内置网卡的总线接口插在计算机的扩展槽中，网络缆线接口与传输介质相连。

4. 通信介质

通信介质又称传输介质，用于连接计算机网络中的网络设备，一般可分为有线传输介质和无线传输介质两大类。常用的有线传输介质是双绞线（Twisted-Pair）、同轴电缆（Coaxial Cable）和光导纤维（Optical Fiber），常用的无线传输介质是微波（Microwave）、激光（Laser）和红外线（Infrared）等。

5. 通信处理设备

通信处理设备主要包括调制解调器（Modem）、中继器、集线器、网桥、交换机、路由器和网关（Gateway）等。

（1）调制解调器

调制解调器是远程计算机通过传输介质（如电话线，光纤）连接网络所需配置的设备。调制是指发送方将数字信号转换为线缆所能传输的模拟信号。解调是指接收方将模拟信号还原为数字信号。调制解调器同时具备调制和解调双重功能，因此它既能发送信号又能接收信号。

（2）中继器和集线器

由于信号在线缆中传输会发生衰减，因此要扩展网络的传输距离，可以利用中继器使信号不失真地继续传播。

① 中继器可以把接收到的信号物理地再生并传输，即在确保信号可识别的前提下延长了线缆的距离。由于中继器不转换任何信息，因此和中继器相连接的网络必须使用同样的访问控制方式。

② 集线器是一种特殊的中继器。它除了对接收到的信号再生并传输外，还可为网络布线和集中管理带来方便。集线器一般有 8~16 个端口，供计算机等网络设备连接使用。

（3）网桥

网桥不仅能再生数据，还能够实现不同类型的局域网互连。网桥能够识别数据的目的地址，如果不属于本网段，就把数据发送到其他网段上。

（4）交换机

应用广泛的交换机是二层交换机和三层交换机。二层交换机同时具备了集线器和网桥的功能。三层交换机除了具有二层交换机的功能之外，还具有路由功能。

（5）路由器

路由器具有数据格式转换功能，可以连接不同类型的网络。路由器能够识别数据的目的地址所在的网络，并可根据内置的路由表从多条通路中选择一条最佳路径发送数据。

（6）网关

网关又称协议转换器，它的作用是使网络上采用不同高层协议的主机，能够互相通信，进而完成分布式应用。网关是传输设备中最复杂的一个，主要用于连接不同体系结构的网络或局域网与主机的连接。

1.3.2 计算机网络的软件组成

计算机网络的软件系统包括网络操作系统和网络应用服务系统等。网络应用服务系统针对不同的应用有不同的应用软件，下面只介绍网络操作系统。

1. 网络操作系统的功能及组成

网络操作系统除具有常规操作系统所应具有的功能外，还应具有网络管理功能，如网络通信功能、网络资源管理功能和网络服务功能等。

针对上述功能，网络操作系统可划分为 3 个组成部分：网卡驱动程序、网络协议软件和应用程序编程接口（Application Program Interface，API）软件。

① 网卡驱动程序完成网卡接收和发送数据的处理。正确地为网卡选择驱动程序及设置参数是建立网络的重要操作。一般网络操作系统包含一些常用网卡的驱动程序，网卡生产商也提供一张网卡驱动程序的光盘。

② 网络协议软件分布在网络的所有层中，直接关系到网络操作系统的性能。

③ 应用程序编程接口软件建立本地系统与网络环境的联系。

2. 常用的网络操作系统

应用于计算机网络的操作系统，最常见的有 Windows、UNIX 和 Linux。

（1）Windows

Microsoft Windows 是微软公司制作和研发的桌面操作系统。它问世于 1985 年，从最初运行在 DOS 下的 Windows 3.0，到风靡全球的 Windows XP、Windows 7 和 Windows 10，一直是人们喜爱的操作系统。

Windows Server 是微软公司推出的 Windows 的服务器操作系统，其核心是 WSS(Microsoft Windows Server System)，每个 Windows Server 都与其工作站版对应。Windows Server 第一个版本为 2003 年 4 月 24 日发布的 Windows Server 2003，最新的长期服务版本为 2018 年 10 月 2 日发布的 Windows Server 2019。

Windows Server 版本的持续更新，也是不断融合网络技术的过程。从面向小型企业服务器领域的 Windows Server 2003，逐渐发展为 Windows Server 2008 R2（Windows 7 的服务器版本），提升了虚拟化、系统管理弹性、网络存取方式以及信息安全等领域的应用，Windows Server 2012 R2（Windows 8.1 的服务器版本）提供企业级数据中心和混合云解决方案，直至基于 Windows 10 的 Windows Server 2019，具有四大重点新特性：混合云、安全、应用程序平台和超融合基础架构。

（2）UNIX

UNIX 是一个强大的多用户、多任务分时操作系统，支持多种处理器架构，最早由 Ken Thompson、Dennis Ritchie 和 Douglas Mcllroy 于 1969 年在 AT&T 的贝尔实验室开发。经过长期的发展和完善，已成长为一种主流的操作系统。UNIX 的系统结构包括操作系统内核、系统调用和应用程序三部分。UNIX 具有技术成熟、可靠性高、网络和数据库功能强、伸缩性突出和开放性好等特色，可满足各行各业的实际需要，特别能满足企业重要业务的需要，已经成为主要的工作站平台和重要的企业操作平台。

UNIX 与其他商业操作系统的不同之处主要在于其开放性，在系统开始设计时就考虑了各种不同使用者的需要，因而 UNIX 被设计为具备很大可扩展性的系统。由于其源码被分发给大学，从而在教育界和学术界影响很大，进而影响到商业领域。大学生和研究者为了科研目的或个人兴趣在 UNIX 上进行各种开发，并且不计较经济利益，将这些源码公开，互相共享，这些行为丰富了 UNIX 本身。目前，UNIX 成为 Internet 上提供网络服务的最通用的平台，是所有开发的操作系统中可移植性最好的系统之一。

由于 UNIX 的开放性，在发展过程中产生了多个不同的 UNIX 版本，可归纳为符合单一 UNIX 规范的 UNIX 操作系统以及类 UNIX（UNIX-like）操作系统。目前应用较为广泛的有 AIX、Solaris、HP-UX、IRIX 和 A/UX 几种 UNIX 版本。

（3）Linux

Linux 是一套免费使用和自由传播的类 UNIX 操作系统，是一个多用户、多任务、支持多线程和多 CPU 的操作系统。Linux 支持 32 位和 64 位硬件，能运行主要的 UNIX 工具软件、应用程序和网络协议。Linux 继承了 UNIX 以网络为核心的设计思想，是一个性能稳定的网络操作系统。

Linux 是 1991 年芬兰赫尔辛基大学二年级学生 Linus Torvalds 开发的，目标是将 UNIX 系统移植到个人计算机上。Linux 从一开始就定位于“开源”软件，即代码在网络上公开，不需要付费就可以使用，同时任何人都可以不断地补充、完善。因此 Linux 操作系统的发展历史就是来自世界各地的很多使用者合作开发的过程。

Linux 与其他操作系统相比，具有开放源码、没有版权、技术社区用户多等特点。开放源码使得用户可以自由裁剪，灵活性高，功能强大，成本低。伴随着 Internet 的发展，Linux 得到了来自全世界软件爱好者、组织、公司的支持，市场份额逐步扩大，逐渐成为主流操作系统之一。

Linux 的发行版本目前已超过 300 个，应用普遍的大约有十几个。这些发行版大体可分为两类：一类是商业公司维护的发行版本；一类是社区组织维护的发行版本。前者以 Redhat 为代表，后者以 Debian 为代表。Redhat 是中国用户使用最多的 Linux 版本。

1.4 计算机网络的评价指标

评价计算机网络的指标体系，通常由性能指标和非性能指标组成。

1.4.1 计算机网络的性能指标

性能指标从不同方面来度量计算机网络的性能。下面介绍常用的 7 个性能指标。

1. 速率

速率是计算机网络中最重要的一个性能指标，直接反映了数据的传送速率，称为数据率（Data Rate）或比特率（bit Rate）。速率的单位是比特/秒，通常写作 bit/s（bit per second）。当数据率较高时，为了表示的方便，常在 bit/s 的前面加上一个字母。例如，k、M、G、T（分别读作千、兆、吉、太）等，其换算关系如下：

1 kbit/s = 2^{10}bit/s

1 Mbit/s= 2^{20}bit/s

1 Gbit/s=2^{30}bit/s

1 Tbit/s=2^{40}bit/s

需要注意的是，当提到网络的速率时，往往指的是额定速率或标称速率，而并非网络实际运行的速率。

2. 带宽

带宽（Bandwidth）一词原本是指能够有效通过模拟信道的信号的频带宽度，单位是赫兹（Hz）。例如，在传统的电话网中，其通信线路的标准带宽是 3.1 kHz（从 300 Hz 到 3.4 kHz，语音的频率范围）。带宽是表示信道传输能力的性能指标。

在计算机网络中，带宽也用来表示信道（注意此信道为数字信道）传送数据的能力，定义为单位时间内网络信道所能通过的最高数据率，单位为 bit/s。

在“带宽”的上述两种表述中，前者为频域称谓，后者为时域称谓，其本质是相同的。也就是说，一条通信链路的“带宽”越宽，其所能传输的“最高数据率”也越高。

3. 吞吐量

吞吐量（Throughput）是指对网络、设备、端口或其他设施，单位时间内成功传送数据的数量，即发送和接收数据之和，通常以 bit/s 或 B/s（Byte per second）表示。吞吐量表达了网络实际的传输能力，是网络测量中的重要指标。显然，吞吐量受网络的带宽或网络的额定速率的限制。例如，对于一个 1 Gbit/s 的以太网，某个时段的吞吐量只有 100 Mbit/s。此例说明 100 Mbit/s 是此时网络实际传送数据的数量，而 1 Gbit/s 是该以太网的吞吐量的绝对上限值。

4. 时延

时延是指数据块（一个报文、分组或帧，甚至比特）从网络（或链路）的一端传送到另一端所需的时间。时延是一个很重要的性能指标，又称延时、延迟或迟延。网络中的时延由发送时延、传播时延、处理时延和排队时延 4 部分组成。

（1）发送时延

发送时延（Transmission Delay）是主机或节点（例如路由器）发送数据块所需要的时间，也就是从发送数据块的第一个比特算起，到该数据块的最后一个比特发送完毕所需的时间。发送时延发生在机器内部的发送器中（一般就是发生在网卡中，见第 3 章 3.5.1 节），与传输信道的长度（或信号传送的距离）无关。发送时延的计算公式如式（1-1）所示：

$$发送时延=数据块长度/发送速率 \tag{1-1}$$

可见，对于一定的网络，发送时延与发送的数据块长度成正比，与发送速率成反比。

（2）传播时延

传播时延（Propagation Delay）是电磁波在信道中传播一定距离需要花费的时间。传播时延发生在机器外部的传输信道上，信号传送的距离越远，传播时延就越大。传播时延的计算公式如式（1-2）所示：

$$传播时延=信道长度/电磁波在信道上的传播速率 \tag{1-2}$$

电磁波在真空中的传播速率是光速，即 3.0×10^5 km/s。电磁波在网络传输媒体中的传播速率要略低一些，例如，在铜线电缆中的传播速率约为 2.3×10^5 km/s，在光纤中的传播速率约为 2.0×10^5 km/s。

（3）处理时延

主机或节点（例如路由器）在收到数据块时要花费一定的时间进行处理，例如分析分组的首部、从分组中提取数据部分、进行差错检验或查找合适的路由等，这就产生了处理时延。

（4）排队时延

数据块在经过网络传输时，要经过许多转发设备，例如路由器。当分组在进入路由器后要先在输入队列中排队等待处理。在路由器确定了转发接口后，还要在输出队列中排队等待转发。这就产生了排队时延。排队时延的长短往往取决于网络当时的通信量。

综上，数据在网络中经历的总时延是以上 4 种时延之和，如式（1-3）所示。一般说来，小时延网络的性能要优于大时延的网络。

$$总时延=发送时延+传播时延+处理时延+排队时延 \tag{1-3}$$

下面举个例子，设有一个具有等距离站点的总线局域网，数据传输率为 100 Mbit/s，两个相邻站点之间的总线长度为 2 000 m，传播速度为 200 m/μs。发送一个 1 000 字节的帧给另一站点，从发送开始到接收结束的发送时延为：

$$1\,000\times8\ \text{bit}/(100\times10^6\text{bit/s})=80\ \mu\text{s}$$

传播时延为：

$$2\,000\ \text{m}/(200\ \text{m}/\mu\text{s})=10\ \mu\text{s}$$

由于此例中不涉及处理时延和排队时延，因此总时延为 90 μs。

5. 时延带宽积

把以上讨论的传播时延和带宽相乘，就得到另一个很有用的度量——传播时延带宽积（通常简称时延带宽积），即式（1-4）：

$$时延带宽积=传播时延\times带宽 \quad (1-4)$$

上例中，两个相邻站点之间链路的传播时延为 10 μs，带宽为 100 Mbit/s，则时延带宽积为：

$$10\times10^{-6}\text{s}\times(100\times10^{6}\text{bit/s})=1\,000\ \text{bit}$$

这就表明，若发送端连续发送数据，则在发送的第一个比特即将达到终点时，发送端已经发送了 1 000 bit，而这 1 000 bit 都正在链路上向前移动。

由此可见，时延带宽积表示从发送端发出的但尚未到达接收端的比特。对于一条正在传送数据的链路，只有在链路上都充满比特时，链路才得到最充分的利用。

6. 往返时间

往返时间（Round-Trip Time，RTT）是计算机网络的一个重要性能指标，是发送站从发送数据开始，到收到来自接收站的确认信息所经历的时间。一般情况下，接收端收到数据后便立即发送确认，而且由于确认信息很短，可忽略其发送时延，因此 RTT 由链路的传播时延、末端系统的处理时间、中间节点的排队和处理时延 3 部分决定。其中，中间节点的排队和处理时延会随着网络拥塞程度的变化而变化，所以 RTT 的变化在一定程度上反映了网络拥塞程度的变化。

7. 利用率

利用率包括信道利用率和网络利用率。信道利用率指在指定时间内信道被利用（有数据通过）的时间所占的百分比。网络利用率则是全网络的信道利用率的加权平均值。

网络利用率并非越高越好。这是因为当网络的通信量很少时，网络产生的时延并不大。但在网络通信量不断增大的情况下，由于分组在网络节点（路由器或节点交换机）进行处理时需要排队等候，因此网络引起的时延就会增大。在适当的假定条件下，可以用式（1-5）来表示时延和网络利用率的关系：

$$D=D_0/(1-U) \quad (1-5)$$

式（1-5）中，D 表示网络当前的时延，D_0 表示网络空闲时的时延，U 是网络利用率（数值在 0～1 之间）。从式中可以看出，当网络利用率达到其容量的 1/2 时，时延就要加倍。而当网络利用率接近最大值 1 时，时延将趋于无穷大。因此信道或网络的利用率过高会产生非常大的时延。在实际应用中，一些拥有较大主干网的 ISP 通常控制信道利用率不超过 50%。如果超过了就要准备扩容，增大线路的带宽。

1.4.2 计算机网络的非性能指标

计算机网络还有一些非性能指标，在评价体系中也具有很重要的作用，主要包括费用、质量、标准化、可靠性、可扩展性、可升级性、可管理性和可维护性。这些非性能指标之间，以及与前述的性能指标之间，大都具有关联性。

计算机网络在设计、实现以及运行维护过程中的所有费用，是衡量系统性价比的经济指标。一般情况下，网络的性能越好，所需的费用就越高。

网络的质量是指计算机网络的优劣程度，包括网络中各构件以及整个系统的质量。网络质量影响到很多方面，如网络的可靠性、网络管理的简易性以及网络的一些性能。高质量的网络往往费用也较高。

标准化的作用是遵循统一性的规则，以获得最佳秩序和效益。网络标准化设计既可以采用国际标准，也可以采用专用标准。一般情况下，采用国际标准可以得到更好的互操作性，更易于升级换代和维修，也更容易得到技术上的支持。

可靠性是指网络在一定时间内、在一定条件下无故障地执行指定功能的能力或可能性，与网络的质量和性能都有密切关系。达到高可靠性，往往要投入更多的费用。

可扩展性和可升级性体现了网络适应变化的能力，例如，是否支持网络规模扩大，设备扩容以及软件版本更新。可扩展性和可升级性的增强，意味着费用的提高。

网络投入运行之后，管理和维护便要起到至关重要的作用。可管理性和可维护性是保障系统达到设计要求，最终满足用户需求的必要指标。

1.5　计算机网络体系结构

计算机网络体系结构（Network Architecture）要解决的问题是如何构建网络的结构，以及如何根据网络结构制定网络通信的规范和标准。本节提出的思路将决定研究计算机网络的基本思想和方法。

1.5.1　网络体系结构

1. 网络通信要解决的主要问题

实现计算机网络通信不仅仅是通过介质将要通信的计算机连接起来，还要涉及介质的种类、连接的方法（网络中称为拓扑结构）等一系列复杂的问题。在学习具体的网络体系结构概念之前首先研究网络通信包括哪些需要解决的问题，也就是网络通信要完成哪些具体功能。实际上，网络通信并不是一个完全陌生的概念，电话通信的过程就是大家熟悉的一种网络通信过程。

（1）电话通信的过程

下面先分析一下打电话的过程，通过打电话的过程，研究究竟需要完成哪些功能才能实现网络通信。毋庸置疑，打电话首先需要有电话线路和电话机，然后还要有一级级的电话局管理控制。但是，打电话并不是电话机之间通信，而是打电话的人之间信息的沟通。通过电话，通话双方要互相交流双方需要的而且彼此能理解的有用信息。打电话过程需要完成的工作如表 1-2 所示。

表 1-2　打电话过程

工　作	内　容	网络通信功能
电话线路	建立网络核心	通信节点和连接设备
电话局及交换机	通信网络节点	物理连接、网络拓扑
装机、申请电话号码	连网设备、网络边缘	建立用户站点、确定地址
拨号	开始	确定目标地址、同步、申请建立连接
呼叫	接通	建立逻辑连接
交流	语言、表达、内容	应用、会话管理
挂机	停止	终止连接
付费	电话网络使用成本	网络管理

通过这样的分析可以把打电话的过程分解成一些简单的功能，每一部分可以分别制定各自的规则和标准。在打电话的过程中，打电话的用户都自觉或不自觉地遵守了上述规则，否则无法实

现正常的信息交流。

（2）网络通信的主要功能

计算机网络的数据通信与电话语音通信有很多类似的地方，例如，它们都是通过网络实现的。但二者也有不少区别，例如，在计算机网络中发送和接收数据的双方是位于不同计算机或其他网络设备中的应用程序或程序进程；计算机网络通信传输的是数字信息，以比特流形式传输；通信中，使用计算机的用户无法直接感觉和控制数据的传输过程，要靠系统完成；另外，计算机网络通信有多种通信方式：点对点、多点、广播等。下面来研究在网络通信中应关注的问题。

概括地说，信息的传输对计算机网络提出了两个最基本的要求：

① 及时准确、安全而有效地将数据从网络的一端传至另一端。

② 数据经网络到达目的地后，能被用户识别。

为满足上述基本要求，计算机网络提供了两类基本功能：一类功能是与数据传输有关，是面向通信的，保证数据传输及时、准确、高效等，主要针对网络核心的管理功能，由低层协议实现；另一类功能是面向信息处理的，保证信息能被计算机和用户识别，主要针对网络边缘的应用管理，主要由高层协议实现。

下面分析在具体设计这些高层和低层协议时所涉及的一些问题。

（3）网络通信中的焦点问题

计算机网络通信管理的核心是计算机网络软件、硬件资源的安全、可靠和高效地应用问题。尤其是随着网络应用规模的日益扩大和网络信息量的增加，对如何提高效率和实现尽可能多的计算机站点间快速、大流量和多媒体通信提出了更高的要求。

① 寻址：因为网络中有很多主机和节点，其中有些主机又有多个应用程序。要识别相互通信的双方，就需要某种寻址机制来指明特定的目标，一般采用分配地址的方案来实现。

② 差错控制（Error Control）：因为物理链路并非总是可靠的，已知的检错码和纠错码有多种，因此要进行差错控制，连接的双方必须使用同一种检错和纠错算法或数据重发的规则。另外，报文次序颠倒的问题也可通过报文编号的方法来解决。

③ 流量控制（Flow Control）：关于发送方发送数据过快，接收方难以应付这一问题，人们提出了各种方案来防止拥塞和数据丢失。例如，接收方向发送方反馈接收方的当前状态，或者采取限制发送方只能以商定的速度进行发送的方案等。

④ 分段及装配：不同的网络对报文长度要求可能不同，要处理所有程序都能收发任意长报文的问题，就要求网络具备报文分割和重新组装的功能。与之相关的另一问题是：当程序要传输的数据单元太小时，发送的效率很低。对这一问题的解决方案是把几个传向同一目标的短报文汇集成一个长报文，然后在接收方再分解为原报文。

⑤ 路由：当源端和目标端有多条链路存在时，还必须进行路由。有时，路由需要由两层或更多层来决定。例如，上层根据自己的原则，确定某一条链路，下层则根据当前的通信状况，在多条可供选择的链路中选择一条。

⑥ 编码转换：通信信息使用的名字、日期、数量及文字说明等是用字符串、整型数、浮点数及其他几种简单类型组成的数据结构来表示的。不同的机器采用不同的编码，例如，字符串有ASCII码和Unicode码，整型数有反码和补码等。为了处理这类数据编码问题，一般采用标准编码的方法，然后对各个计算机的内部编码与网络的标准编码进行转换。

⑦ 信息的表达：为了使通信的各方都能理解交换的信息内容或数据高效快速传送等目的，需要研究数据的表达、压缩、解压缩等技术。

⑧ 同步（Synchronization）问题：数据通信的各方，在通信时要建立发送和接收的同步过程，才能保证数据的正确发送和接收。打电话时的电话铃声就是一种同步信号。

⑨ 数据安全：在网络数据通信应用中，为了防止数据丢失、非法查看、泄密，有时还需要防抵赖，需要不断研究新的安全技术（例如加密和解密方法）。数据通信安全是现代数据通信理论的重要内容之一。

2. 网络协议及体系结构的概念

网络通信需要完成上述所有的复杂功能，很难想象制定一个完整的规则来描述所有这些问题。实践证明，对于非常复杂的计算机网络规则，最好的方法是采用分层式结构。每一层关注和解决通信中某一方面的规则。

（1）采用分层结构的原因

生活中采用分层的方法来处理问题的例子很多。例如，当乘飞机旅行时，完成从出发地到达目的地实际上需要经过的过程：到票务部门购买飞机票、到达出发地机场托运行李、登机、飞机滑向跑道起飞、飞机飞行，到达目的地机场降落到跑道滑行着陆、离开登机门、取行李离开机场、如有赔偿等纠纷找票务部门。这一系列行为可以用图 1-11 表示。

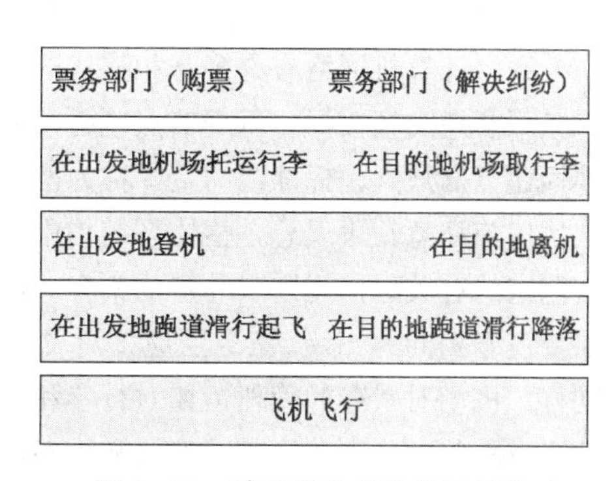

图 1-11　乘飞机功能的分层结构

上述各层分别完成本层的功能，各层之间相互独立，可以采用各种不同的解决方法而不会影响其他层。不管采用到航空公司售票处直接购票还是采用网上购票或电话购票，只要明确了航班，至于用什么方式得到票，对下一层都不会有影响，而飞机票就是这两层之间的“接口”信息。

一个合理的层次结构应具有以下优点：

① 层之间是独立的。某一层并不需要知道其下一层是如何实现的，而仅仅需要知道该层通过层间的接口所提供的服务。由于每一层只实现一种相对独立的功能，因而可将一个难以处理的复杂问题分解为若干较容易处理的更小一些的问题。这样，问题的复杂程度降低了。

② 灵活性好。当任何一层发生变化时（如由于技术的变化），只要层间接口关系保持不变，则在这层以上或以下各层均不受影响。此外，对某一层提供的服务还可进行修改。当某层提供的服务不再需要时，甚至可以将这层取消。

③ 结构上可分割开。各层都可以采用最合适的技术来实现。便于各层软件、硬件及互连设备的开发。

④ 易于实现和维护。这种结构使得实现和调试一个庞大而又复杂的系统变得易于处理，因为整个系统已被分解为若干相对独立的子系统。

⑤ 能促进标准化工作。这是因为每一层的功能及其所提供的服务都已有了精确的说明。

（2）分层的原则

如果层次划分不合理也会带来一些问题。因此，分层时应注意层次的数量和使每一层的功能非常明确。一般来说，层次划分应遵循以下原则：

① 结构清晰，易于设计，层数应适中。若层数太少，就会使每一层的协议太复杂，但层数太多又会在描述和实现各层功能的系统工程任务时遇到较多的困难。

② 每层的功能应是明确的，并且是相互独立的。当某一层的具体实现方法更新时，只要保持上、下层的接口不变，便不会对相邻层产生影响。

③ 同一节点相邻层之间通过接口通信，层间接口必须清晰，跨越接口的信息量应尽可能少。

④ 每一层都使用下层的服务，并为上层提供服务。

⑤ 互相通信的网中各节点都有相同的层次，不同节点的同等层按照相同规则实现对等层之间的通信。

（3）网络协议

协议的概念在日常生活中也是无处不在的，例如，交通法规就是各种车辆（机动车、非机动车等）及行人出行时应当遵守的协议。如果大家不执行交通法规而是自行其是，有靠右侧行驶的，有靠左侧行驶的，一定会发生交通事故。

一个计算机网络有许多互相连接的节点，在这些节点之间要不断地进行数据的交换。要做到有条不紊地交换数据，每个节点就必须遵守一些事先约定好的规则。这些为进行网络中的数据交换而建立的规则、标准或约定即称为网络协议（Network Protocol）。

应该注意，协议总是指体系结构中某一层的协议。准确地说，协议是对同等层实体之间的通信制定的有关通信规则、约定的集合。例如，图 1-11 所示的乘飞机功能的分层中，每一个水平层要遵守相同的协议，票务层应该对飞机票包含哪些项、每一项是什么含义有相同的规定和理解，同样，机场对乘客的管理（如对行李和乘机的规定）以及对飞机的管理（如什么时间在哪条跑道起飞或降落）分别在第二、三层和第四层规定等。

网络协议主要由以下 3 个要素组成：

① 语法（Syntax）：数据与控制信息的结构或格式。例如，在某个协议中，第一个字节表示源地址，第二个字节表示目的地址，其余字节为要发送的数据等。

② 语义（Semantics）：比特流每一部分的意思，即定义数据格式中每一个字段的含义。例如，一个地址是表示要选用的一条路由地址，还是最终的目的地址等。

③ 同步：关于数据收发的时间以及数据应当发送的速度等的详细说明。

综上所述，协议也可以简单定义为语义、语法和同步的集合。

（4）网络体系结构

所谓网络体系结构，就是计算机网络各层次及其协议的集合。层次结构一般以垂直分层模型来表示，如图 1-12 所示。如果两个网络的体系结构不完全相同就称为异构网络。异构网络之间的通信需要相应的连接设备进行协议的转换。

除了在物理介质上建立的物理连接是实际传输（有实际数据的传输）之外，其余各对等层实体间进行的都是建立在逻辑连接基础上的虚通信（在不同实体的同一层具有相同格式的数据组织）。例如，乘飞机分层结构中，只有“飞机飞行”是将乘客与行李从出发地运往目的地，而其余各层是通过在同一层的相同规定来操作的，并没有实际的交流。对等层的虚通信必须遵循该层的协议。n 层的虚通信是通过 n 与 $n-1$ 层间接口处 $n-1$ 层提供的服务以及 $n-1$ 层的通信（通常也是虚通信）来实现的。

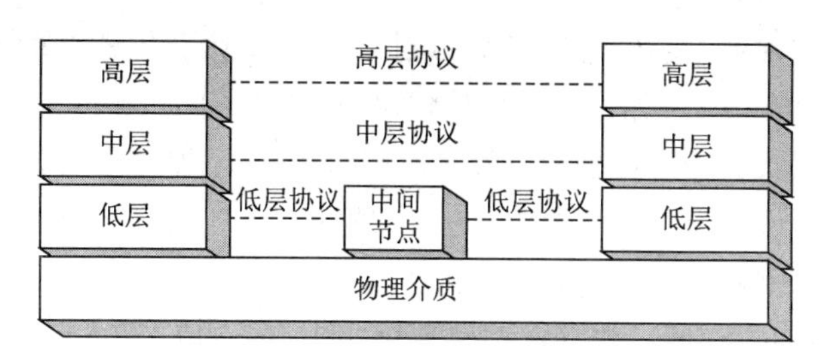

图 1-12　网络分层体系结构

网络体系结构的特点如下：

① 以功能作为划分层次的基础。

② 第 n 层的实体在实现自身定义的功能时，只能使用第 n–1 层提供的服务。

③ 第 n 层向第 n+1 层提供的服务不仅包含第 n 层本身的功能，还包含由下层服务提供的功能。

④ 仅在相邻层间有接口，且所提供服务的具体实现细节对上一层完全屏蔽。

⑤ 不同层次根据本层数据单元格式对数据进行封装。

应该注意的是，网络体系结构中层次的划分是人为的，有多种划分的方法。每一层功能也可以由多种协议实现。因此伴随网络的发展产生了多种体系结构模型。

3. 接口和服务

接口和服务是分层体系结构中十分重要的概念。实际上，正是通过接口和服务将各个层次的协议连接为整体，完成网络通信的全部功能。

（1）接口和服务的关系

对于一个层次化的网络体系结构，每一层中活动的元素被称为实体（Entity）。一个实体就是能够发送及接收信息的软件或硬件。软件实体，如一个进程；硬件实体，如智能芯片等。不同系统的同一层实体称为对等实体。对等实体必须同意使用同一种协议。系统中的下层实体向上层实体提供服务。经常称下层实体为服务提供者，上层实体为服务用户。例如，图 1-13 中 n 层实体为 n+1 层实体的服务提供者，n+1 层实体为 n 层实体的服务用户；n 层实体对 n–1 层实体来说则是其服务用户，n–1 层实体则是 n 层实体的服务提供者等。

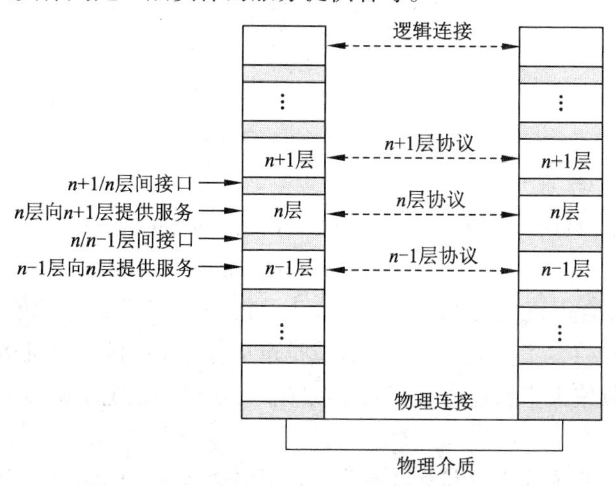

图 1-13　不同层实体间的服务

服务是通过接口完成的。接口就是上层实体和下层实体交换数据的地方，为服务访问点（Service Access Point，SAP）。例如，n 层实体和 n–1 层实体之间的接口就是 n 层实体和 n–1 层实体之间交换数据的 SAP。为了找到这个 SAP，每一个 SAP 都有唯一的标识，称为端口（Port）或套接字（Socket）。

（2）协议和服务的关系

通过上述分析可以看出，协议和服务是两个不同的概念。协议是“水平”的，即协议是不同系统对等层实体之间的通信规则。服务是“垂直”的，即服务是同一系统中下层实体向上层实体通过层间的接口提供的。网络通信协议是实现不同系统对等层之间的逻辑连接，服务则是通过接口实现同一个系统中不同层之间的物理连接，并最终通过物理介质实现不同系统之间的物理传输过程。

n 层实体向 n+1 层实体提供的服务一般包括 3 个部分：

① n 层实体提供的某些功能。

② 从 n–1 层及其以下各层实体及本地系统得到的服务。

③ 通过与对等的 n 层实体的通信得到的服务。

4. 网络协议的制定

计算机网络的发展经历了漫长的过程,因此实际并不是先制定好了统一的标准再研究网络的。在网络发展中有很多国际组织和跨国公司致力于网络协议的制定，并产生了多种网络体系结构模型和网络协议。更多的组织和公司还在不断地参与开发和完善网络协议的工作。

（1）制定网络协议和标准的主要组织

下面列出的标准组织在计算机网络和数据通信领域有重要的地位。这些组织的作用在于在飞速发展的通信领域中确立行业规范。

① 电气和电子工程师协会（IEEE）。IEEE 是世界上最大的专业技术团体，由计算机和工程学专业人士组成。它创办了许多刊物，定期举行研讨会，还有一个专门负责制定标准的下属机构。IEEE 在通信领域中著名的研究成果可能要数 802 标准。802 标准定义了局域网和城域网服务和协议。

② 国际标准化组织（ISO）。ISO 是一个世界性组织，包括许多团体，如美国国家标准协会（American National Standards Institute，ANSI）。ISO 最有意义的工作就是其对开放系统的研究。在开放系统中，任意两台计算机可以进行通信，而不必理会各自有不同的体系结构。具有 7 层协议结构的开放系统互连参考模型 OSI/RM 就是一个众所周知的例子。作为一个分层协议的典型，OSI/RM 仍然经常被人们学习研究。

③ 国际电信联盟（ITU）。国际电信联盟（International Telecommunications Union，ITU）前身是国际电报电话咨询委员会（Consultative Committee on International Telephone and Telegraph，CCITT）。ITU 是一家联合国机构，共分为 3 个部门。ITU–R 负责无线电通信，ITU–D 是发展部门，而与本书相关的是 ITU–T，负责电信。ITU 的成员包括各种各样的科研机构、工业组织、电信组织、电话通信方面的权威人士，还有 ISO 权威人士。ITU 已经制定了许多网络和电话通信方面的标准。

除此以外，还有一些国际组织和著名的公司在网络通信标准的制定方面起着重要作用，如国际电子技术委员会（International Electrotechnical Commission，IEC）、美国电子工业协会（Electronic

Industries Association，EIA）、国际商业机器公司（International Business Machines Corporation，IBM）和美国国家标准协会（American National Standards Institute，ANSI）等。

（2）网络体系结构的发展

要建立网络、开发网络硬件或软件，就必须制定协议标准。随着网络的发展，出现了多种网络结构模型和多种协议标准。

世界上第一个网络体系结构是 IBM 公司于 1974 年提出的系统网络体系结构（System Network Architecture，SNA）。此后 SNA 的版本还进行过多次更新。凡是遵循 SNA 体系结构的设备都可以很方便地实现互连。

后来，很多世界著名的 IT 公司都建立了各自的网络体系结构，如数字设备公司（Digital Equipment Corporation，DEC）提出的数字网络体系结构（Digital Network Architecture，DNA），用于本公司开发的网络。

由于各个公司开发的网络体系结构不同，所以很难实现不同网络之间的网络互连。为此，一些国际标准化组织与大公司意识到建立统一的网络体系结构标准的重要性，并开始着手研究有关网络协议规范等问题。

本节主要介绍两种目前主流的网络体系结构模型：开放系统互连参考模型（Open System Interconnection/Reference Model，OSI/RM）和 TCP/IP 参考模型（TCP/IP Reference Model）。

1.5.2　开放系统互连参考模型

开放系统互连参考模型是 ISO 于 1983 年正式批准的网络体系结构参考模型。这是一个标准化开放式计算机网络层次结构模型。在这里“开放”的含义表示能使任何两个遵守参考模型和有关标准的系统进行互连。

1. OSI 参考模型的结构

OSI 包括了体系结构、服务定义和协议规范三级抽象。OSI 的体系结构定义了一个 7 层模型，用以进行进程间的通信，并作为一个框架来协调各层标准的制定；OSI 的服务定义描述了各层所提供的服务，以及层与层之间的抽象接口和交互用的服务原语；OSI 各层的协议规范，精确地定义了应当发送何种控制信息及何种过程来解释该控制信息。

（1）OSI 参考模型的分层结构

OSI 参考模型采用 7 层模型的体系结构，如图 1-14 所示。从下到上依次为：物理层（Physical Layer）、数据链路层（Data Link Layer）、网络层（Network Layer）、传输层（Transport Layer）、会话层（Session Layer）、表示层（Presentation Layer）和应用层（Application Layer）。图中带双向箭头的水平虚线表示对等层之间的协议连接。其中，高 4 层的协议图中已经标明，低 3 层的协议分别为网络层协议、数据链路层协议和物理层协议。传输介质框中的实线表示物理连接。

从图 1-14 中可见，整个开放系统环境由作为信源和信宿的端开放系统及若干网络核心的节点（又称中继开放系统）通过物理介质连接构成。这些相当于网络边缘中的主机和网络核心中的接口信息处理机（IMP）。只有在主机中才可能需要包含所有 7 层的功能，而在网络核心中的 IMP 一般只需要最低 3 层甚至只要最低 2 层的功能即可。例如，图 1-14 中表示的路由器就只包括低 3 层协议功能。

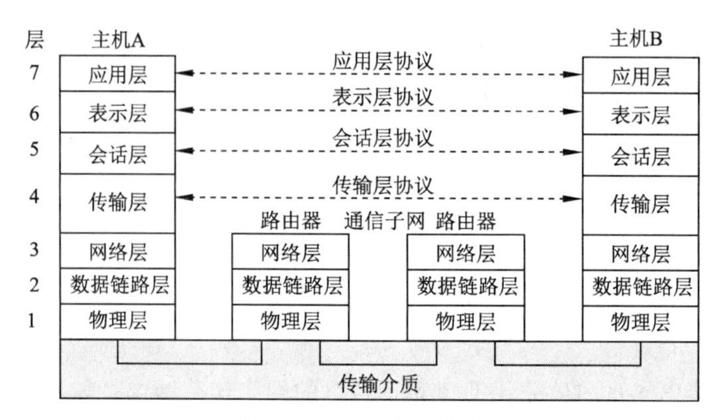

图 1-14　OSI 参考模型

（2）层间数据的传递

层次结构模型中的数据称为协议数据单元（Protocol Data Unit，PDU），其实际传送过程如图 1-15 所示。图中发送进程将数据传送给接收进程的过程，实际上是经过发送方各层从上到下传递到物理介质；通过物理介质传输到接收方后，再经过从下到上各层的传递，最后到达接收进程。

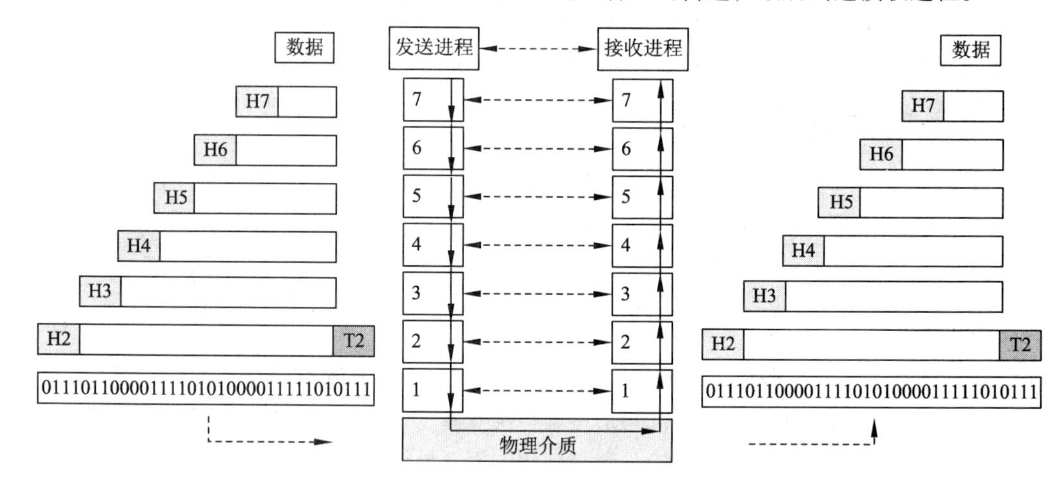

图 1-15　OSI 层间数据传输过程

在发送方数据从上到下逐层传递的过程中，每层都要加上该层适当的控制信息，即图 1-15 中的 H7、H6……H2 等，统称报头（Head）。报头的内容和格式就是该层协议的表达、功能及控制方式的表述。这个过程称为报头封装过程。在数据链路层将上述内容分为两部分，再加上数据帧的结束标志形成报尾（Tail）。数据到物理层成为由“0”和“1”组成的数据比特流，然后转换为电信号或光信号等形式在物理介质上传输至接收方。接收方在向上传递时过程正好相反，要逐层剥去发送方相应层加上的控制信息，称为报头剥离过程，恢复成源对等层数据的格式。

因接收方的某一层不会收到底下各层的控制信息，而高层的控制信息对于它来说又只是透明的数据，所以它只阅读和去除本层的控制信息，并进行相应的协议操作。发送方和接收方的对等实体看到的信息是相同的，就好像这些信息“直接”传给了对方一样。

2．OSI/RM 各层功能

下面由下向上逐层简单描述各层主要功能以及典型的协议名称，至于协议的详细内容将在后面介绍。

（1）物理层

物理层的任务是为它的上一层（数据链路层）提供一个物理连接，以便透明地传送比特（bit）流。所谓“透明地传送比特流”是表示经实际电路传送后的比特流没有发生变化。物理层好像是透明的，对其中的传送内容不会有任何影响，任意的比特流都可以在这个电路上传送。

① 物理层的基本功能。

物理层定义了为建立、维护和拆除物理链路所需的机械、电气、功能和规程4种特性，其目的是使原始的数据比特流能在物理媒体上传输。其中涉及接插件的机械规格，信号线的安排，“0”、“1”信号的电平表示以及收发双方的协调等内容。

除此以外，物理层还涉及数据传输模式，是单向、双向还是交替；信号选择电信号还是光信号；信号的编码以及传输介质的选择，是有线还是无线，是电缆、双绞线还是光纤以及设备的连接方式等问题。

② 物理层的基本协议。

物理层的基本协议有美国电子工业协会EIA的RS-232、RS-499和CCITT的X.21等。

（2）数据链路层

链路是指两个相邻节点间的传输线路，是物理连接；数据链路则表示传输数据的链路，是逻辑连接。数据链路层负责在数据链路上无差错地传送数据。数据链路层将传输的数据组织成的数据链路协议数据单元称为数据帧（Frame）。数据帧中包含地址、控制、数据及检验码等信息。这样，数据链路层就把一条有可能出差错的实际链路，转变成让其上一层（网络层）看起来好像是一条不出差错的链路。

局域网的标准将数据链路层分为两个子层：逻辑链路控制子层（Logical Link Control，LLC）和介质访问控制子层（Medium Access Control，MAC）。

① 数据链路层的基本功能。

数据链路层的基本功能是确定目的节点的物理地址并实现接收方和发送方数据帧的时钟同步；通过检验、确认和重发等手段，将不可靠的物理链路改造成对网络层来说无差错的数据链路；协调收发双方的数据传输速率，即进行流量控制，以防止接收方因来不及处理发送方传来的高速数据而导致缓冲器溢出及线路阻塞。

② 数据链路层的基本协议。

逻辑链路控制子层的基本协议主要有ISO的高级数据链路控制（High-level Data Link Control，HDLC）协议，介质访问控制子层则包括IEEE的IEEE 802.3、IEEE 802.4、IEEE 802.5等多种协议。

（3）网络层

网络层传送的数据单元是数据“分组”或称数据“包”。它的任务是选择合适的路由和交换节点，使从源站点传输层得到的数据能够正确无误地、高效地到达目的站点，并交付给目的站点的传输层。因此，网络层实现了源站点到目标站点的数据传输。

① 网络层的基本功能。

网络层的基本功能是网络核心的运行控制，主要解决如何使数据分组跨越网络核心从源传送到目的地的问题，这就需要在网络核心中通过某种路由算法进行数据分组传输路径的选择。另外，为避免网络核心中出现过多的分组而造成网络拥塞，需要对流入的分组数量进行控制。当分组要跨越多个子网才能到达目的地时，还要解决网际互连的问题。

此外，在网络层因为要涉及不同网络之间的数据传送，所以如何表示及确定网络地址和主机地址也是网络层协议的重要内容之一。

② 网络层的基本协议。

网络层的协议主要有 CCITT 的 X.25 等。

（4）传输层

传输层传输信息的单位称为传输协议数据单元（Transport Protocol Data Unit，TPDU）。传输层可根据网络核心的特征最佳地利用网络资源，并以可靠和经济的方式，在两个端系统（源站和目的站）的会话层之间，建立一条传输连接，透明地传送报文。或者说，传输层为上一层（会话层）提供一个可靠的端到端的服务。传输层实现端到端的透明数据传输服务，使高层用户不必关心网络核心的存在，由此用统一的传输原语书写的高层软件便可运行于任何网络核心上。

① 传输层的基本功能。

传输层的基本功能是建立和管理两个端站点中应用程序（或进程）之间的连接，实现端到端的数据传输、差错控制和流量控制，服务访问点寻址，传输层数据在源端分段和在目的端重新装配，连接控制等。

OSI 7 层模型中的物理层、数据链路层和网络层是面向网络通信的低 3 层协议。传输层负责端到端的通信，既是 7 层模型中负责数据通信的最高层，又是面向网络通信的低 3 层和面向信息处理的高 3 层之间的中间层。显然，7 层协议中传输层是很重要的一层：其上各层面向应用，是属于网络边缘的问题；其下各层面向通信，主要解决网络核心的问题。所以，传输层是一个中间过渡层，实现了数据通信中由网络核心向网络边缘的过渡和两种不同类型问题的转换。传输层位于网络层之上、会话层之下，利用网络层子系统提供给它的服务开发本层的功能，并实现本层对会话层的服务。

② 传输层的基本协议。

传输层的协议主要有 ISO 8072 与 ISO 8073 等。

（5）会话层

会话层不参与具体的数据传输，只进行管理，在两个互相通信的应用进程之间，建立、组织和协调其交互。会话层的数据传送单位称为会话协议数据单元（Session Protocol Data Unit，SPDU）。

① 会话层的基本功能。

通常将进程之间的数据通信称为会话。会话层的基本功能是组织和同步不同主机上各种进程间的通信，控制和管理会话过程的有效进行。会话层负责在两个会话层实体之间进行会话连接的建立和拆除。在半双工情况下，会话层提供一种数据权标来控制某一方何时有权发送数据。会话层还提供在数据流中插入同步点的机制，使得数据传输因网络故障而中断后，可以不必从头开始而仅重传最近一个同步点以后的数据即可。

② 会话层的基本协议。

ISO/IEC（ISO 和 IEC 组建的联合信息技术委员会） 8826 与 8827 定义了会话层服务与协议规范，相应的 CCITT 建议书为 X.215。

（6）表示层

表示层主要解决用户信息的语法表示问题。表示层将要交换的数据从适合某一用户的抽象语法变换为适合于 OSI 系统内部使用的传送语法。有了表示层，用户就可以把精力集中在所要交谈的问题本身，而不必更多地考虑对方的某些特征。

① 表示层的基本功能。

表示层为上层（应用层）用户提供共同的数据或信息的语法表示变换。为了让采用不同编码方法的计算机在通信中能相互理解数据的内容，可以采用抽象的标准方法来定义数据结构，并采用标准的编码表示形式。表示层管理这些抽象的数据结构，并将计算机内部的表示形式转换成网络通信中采用的标准表示形式。数据压缩、加密和解密也是表示层可提供的表示变换功能。

② 表示层的基本协议。

ISO/IEC 8882 与 8883 分别对面向连接的表示层服务和表示层协议规范进行了定义。

（7）应用层

应用层是 OSI 参考模型中的最高层，它使得网络用户可以通过计算机访问网络资源，使用通过各种接口支持的各类服务。例如，浏览网页、收发电子邮件等都是拥有大量用户的应用服务，用户也可以根据应用层协议开发专用的应用程序。应用层的数据传送单位称为应用协议数据单元（Application Protocol Data Unit，APDU）。

① 应用层的基本功能。

应用层协议用来确定进程之间通信的性质以满足用户的需要；负责用户信息的语义表示，并在两个通信者之间进行语义匹配。也就是说，应用层不仅要提供应用进程所需要的信息交换和远程操作，而且还要作为互相作用的应用进程的用户代理，来完成一些为进行语义上有意义的信息交换所必需的功能。

不同的应用层协议为特定类型的网络应用提供访问 OSI 环境的手段。网络环境下不同主机间的文件传送访问和管理、传送标准电子邮件的文件处理系统、使不同类型的终端和主机通过网络交互访问的虚拟终端协议等都属于应用层的范畴。

② 应用层的基本协议。

在 OSI 应用层体系结构概念的支持下，应用层的基本协议主要包括文件传送、访问与管理（File Transfer，Access and Management，FTAM）、公共管理信息协议（Common Management Information Protocol，CMIP）、虚拟终端协议（Virtual Terminal Protocol，VTP）、事务处理（Transaction Processing，TP）、目录服务（Directory Service，DS）、远程数据库访问（Remote Database Access，RDA）、报文处理系统（Message Handling System，MHS）等。

需要注意的是，OSI 参考模型只是定义了分层结构中每一层向其高层所提供的服务，并没有为准确地定义互连结构的服务和协议提供充分的细节。OSI 参考模型并非具体实现的协议描述，它只是一个为制定标准而提供的概念性框架，仅仅是功能参考模型。对于学习者，通过 OSI 参考模型比较容易对网络通信的功能和实现过程建立起具体形象的概念。

1.5.3　TCP/IP 参考模型

网络互连是目前网络技术研究的热点之一，并且已经取得了很大的进展。在众多网络互连协议中，传输控制协议/网际协议（TCP/IP）是一个使用非常普遍的网络互连标准协议。目前，众多的网络产品厂家都支持 TCP/IP 协议，并被广泛用于 Internet 连接的所有计算机上，所以 TCP/IP 已成为事实上的网络工业标准。建立在 TCP/IP 结构体系上的协议也成为应用最广泛的协议，以下将对 TCP/IP 协议作重点介绍。

1. TCP/IP 历史

TCP/IP 的产生过程和 OSI/RM 有些不同。TCP/IP 刚产生时并不完善，它经历了一个发展和演变过程。TCP/IP 的起源可以追溯到 1969 年，当时是作为一个关于网络互连的分组交换研究项目而开始的，该网络被称为 ARPANET，是由美国国防部创建的。后来，ARPANET 在美国国家科学基金会的帮助下成长为 Internet。

ARPANET 开始使用的是网络控制协议。随着 Internet 的发展，需要更复杂的协议。1973 年引进了传输控制协议（TCP），继而在 1981 年，引进了网际协议（IP）。1982 年，TCP 和 IP 被标准化成为 TCP/IP 协议簇，并在 1983 年，取代了 ARPANET 上的网络控制协议。

1983 年，自由的电子通信和信息共享与其他一些内容被加入了广为接受的 TCP/IP，使其成为大学和政府部门的标准。TCP/IP 作为一个标准组件被包含到伯克利标准发行中心 UNIX 的实现中。从那时起，TCP/IP 就与 UNIX 操作系统密切相关了。随着 Internet 应用的迅速发展，用户促使供应商把 TCP/IP 也加入其他操作系统中。现在几乎每个计算机平台上都有 TCP/IP，而且 TCP/IP 仍在发展和变化着。

2. 因特网的管理机构和标准

Internet 包含了数以千万计的各种网络以及上亿台主机，其不归属于哪个国家或企业。Internet 主要由因特网协会来管理，其中颁布 Internet 的相关标准是其重要工作之一。

（1）因特网的管理机构

因特网协会下又包括一些专门的部门，具体构成如图 1-16 所示。

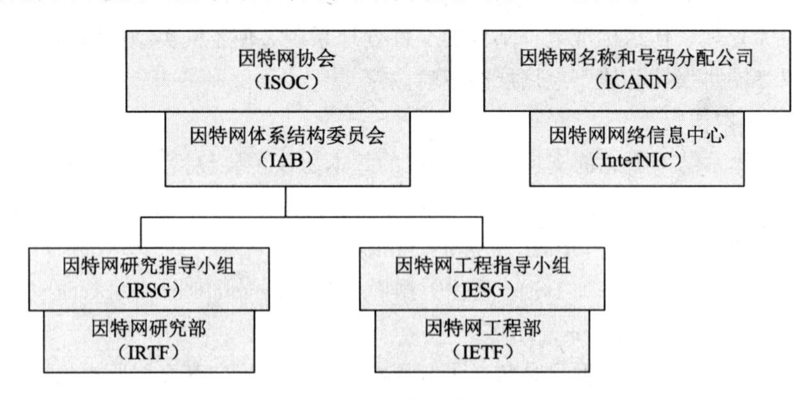

图 1-16 因特网管理机构

① 因特网协会（Internet Society，ISOC）。因特网协会成立于 1992 年，是一个非营利性组织，通过维持和支持其他因特网管理机构来提供对 Internet 标准化过程的支持，还推进与因特网有关的研究和其他一些学术活动。

② 因特网体系结构委员会（Internet Architecture Board，IAB）。因特网体系结构委员会是 ISOC 的技术顾问。IAB 的主要任务是监督 TCP/IP 协议簇的连续发展，以及通过技术咨询向因特网界的研究人员提供服务。IAB 主要是通过其下属的因特网研究部（Internet Research Task Force，IRTF）与因特网工程部（Internet Engineering Task Force，IETF）完成上述任务。

③ 因特网研究部（IRTF）。IRTF 是一个工作组的论坛，该工作组隶属于因特网研究指导小组

(Internet Research Steering Group，IRSG)。IRTF 主要关注有关 Internet 协议、应用、体系结构和技术的长期研究。

④ 因特网工程部(IETF)。IETF 是一个工作组的论坛，该工作组隶属于因特网工程指导小组(Internet Engineering Steering Group，IESG)。IETF 负责找出 Internet 运行中的问题并提出对这些问题的解决方法；除此之外，IETF 还开发评审打算成为因特网标准的一些规约。工作组被划分成若干领域，目前已经定义了 8 个领域，分别为应用、通用、网际互连、操作与管理、实时应用与基础设施、路由、安全和传输领域。随着 Internet 的发展，领域还将会变化。

⑤ 因特网名称和号码分配公司(ICANN)。因特网名称和号码分配公司(Internet Corporation for Assigned Names and Numbers，ICANN)由一个国际董事会管理。从 1998 年 10 月起负责因特网域名和地址的管理。在此之前，因特网的域名和地址一直由美国政府支持的因特网赋号管理局(Internet Assigned Numbers Authority，IANA)管理。

⑥ 因特网网络信息中心(InterNIC)。因特网网络信息中心(Internet Network Information Center，InterNIC)是在 ICANN 下的一个组织，通过提供用户援助、文件、Whois(域名查询协议)、因特网域名和其他服务来为因特网团体服务。InterNIC 网站由 ICANN 运作，负责提供关于因特网域名注册服务的公开信息。

(2) 因特网标准

请求评论(Request for Comments，RFC)文件在因特网标准形成过程起着重要作用。

Internet 标准是一个经过充分测试的规约，规约要达到 Internet 的标准需要经过严格的过程。最先作为 Internet 草案提出，它不是正式的文档，其生存期为 6 个月。当因特网管理机构进行推荐时，将草案作为请求评论(RFC)的形式公布。每一个 RFC 文档都有一个编号，并在网站上公开发布，使每一个感兴趣的人都能够读到。RFC 官方站点的网址是 http://www.rfc-editor.org，在该网站上可以检查 RFC 最及时的更新情况。有关 RFC 的主要中文网站是中国协议分析网，其网址是 http://www.cnpaf.net。

RFC 文档的编号越大，说明其文档越新。并不是每一个协议只与一个 RFC 文档有关，可能针对一个协议有多个 RFC 文档。也不是每一个 RFC 文档都会发展成为 Internet 协议，有些文档经过测试可能被淘汰，而成为历史文档。

RFC 发展到至今，文档已不仅仅是关于 Internet 标准的文档，而且也不局限于 TCP/IP 范围，它几乎包含了与计算机通信有关的任何内容，全面反映因特网研究、发展的过程。目前，RFC 文档的编号已经达到 8 640 多个。对于想对网络有深入了解的人，阅读 RFC 文档是一个极好的途径。

3. TCP/IP 分层模型

视频 1-2　TCP/IP 模型

TCP/IP 作为一种模型实际是一组协议的代名词，其中 TCP 和 IP 是该协议簇中最重要的两个协议，因此以其命名该模型。TCP/IP 协议模型采用 4 层的分层体系结构，将协议分成 4 个概念层，由下向上依次是：网络接口层(Network Interface Layer)、网络层(Internet Layer，又称网际层)、传输层(Transport Layer)和应用层(Application Layer)。TCP/IP 协议的分层模型如图 1-17 所示。

4. TCP/IP 各层功能

下面仅简单介绍 TCP/IP 体系结构各层的功能和主要协议，至于各层提供的服务和协议的详细内容将在以后各章讲解。

（1）网络接口层

TCP/IP 模型的底层是网络接口层，它包括那些能使 TCP/IP 与物理网络进行通信的协议。TCP/IP 标准并没有定义具体的网络接口协议，而是旨在提供灵活性，以适应各种网络类型。数据链路层不是 TCP/IP 协议的一部分,但它是 TCP/IP 赖以存在的各种通信网和 TCP/IP 之间的接口。这些通信网包括 Internet 和 X.25 公用数据网等多种广域网络，以及各种局域网，如以太网、IEEE 的各种标准局域网等。网络层提供了专门的功能，解决与各种网络物理地址的转换。

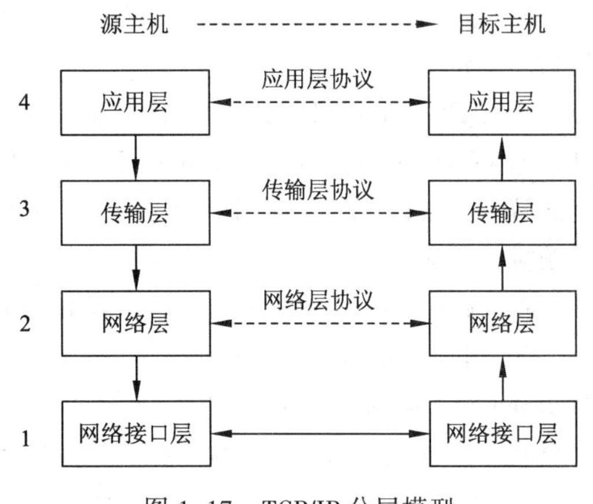

图 1-17　TCP/IP 分层模型

一般情况下，各物理网络可以使用自己的数据链路层协议和物理层协议，不需要在数据链路层上设置专门的 TCP/IP 协议。但是，当使用串行线路连接主机与网络，或连接网络与网络时，例如用户使用电话线和调制解调器接入或两个相距较远的网络通过数据专线互连时，则需要在数据链路层运行专门的串行线路网际协议（Serial Line IP，SLIP）或点到点（Point to Point Protocol，PPP）协议。

（2）网络层

网络层是在 Internet 标准中正式定义的第一层。网络层所执行的主要功能是消息寻址以及把逻辑地址和名称转换成物理地址。通过判定从源计算机到目标计算机的路由，该层还控制子网的操作。在网络层中，最常用的协议是网际协议（IP），然而在此操作中也有许多其他协议协助 IP 的操作。网络层中含有 5 个重要的协议：网际协议 IP、网际控制报文协议（Internet Control Message Protocol，ICMP）、因特网组管理协议（Internet Group Management Protocol，IGMP）、地址解析协议（Address Resolution Protocol，ARP）和逆向地址解析协议（Reverse Address Resolution Protocol，RARP）。

① 网际协议（IP）：负责通过网络交付数据报，同时负责主机间数据报的路由和主机寻址。

② 网际控制报文协议（ICMP）：传送各种信息，包括与包交付有关的错误报告。

③ Internet 组管理协议（IGMP）：报告主机组从属关系，以便依靠路由器支持多播（Multicast）发送。

④ 地址解析协议（ARP）：使 IP 能够把主机的 IP 地址与其物理地址相匹配，即把 IP 地址解析为物理地址。

⑤ 逆向地址解析协议（RARP）：是 ARP 的逆变换，把物理地址解析为 IP 地址。

网络层的功能主要由 IP 来提供。除了提供端到端的分组分发功能外，IP 还提供了很多扩充功能。例如，为了克服不同网络体系结构数据链路层对帧大小的限制，网络层提供了数据分装和重组功能，这使得很大的 IP 数据报能以较小的分段在网上传输。

网络层另一个重要服务是在互相独立的局域网上建立互连网络。网间的报文来往根据其目的 IP 地址通过路由器传到另一网络。

（3）传输层

在 TCP/IP 模型中，传输层的主要功能是提供从一个应用程序到另一个应用程序的通信，常称为端到端的通信。现在的操作系统都支持多用户和多任务操作，一台主机可能运行多个应用程序（并发进程），因此端到端的通信实际是指从源进程发送数据到目标进程的通信过程。传输层定义了两个主要的协议：传输控制协议（TCP）和用户数据报协议（UDP），分别支持两种数据传送方法。

① 传输控制协议（TCP）：使用面向连接的通信提供可靠的数据传送。对于大量数据的传输或者主机之间的扩展对话，通常都要求有可靠的传送。TCP 能够进行消息分段和差错检验及恢复，以消除这些因素的影响。

② 用户数据报协议（UDP）：在传送数据前不要求建立连接，目的是提供高效的离散数据报传送，但是不能保证传送被完成。运用 UDP 的应用程序必须执行自己的错误检验和恢复。UDP 常用于请求-应答查询以及数字化语音和图像的传送等。

另外，还有一些其他协议，例如用于传送数字化语音的网络语音协议（Network Voice Protocol，NVP）等。

（4）应用层

TCP/IP 模型的应用层是最高层，但与 OSI 的应用层有较大区别。实际上，TCP/IP 模型的应用层的功能相当于 OSI 参考模型的会话层、表示层和应用层 3 层的功能。

在 TCP/IP 的应用层中，定义了大量的 TCP/IP 应用协议，其中最常用的协议包括文件传输协议（File Transfer Protocol，FTP）、远程登录（Telnet）、域名系统（Domain Name System，DNS）、简单邮件传输协议（Simple Mail Transfer Protocol，SMTP）和超文本传输协议（Hypertext Transfer Protocol，HTTP）等。

① 文件传输协议（FTP）：有效地把数据从一台主机传送到另一台主机，实现运行不同操作系统主机间的数据传输。

② 远程登录（Telnet）：允许一台计算机的用户登录到远程计算机上并进行工作。

③ 域名系统（DNS）：负责把主机的域名映射到网络的 IP 地址。

④ 简单邮件传输协议（SMTP）：实现电子邮件在网络中的发送和接收。

⑤ 超文本传输协议（HTTP）：用于使用浏览器程序在 Internet 上浏览网页。

用户可以利用应用程序编程接口（API）开发与网络进行通信的应用程序。例如，微软公司的 Windows Sockets 就是一种常用的符合 TCP/IP 协议的网络 API。

5. TCP/IP 和 OSI/RM 的比较

TCP/IP 和 OSI/RM 两个模型虽然在层次划分上不同，但相同的是都要完成计算机网络的通信功能。而且除了在 TCP/IP 模型中将 OSI/RM 的高三层合并为一层以及将 OSI/RM 的物理层和数据链路层归并到网络接口层外，其他层次的功能基本上对应。TCP/IP 模型和 OSI/RM 的对应关系如图 1-18 所示。

TCP/IP 模型是一种在实际应用中逐渐发展完善起来的模型，因此存在一些先天的不足，主要表现在以下几点：

① 该模型没有明显地区分服务、接口和协议的概念。好的软件工程实践要求区分规范和实现，这一点 OSI 非常小心地进行了处理，而 TCP/IP 模型就做得不够。

② TCP/IP 模型不是通用的，并且不适合描述除 TCP/IP 模型之外的任何协议。

③ TCP/IP 模型不区分（甚至不提及）物理层和数据链路层，这两层实际上完全不同。物理

层必须处理铜缆、光纤和无线通信的传输问题。而数据链路层的工作是区分帧头和帧尾，并且以通信需要的可靠性把帧从一端发到另一端。OSI 模型把它们作为分离的层，而 TCP/IP 模型并没有这么做。

在学习网络通信时，常利用 OSI/RM 理解通信过程和协议的概念，利用 TCP/IP 讲解网络协议的具体功能。

6．本书采用的模型

综合以上分析，本书在讲解网络体系结构时，采取如图 1–19 所示的 5 层模型，即在 TCP/IP 模型的基础上，参考 OSI/RM 模型，将网络接口层分为物理层和数据链路层两层的组织方式。

OSI/RM	TCP/IP
应用层	应用层
表示层	
会话层	
传输层	传输层
网络层	网际层
数据链路层	网络接口层
物理层	

图 1–18 OSI/RM 与 TCP/IP 各层的对应关系

图 1–19 5 层模型

小 结

本章涉及的内容是计算机网络的基础和纲领。开始学习时可以把这一章作为网络知识的摘要，当学完本书后再读这一章可作为网络知识的总结。

本章首先介绍了计算机网络的发展历程、计算机网络的定义、分类、组成及评价指标等基本概念，然后阐述了网络通信中重要的理论问题，包括网络分层的原则和方法、网络体系结构及其网络协议，对等层逻辑连接和数据物理传输的概念等。这些概念和理论是学习后续章节的重要基础。

本章还介绍了两种主要的网络体系结构模型，即由国际标准化组织制定的开放系统互连参考模型 OSI，和起源于 ARPANET 并由于 Internet 的普及而被广泛应用的 TCP/IP 体系结构模型。协议是在不断发展变化的，本章不是描述协议的内容细节，而是主要研究协议应具有的功能。同一功能可能要在不同层出现，但实现的方法和协议有所区别，例如流量控制、检错和数据的分装和重组等，在后续的学习中要特别注意各层在实现这些功能时的区别。

本书后续的章节将以 TCP/IP 模型为线索，逐层详细介绍各层的功能、技术和协议。

习 题

1. 什么是计算机网络？它由哪两级子网构成？简述两级子网的功能、组成和技术。
2. 比较计算机网络的几种拓扑结构，并简述自己所在学校的局域网拓扑结构。
3. 简述计算机网络的分类。

4. 组成计算机网络系统的硬件系统包括哪些部件？软件系统包括哪些软件？

5. 有哪些常用的网络操作系统？各有什么优缺点？

6. 在有 n 个节点的全连接拓扑结构中，有多少个直接连接？

7. 什么是网络的体系结构？什么是网络协议？

8. 协议和服务有什么区别？

9. 国际上有哪些主要的制定网络通信标准的组织和公司？

10. 分别画出 OSI/RM 和 TCP/IP 的层次模型，并简述各层的基本功能。说明两种模型的区别及联系。

11. 下述问题在 OSI/RM 的哪一层处理？

① 确定一接插件的机械尺寸和电器特性。

② 将传输的数据划分为帧。

③ 决定路由。

④ 检查远程登录用户身份的合法性。

⑤ 将数据压缩和解压缩。

⑥ 控制打印机打印头换行。

第2章　物　理　层

物理层所涉及的数据通信技术是建立计算机网络的重要基础。本章将介绍数据通信技术的一些基础知识：信号及信号传输方式、数据调制方法、数据编码方法、脉冲编码调制、数据传输技术、同步技术和多路复用技术等，并在此基础上介绍传输介质、物理层设备和协议的主要内容。

2.1　数据、信号和编码

在数据通信系统中，数据的传输要借助于一定形式的物理信号，如电信号、光信号或电磁波等。信号代表数据，但不完全等同于数据，二者存在一定的编码关系。简单地说，信号是经过编码的数据。本节从数据和信号的概念入手，介绍数据的传输形式，以及与计算机网络相关的编码技术，包括数字调制、数字编码和脉冲编码调制（Pulse Code Modulation，PCM）。

2.1.1　数据和信号

首先明确数据和信号的概念和分类，然后介绍由此产生的数据传输的 4 种形式。

1．数据

本书讨论的数据是指能够被传输的具有一定物理意义的实体。数据可分为模拟数据和数字数据两种。连续变化的物理量是模拟数据，如声音的大小。离散而不连续的物理量是数字数据，如电压的有无、二进制序列等。

2．信号

信号是数据在传输过程中的物理表示形式。在通信系统中，数据可以用模拟信号和数字信号两种方式表示。

（1）模拟信号和数字信号

信号应具有确定的物理描述，例如电压、磁场强度等。它可分为模拟信号和数字信号两种类型。

① 模拟信号：随时间连续变化的物理量。例如，声音就是一个模拟信号，当人说话时，空气中便产生了一个声波，这个声波包含了一段时间内的连续值（无穷多个）。普通模拟电视的视频信号也是模拟信号。图 2–1 描绘了一个模拟信号的波形，其曲线相对于时间和幅值而言都是连续的，经过了一段时间内的无穷多个点。

② 数字信号：相对于时间和幅值而言都是不连续的，即离散的物理量，它只包含有限数目的固定值。最简单的数字信号是二进制数字 0 和 1，分别由物理量的两个不同状态（如正电平和负电平）表示。数字信号从一个值到另一个值的变化是瞬时发生的，就像开关电灯一样。图 2–2 描绘了一个数字信号，曲线是离散的。其水平的高线和低线表示这些值是固定的，垂直线则显示了信号从一个值到另一个值的瞬时跳变。

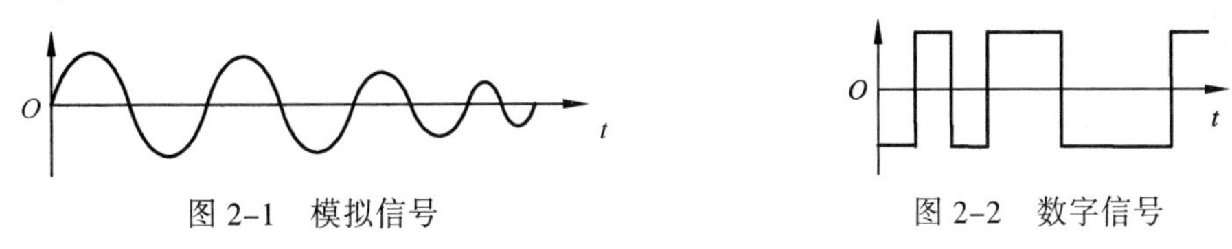

图 2–1　模拟信号　　图 2–2　数字信号

（2）周期信号和非周期信号

模拟信号和数字信号都可以有周期和非周期两种形式。

① 周期信号：如果一个信号在一段可测量的时间内完成一种模式，并且在随后同样长的时段内不断重复这种模式，这个信号就是周期信号。完成一个完整模式所需要的时间称为一个周期，通常用 T 表示。对于一个给定的周期信号，其周期是固定的，如正弦波就是周期信号。图 2–3 描绘了两个周期信号，T 表示该信号的周期。

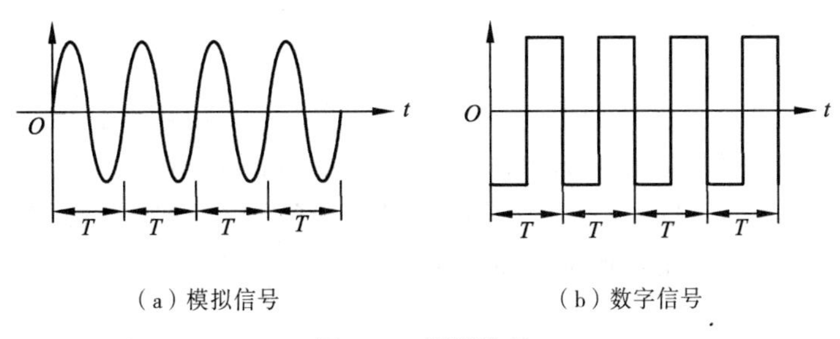

（a）模拟信号　　（b）数字信号

图 2–3　周期信号

② 非周期信号：一个非周期信号在随时间变化的过程中，不会出现重复的模式。实际生活中的绝大多数信号是非周期信号。图 2–1 和图 2–2 所示就是两个非周期信号。利用傅里叶变换，可以将非周期信号分解成无数个周期信号的叠加。

3. 数据传输形式

如上文所述，数据具有模拟和数字两种类型，信号也具备模拟和数字两种形式。因此，信道中的信号传输，可以构成以下 4 种形式：

（1）模拟信道传输模拟数据

典型的例子是电话系统。人的声音是连续变化的模拟量，电话线传输的是模拟的电信号。在通话过程中，模拟的声音数据加载到模拟的电信号中传输。

虽然模拟数据可以在模拟信道上直接传输，但大量低频信号的存在不利于远距离传输，因此，通常需要将模拟数据进行调制，即将模拟信号调制到高频载波信号上，再通过模拟信道发送。

（2）模拟信道传输数字数据

典型的例子是拨号上网，通过电话系统实现计算机之间的通信。计算机只能发送和接收数字数据，而电话系统传输的是模拟信号，这就涉及数字数据转换为模拟信号传输的问题。

（3）数字信道传输数字数据

最简单的例子是将两台计算机的网卡直接相连，计算机发送和接收的数据，网线中传输的信号全部是数字形式。目前，广泛使用的局域网也是数字信道传输数字数据的典型例子。

（4）数字信道传输模拟数据

典型的例子是公用电话网。目前，电话网的中继系统一般都是数字传输系统，因此就需要将模拟电话信号转变为数字信号。

2.1.2 数字调制

使用模拟信道传输数字数据，需要将数字数据转换为模拟信号，通常采用数字调制的方法，即选取音频范围内某一频率的正（余）弦波作为载波，来运载需传输的数字数据。一个正弦波信号的表达式为：

$$y(t)=A\sin(2\pi ft+\varphi)$$

其中，A 为信号的振幅；f 为信号的频率，表示单位时间（s）内信号变化的次数，单位为周/秒，即 Hz；$2\pi f$ 为角频率，单位为 rad/s；φ 为初始相角，表示 $t=0$ 时信号的相位，单位为弧度。还有一个重要的参数是周期 T，周期表示信号变化一次所持续的时间，单位为 s。周期和频率互为倒数关系，即：

$$T=1/f$$

由于载波信号是正（余）弦波，因此相对于它的 3 个控制参数：振幅 A、频率 f 和相位 φ，形成了 3 种基本调制方法：振幅调制（Amplitude Modulation，AM）、频率调制（Frequency Modulation，FM）和相位调制（Phase Modulation，PM）。实际应用中，通常将 3 种基本调制方法相结合。如常用的正交调幅（Quadrature Amplitude Modulation，QAM）方法，即综合运用了振幅调制和相位调制。

1. 振幅调制

振幅调制又称幅移键控（Amplitude Shifting Keying，ASK）。这种方法通过改变载波信号的振幅大小来表示二进制 0 和 1，而频率和相位保持不变。设计者决定哪个幅值表示 1、哪个幅值表示 0。一种常用的方法是将一个幅值设置为 0 电平（没有载波信号发射），这样可以有效地避免噪声的影响。

如果载波信号为 $A\sin 2\pi ft$，则振幅调制信号可以表示为：

$$s(t)=\begin{cases} A\sin 2\pi ft & \text{当数字为 1 时} \\ 0 & \text{当数字为 0 时} \end{cases}$$

例如，将数字数据 01001101 按上述公式进行振幅调制，结果如图 2-4（a）所示。其中两个周期的正弦信号表示一位二进制数据，这种构成数据编码的最小单位称为码元。

2. 频率调制

频率调制又称频移键控（Frequency Shifting Keying，FSK）。这种方法通过改变载波信号的频率来表示二进制 0 和 1，而振幅和相位保持不变。

如果载波信号为 $A\sin 2\pi ft$，频率 f_1 表示 1，频率 f_2 表示 0，则频率调制信号可以表示为：

$$s(t)=\begin{cases} A\sin 2\pi f_1 t & \text{当数字为 1 时} \\ A\sin 2\pi f_2 t & \text{当数字为 0 时} \end{cases}$$

例如，将数字数据 01001101 按上述公式进行频率调制，结果如图 2-4（b）所示。

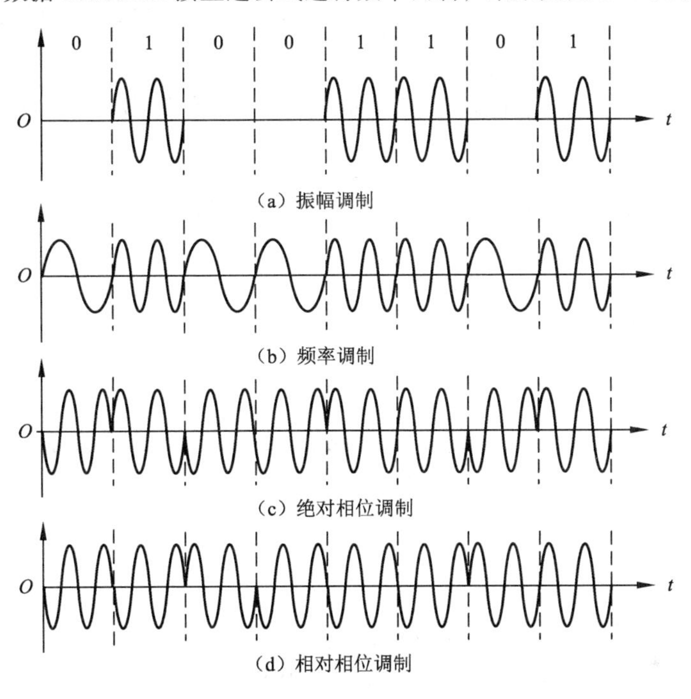

图 2-4　基本调制方法

3. 相位调制

相位调制又称相移键控（Phase Shifting Keying，PSK）。这种方法通过改变载波信号的相位来表示二进制 0 和 1，而振幅和频率保持不变。相位调制又可分为绝对相位调制和相对相位调制。

（1）绝对相位调制

绝对相位调制即利用载波信号的不同相位直接表示数字 0 和 1。如果载波信号为 $A\sin 2\pi ft$，当传输数字 1 时，信号与载波信号的相位差为 0；当传输数字 0 时，信号与载波信号的相位差为 π。绝对相位调制信号可以表示为：

$$s(t)=\begin{cases} A\sin 2\pi ft & \text{当数字为 1 时} \\ A\sin(2\pi ft+\pi) & \text{当数字为 0 时} \end{cases}$$

例如，将数字数据 01001101 按上述公式进行绝对相位调制，结果如图 2-4（c）所示。

（2）相对相位调制

相对相位调制即利用前后两个信号单元相位的相对变化来表示数字 0 和 1。如果载波信号为 $A\sin 2\pi ft$，当数字为 1 时，后 1 个码元和前 1 个码元的相位差为 0；当数字为 0 时，后 1 个码元和前 1 个码元的相位差为 π。例如，将数字数据 01001101 按上述方法进行相对相位调制，结果如图 2-4（d）所示。

上面介绍的 3 种基本调制方法，都列举了最简单的情况：只取相关参数的两个值，表示数字 0 和 1。实际上，可以取更多的参数值，从而使得每个信号单元可传送更多的二进制比特位。例如，在绝对相位调制中，可以设定 4 个相位：φ_1，φ_2，φ_3，φ_4。因为 2 个比特有 4 种组合，所以可以为每种组合分配一个相位，如表 2–1 所示。图 2–5 给出了数字数据 01001101 所对应的绝对相位调制信号。

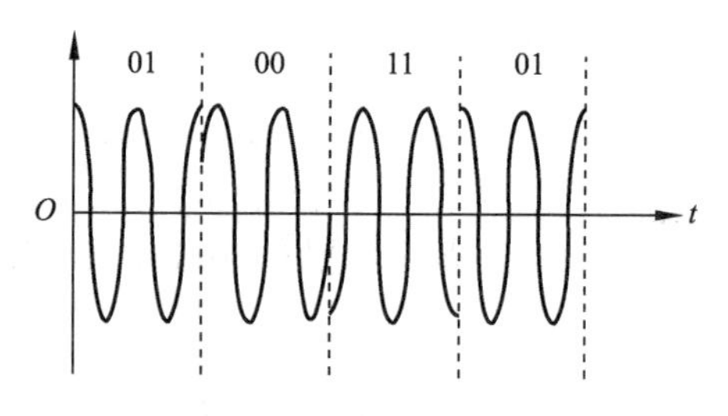

图 2–5　4 种相位的绝对相位调制

表 2–1　绝对相位调制信号定义的规则

比　特　值	调制信号的相位
00	0
01	π/2
10	π
11	3π/2

由此例可知，如果有 N 种不同的信号模式，那么每一种信号模式就可以表示 $\log_2 N$ 位的二进制数字串。

4. 正交调幅

正交调幅（QAM）是一种实用的调制方法，它结合使用载波信号中的振幅和相位变化，为每个比特组合分配一个给定的振幅和相位信号。这样不仅可以增加信号模式，提高比特率（每秒发送的比特数），而且能使信号之间保持较大的差异，提高信号的抗干扰能力。

例如，设定采用 2 个振幅和 4 个相位，把它们结合起来，就会产生 8（2×4）种信号模式，每一种信号模式可以表示 3 位（$\log_2 8$）比特串。再设定它们的对应关系，如表 2–2 所示。

表 2–2　正交调幅信号定义的规则

比　特　值	调制信号的振幅	调制信号的相位
000	A_1	0
001	A_2	0
010	A_1	π/2
011	A_2	π/2
100	A_1	π
101	A_2	π
110	A_1	3π/2
111	A_2	3π/2

还可以利用图示的方法来表示表 2–1 和表 2–2 所示的关系，这就是常用的信号星座图。信号星座图中的每一个点，就是一个合法的信号模式，信号的振幅 A 对应于该点到原点的距离，相位 φ 对应于振幅和水平轴的夹角，如图 2–6 所示。整个信号星座（即坐标系上的一个点阵）定义了一种 QAM 方法的所有合法信号模式。图 2–7 所示即为表 2–2 所示的 8–QAM 的信号星座。

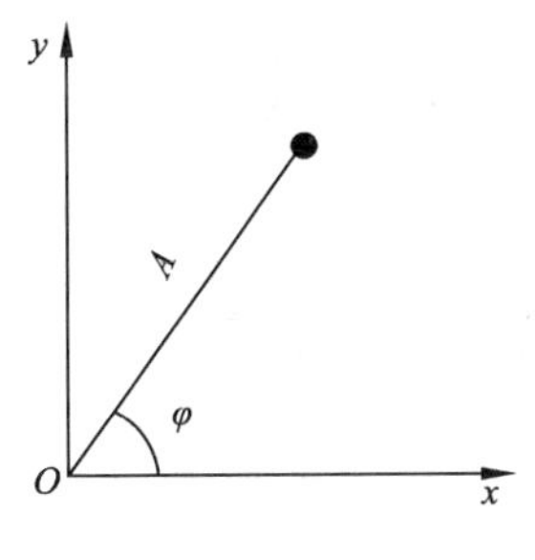

图 2-6　信号星座点

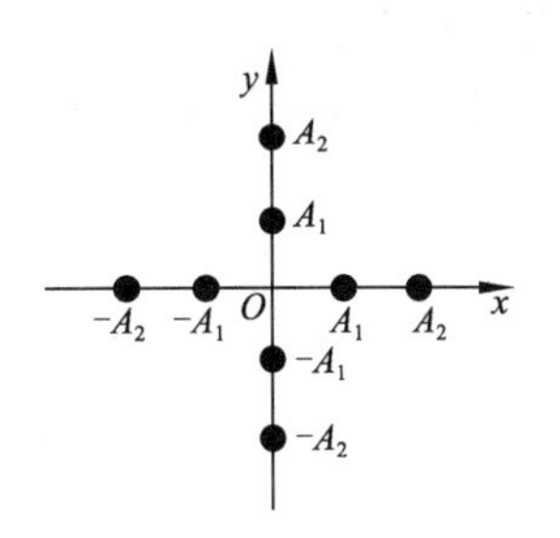

图 2-7　8-QAM 的信号星座

理论上讲，QAM 中信号模式的变化是无数的。但是，信号模式的增多，将导致信号星座点更加密集，即信号模式的差异减小。对于噪声干扰产生的畸变信号，将无法区分其到底属于哪一个信号星座点。因此实际常用的方法是 16-QAM、64-QAM 和 256-QAM。

例如，将数字数据 001100011000110010111101 按上述 8-QAM 的方法调制，结果如图 2-8 所示。

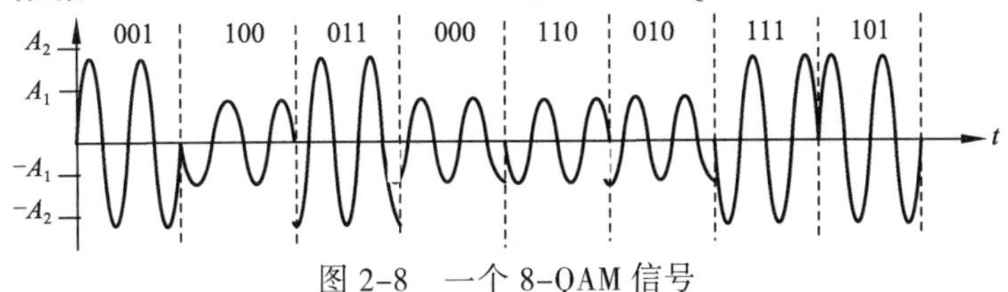

图 2-8　一个 8-QAM 信号

下面分析图 2-8 中的信号波形。最左边的 3 比特是 001，对应振幅 A_2、相位 0 的信号（见表 2-2），因此其波形是从 0 开始增大，震荡于 A_2 和 $-A_2$ 之间的正弦波。其循环的次数取决于载波信号的频率。为了简便，此处用两个载波信号周期表示一个数据单元。第二个 3 比特是 100，对应振幅 A_1、相位 π 的信号，其波形是从 0 开始减小，震荡于 $-A_1$ 和 A_1 之间的正弦波。实际上，这一小段波形是第一个 3 比特波形左移 π 的结果。第三个 3 比特是 011，对应振幅 A_2、相位 π/2 的信号，其波形是从 $-A_2$ 开始增大，增至 A2，再减小至 $-A_2$ 的正弦波。这一小段波形是第二个 3 比特波形左移 π/2 的结果。用同样的方法，可继续绘制出后续的 5 个 3 比特波形。

由上例可以看出，当前 3 比特的波形，其振幅是该比特组合的幅值，而其相位则与前一个信号的模式有关，即是与前一个信号的相位差。因此可以得出结论：QAM 是综合使用振幅调制和相对相位调制的一种实用方法。

2.1.3　数字编码

使用数字信道传输数字数据，即用数字信号来表示数字信息。这种编码方式，一般是将二进制数据串，转换为一系列可以在传输介质中传输的电压或光脉冲。表示二进制数字的码元形式不同，便产生了许多不同的编码方案。本章在介绍单极性编码和极化编码的基础上，重点讲解两种实用的数字编码方法——双相位编码和 *n*B/*m*B 编码。

1. 单极性编码

单极性编码是最基本的编码方式。虽然该方法已经过时，但它的简单性有助于理解编码的基本概念。

单极性编码只使用一种极性（正或负）的电压脉冲，这个脉冲通常被指定为二进制 1，而二进制 0 则由零电压表示。

例如，将数字数据 01001101 进行单极性编码，结果如图 2-9（a）所示。图中 1 由正电压表示，0 由零电压表示。

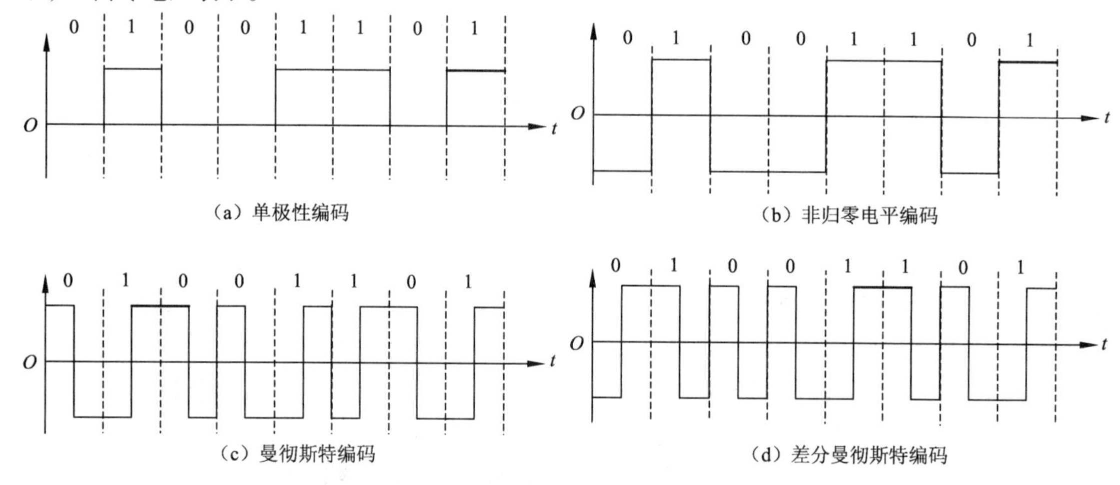

图 2-9 4 种二进制数据编码方法

单极性编码方法简单，易于实现。但经过编码的信号的平均振幅不为 0，即信号中含有直流分量，不能由没有处理直流分量信号能力的介质传输。另外，还存在一个同步问题，即当数字数据包含一长串 1 或 0 时，意味着电压在一个连续的时间段内不发生变化，如果发送方和接收方的时钟不能精确一致，就有可能导致接收方错误地解码。例如，发送方以 1 000 bit/s 的速度发送 5 个连续的 1，则单极性编码电压将会持续 5 ms，如果此信号被接收方的时钟拉长至 6 ms，接收方就错误地多接收了一个 1。

2. 极化编码

极化编码采用两种极性（正和负）的电压脉冲，很大程度上减轻了直流分量的问题。下面仅介绍一种常用极化编码——非归零电平编码。

非归零电平编码，其电压脉冲的一种极性被设计为 1，另一种极性被设计为 0。

例如，将数字数据 01001101 进行非归零电平编码，结果如图 2-9（b）所示。图中 1 由正电压表示，0 由负电压表示。

非归零电平编码仍存在发送方和接收方的时钟同步问题。

3. 双相位编码

为了解决通信过程中的同步问题，人们在编码信号中加入了同步信息，称为自同步码，其中具有代表性的是双相位编码。双相位编码使用两种极性（正和负）的电压，并在每个码元信号中间设置跳变（极性反转），这个跳变被用作同步信息。在计算机网络中普遍使用的曼彻斯特编码和差分曼彻斯特编码都属于双相位编码。

（1）曼彻斯特编码

曼彻斯特编码在每个码元中间都产生跳变，而且这个跳变有双重作用，既表示比特值又表示同步信息。根据跳变的方向区分 0 和 1。负电平到正电平的跳变表示 1，正电平到负电平的跳变表示 0。

例如，将数字数据 01001101 进行曼彻斯特编码，结果如图 2-9（c）所示。

（2）差分曼彻斯特编码

差分曼彻斯特编码每个码元中间的跳变仅用来表示同步信息。根据每比特信号开始位置的电平是否发生变化来区分 0 和 1。每比特的开始位置没有跳变表示 1，有跳变表示 0。

例如，将数字数据 01001101 进行差分曼彻斯特编码，结果如图 2-9（d）所示。设起始位置的电压为正电平。

但由于作为时钟信号，双相位编码需要两倍的带宽进行传输，使得编码效率仅为 50%。

4．nB/mB 编码

*n*B/*m*B 码是把原信息序列中的 *n* 位二进制码作为一组，编成 *m* 位二进制码的新码组。由于 $m>n$，新码组有 2^m 种组合，多出 2^m-2^n 种组合，可从中选择部分码组作为可用码组，其余作为禁用码组或特定控制信号码组。通常选择 $m=n+1$，$m=n+2$，有 1B/2B、2B/3B、3B/4B、4B/5B、5B/6B、8B/10B。

4B/5B 码采用把每 4 比特映射成一个 5 比特的模式，映射关系如表 2-3 所示。通过对 5 比特模式的选择保证映射结果中不会出现连续 3 个 0，从而解决了同步的时钟问题，并且编码效率达到 80%，远远超过曼彻斯特编码的效率。

表 2-3　4B/5B 映射

数据（4B）	码字（5B）	数据（4B）	码字（5B）
0000	11110	1000	10010
0001	01001	1001	10011
0010	10100	1010	10110
0011	10101	1011	10111
0100	01010	1100	11010
0101	01011	1101	11011
0110	01110	1110	11100
0111	01111	1111	11101

8B/10B 码是将原始数据分成两部分，其低 5 位会进行 5B/6B 编码，高 3 位则进行 3B/4B 编码，从而组成一组 10 位的数据。8B/10B 码是目前许多高速串行总线采用的编码机制。

64B/66B 码并不是真正的编码，而是一种基于扰码机制的编解码方式。64B/66B 码是将 64 比特的数据或控制信息编码成 66 比特块来进行传输，在这 66 比特中，前 2 比特表示同步头，主要用于接收端的数据对齐和接收数据位流的同步，后面 64 比特的数据经过随机化处理，使得数据的 0 和 1 最大程度地随机分布，减小连续出现的情况。虽然，64B/66B 码并不能适用于所有的码型，不像 8B/10B 编码一样对所有的比特组合都有出色的表现，但它最大的好处是效率比较高，传输冗余的比特只有 2 位，开销只有 3%，不像 8B/10B 编码需要 20%的开销，这在更高速的传输环境下具有优势。

2.1.4　脉冲编码调制

用数字信道传输模拟数据，通常采用的方法是脉冲编码调制（PCM）。脉冲编码调制是在发送端经过抽样、量化和编码，将模拟数据转换成数字序列，在接收端再把接收到的数字信号解码，还原成模拟装置所能接收的模拟数据。

1. 抽样

抽样是每隔一定时间，取模拟信号在这一时刻的瞬时值作为样本，用一系列的样本值代表模拟信号在某一区间随时间变化的值，这样做的理论依据是奈奎斯特取样定理。

奈奎斯特取样定理：如果抽样频率大于模拟信号最高频率的两倍，就可以用得到的样本值完全恢复原来的模拟信号，即：

$$f=1/T>2f_{max}$$

其中，f 为抽样频率；T 为抽样周期；f_{max} 为信号的最高频率。

因此，需要把模拟信号以其信号带宽 2 倍以上的频率进行抽样。

图 2-10 给出了脉冲编码调制抽样和量化示意图。

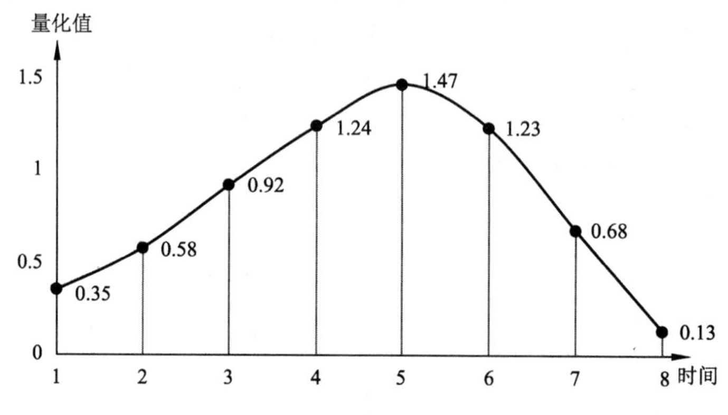

图 2-10 脉冲编码调制抽样和量化示意图

2. 量化

抽样信号虽然是时间轴上离散的信号，但其样本值为一定取值范围内的连续值，无法一一对应地给出数字码组，因此必须采用“四舍五入”的方法把样本值分级“取整”，这一过程称为量化。在量化前，需要规定量化的级数（如 8 级或 16 级）和每级对应的幅度范围，然后将样本值与各级的幅度范围比较，确定样本的量化级别。例如图 2-10 中，将[0,1.5]范围内的数值分为 16 级，每级间隔 0.1。

3. 编码

量化后的抽样信号在一定的取值范围内仅有有限个可取的样值，将量化样本值的绝对值从小到大依次排列，再对应地依次赋予一个十进制数字代码，而简单高效的数据系统是二进制码系统，因此，还需要将十进制数字代码变换成二进制代码。图 2-10 中样本值的二进制编码如表 2-4 所示。

表 2-4 脉冲编码调制量化和编码

样　　本	量化级别	二进制编码	样　　本	量化级别	二进制编码
1	4	0100	5	15	1111
2	6	0110	6	12	1100
3	9	1001	7	7	0111
4	12	1100	8	1	0001

每个二进制代码可用一个脉冲串（4 位）来表示，这一组脉冲序列就代表了经 PCM 编码的模拟信号。

由上述脉冲编码调制的原理可以看出，抽样的频率是由模拟信号的最高频率决定的，而抽样的精度由量化级别的个数决定。

2.2　传输介质和物理层设备

在计算机网络中，用于连接网络设备的传输介质很多，一般可分为有线传输介质和无线传输介质两大类。常用的有线传输介质有双绞线、同轴电缆和光导纤维。微波是常用的无线传输介质。物理层设备主要包括中继器和集线器。传输介质和设备的选择和连接是物理层的重要工作之一。

2.2.1　传输介质

1. 双绞线

双绞线价格低廉，是一种广泛使用的传输介质，如家庭中的电话线。局域网也普遍采用双绞线作为传输介质。

（1）双绞线的结构

双绞线是由两根绝缘铜导线拧成规则的螺旋状结构。绝缘外皮是为了防止两根导线短路。每根导线都带有电流，并且其信号的相位差保持 π，目的是抵消外界电磁干扰对两个电流的影响。螺旋状结构可以有效降低电容和串扰（两根导线间的电磁干扰）。把若干对双绞线捆扎在一起，外面再包上保护层，就是常见的双绞线电缆。

（2）双绞线的分类

因结构不同，双绞线电缆可分为屏蔽双绞线（Shielded Twisted-Pair，STP）和非屏蔽双绞线（Unshielded Twisted-Pair，UTP）。图 2-11 所示为目前最常用的非屏蔽双绞线，外皮内有 8 根线两两绞合在一起，并由颜色区分。屏蔽双绞线比非屏蔽双绞线增加了一个屏蔽层，能够更有效地防止电磁干扰。

图 2-11　非屏蔽双绞线

双绞线还可以按电气特性分类。在美国电气工业协会/电信工业协会（EIA/TIA）颁布的“商用建筑物电信布线标准”（EIA/TIA-568）中，规定了 8 类双绞线。

① 1 类线是 EIA/TIA-568A 标准中最原始的非屏蔽双绞铜线电缆，用于电话语音通信，不用于数据传输。

② 2 类线是 EIA/TIA-568A 标准中第一个可用于计算机网络数据传输的非屏蔽双绞线电缆，传输频率为 1 MHz，传输速率达 4 Mbit/s。主要用于旧的令牌网。

③ 3 类线是 EIA/TIA-568A 标准中专用于 10BASE-T 以太网的非屏蔽双绞线电缆，传输频率为 16 MHz，传输速率可达 10 Mbit/s。

④ 4 类线是 EIA/TIA-568A 标准中用于令牌环网的非屏蔽双绞线电缆，传输频率为 20 MHz，传输速率达 16 Mbit/s。主要用于基于令牌的局域网和 10BASE-T/100BASE-T。

⑤ 5 类线是 EIA/TIA-568A 标准中用于铜线分布式数据接口（Copper Distributed Data Interface，

CDDI）网络和快速以太网的非屏蔽双绞线电缆，传输频率为 100 MHz，传输速率达 100 Mbit/s。

超 5 类线是 EIA/TIA-568B.1 标准中用于快速以太网的非屏蔽双绞线电缆，传输频率为 100 MHz，传输速率可达到 100 Mbit/s。与 5 类双绞线电缆相比，超 5 类双绞线在近端串扰、串扰总和、衰减和信噪比 4 个主要指标上都有较大的改进。

⑥ 6 类线是 EIA/TIA-568B.2 标准中规定的一种非屏蔽双绞线电缆，它主要应用于百兆位快速以太网和千兆位以太网中。因为其传输频率可达 200～250 MHz，是超 5 类线带宽的 2 倍，最大传输速率可达到 1 000 Mbit/s，可满足千兆位以太网需求。

超 6 类线是 6 类线的改进版，同样是 EIA/TIA-568B.2 标准中规定的一种非屏蔽双绞线电缆，主要应用于千兆位网络中。传输频率与 6 类线一样，也是 200～250 MHz，最大传输速率也可达到 1 000 Mbit/s，只是在串扰、衰减和信噪比等方面有较大改善。

⑦ 7 类线是 ISO 7 类/F 级标准中的一种双绞线，主要为了适应万兆位以太网技术的应用和发展。但其不再是一种非屏蔽双绞线了，而是一种屏蔽双绞线。所以传输频率至少可达 500 MHz，传输速率可达 10 Gbit/s。

⑧ 8 类线是 ANSI / TIA-568.2-D 标准中的最新一代双屏蔽双绞线(Shielded Foil Twisted-Pair, SFTP)，它拥有两个导线对，传输频率可达 2 000 MHz，传输速率可达 40 Gbit/s，最大传输距离为 30 m，一般用于短距离数据中心的服务器、交换机、配线架以及其他设备的连接。

非屏蔽双绞线是目前常用的传输介质，其中 5 类和超 5 类使用得最为广泛。其使用 RJ-45 接头（通常称为水晶头，见图 2-12）连接网卡和交换机等通信设备。

（3）双绞线的线序

在 EIA/TIA-568A 和 EIA/TIA-568B 标准中，还规定了制作双绞线（5 类和超 5 类）的绕对排列顺序，如图 2-13 所示。

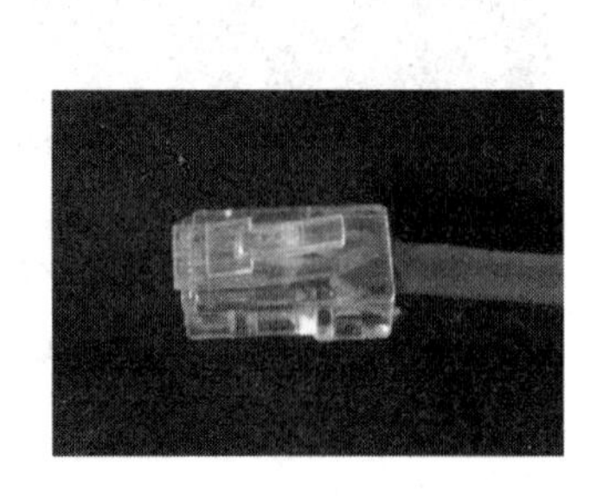

图 2-12　RJ-45 接头

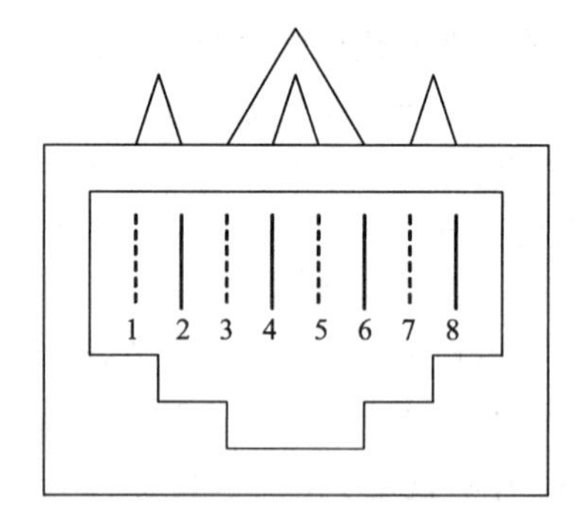

图 2-13　RJ-45 插座排线顺序

	1	2	3	4	5	6	7	8
EIA/TIA-568A 线序	白绿	绿	白橙	蓝	白蓝	橙	白棕	棕
EIA/TIA-568B 线序	白橙	橙	白绿	蓝	白蓝	绿	白棕	棕

图 2-13 所示的引脚中，1、2 被定义为输出线，3、6 设为接收线，而 4、5、7、8 作为预留，没有使用。即使用双绞线介质，只有 4 根线（1、2、3、6）参与了传输数据。

实际上 EIA/TIA-568A 和 EIA/TIA-568B 的标准线序并没有本质的区别，只是颜色上的区别，需要注意的只是在连接两个水晶头时必须保证：

① 1、2 线对是一个绕对。

② 3、6 线对是一个绕对。

③ 4、5 线对是一个绕对。

④ 7、8 线对是一个绕对。

在计算机网络中常用的双绞线有直连线和交叉线两种，其连线距离都不能超过 100 m。

直连线用于不同种类设备之间的连接，如计算机网卡与交换机普通端口的连接、交换机普通端口与路由器以太网口的连接等。直连线两端水晶头线序都遵循 EIA/TIA-568A 或 EIA/TIA-568B 标准。目前在工程中大多采用 EIA/TIA-568B 标准。

交叉线用于同种设备之间的连接，如两台计算机网卡之间的直连，交换机与交换机普通端口的连接等。交叉线一端水晶头线序遵循 EIA/TIA-568A 标准，另一端遵循 EIA/TIA-568B 标准。

2. 同轴电缆

同轴电缆由 4 层组成。最里层是一根铜或铝的裸线，这是同轴电缆的导体部分。其上包裹着一层绝缘体，以防止导体与第三层短路。第三层是紧紧缠绕在绝缘体上的金属网，用以屏蔽外界的电磁干扰。最外一层是用作保护的塑料外皮，如图 2-14 所示。

同轴电缆既可以传输模拟信号，又可以传输数字信号。按照阻抗划分，可分为 50 Ω同轴电缆和 75 Ω同轴电缆。50 Ω同轴电缆适用于数字信号传输，常用于组建局域网。75 Ω同轴电缆适用于频分多路复用的模拟信号传输，常用于有线电视信号的传输。按照同轴电缆的直径区分，同轴电缆有粗缆和细缆两种。粗缆直径为 1.27 cm，传输距离为 500 m，它与网卡相连需要通过收发器。收发器一端与网卡的 AUI 接口相连，称为 DIX 接头；另一端是一个刺入式抽头，可刺破绝缘层与缆芯相连。细缆直径为 0.635 cm，传输距离为 185 m，它与网卡相连需通过 BNC 连接器。BNC 系列连接器包括 4 种元件，分别是 BNC 缆线连接器，用于连接缆线端头；BNC T 形头，用于连接网卡和缆线；BNC 桶形连接器，用于连接两根缆线；BNC 端接器，用于吸收信号的反射波，如图 2-15 所示。

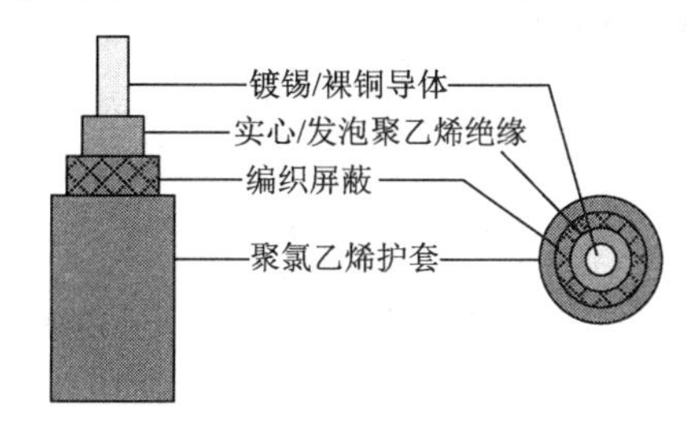

图 2-14　同轴电缆

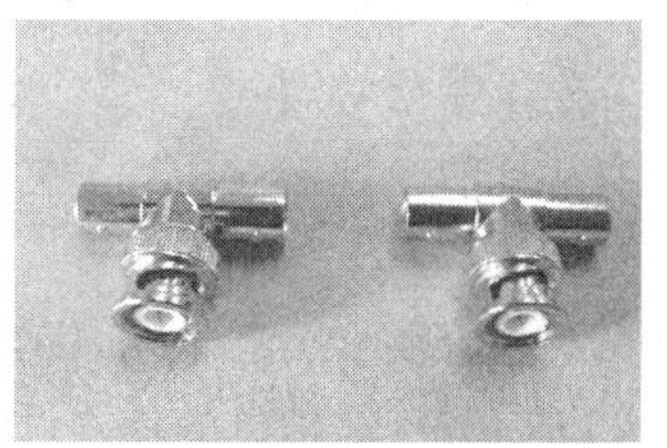
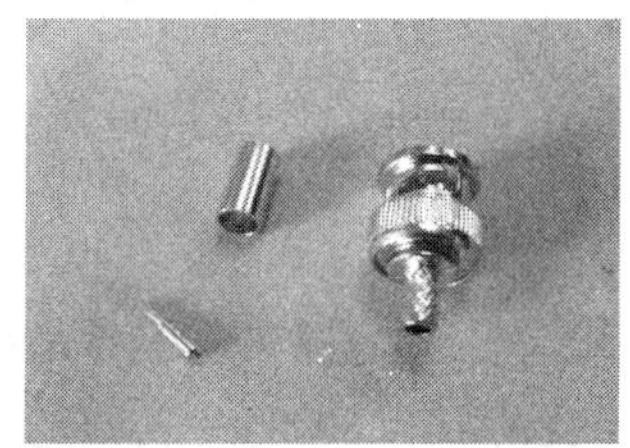

图 2-15　BNC 系列连接器

同轴电缆也是一种常用的传输介质。由于网状导线屏蔽层的作用，使得它的性能要优于双绞线，但其价格要贵一些。

3. 光导纤维

光导纤维简称光纤，如图 2-16 所示。与上述两种传输介质不同的是，光纤传输的信号是光，而不是电流。它是通过传导光脉冲来进行通信的。可以简单地理解为以光的有无来表示二进制 0 和 1。

光纤由内向外分为核心、覆层和保护层 3 部分。其核心是由极纯净的玻璃或塑胶材料制成的光导纤维芯，覆层也是由极纯净的玻璃或塑胶材料制成的，但它的折射率要比核心部分低。正是由于这一特性，如果到达核心表面的光，其入射角大于临界角时，就会发生全反射。光线在核心部分进行多次全反射，达到传导光波的目的。图 2-17 所示描绘了光纤的基本原理。

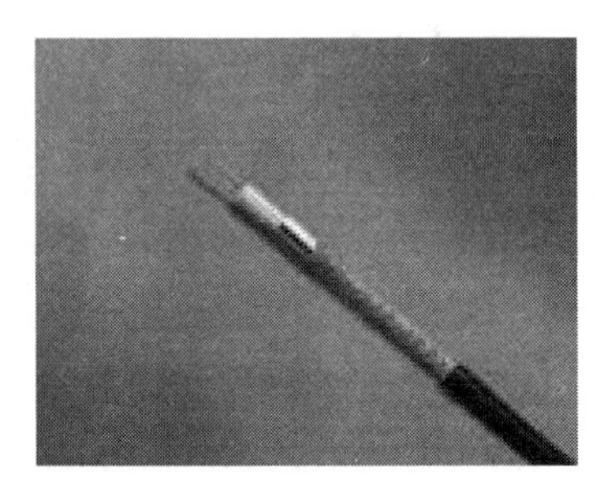

图 2-16　光导纤维

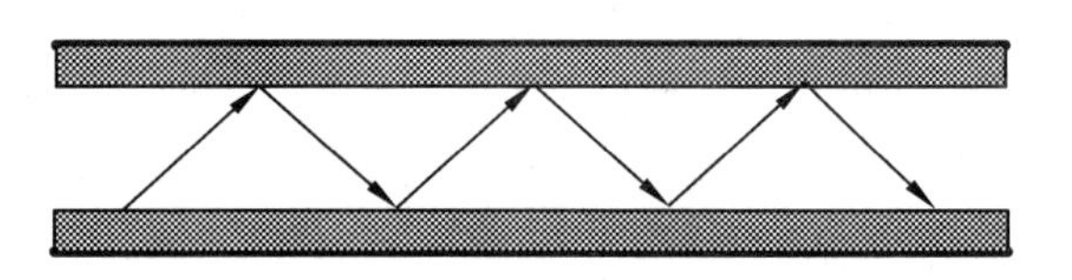

图 2-17　光纤的基本原理

光纤分为多模光纤和单模光纤两种。若多条入射角不同的光线在同一条光纤内传输，这种光纤就是多模光纤。单模光纤的直径只有一个光波长（5~10 μm），即只能传导一路光波，单模光纤因此而得名。

利用光纤传输的发送方，光源一般采用发光二极管或激光二极管，将电信号转换为光信号。接收端要安装光电二极管，作为光的接收装置，并将光信号转换为电信号。光纤连接器的种类很多。在实际应用中，常按照光纤连接器的结构分为 FC、SC、ST、LC、D4、DIN、MU、MT 等多种形式；按光纤端面的形状划分有 FC、PC（包括 SPC 或 UPC）和 APC。其中 ST 连接器通常用于布线设备端，如光纤配线架、光纤模块等；而 SC 和 MT 连接器通常用于网络设备端。图 2-18 所示为常见的光纤连接器。

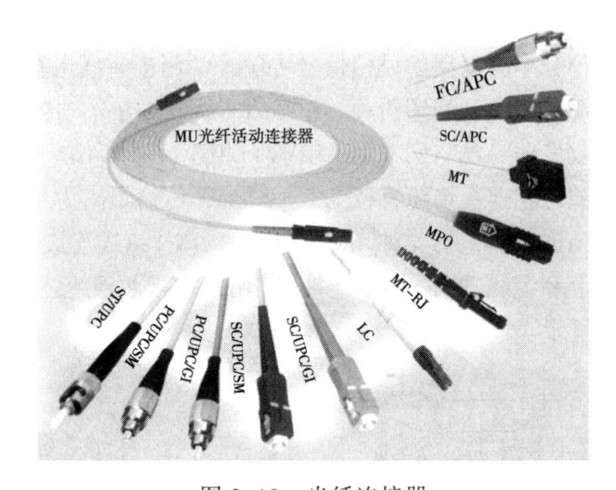

图 2-18　光纤连接器

光纤是迄今传输速率最快的传输介质（现已超过 10 Gbit/s），具有很高的带宽，几乎不受电磁干扰的影响，中继距离可达 30 km。光纤在信息的传输过程中，不会产生光波的散射，因而安全性高。另外，它的体积小、质量小，易于铺设，是一种性能良好的传输介质。但光纤脆性高，易折断，维护困难，而且造价昂贵。近年来，随着光纤技术和工艺水平的提高，成本也在不断下降。因而光纤的应用已从过去的主干网络铺设，发展到今天的 FTTH，走进了千家万户。

4．无线传输介质

移动通信的发展使得无线传输介质越来越受到人们的重视，成为网络通信的热点问题。用于无线通信的介质为电磁波，根据其频谱可分为无线电波、微波、红外线和激光等。关于无线传输介质将在第 7 章详细介绍。

2.2.2　物理层设备

1. 中继器

中继器工作于物理层，只是起到扩展传输距离的作用，对高层协议是透明的。

由于受到传输线路上的噪声影响，信号只能传输有限的距离，但是在线路中间插入放大器并不可取，因为伴随信号的噪声也同时被放大了。通常，可以通过使用中继器连接两个网段，以延长信号的传输距离，组成更大的网络。中继器不解释也不改变接收到的数字信息，只是从接收信号中分离出数字数据，存储起来，然后重新构造并转发出去。再生的信号与接收信号完全相同，并可以沿着另外的网段传输到远端。

理论上说，可以用中继器把网络延长到任意长的传输距离，然而很多网络都限制了在一对工作站之间加入中继器的数目。中继器容易安装，使用方便，也可以把不同传输介质的网络连接在一起，并能保持原来的传输速度。

（1）中继器的作用

中继器是最简单的网络互连设备，应用于物理层的连接，它的作用是对网络电缆上的数据信号进行放大、整形，然后再传输给电缆上的其他电缆段（网段）。因此，中继器能够起到延长网络距离的作用。

用中继器连接的网段上的站点，就像是在一条延长的网段上一样。这就意味着，如果采用竞争协议，这些网段属于一个竞争域。也就是说，中继器不提供网段隔离功能，通过中继器连接起来的网络实际上在逻辑上是同一个网络。

还可以使用带有不同接口的中继器，将两个使用不同的传输介质但使用相同协议的网络连在一起。例如，可以将使用双绞线的以太网段通过中继器与使用细同轴电缆的以太网段连接在一起。

（2）中继器的分类

按照连接的介质，中继器分为电缆中继器和光缆中继器两种。电缆中继器用于双绞线和同轴电缆，光缆中继器用于光纤。

（3）中继器的优缺点

① 中继器的优点：

- 中继器可以轻易扩展网络的长度。
- 使用中继器网络传输性能基本不变。
- 安装简单，使用方便。
- 价格低廉，是最便宜的扩展网络距离的设备。
- 可以对采用不同传输介质的相同协议的网段互连。

② 中继器的缺点：

- 中继器只能用于同构网之间的互连。
- 使用中继器连接的网络，不能进行通信分段，连接后增加了网络的信息量（负荷），易发生阻塞。
- 多种网络对可以同时使用的中继器扩展网段的数目和网络距离都有所限制。
- 中继器不对信号进行滤波和解释，只是完全重复（再生）信号，即使是错误的信号也照样重复。

（4）使用中继器需要注意的问题

① 不能形成环路，即不能用两个中继器同时连接两个网段。

② 受网络延迟和负载情况的限制，不能无限制地连接中继器。以太网规定，网络中最多可以连接 4 个中继器，这个限制规定称为 5-4-3 规则。按此规则，在以太网中允许有 5 个网段、4 个中继器和 3 个可以连接客户机的网段（最多使用 4 个中继器，构成 5 个网段，其中只有 3 个网段可以连接客户机）。

图 2-19 所示为两种中继器的外形图。

图 2-19　中继器外形图

2. 集线器

（1）集线器概述

集线器又称集中器，在物理层工作，其作用与中继器类似；或者说，它是用于 UTP 双绞线的多端口中继器。集线器一般有一个 BNC 接头、一个 AUI 接头和多个数量不等的 RJ-45 接口。BNC 接头是 50 Ω 细同轴电缆的接口。AUI 接头是收发器接口，是用来连接 50 Ω 粗同轴电缆的接口。还有的集线器有级联口，用作集线器之间的级联。

（2）集线器的分类

① 独立型集线器：价格便宜，不需要特殊的管理，使用时只要在每个集线器上的独立端口用双绞线与计算机连接起来即可。端口数有 8、12、16、24、48 等几种。

② 堆叠式集线器：主要是为了适应局域网规模的扩展，这类集线器相互之间可以“堆叠”或者用短的电缆线连在一起，其外形和功能均和独立型集线器相似。

③ 模块化集线器：配有机架或卡箱，带多个卡槽，每个槽可放一块通信卡，每个卡的作用就相当于一个独立型集线器，这样很方便用户的扩充和管理，是目前大多数局域网系统的首选。

（3）集线器的优缺点

① 集线器的优点：

- 集线器安装极为简单，几乎不需要配置。
- 集线器级联可以扩展网络介质的距离。
- 使用集线器的向上端口可以连接使用不同传输介质的同构网络。

② 集线器的缺点：

- 集线器限制介质的距离，例如，10BASE-T 网络中为 100 m。

- 集线器没有数据过滤的功能，将收到的数据全部从端口发出去，即不能进行通信分段，连接后增加了网络的信息量，易发生阻塞。

（4）使用集线器时需要注意的问题

① 集线器可以作为中继器，因此，集线器级联时也必须遵循 5-4-3 规则。

② 集线器工作在物理层，因此它也要求所连接的网段在物理层以上使用相同或兼容协议。

③ 集线器应用时应考虑网络所使用的传输介质。

随着技术的发展，集线器现已逐渐退出历史舞台。

2.3　数据传输技术

无论是模拟信号还是数字信号，都要通过某种介质进行传输。为了提高传输速度和效率，在网络通信中产生了多种传输模式和同步方式。

2.3.1　数据传输类型

数据传输类型可以根据数据在信道上的信号类型划分，也可以根据同时在信道上传输的数据位数来划分。根据数据在信道上传输的信号类型，数据传输可分为基带传输和宽带传输两类；根据同时在信道上传输的数据位数，数据传输可分为并行传输和串行传输两类。

1. 基带传输和宽带传输

（1）基带传输

基带传输是指二进制序列在信道内传输的形式是 0、1 数字形式。基带传输是数字信道传输数字信息。其信号频率为 0 ~ n GHz，需要传输介质具有较大的带宽。

基带传输技术简单，设备投资小，但信号可能含有直流成分（信号频率若很低，即相当于直流），对信号波形影响大，传输距离有限。

（2）宽带传输

宽带传输是指利用模拟信号传输数字信号的方式。宽带传输是模拟信道传输数字信息。发送时需要首先将数字信号调制成模拟信号，然后在信道上传输。在接收方，再将模拟信号还原成数字信号。

2. 并行传输和串行传输

（1）并行传输

并行传输是指可以同时传输一组（多个）比特，每个比特使用单独的一条线路，这些线路通常捆扎在一条电缆里。

并行传输因为能够同时传输多个比特，传输速度快，主要用于短距离设备之间的传输。因为在长距离传输情况下，由于线路的阻抗等因素的影响，会使各比特到达接收方的时间不一致，造成接收方接收的困难。

（2）串行传输

串行传输只使用一条线路，逐个传输比特，即同时只传输一个比特。与并行传输相比，串行传输的速度慢，但不存在同时传输的位不同时到达的问题，并且只需要一条线路，造价低，可靠性好。长距离传输一般都采用串行传输。

并行传输与串行传输的示意图分别如图 2-20。

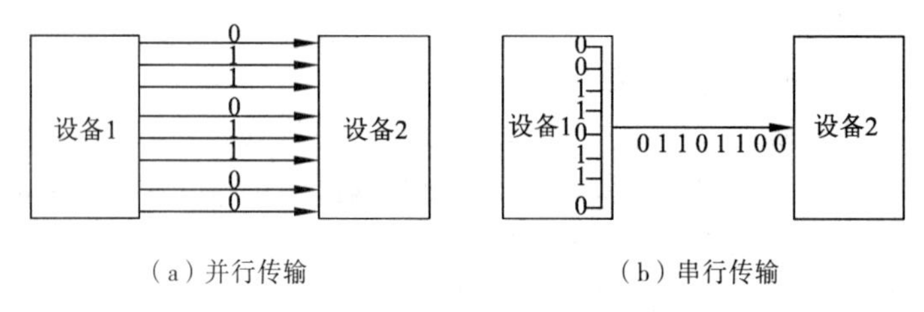

（a）并行传输　　（b）串行传输

图 2-20　并行传输和串行传输

2.3.2　同步技术

在串行通信中，只有发送方和接收方的动作在同一时间内进行，才能保证发送方发送的数据正确地被接收方接收。即发送方若以某一速率在一个起止时段内发送数据，接收方就必须以同样的速率在相同的时段内接收数据，否则收发就会产生微小的误差，这种微小误差的积累，将会导致传输错误。因此，需要采取相应的技术，即同步技术，保证发送方和接收方能够同时动作，实现数据的正确传输。在计算机网络中，被广泛采用的同步技术有两种模式：异步传输模式和同步传输模式。

1. 异步传输模式

异步传输模式是以字符为单位进行传输的，传输字符之间的时间间隔可以是随机的、不同步的。但在传输一个字符的时段内，收发双方仍需依据比特流保持同步，这种传输模式又称起-止式同步传输。

异步传输模式规定在每个字符的起止位置分别设置起始位和停止位，界定字符的开始和结束。常用的设置方式为起始位是 1 位 0，停止位是 1 位、1.5 位或 2 位 1。字符中数据一般为 5 位或 8 位。图 2-21 描绘了两种异步传输模式的字符结构。

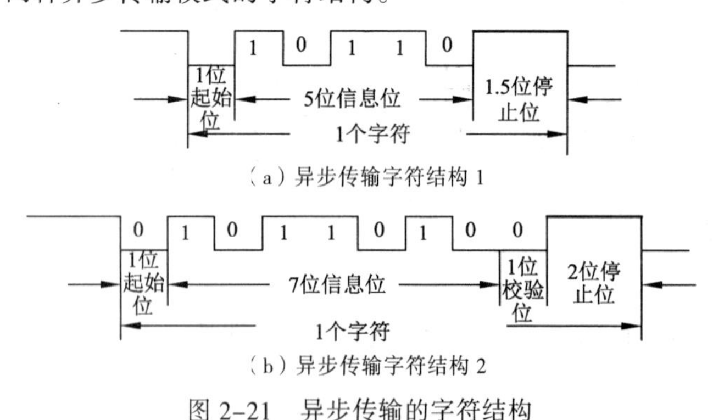

（a）异步传输字符结构 1

（b）异步传输字符结构 2

图 2-21　异步传输的字符结构

在异步传输模式下，传输介质在无数据传输时一直处于停止位状态，即 1 状态。一旦接收方检测到传输介质的状态由 1 变为 0，就表示发送方发送的字符已传输至此，接收方即以这个电平状态的变化启动定时器，按起始位的速率接收字符，可见起始位起到了字符内各比特同步的作用。发送字符结束后，发送方将传输介质置于 1 状态，直至发送下一个字符为止。

异步传输模式实现简单，但需在每个字符的首尾附加起始位和停止位，因而它的额外开销大，传输效率低，适于低速数据传输。

2. 同步传输模式

同步传输模式以数据块为传输单位，可以连续发送多个字符，每个字符不需添加附加位，接收方接收的每一位数据都要与发送方保持同步，字符间没有停顿。同步传输模式又分为自同步法和外同步法。

自同步法是指同步信息可以从数据本身获得，例如曼彻斯特编码和差分曼彻斯特编码，它们的同步信息来自每个码元中间的跳变。

外同步法是在一组字符的前面附加一个（8 位）或两个（16 位）同步字符（Synchronous，SYN），表示该组字符传送的开始。图 2-22 描绘了外同步法的字符结构。

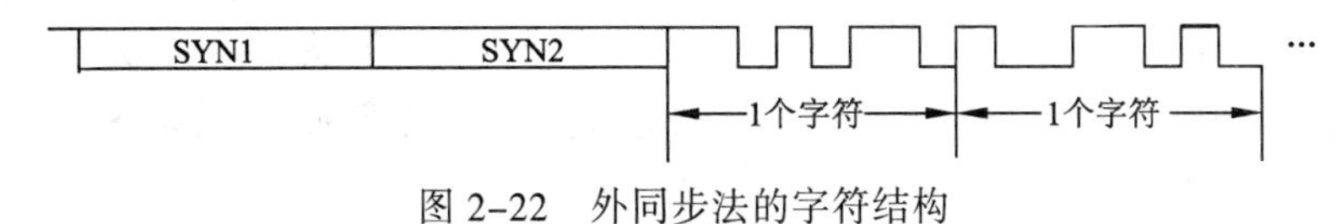

图 2-22　外同步法的字符结构

在外同步法中，接收方一旦收到发送方发来的 SYN，即按照此 SYN 来调整其时钟频率，以便和发送方保持同步，然后向发送方发送一个确认信号，发送方接到确认信号后就开始发送字符。一般可连续发送几千个数据位后，再进行下一次同步。

同步传输模式附加的额外开销小，传输效率高，但实现方式复杂，适于高速数据传输。

2.3.3　数据传输方式

按照信号传输方向与时间的关系，发送方和接收方的通信有 3 种方式：单工、双工和全双工方式，如图 2-23 所示。

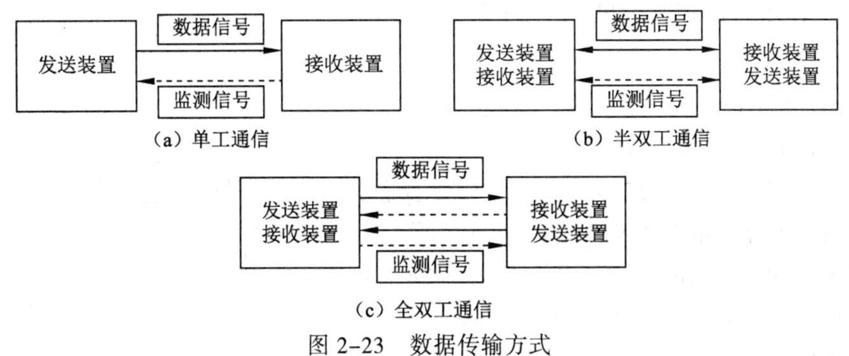

图 2-23　数据传输方式

1. 单工通信

在单工通信方式下，信号在信道中只能按照一个方向传送，任何时候都不能改变传送方向，如图 2-23（a）所示。例如，无线电广播和电视广播都是典型的单工通信方式。为保证数据传送的正确，另设一个控制信道，专门传送监测信号。单工通信的线路一般采用两个信道，简称二线制。

2. 半双工通信

半双工通信的线路也是二线制，如图 2-23（b）所示。在半双工通信方式中，信号可以双向传送，但同一时刻一个信道只允许单方向传输，即两个方向的传送只能交替进行。该方式要求通信双方都有发送和接收装置，且安装有切换开关，以改变传输方向。例如，对讲机就是工作在半双工通信模式的设备。

3．全双工通信

全双工通信一般采用四线制，如图 2–23（c）所示，可以同时进行双向信号传输。该方式通信效率高，控制简单，但系统造价高。在计算机网络中，通信经常是工作在全双工模式。

2.3.4 多路复用技术

多路复用技术是在一条通信线路上，同时传输多个信号的技术，如图 2–24 所示。多路复用需要经过复合、传输和分离 3 个过程。信号的复合和分离是由称为多路复用器（Multiplexer，MUX）和多路分解器（Demultiplexer，DEMUX）的设备完成的。来自不同发送方的多个信号被 MUX 合并为一个复合信号，这个复合信号沿着一条通信线路传输，在接收前由 DEMUX 将复合信号分离，再由各接收方分别接收。

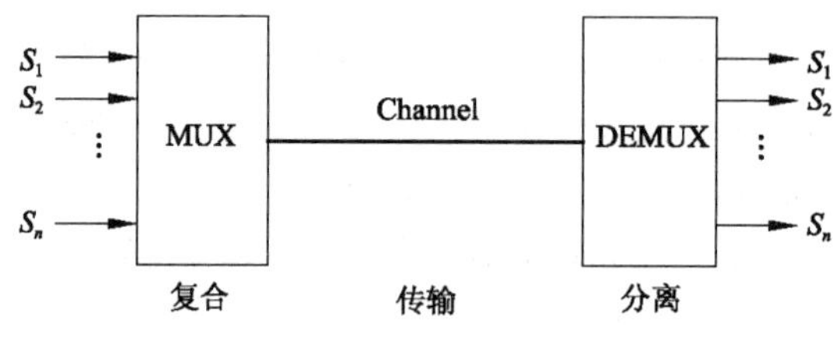

图 2–24 多路复用原理

常用的多路复用技术有频分多路复用（Frequency Division Multiplexing，FDM）、时分多路复用（Time Division Multiplexing，TDM）、波分多路复用（Wavelength Division Multiplexing，WDM）和码分多路复用（Code Division Multiplexing，CDM）。

1．频分多路复用

频分多路复用技术是一种模拟技术，它按照频率区分信号，即把传输介质的带宽划分为若干窄频带，每路信号占用一个窄频带。图 2–25 所示为一个频分多路复用的例子，图中包含 3 路信号 S_1、S_2 和 S_3，它们分别被调制到频段 f_1、f_2 和 f_3 上。需要特别注意的是，在每个频段之间都要设置一个窄的未用频带，称为警戒频带，其目的是防止各信号频带间的信号交叉干扰。然后，多路复用器再将调制后的信号复合成一个信号，通过传输介质发送出去。当然，这个传输介质需要有足够的带宽，以满足一个必要条件——不小于各频段与警戒频带的带宽之和。多路分解器用过滤器将复合信号再分解成各路信号，以便传送给接收方。

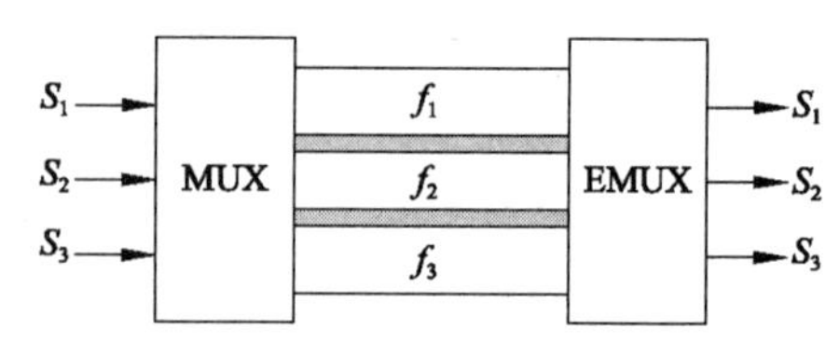

图 2–25 频分多路复用原理

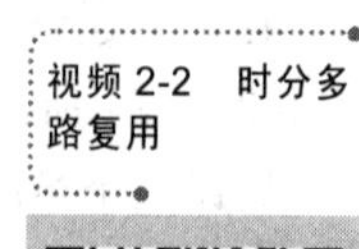

频分多路复用原理简单，技术成熟，系统的效率较高，但易产生信号失真，系统设备庞大复杂。频分多路复用适合于模拟信号的传输，如电话系统、电视系统中都采用频分多路复用技术。

2．时分多路复用

时分多路复用是一种数字技术。它按照时间来分割信号，即将整个传输时间划分为多个时间间隔（称为时间片），每个时间片传输一路信号。时分多路复用的实现方式有两种：同步时分多路复用（Synchronous TDM，STDM）和异步时分多路复用（Asynchronous TDM，ATDM）。

（1）同步时分多路复用

同步时分多路复用中的"同步"一词，是指复用器在整个传输过程中，为各路信号分配固定的时间片，不管各发送方是否有数据发送。图 2-26 所示为一个同步时分多路复用的例子，图中包含三路信号 S_1、S_2 和 S_3，它们分别占用 t_m、t_{m+1} 和 t_{m+2}（m=1，2，…）三个时间片。

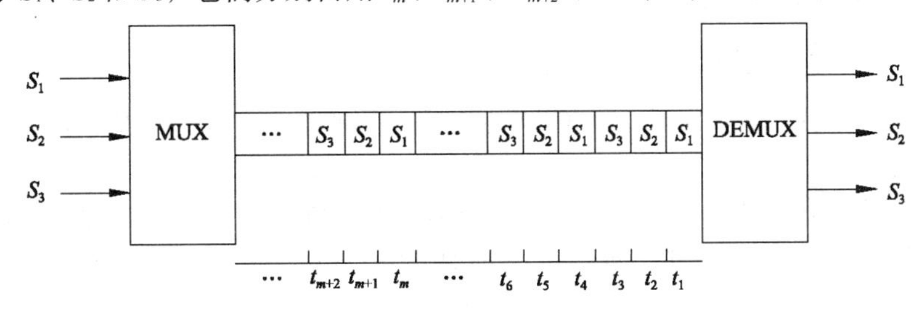

图 2-26　同步时分多路复用原理

采用同步时分多路复用，不一定每个时间片内都有数据发送，故信道的利用率低。

（2）异步时分多路复用

异步时分多路复用只有当某一路有数据要发送时，才将时间片分配给它。这样就不会出现空闲的时间片。图 2-27 所示为一个异步时分多路复用的例子，图中包含 3 路信号 S_1、S_2 和 S_3，它们根据各路信号的需要动态分配时间片。当一路信号无数据发送时，该时间片就被分配给其他用户使用，避免了时间片的浪费。

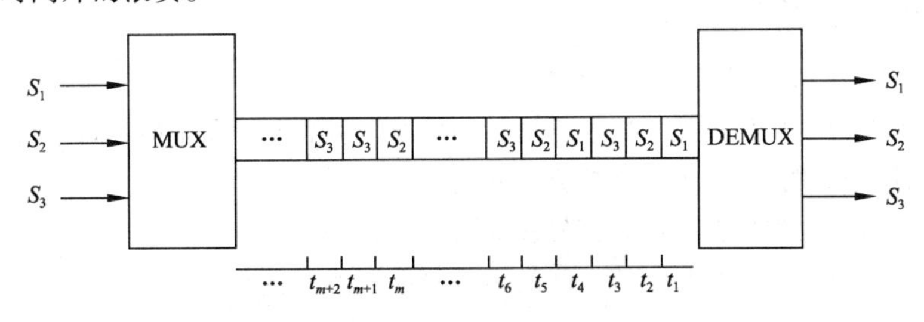

图 2-27　异步时分多路复用原理

异步时分多路复用又称统计时分多路复用，采用动态按需分配时间片的方法，提高了信道的利用率，从而克服了同步时分多路复用的缺点。但是，这种方法失去了各路数据的传输顺序，为此发送方需在数据中加入用户标记，以便接收方区别信号的来源。

时分多路复用技术适用于数字信号的传送。由于计算机网络中的数据大多是突发性的，因此普遍应用异步时分多路复用技术来传送数据。

3. 波分多路复用

波分多路复用在概念上与频分多路复用相似，因此又称光的频分复用。所不同的是，波分多路复用技术应用于全光纤组成的网络中，传输的是光信号，并按照光的波长区分信号。

波分多路复用利用光复用器（又称合波器）和分用器（又称分波器）对光信号进行调制和解调。波分多路复用原理如图 2-28 所示。

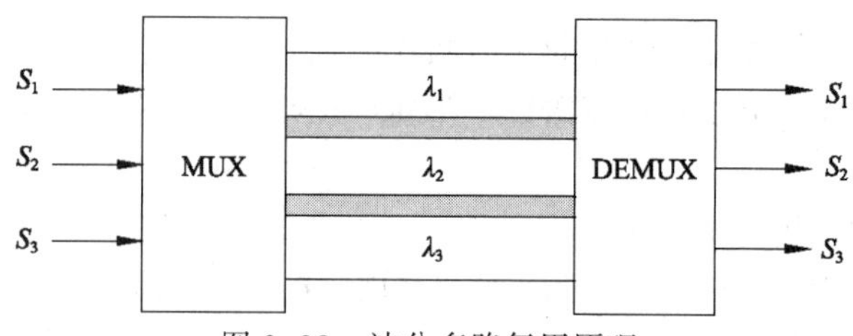

图 2-28　波分多路复用原理

4. 码分多路复用

码分多路复用也是一种数字技术，但它采用的是另一种复用信道的方法，即各个用户使用经过特殊挑选的不同的码型进行通信，因此不同的用户可在同一时间、同一频带复用信道而不会造成干扰。

由于码分多路复用中的每一个用户使用不同的码型进行通信，因此它具有很强的抗干扰能力和安全性。码分多路复用技术已广泛应用于移动通信中，相关内容将在第 7 章介绍。

2.4　物理层协议

物理层确保原始的数据可以在各种物理媒体上传输，物理层上数据的传输离不开传输介质，传输介质的两端有用于发送和接收信号的接口，因此物理层的主要任务就是规定各种传输介质和接口与传输信号相关的特性。在 OSI/RM 颁布之前，许多物理规程或协议已经制定出来了，并且沿用至今，因此用于物理层的协议又称物理层规程。

2.4.1　物理层协议概述

反映在物理协议中的物理接口的 4 个特性分别是：

① 机械特性，指明接口所用接线器的形状和尺寸、引线数目和排列、固定和锁定装置等。

② 电气特性，指明接口的电气连接方式和电气参数。

③ 功能特性，指明物理接口各条信号线的用途。

④ 规程特性，指明各种接口电路之间的相互关系和操作要求。

在物理层，OSI/RM 采用了其他组织制定的协议标准，包括 RS-232、RS-449、X.21、V.35 和综合业务数字网（Integrated Services Digital Network，ISDN）等。

2.4.2　EIA-RS-232 接口标准

EIA-RS-232 是美国电子工业协会（EIA）制定的串行数据通信接口标准，它的全称是“数据终端设备（Data Terminal Equipment，DTE）和数据通信设备（Data Communication Equipment，DCE）之间串行二进制数据交换接口技术标准”，其中，RS 表示推荐标准，232 是标识符，后面加 A/B/C/D/E/F 表示修改次数，至今已更新到 F 版本，但 EIA-RS-232-C 版本普及程度最广，被广泛用于计算机串行接口外设连接，故以此版本为例进行讲解。

1. 机械特性

EIA-RS-232-C 建议使用 25 针连接器 DB-25，如图 2-29 所示，并对连接器的尺寸及芯针排列位置进行了详细说明。EIA-RS-232-C在DTE一侧采用DB-25针状连接头，DCE一侧采用DB-25孔状连接头。

后来IBM的PC将DB-25简化成了9针连接器DB-9，如图2-30所示，得到了广泛应用，从而成为事实标准。

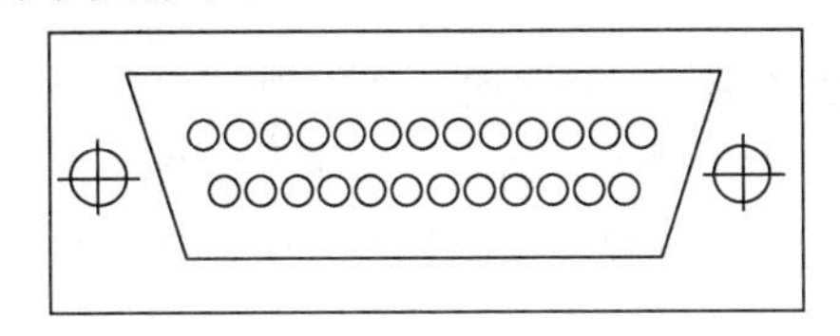

图2-29 EIA-RS-232-C 25针连接器示意图

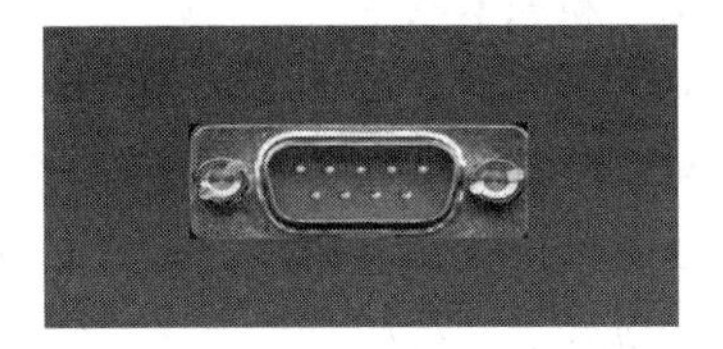

图2-30 EIA-RS-232-C DB-9连接器

2. 电气特性

EIA-RS-232-C编码采用非归零电平编码，规定逻辑1的电平为-15～-3 V，逻辑0的电平为3～15 V，即采用15～-15 V的负逻辑电平，-3 V和3 V之间为过渡区域不做定义。

EIA-RS-232-C提供了全双工的工作条件，其信号的电压是参考地线而得到的，可以同时进行数据的传送和接收。在实际应用中采用EIA-RS-232-C接口，信号的传输距离可以达到15 m。

3. 功能特性

EIA-RS-232-C对DB-25的每一个引脚的功能都进行了定义，将其连接的20条信号线分为4类：数据线4条，控制线11条，定时线3条，信号地线2条，而余下未定义的5条留给用户专用。简化后的DB-9的引脚定义如表2-5所示。

表2-5 EIA-RS-232-C DB-9引脚定义

引脚号	信号方向来自	缩写	描述
1	调制解调器	CD	载波检测
2	调制解调器	RXD	接收数据
3	PC	TXD	发送数据
4	PC	DTR	数据终端准备好
5		GND	信号地
6	调制解调器	DSR	通信设备准备好
7	PC	RTS	请求发送
8	调制解调器	CTS	允许发送
9	调制解调器	RI	响铃指示器

4. 规程特性

EIA-RS-232-C规定了在不同条件下，各条信号线呈现有效（接通，ON）或无效（断开，OFF）状态的顺序和关系。例如，只有当DSR和DTR都处于有效状态时，才能在DTE和DCE之间进行传送操作。若DTE要发送数据，则预先将DTR线置成有效状态，等CTS线上收到有效状态的回答后，才能在TXD线上发送串行数据。这种顺序的规定对半双工的通信线路特别有用，因为半双工的通信只有确定DCE已由接收方向改为发送方向，线路才能开始发送。

小　　结

物理层是网络体系结构的基础，这一层不仅涉及网络的物理连接介质，也涉及很多网络通信的基本概念和基本技术。

本章首先介绍了数据、信号的概念及其关系。在此基础上重点介绍信号的调制方法、数据编码方法和脉冲编码调制。数据通信有模拟和数字两种形式的信号。调制方法是应用模拟信号实现数字数据的传输，数据编码方法主要是对应数字信号的通信，脉冲编码调制方法则是应用数字信号实现模拟数据的传输。

通信介质和物理层设备是实现网络物理连接的基础。最终数据通信的信号是通过传输介质传送的。传输介质的类型和规格有多种，适用于不同的网络连接形式和协议。

在数据传输部分介绍了几种数据通信中非常重要的技术，其中包括同步技术和多路复用技术等。

物理层还涉及许多其他与传输介质相关的问题，例如接插件的机械特性、电气特性、功能特性和规程特性等，这些在相关的物理层协议中都做了规定，本部分以常用的 DTE-DCE 接口标准之一 EIA-RS-232-C 接口标准为例加以说明。

习　　题

1. 分析数据与信号的区别。

2. 信道中的信号传输包括哪几种形式？试述各种传输形式的典型实例以及常用实现方法。

3. 设二进制数据串为 10110100。

（1）画出经过 FSK、ASK 和 PSK（相对 PSK 和绝对 PSK）调制后的波形。设初始状态为 $y=A\sin 2\pi ft$。

（2）画出其对应的曼彻斯特编码和差分曼彻斯特编码。设初始状态为高电平。

4. 按照表 2-2 的规则，画出 101000010001110111110100 的 QAM 波形。设初始状态为 $y=A\sin 2\pi ft$。

5. 试比较差分曼彻斯特编码、4B/5B 码、8B/10B 码和 64B/66B 码的编码效率。

6. 为什么要使用同步技术？数据通信有哪几种同步模式？它们各自的优缺点和适用范围是什么？

7. 主要的多路复用技术有哪几种？它们的适用范围是什么？

8. 物理层的接口具有哪些特性？各包含什么内容？

第3章 数据链路层

数据链路层介于物理层和网络层之间。数据链路层所涉及的基本原理和协议是建立计算机网络的重要基础。本章介绍数据链路层的概念、技术和协议，包括差错检验技术、实现可靠传输的相关协议、点对点协议、数据链路层设备和局域网的相关理论和协议等。

3.1 数据链路层概述

物理层关注的是单个比特的传输，而数据链路层则关注的是一个数据帧的传输。传输数据帧的信道有两种通信方式：一种是一对一的点到点信道通信；另一种是一对多的广播信道通信。点对点信道上最常用的是点对点协议 PPP，而广播信道上由于有多台主机，需要使用共享信道协议来组织这些主机的数据发送和接收。当多台主机连接在一起进行数据通信时，就组成了局域网。虽然局域网已经形成一个网络，但在局域网中需要研究数据是如何在相邻两台网络设备之间进行传输的，这些技术和协议仍属于数据链路层的知识范畴。因此可以看出数据链路层在整个计算机网络的地位至关重要。

3.1.1 数据链路层的地位

图 3-1 阐述了数据链路层在网络通信过程中的地位。主机 P1 通过电话线拨号上网要和主机 P2 进行连接，中间连接了 R1、R2、R3 三个路由器，各节点之间的网络通常是多种的，有局域网、广域网和电话网。当 P1 发送数据给 P2 时，数据信息当然不是直接到达 P2 的，而是按顺序分别经过 R1、R2 和 R3，最后到达 P2。从协议分层的角度来看，主机有 5 层协议，路由器作为网络层设备只有低 3 层协议，数据信息从 P1 到达 R1 要先从 P1 的应用层一层一层向下流动到物理层，然后通过 P1 和 R1 之间的线路传送到 R1 的接口，再从 R1 的物理层向上流动到网络层。当 R1 将数据信息发送给 R2 时，数据信息又会从 R1 的网络层向下流动到物理层，从线路传送到 R2 的接口，再从 R2 的物理层向上流动到网络层。依此类推，数据的整个传输过程中需要在各节点的多层协议中多次向上和向下流动。为了更简单、清晰地阐述数据传输的理论，通常想象数据是从数据链路层按水平方向传输的，因此该通信过程可以简化为：P1 数据链路层→R1 数据链路层→R2 数据链路层→R3 数据链路层→P2 数据链路层，中间的 4 段链路可以采用不同的数据链路层协议。

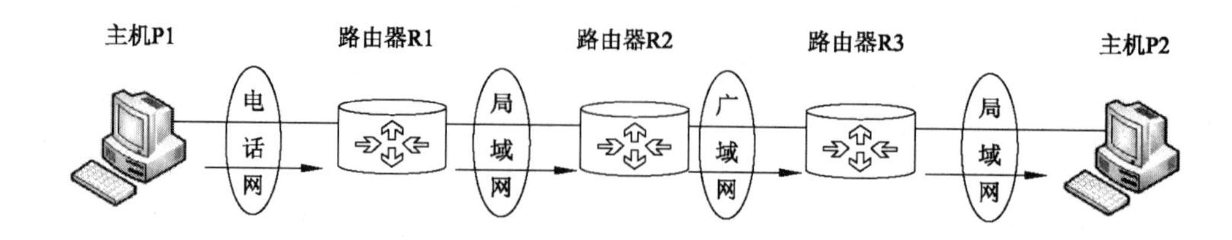

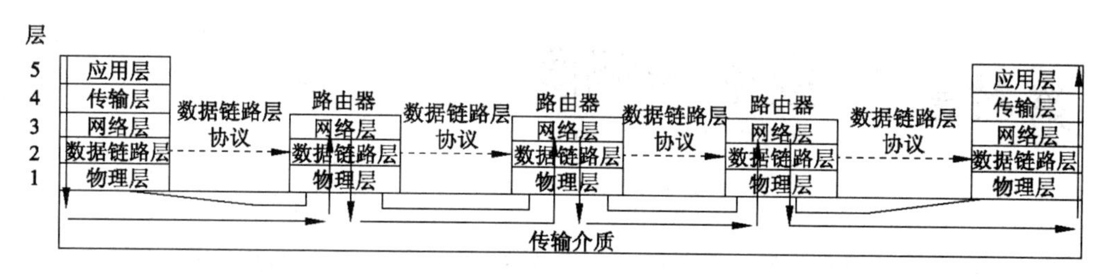

图 3-1 数据链路层的地位

可见，数据链路层使用物理层的服务来完成相邻节点之间链路的数据传输，并向网络层提供服务接口。

3.1.2 数据链路层的术语和概念

为了更好地阐述数据链路层的基本理论，本节介绍经常使用的术语和概念。

1．链路

链路是指网络中相邻节点间的物理线路，因此又称物理链路。这个线路可以是有线的，也可以是无线的。

2．数据链路

数据链路是指在物理链路的基础上利用硬件或者软件来实现通信协议，以控制数据的传输，从而保证数据传输的正确性。这种链路又称逻辑链路。

3．帧

帧是数据链路层的协议数据单元，通常由 3 部分组成：头部、数据字段和尾部。头部和尾部包含一些必要的控制信息，比如地址信息、差错检验信息等；数据字段包含网络层的 PDU。

在发送方，数据链路层把从网络层接收的数据封装成帧，传给物理层；接收方则把接收到的帧中的数据取出，传给网络层。

3.2 差错检验

网络通信首先要保证传送信息的正确。然而在通信系统中，由于干扰、设备故障等原因，都可能造成数据在传输过程中被破坏，导致接收方接收到错误信号，即出现差错。为了实现可靠的传输，通信系统必须具有检测和纠正差错的机制。数据链路层具有差错检验的功能。

为了有效地检测出差错，常用的方法是：在所传输的信息中，按照一定规则，另外加入若干位附加比特，这种技术称为冗余。在数据通信中，常用的冗余检验技术有奇偶检验（Parity）、检验和（Checksum）和循环冗余检验（Cyclic Redundancy Check，CRC）。

3.2.1　奇偶检验及检验和

在差错检测中，奇偶检验是一种最简单、最基本的方法。这种方法的冗余比特只有一位，称为奇偶检验位。奇偶检验可分为奇检验和偶检验两种。检验和的算法虽然也很简单，却被很多重要的协议所采纳。

1. 奇检验

在奇检验中，通过附加奇偶检验位，使得所传输的信息中 1 的个数（包括奇偶检验位）是奇数。例如，如果发送方要发送数据 1011010（比特串中 1 的个数为 4），按照奇检验的规则，奇偶检验位应为 1，即实际发送的比特序列为 10110101，这样才能保证整个信息中 1 的个数为奇数（即 5）。如果接收方接收到的数据为 10110101，计算其中 1 的个数为 5，是奇数，则接收这个数据。如果数据在传输过程中，遭到了破坏，假设接收方接收到的数据为 11110101，计算其中 1 的个数为 6，是偶数，则拒绝接收这个数据，并要求发送方重新发送。再假设接收方接收到的数据为 10000101，计算其中 1 的个数为 3，是奇数，按照奇检验的规则，应视此数据无差错。但实际上数据在传输过程中发生了 2 位错误，奇检验失效了。

2. 偶检验

与奇检验原理类似的方法是偶检验。在偶检验中，通过附加奇偶检验位，使得所传输的信息中 1 的个数（包括奇偶检验位）是偶数。

通过上面的分析，可以得出结论：奇偶检验可以检测出数据中奇数个错误，但不能检测出偶数个错误。

3. 检验和

顾名思义，检验和就是将传输的二进制信息求和，把求和结果作为检验冗余位的方法。具体的算法是发送方将待传输的数据分割成若干 16 位二进制串,然后将其进行二进制反码求和的重复叠加计算，其结果就是检验和（若有溢出，则丢弃）。例如，两个二进制串 0011010101110010 和 1101000010110011，它们的反码相加：

$$
\begin{array}{r}
1100101010001101 \\
0010111101001100 \\
\hline
1111100111011001
\end{array}
$$

其结果 1111100111011001 即为检验和。

当接收方接收到数据后，同样对每个 16 位数进行二进制反码的求和。由于接收方在计算过程中包含了发送方已计算出的检验和，因此，如果数据在传输过程中没有发生任何差错，那么接收方计算的结果应该为全 1，否则就表示数据出现了错误。

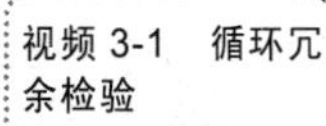

Internet 中的 IP、TCP 和 UDP 等协议都采用了检验和的方法，将其放置在协议数据单元的头部，起到差错检测的作用。

3.2.2　循环冗余检验

在数据通信中，循环冗余检验方法是一种功能很强的检错技术，得到了广泛的应用。循环冗余检验是将所传输的数据除以一个预先设定的除数，所得的余数作为冗余比特，附加在要发送数据的末尾，称为循环冗余检验（CRC）码，这样实际传输的数据就能够被预先设定的除数整除。当整个数据传送到接收方后，接收方就利用同一个除数去除接收到的数据，如果余数为0，即表明数据传输正确，否则即意味着数据传输出现了差错。

确定循环冗余检验码的关键在于二进制序列的除法计算上。其规则是：加法、减法运算都是进行异或运算，加法不进位，减法不借位。计算的方法如下：

① 在数据的末尾加上 r 个 0，r 等于除数的位数减 1。

② 采用二进制除法规则，计算加长的数据除以预先设定的除数，得到的余数即为循环冗余检验码。

③ 将循环冗余检验码替换数据末尾的 r 个 0，即得出整个传输的数据。

例如，求 1011010 的 CRC 编码，设除数为 10011。

```
            1010101
      10011)10110100000
            10011
             01011
             00000
              10110
              10011
               01010
               00000
                10100
                10011
                 01110
                 00000
                  11100
                  10011
                   1111
```

因此，可得 CRC 检验码为相除的余数，即 1111。实际发送的比特串为 10110101111。

实际上，循环冗余检验的数学基础是多项式除法。从数学角度看，任何数都可以表示成多项式的形式，因此二进制序列也可以表示成多项式形式。例如，1011010 就可表示成：

$$1\times x^6+0\times x^5+1\times x^4+1\times x^3+0\times x^2+1\times x+0\times x^0$$

即

$$x^6+x^4+x^3+x$$

基于上述理论，所传输的数据即可表示成一个信息多项式 $m(x)$，而除数多项式即被称为生成多项式 $g(x)$。循环冗余检验码就是扩充 r 个 0 后的 $m(x)$除以 $g(x)$的余数。

目前，通信协议中的 CRC 标准主要有：

$$\text{CRC-12}=x^{12}+x^{11}+x^3+x^2+1$$

$$\text{CRC-16}=x^{16}+x^{15}+x^2+1$$

$$\text{CRC-ITU-T}=x^{16}+x^{12}+x^5+1$$

$$\text{CRC-32}=x^{32}+x^{25}+x^{23}+x^{22}+x^{16}+x^{12}+x^{11}+x^{10}+x^8+x^7+x^5+x^4+x^2+x+1$$

循环冗余检验的性能良好，它可以检测出全部奇数个错误、全部的双字位错误以及全部的长度小于或等于生成多项式阶数的错误，而且它能以很大的概率检测出长度大于生成多项式阶数的错误。

3.3　可 靠 传 输

数据链路层的功能是保证相邻节点间的数据传输的可靠性，即能够在一条可能出现差错的物理链路上，实现无差错地传送数据。自动重传请求（Automatic Repeat-request，ARQ）使用确认和超时机制，在不可靠服务的基础上实现了可靠的数据传输。最简单的自动重传请求协议是停-等（Stop-and-Wait）式 ARQ。

3.3.1　停-等协议

全双工通信的双方既是发送方也是接收方。为了讨论问题的方便，以下论述中仅考虑 A 发送数据，而 B 接收数据并发送确认。因此，A 称为发送方，而 B 称为接收方。

1. 停-等协议的工作原理

下面先介绍停-等协议在无差错时的传输过程，再介绍出现差错之后的应对方法。

（1）无差错情况

停-等协议可用图 3-2 来说明。图 3-2（a）是最简单的无差错情况。A 发送帧 F0，发完就暂停发送，等待 B 的确认。B 收到了 F0 就向 A 发送确认。A 在收到了对 F0 的确认后，再发送下一个帧 F1。同样，在收到 B 对 F1 的确认后，再发送 F2。

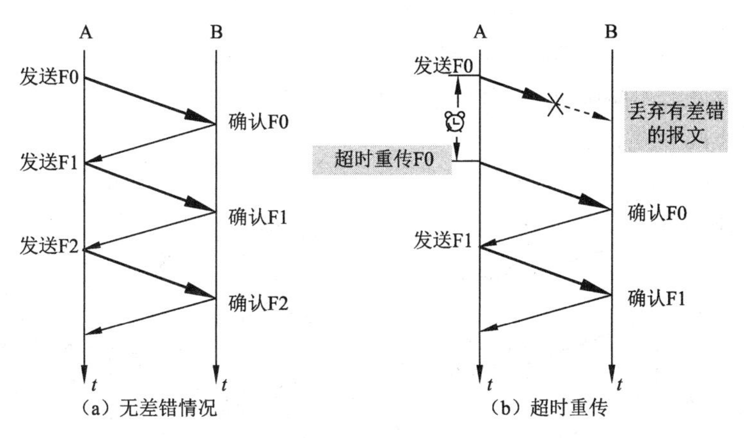

图 3-2　停-等协议的基本原理

（2）出现差错情况

在数据传输中，差错有可能出现在帧的传输过程中，也可能发生在确认返回过程中。

① 帧出错或帧丢失。

图 3-2（b）是帧在传输过程中出现差错的情况。假设 B 接收 F0 时检测出了差错，就丢弃 F0，其他什么也不做（不通知 A 收到有差错的帧），或者 F0 在传输过程中丢失了，这时 B 当然什么都不知道。在这两种情况下，B 都不会发送任何信息。这样的处理方式导致错误必然发生。

可靠的传输协议应对以上情况是这样设计的：A 只要超过了一段时间仍然没有收到确认，就认为刚才发送的帧丢失了，因而重传前面发送过的帧，这称为超时重传。要实现超时重传，就要在每发送完一个帧时设置一个超时计时器。如果在超时计时器到期之前收到了对方的确认，就撤销已设置的超时计时器。在图 3-2（a）中，A 为每一个已发送的帧都设置了一个超时计时器。但 A 只要在超时计时器到期之前收到了相应的确认，就撤销该超时计时器。为简单起见，这些细节在图 3-2（a）中都省略了。

这里应注意以下 3 点：

- 在发送完一个帧后，必须暂时保留已发送的帧的副本（在发生超时重传时，只有在收到相应的确认后才能清除暂时保留的帧副本）。
- 帧和确认帧都必须进行编号。这样才能明确是哪一个发送出去的帧收到了确认，而哪一个帧还没有收到确认。
- 超时计时器设置的重传时间应当比数据在帧传输的平均往返时间更长一些。图 3-2（b）中的一段虚线表示如果 F0 正确到达 B，同时 A 也正确收到确认的过程。可见重传时间应设定为比平均往返时间更长一些。显然，如果重传时间设定得很长，那么通信的效率就会很低；但如果重传时间设定得太短，以致产生不必要的重传，就浪费了网络资源。图 3-2 中把往返时间当作固定的（这并不符合网络的实际情况），只是为了讲述原理的方便。

② 确认丢失和确认迟到。

图 3-3（a）说明的是另一种情况。B 所发送的对 F0 的确认丢失了。A 在设定的超时重传时间内没有收到确认，并无法知道是自己发送的帧出错、丢失，或者是 B 发送的确认丢失了，因此 A 在超时计时器到期后就要重传 F0。现在应注意 B 的动作。假定 B 又收到了重传的帧 F0，这时应采取两个行动：

- 丢弃这个重复的帧 F0，不向上层交付。
- 向 A 发送确认。不能认为已经发送过确认就不再发送，因为 A 之所以重传 F0，就表示 A 没有收到对 F0 的确认。

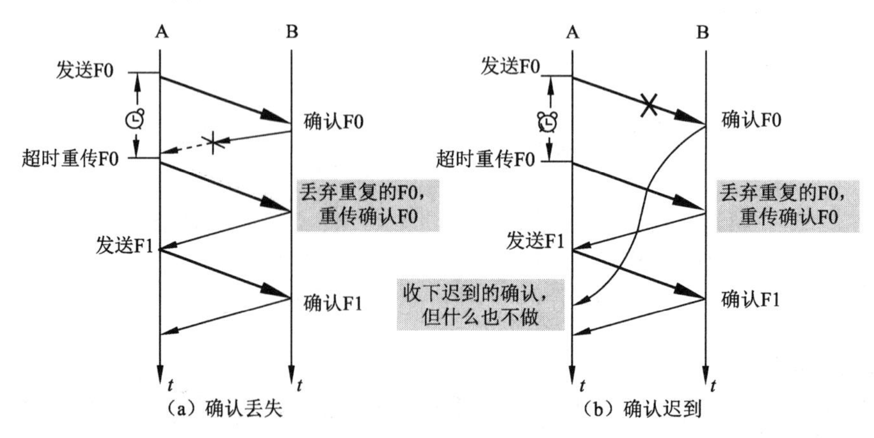

图 3-3 确认丢失和确认迟到

图 3-3（b）也是一种可能出现的情况。传输过程中没有出现差错，但 B 对帧 F0 的确认迟到了。A 会收到重复的确认。对重复的确认的处理很简单：收下后就丢弃。B 仍然会收到重复的 F0，

并且同样要丢弃重复的 F0，并重传确认帧。

通常 A 最终总是可以收到对所有发出的帧的确认。如果 A 不断重传帧，但总是收不到确认，就说明通信线路太差，不能进行通信。

使用上述的确认和重传机制，就可以在不可靠的传输链路上实现可靠的通信。上述的这种可靠传输协议常称为自动重传请求 ARQ，意思是重传的请求是自动进行的。接收方不需要请求发送方重传某个出错的帧。

2. 信道利用率

停–等协议的优点是简单，缺点是信道利用率太低。可以用图 3–4 来说明这个问题。

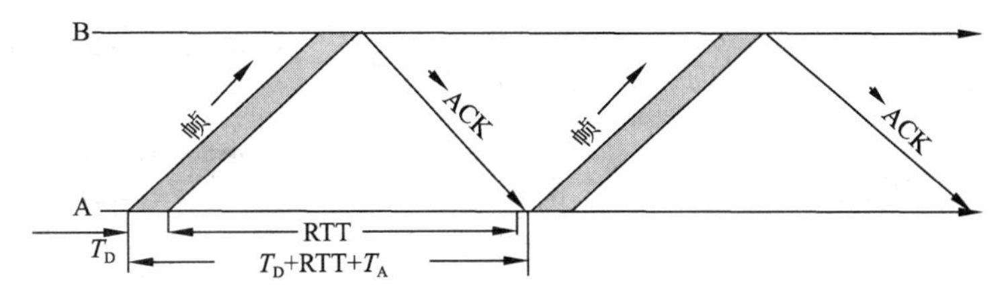

图 3–4　停–等协议的信道利用率太低

假定 A 发送帧需要的时间是 T_D。显然，T_D 等于帧长度除以数据率。再假定帧正确到达 B 后（B 处理帧的时间可以忽略不计），同时立即发回确认，B 发送确认帧需要时间 T_A（A 处理确认帧的时间也可以忽略不计）。那么 A 在经过时间（T_D + RTT + T_A）后就可以再发送下一个帧，这里的 RTT 是往返时间。因为仅仅是在时间 T_D 内才用来传送有用的数据，因此信道的利用率 U 可用式（3–1）计算：

$$U=T_D/(T_D+\text{RTT}+T_A) \tag{3-1}$$

请注意，更细致的计算还可以在式（3–1）分子的时间 T_D 内扣除传送控制信息（如首部和尾部）所花费的时间。但在进行粗略计算时，用近似的式（3–1）即可。

式（3–1）中的 RTT 取决于所使用的信道。例如，假定 1 200 km 的信道，其往返时间为 20 ms。帧长度是 1200 bit，发送速率是 1 Mbit/s。若忽略处理时间和 T_A（T_A 一般都远小于 T_D），则可计算出信道的利用率 U = 5.66%。但若把发送速率提高到 10 Mbit/s，则 $U=5.96\times10^{-4}$，意味着信道在绝大多数时间内都是空闲的。

从图 3–4 和式（3–1）都可以看出，当往返时间 RTT 远大于帧发送时间 T_D 时，信道的利用率就会非常低。还应注意的是，图 3–4 并没有考虑出现差错后的帧重传。若出现重传，则对传送有用的数据信息来说，信道的利用率就还要降低。

为了提高传输效率，发送方可以不使用低效率的停–等协议，而是采用流水线传输，如图 3–5 所示。流水线传输就是发送方可连续发送多个帧，不必每发完一个帧就停顿下来等待对方的确认。这样可使信道上一直有数据不间断地传送。显然，这种传输方式可以获得很高的信道利用率。常用的流水线传输形式可以分为退后 N 步（Go-back-N）ARQ 以及选择重传（Selective Repeat）ARQ。这两种协议是滑动窗口技术与请求重传技术的结合，当窗口尺寸开到足够大时，帧在线路上可以连续地流动，因此又称连续 ARQ 协议。

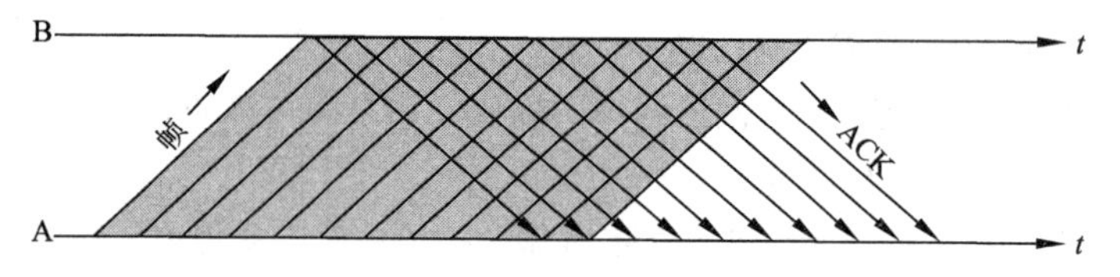

图 3-5 流水线传输可提高信道利用率

3.3.2 连续 ARQ 协议

图 3-6（a）表示发送方维持的发送窗口，其意义是位于发送窗口内的 5 个帧都可连续发送出去，且按照帧序号从小到大发送，而不需要等待对方的确认。这样信道利用率就提高了。

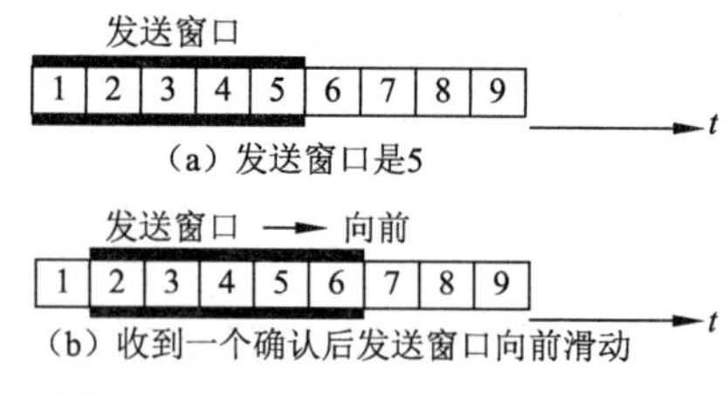

图 3-6 连续 ARQ 协议的工作原理

连续 ARQ 协议规定，发送方每收到一个确认，就把发送窗口向前滑动一个帧的位置。图 3-6（b）表示发送方收到了对第 1 个帧的确认，于是把发送窗口向前移动一个帧的位置。如果原来已经发送了前 5 个帧，那么现在就可以发送窗口内的第 6 个帧了。

接收方一般都是采用累积确认的方式。这就是说，接收方不必对收到的帧逐个发送确认，而是在收到几个帧后，对按序到达的最后一个帧发送确认，这就表示：到这个帧为止的所有帧都已正确收到了。

毫无疑问，累积确认在无差错的情况下，对信道的利用率有很大的提升。但是在有差错的情况，则会有较大的负面影响。为了解决有差错情况下的信道利用率问题，通常采用退后 *N* 步协议和选择重传协议。

1. 退后 *N* 步协议

退后 *N* 步协议的思路是：发送方在发送帧的过程中，如果某帧出错，发送方并不知道，仍然将发送窗口允许发送的帧发完；接收方发现出错的帧，将出错的帧及其后续帧一起丢弃，可以不对出错的帧发送确认帧。发送方在超时后仍然收不到确认帧，需要从出错的帧开始重传所有已发送但未被确认的帧。

退后 *N* 步协议的数据传输过程如图 3-7 所示。

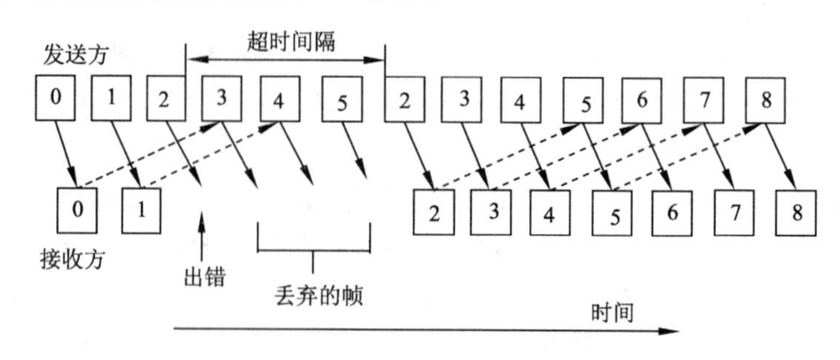

图 3-7 退后 *N* 步协议的数据传输过程

注：图中实箭头表示发送数据，虚线箭头表示接收方的确认。

图 3-7 所示的数据传输过程如下：

① 发送方发送的 0 号与 1 号帧正确到达接收方，接收方发送了对 0 号与 1 号帧的确认。

② 2 号帧出错，发送方仍然继续发送 3、4 及 5 号帧。

③ 接收方从 2 号帧开始不发送确认，并丢弃后续帧。

④ 当到达超时间隔发送方仍然没有收到接收方对 2 号帧的确认，重新发送从 2 号帧开始到 5 号帧的数据。

⑤ 接收方接收到正确的 2 号帧，发送确认。

……

退后 *N* 步协议中，当某帧出错时，该帧及后续帧都被丢弃，都需要重传。对于网络传输质量不是很高的情况，会造成大量帧的重传。

2. 选择重传协议

采用选择重传协议可以解决退后 *N* 步协议中存在的问题。选择重传协议的思路是：接收方发现有出错的帧后，只把该出错的帧丢弃，其后续帧保存在接收方的缓存中，并向发送方发送对出错帧的非确认（Negative Acknowledgment，NAK），通知发送方。发送方只重传该出错帧，接收方正确接收到重传的帧后，再按帧的序列号重组并向上一层提交。

选择重传协议的数据传输过程如图 3-8 所示。

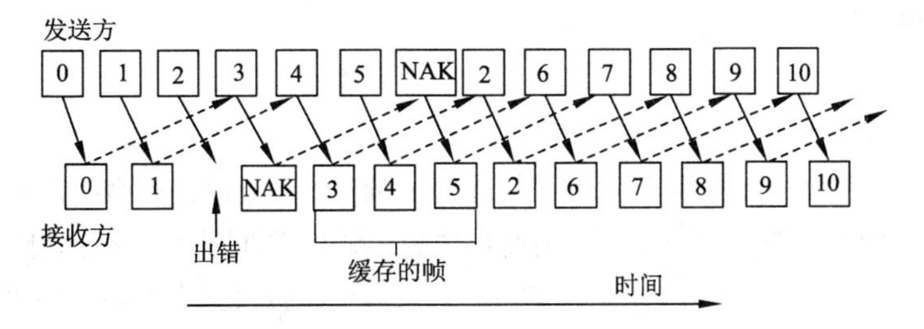

图 3-8　选择重传协议的数据传输过程

注：图中实箭头是发送数据帧，虚线箭头是回应确认帧，回应确认不必按序列号顺序发送，图中接收方在接收到发送方重传的 2 号帧后，发送的是对 5 号帧的确认。

图 3-8 所示的数据传输过程如下：

① 接收方正确接收发送方发送的第 0、1 帧，并存储在接收窗口中。

② 发送方第 2 号数据帧出错，发送方继续发送。

③ 接收方对出错的 2 号数据帧发送非确认，并将 2 号数据帧丢弃，继续接收并缓存 3、4 及 5 号帧。

④ 发送方收到 2 号帧的非确认，重发 2 号帧。

⑤ 接收方收到重发的 2 号帧后，向发送方回应 5 号帧的确认，表示从 2 号到 5 号帧都已正确接收。

⑥ 发送方继续后续帧的发送。

……

3.4　点对点协议 PPP

数据链路层有两个重要协议：高级数据链路控制协议（HDLC）和点对点协议（PPP）。HDLC 协议是面向比特的，而 PPP 协议是面向字节的。曾经在通信线路稳定性较差的时代，数据传输的可靠性被大家看得至关重要，为了保证数据能够可靠地传输，确认机制比较完善的 HDLC 得到了广泛的采用；而如今线路的可靠性极大增强，很多确认和重传的任务由上层协议来完成，因而 PPP 协议成为目前使用最广泛的数据链路层协议。

3.4.1 PPP 协议简介

PPP 协议是一个点到点的数据链路层协议，提供在点到点链路上传输、封装网络层分组等功能，主要被设计用来在支持全双工的同异步链路上进行点到点之间的数据传输。众所周知，用户需要通过某个因特网服务提供商（Internet Service Provider，ISP）才能连接到 Internet 上，那么，PC 与 ISP 之间进行通信就需要使用数据链路层的协议，而这个协议就是 PPP 协议，如图 3-9 所示。例如，利用调制解调器进行拨号上网就是用户 PC 通过 PPP 协议进行网络连接的具体应用。

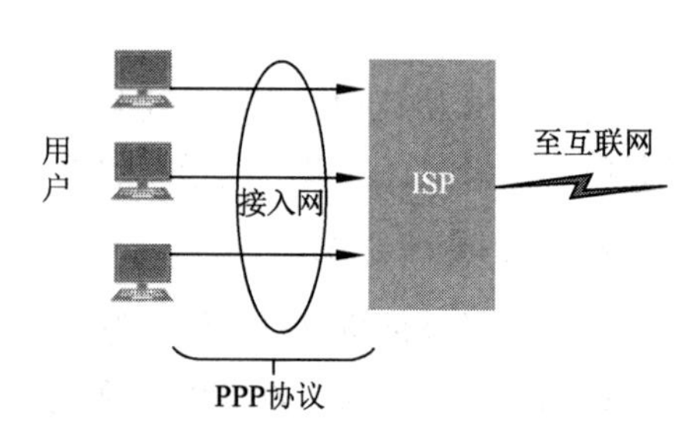

图 3-9 用户到 ISP 的链路使用 PPP 协议

1. PPP 协议的特点

PPP 协议之所以得到广泛应用，是由于具备了以下特点：

（1）PPP 协议的实现较简单

在 TCP/IP 体系结构中，TCP 协议承担了可靠传输的任务，IP 协议提供的是不可靠的数据报服务，作为其低一层的数据链路层协议也不需要提供更多的可靠性方面的功能。因此，PPP 协议不需要提供帧序号、纠错功能以及流量控制等功能，它只需要在接收到数据帧的时候进行 CRC 检验，正确则接收，错误则丢弃。这样的设计简化了 PPP 协议的实现，增强了不同厂商之间的交互。

（2）封装成帧且保证透明传输

PPP 协议必须将数据封装成帧，而帧的首尾需要增加特殊字符用于标识帧的开始和结束，当数据信息恰巧和此特殊字符一样时，需要采取相应措施来实现该字符的传输，即透明传输。这里的透明传输的含义是不管是什么样的比特序列，都可以在链路上进行传输。

（3）具有良好的兼容性

PPP 协议能够同时兼容多种网络层协议和数据链路层协议。这样能够保证支持局域网内的各种协议，也能够实现数据在多种类型的链路上传送。大家熟知的 PPPoE（Point-to-Point Protocol over Ethernet）是目前常用的一种上网方式，该协议是将 PPP 封装在以太网框架中从而增加传统以太网没有的身份认证、加密等功能。从这个例子可以看出 PPP 协议具有良好的兼容性。

（4）具有差错检验功能

网络传输的过程中不可避免地会出现传输错误，这些出错的数据帧如果不及时丢弃就会极大地浪费网络资源，PPP 协议能够对接收到的每一帧立刻进行差错检验。

（5）能够检测链路工作状态

网络故障随时都有可能发生，PPP 协议能够随时监测链路运行状态，并形成一套策略：故障发生时如何停止传输，故障恢复后如何重新工作。

（6）设置默认的最大传输单元

最大传输单元（Maximum Transmission Unit，MTU）是指一种通信协议规定的最大协议数据单元 PDU 的大小。PPP 协议设置了数据链路层的 PPP 帧中信息字段的最大长度，当上层协议发送的 PDU 大于这个设定值，PPP 就要丢弃该数据信息，同时回送一个出错帧。

（7）具有必要功能的协商选项

PPP 协议提供对网络层的支持，这就需要链路两端能够协商网络地址。此外，为了提高传输效率，PPP 协议还提供了数据压缩算法的协商选项。

2. PPP 协议的组成

PPP 协议由 3 部分组成：一种封装多协议数据报的方法、链路控制协议（Link Control Protocol，LCP）和网络控制协议（Network Control Protocol，NCP）。

① 封装：PPP 协议使用自己的帧格式将数据报封装到 PPP 帧的信息字段。

② LCP：主要用来建立链路链接、协商参数选项、配置链接参数、检测链接状态等。

③ NCP：主要用来支持不同的网络层协议、协商数据格式和类型。

3.4.2　PPP 协议的帧格式

PPP 协议的帧格式如图 3-10 所示，该帧格式分为首部、信息部分和尾部三部分。其中首部分为 4 个字段，尾部分为 2 个字段。

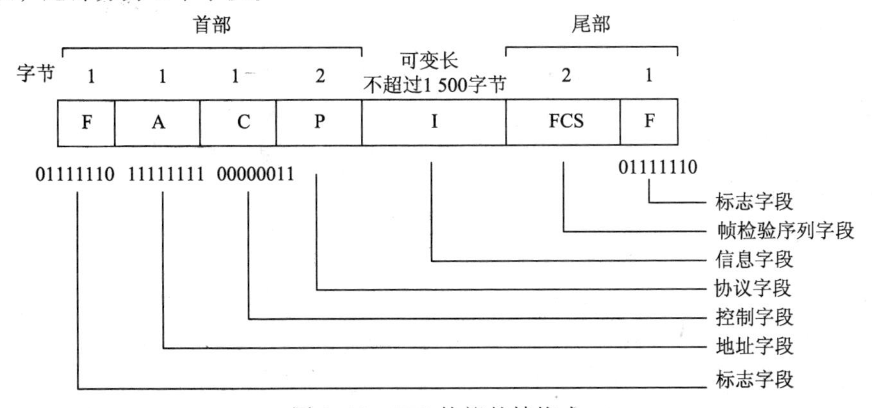

图 3-10　PPP 协议的帧格式

1. 字段的含义

① 标志字段 F（Flag）：占 1 字节，用于表示帧的开始和结束，分别位于 PPP 协议帧格式的开头和结尾，是 PPP 帧的定界符。协议规定该字段固定为 01111110，用十六进制表示为 0x7E，其中 0x 表示它后面的字符是十六进制数。

② 地址字段 A（Address）：占 1 字节，在默认情况下，被规定为 11111111（0xFF）。

③ 控制字段 C（Control）占 8 位，该字段被规定为 00000011（0x03）。

最初制定协议时，将地址字段 A 和控制字段 C 这两个字段作为预留使用的。可至今也没有进行相应规定，以至于这两个字段没有与该帧相关的具体含义。

④ 协议字段 P（Protocol）：占 2 字节，用于告知信息字段属于哪类协议的数据，不同的协议分组定义了不同的代码，比如 0xC021 代表 LCP 协议、0x8021 代表 NCP 协议、0xC023 代表 PAP 协议、0xC223 代表 CHAP 协议、0x0021 代表 IP 协议（即信息字段为 IP 数据报，如图 3-10 所示）。

⑤ 信息字段 I（Information）：长度为可变长，具体根据所需传输的信息而定，但最长不超过

1 500 字节。

⑥ 帧检验序列字段 FCS（Frame Check Sequence）：占 2 字节，采用 CRC 检验法进行检验。

由于每一个 PPP 帧的开始和结尾的帧定界符都是 0x7E，因此一旦在帧的信息字段出现同样的比特数据 0x7E 时，接收方就会错误地识别其为终止信号，而使得该 PPP 帧成为数据不完整的信息帧而被丢弃。为了防止这种情况出现，就必须采取一些措施。当 PPP 协议使用异步传输模式，以字符为单位进行传输时，通常采用字节填充的方法来避免这种情况；当 PPP 协议使用同步传输模式，以数据块为传输单位连续发送多个字符时，通常采用零比特填充的方式。

2. 字节填充

当 PPP 帧的信息包含 0x7E 等特殊字符时，需要将信息中的特殊字符进行转义，将其替换为转义字符加上转义后的字符，该过程将在信息中多填充一个字节的转义字符，因此称为字节填充。

转义字符被规定为 0x7D，转义字符对其后面的字符进行转义操作，该操作是将字符的第 6 个比特位取反码。因此如图 3-11 所示，0x7E 转义之后变成 0x5E，再在前面填充上转义字符，因此 0x7E 变成 0x7D 0x5E。如果在 PPP 帧的信息数据遇到与转义字符一样的编码 0x7D，也容易造成误解，所以 0x7D 也需要进行转义，转义成为 0x5D，再在前面填充上转义字符，因此 0x7D 变成 0x7D 0x5D，这是实现了转义字符的转义。此外，如果信息字段出现 ASCII 码的控制字符，即数值小于 0x20 的字符，这些字符也需要进行转义。比如，ETX 传输结束控制字符值为 0x03，该字符转义之后变成 0x23，再在前面填充上转义字符，因此 0x03 变成 0x7D 0x23。

字节填充之后，发送出去的数据字节数将大于原字节数，但在接收端可以很容易地通过反操作实现数据信息的恢复。

3. 零比特填充

PPP 协议为了让信息字段不会出现首尾定界符 01111110，使用零比特填充法，在发送之前对其进行处理。如果检测到连续出现了 5 个 1，将自动地在第 5 个 1 后面填充一个额外的 0 比特。这样，就消除了潜在的标志模式。接收方站点一旦检测到连续的 5 个 1 后面跟了一个 0，就认为这个 0 是填充的，并把它移除，从而很容易地恢复为原数据信息，如图 3-12 所示。这样既保证了信息字段可以传输任意比特组合的序列，也避免了出现与帧定界符相同序列时的误识问题。

取反位置			↓					
位数	8	7	6	5	4	3	2	1
0x7E	0	1	1	1	1	1	1	0
0x5E	0	1	0	1	1	1	1	0
0x7D	0	1	1	1	1	1	0	1
0x5D	0	1	0	1	1	1	0	1
0x03	0	0	0	0	0	0	1	1
0x23	0	0	1	0	0	0	1	1

图 3-11 字节填充的转义操作

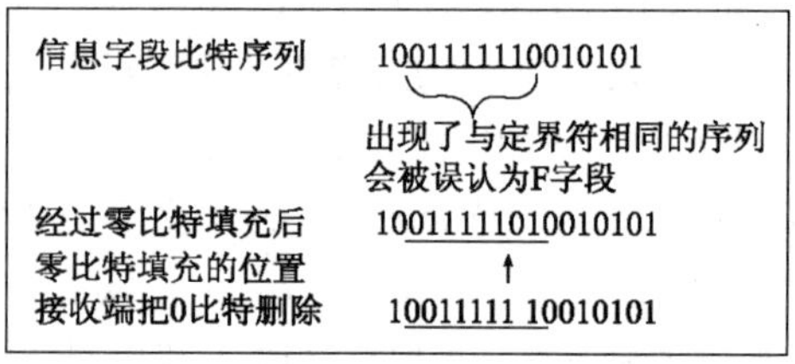

信息字段比特序列 1001111110010101
出现了与定界符相同的序列
会被误认为F字段
经过零比特填充后 10011111010010101
零比特填充的位置 ↑
接收端把0比特删除 10011111 10010101

图 3-12 零比特填充与删除

3.4.3 PPP 协议的工作原理

图 3-13 显示了 PPP 协议工作状态转换的过程，整个过程 PPP 链路会经历 6 个阶段：链路静止阶段（Link Dead）、链路建立阶段（Link Establish）、鉴别阶段（Authenticate）、网络层协议阶段

（Network-Layer Protocol）、链路打开阶段（Link Open）和链路终止阶段（Link Terminate）。

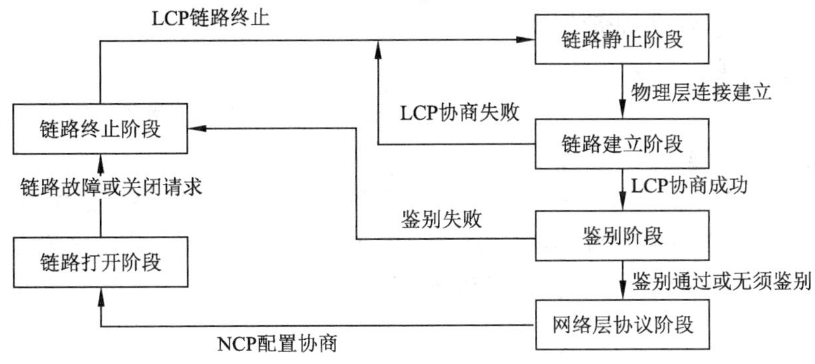

图 3-13　PPP 协议工作状态转换图

（1）链路静止阶段

这是 PPP 链路的初始和终止阶段，意味着链路不可用。当用户 PC 通过调制解调器与网络设备进行连接时，该设备就能检测到物理层的载波信号，说明物理连接可用，PPP 就会从该阶段转换到链路建立阶段。

（2）链路建立阶段

这个阶段的目的是建立 LCP 连接，LCP 协议开始进行配置协商，链路的一端会发送配置请求帧，该帧被封装在 PPP 帧中，其 P 字段为 LCP 协议的代码，请求配置的具体参数则封装在信息字段，配置参数一般包括链路的最大帧长和所使用的鉴别协议。接收端收到配置请求帧后根据网络状态有 3 种不同的回复方式：配置确认帧（Configure-Ack）、配置否认帧（Configure-Nak）和配置拒绝帧（Configure-Reject）。只有收到配置确认帧的时候才代表配置参数顺利接受，后两种代表配置参数需要进一步协商。LCP 协商成功后进入鉴别阶段。

（3）鉴别阶段

为了保证数据传输的安全性，对端经过身份鉴别才能够进行数据传输，默认状态下，该阶段可以省略，不经过身份鉴别直接跳到网络层协议阶段。这一阶段只有链路控制协议、鉴别协议和链路质量监测协议的相关数据帧能够通信传输，其他数据帧都会被丢弃。鉴别协议包括密码鉴别协议（Password Authentication Protocol，PAP）和询问握手鉴别协议（Challenge-Handshake Authentication Protocol，CHAP）。前者只需要发送身份标志符合密码，两次握手即可完成身份鉴别。后者协议更加复杂，安全性也更高，需要三次握手实现身份鉴别。身份鉴别成功则跳转到网络层协议阶段，失败则跳转到链路终止状态。

（4）网络层协议阶段

这个阶段的目的是实现不同网络层协议能够使用同一个 PPP 协议进行通信。由于现在网络设备都能同时兼容不同的网络层协议，为了兼容这些网络层协议，NCP 针对不同的网络层协议进行协商和参数配置，例如分配临时 IP 地址。NCP 协议协商成功后，链路就会跳转到链路打开阶段。

（5）链路打开阶段

在这一阶段，链路两端可以开始发送和接收数据。在通信过程中，PPP 协议会通过 LCP 协议的回送请求和回送回答数据帧来实时监测链路状态，若链路故障，则会跳转到链路终止阶段。若传输完毕，数据发送端则会发出终止请求帧，接收端收到后发送终止确认帧，终止确认帧接收完毕后，链路也会跳转为链路终止阶段。

（6）链路终止阶段

PPP 可以在很多情况下跳转到这一阶段，比如链路质量不好、链路质量检测失败、鉴别身份失败次数超过限制、管理员关闭链路、传输结束等。

图 3-13 所示的链路建立过程是一个阶段一个阶段完成的，PPP 协议首先建立物理链接，随后建立 LCP 链路，接着完成身份鉴别，最后建立 NCP 链路，从而实现数据通信。在这一过程中，PPP 协议涉及了物理层、数据链路层和网络层的相关协议，已经不仅仅是单纯的数据链路层协议。

3.5 数据链路层设备

数据链路层的设备是指那些同时具有物理层和数据链路层功能的设备。数据链路层设备的处理对象是帧，而物理层设备的处理对象是比特流。数据链路层设备在传输数据之外还要提供链路两端连接的建立、状态监测以及连接断开的管理功能，并将数据封装成帧，完成对帧定界、同步和收发顺序的控制。

数据链路层设备是非常重要的局域网连网硬件。构建局域网的最基础设备是网卡（网络适配器）。网卡不仅是每一台计算机与传输介质之间连接的设备，而且物理层与数据链路层的大部分功能也是由网卡完成的，因此选择一块合适的网卡并正确安装其驱动程序是连网的首要条件。为了扩大局域网的作用范围，经常需要将多个网段或局域网互连。实现网段或局域网互连的设备主要包括物理层设备中继器和集线器以及数据链路层设备网桥和交换机等。

3.5.1 网卡

随着计算机体系结构的发展变化，网卡的种类也在发生着变化。

1. 按照总线接口分类

根据计算机总线接口的不同，常用的网卡可分为 3 种：周边元件扩展接口（Pedpherd Component Interconnect，PCI）网卡、通用串行总线（Universal Serial Bus，USB）网卡和 PC 卡（亦称 PCMCIA）网卡。

① PCI 网卡有 32 位和 64 位两种类型，适用于 Intel 主导的总线规格。图 3-14 显示的是 PCI 网卡结构。

图 3-14　PCI 网卡结构

② USB 网卡适用于通用串行总线规格，USB 网卡是外置的，一端为 USB 接口，一端为 RJ-45 接口，目前有 10/100 Mbit/s 自适应、100 Mbit/s 和 1000 Mbit/s 3 种。

③ PCMCIA 网卡有多种规格，是为笔记本计算机能方便地连入局域网或 Internet 而专门设计的。它主要有只能连入局域网的局域网卡和既能访问局域网又能上 Internet 的局域网 Modem 网卡。其中常见的是 16bit-PC 卡，其带宽为 20～30 Mbit/s；还有 32 位的 CardBus，其带宽可达 132 Mbit/s，能够支持 100 Mbit/s 的以太网。

2．按照传输速率分类

主流的网卡包括 10 Mbit/s 网卡、100 Mbit/s 以太网卡、10 Mbit/s 和 100 Mbit/s 自适应网卡、1 000 Mbit/s 以太网卡等。

3．无线网卡

随着无线网络应用的普及，无线网卡的应用越来越多。

无线网卡可以根据不同的接口类型分为：最常见的 USB 无线上网卡、台式机专用的 PCI 接口无线网卡、笔记本计算机专用的 PCMCIA 接口无线网卡和笔记本计算机内置的 MINI-PCI 无线网卡 4 种。

3.5.2　网桥

网桥工作在 IEEE 802 参考模型的介质访问控制子层。

1．网桥的功能

网桥能够实现两个在物理层或数据链路层使用不同协议的网络间的连接。图 3-15 所示为网桥互连两种不同介质访问控制协议的原理示意图。

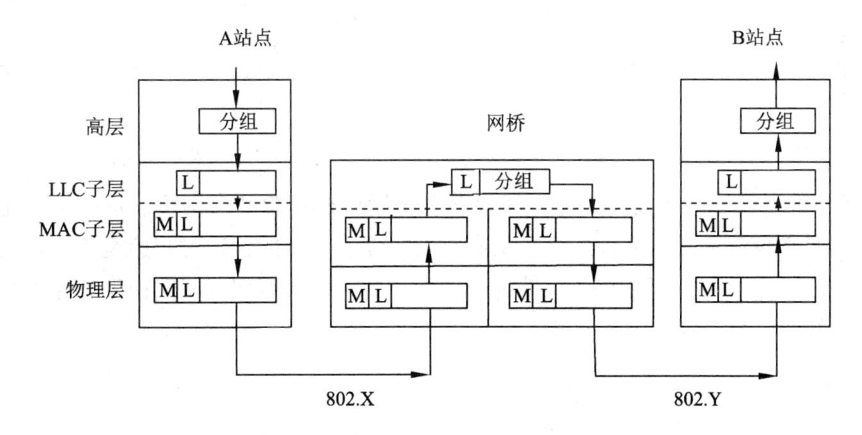

图 3-15　网桥互连两种不同介质访问控制协议的原理示意图

网桥具有在不同网段之间再生信号的功能，除此之外还具有过滤和转发功能。所谓过滤，是指可以根据网络 ID 作为参数来设置，使网桥拒绝转发来自某个特定网络的数据帧，也可以根据上层协议的类型作为参数设置过滤。对数据帧的有效过滤可以大大降低网络中不必要的数据流量。所谓转发，是指网桥有对链路层分组寻址的功能，可以判断到来的数据帧的目的地址是否与源地址属于同一个网络，如果是同一个网络就不转发；如果不是同一个网络就将该数据帧转发，使其能到达目的网络。网桥的转发原理示意图如图 3-16 所示。图 3-16 中从 A 发往 B 或 C 的帧，只需在 LAN1 中传输，因此被网桥过滤而不会送至 LAN2；从 A 发往 D 或 E 的帧，网桥将转发至 LAN2。

2．网桥的分类

从不同的角度对网桥有不同的分类方法。

① 从硬件配置的位置来分，可以分为内部网桥和外部网桥。在文件服务器内安装、使用两块网卡就可以组成内部网桥。外部网桥的硬件则放在专门用作网桥的 PC 或其他设备上。

② 从地理位置来分，可以分为近程网桥（或称本地网桥）和远程网桥。互连两个相近的局域网电缆段只需一个近程网桥，近程网桥连接的示意图如图 3-16 所示。互连经过低速传输介质（如电话线）相连的两个网络时要使用两个远程网桥，即远程网桥应成对使用。远程网桥的连接示意图如图 3-17 所示。

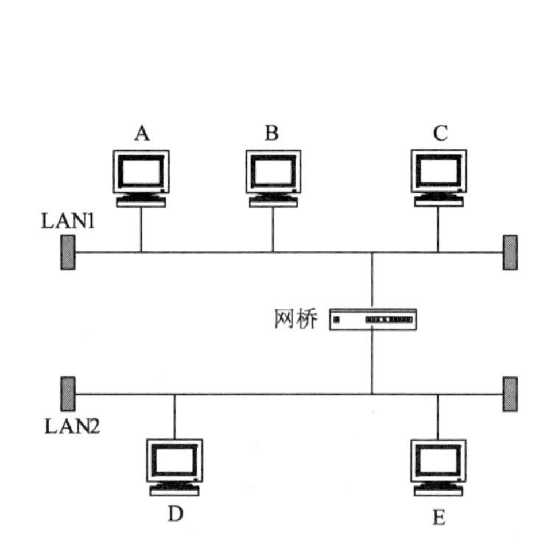

图 3-16 网桥的转发原理示意图

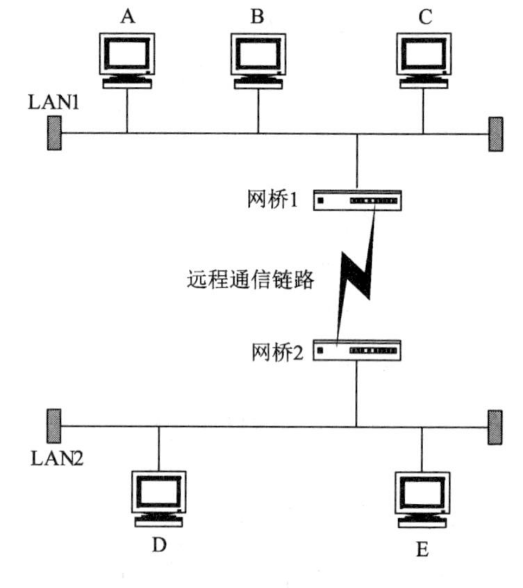

图 3-17 远程网桥的连接示意图

③ 从用于所互连的网络类型来分，可以分为透明网桥和源路由网桥。透明网桥主要用于以太网，对传输帧路由的选择由网桥进行。从站点的角度看，帧的传输过程感觉不到网桥的存在，就像是透明的一样。图 3-16 和图 3-17 即为透明网桥的连接示意图。源路由网桥主要用于令牌环网络，对传输帧的路由选择由源站点进行。

3. 网桥的应用

网桥主要用于相同类型的局域网互连，网桥在实际应用中有以下作用：

① 网络分段：网桥常用于分割一个负载过重的网络，减小网络的竞争域，用来均衡负载。

② 扩展网络的距离：使用网桥可以延伸网络的距离。

③ 网桥可以实现局域网之间以及远程局域网和局域网之间的互连。

④ 网桥可以进行物理层和数据链路层协议的变换，可以连接不同传输介质的网络。

网桥只适用于互连数量不多的、同一类型的网段，如果网段数量很大，网桥的使用就会表现出局限性。网桥不能过滤广播帧，没有动态的路径选择能力，有多个路径时，网桥只使用某一固定的路径。

3.5.3 交换机

交换机和网桥都工作在网络参考模型的第 2 层。由于交换机比网桥的数据吞吐性能更好，端口集成度更高，每端口成本更低，使用更加灵活和方便，交换机已经取代了传统的网桥，成为最主要的网络互连设备之一。人们习惯上将工作在第 2 层的交换机称为二层交换机，把工作在第 3 层的交换机称为三层交换机。在此只介绍二层交换机，三层交换机将在第 4 章 4.6.2 节介绍。

交换机主要是使用硬件进行交换，交换速度快。交换机可以连接不同带宽的网络。例如，一个传输速率 100 Mbit/s 的以太网和一个传输速率 1 000 Mbit/s 的以太网之间可以通过交换机实现互连。交换机可以为每一个网段提供专用带宽。

1. 交换机的功能

二层交换机是交换式局域网的主要设备，它的主要功能是增加传输带宽、降低网络传输的延迟、进行网络管理以及选择网络传输线路等。

在交换式局域网中，不管交换机有多少端口，所有端口都可以建立并行、独立和专用速率的连接。各端口节点均可以得到专用的传输速率，整个网络的传输速率为各个节点专用传输速率之和。每个端口都有一条独占的带宽，当交换机工作时，只有发出请求的端口和目的端口之间相互响应但不影响其他端口，因此交换机能够隔离冲突域和有效抑制广播风暴的产生。交换机可以工作在半双工模式或全双工模式下。

2. 交换机的工作方式

从交换机的工作方式上，可以分为直通交换方式、存储转发交换方式和碎片丢弃交换方式 3 种。

（1）直通交换方式

直通交换方式是一旦接收到信息帧中的目的地址，在没有接收到全帧之前就开始转发，不对帧进行检验。这种方式速度快、延迟小，但可靠性差，适用于同速率端口和冲突、误码率低的环境。

（2）存储转发交换方式

存储转发交换方式是将信息帧都接收完毕并进行检验确认，然后转发正确的帧，过滤处理错误帧。这种方式可靠性较高、支持高速端口和不同速率的链路，但延迟增加，适用于不同速率端口和冲突、误码率高的环境。

（3）碎片丢弃交换方式

碎片丢弃交换方式是直通交换方式和存储转发交换方式的折中方案。这种交换方式的指导思想是在 512 bit 帧（64 字节）到达交换机的输入端口后，再按照目的地址转发该帧，并且不进行检验。这样，如果到来的帧是一个“碎片”，就不会有 512 bit 的长度。对于小于 512 bit 的帧，交换机都将视为碎片并将其丢弃。

3. 交换机的优缺点

（1）优点

① 增加可用带宽。交换机能为各端口提供专用带宽，解决了网络瓶颈问题。

② 交换速度快，降低传输时间延迟。交换机的传输延迟只有几十微秒，比网桥的几百微秒、路由器的几千微秒要小得多。

③ 管理和维护简单。

④ 容易扩展、兼容性好。交换机能够方便、简单地将网络互连。

⑤ 具有高带宽端口。对于 10 Mbit/s 端口，半双工端口带宽为 10 Mbit/s，而全双工端口带宽为 20 Mbit/s；对于 100 Mbit/s 端口，半双工端口带宽为 100 Mbit/s，而全双工端口带宽为 200 Mbit/s。

⑥ 允许 10 Mbit/s、100 Mbit/s、1 000 Mbit/s 和 10 000 Mbit/s 等多种端口共存，可以充分保护已有投资。

（2）缺点

二层交换机只支持网络模型第 1、2 层协议不同的网络互连，第 2 层以上的协议必须相同。

3.6 局 域 网

20 世纪 70 年代，微机迅速发展，性价比越来越高、企业内部微机的数量越来越多，但微机的处理能力终归有限，需要连网共享资源；又由于企业内部希望进行信息交换，所以产生了局域网。与广域网或 Internet 相比局域网的作用范围有限，所以形成了局域网的体系结构特点。

局域网具有共享传输信道、传输速率较高、误码率低以及可靠性高等特点，因此局域网的体系结构不设立网络层、低层协议简单而介质访问控制技术复杂。

局域网大多采用总线、环状或星状拓扑结构。

3.6.1 局域网概述

随着计算机网络技术的发展，局域网的体系结构、协议标准的深入研究，新的传输介质的引入、传输速率的不断提高，局域网技术发生了很大变化。

1. 局域网的技术特点

局域网的技术特点主要表现在以下方面：

① 局域网覆盖的地理范围有限，一般属于一个单位，便于组建、维护和扩展。

② 局域网的传输速率高、误码率低，具有较高质量的数据传输环境。目前，一般局域网的传输速率都为 100 Mbit/s，高速局域网的传输速率可以达到 1 000 Mbit/s 甚至 10 Gbit/s，而其误码率可以低于 10^{-12}。

③ 决定局域网性能的主要技术为网络拓扑结构、传输介质和介质访问控制方法。

④ 局域网的网络拓扑结构主要采用总线拓扑结构、环状拓扑结构和星状拓扑结构以及扩展的星状结构。

⑤ 局域网的传输介质采用双绞线、同轴电缆、光纤和无线的电磁波。目前，大多数局域网采用非屏蔽双绞线，光纤开始进入局域网，同时无线局域网也得到很大发展。

⑥ 从介质访问控制方法的角度，局域网可以划分为共享介质式局域网和交换式局域网两类。早期的局域网基本都属于共享介质式局域网，随着交换机的出现，目前大多数局域网都是交换式局域网。

2. IEEE 802 参考模型

早期的局域网基本是采用信道共享的共享介质式局域网，没有路径选择的问题，而网络层的最主要功能是路径的选择，因此局域网的体系结构中没有网络层，但将网络层的其他功能交由数据链路层。这样数据链路层的功能增多，将数据链路层分为两个子层，将与高层相关的功能由逻辑链路控制子层 LLC 负责，而与传输介质相关的功能由介质访问控制子层（MAC）负责。这样，LLC 子层就可以完全与传输介质无关。局域网的参考模型与 OSI/RM 的对比如图 3-18 所示。

局域网各层的主要功能如下：

① 物理层：提供发送和接收信号的能力，包括对宽带频道的分配和对基带信号的调制等。

② 介质访问控制子层 MAC：实现数据帧的封装和拆卸、帧的寻址和识别、数据帧的检验以及链路的管理。

③ 逻辑链路控制子层 LLC：建立和释放数据链路层的逻辑连接、提供与高层的接口（SAP）、差错控制和帧序号处理等功能，为高层提供无连接和面向连接的两种服务。

图 3-18 中的服务访问点 SAP 主要是对完成同一实体上下层之间进行服务接口的定义，采用一种称为服务原语的语言来描述各种功能。

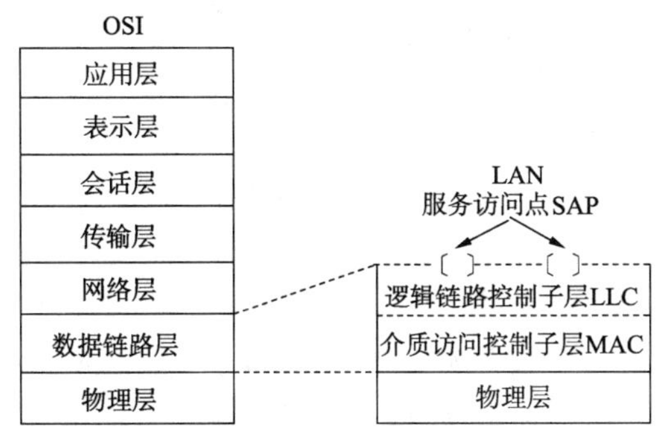

图 3-18 局域网参考模型与 OSI/RM 对比

3. IEEE 802 协议簇

局域网协议主要是由电气和电子工程师协会 IEEE 下设的 IEEE 802 委员会制定，并已得到国际标准化组织 ISO 的采纳。这些标准包括：

- IEEE 802.1A——体系结构。
- IEEE 802.1B——网络互操作。
- IEEE 802.2——逻辑链路控制 LLC。
- IEEE 802.3——CSMA/CD 访问控制及物理层技术规范。
- IEEE 802.4——令牌总线访问控制及物理层技术规范。
- IEEE 802.5——令牌环访问控制及物理层技术规范。
- IEEE 802.6——城域网访问控制及物理层技术规范。
- IEEE 802.7——宽带网访问控制及物理层技术规范。
- IEEE 802.8——光纤网访问控制及物理层技术规范。
- IEEE 802.9——综合话音数据访问控制及物理层技术规范。
- IEEE 802.10——局域网安全技术。
- IEEE 802.11——无线局域网访问控制及物理层技术规范。
- IEEE 802.15——无线个人网。
- IEEE 802.16——宽带无线接入。
- IEEE 802.21——媒介独立切换。
- IEEE 802.22——无线区域网。

IEEE 802 系列标准间的关系如图 3-19 所示。随着网络技术的发展，IEEE 802 标准还会不断增加新的内容。

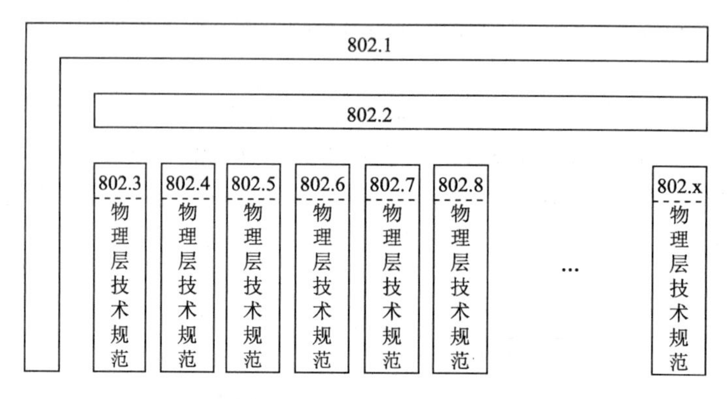

图 3-19 IEEE 802 标准

3.6.2 共享介质局域网

对于信道共享连接的网络，如何分配信道的使用权是一个关键问题。传统局域网一般都属于信道共享连接的网络。信道共享连接的网络大多是广播网，在这种网络中，基本不存在路由选择问题，而需要解决当信息的传输产生竞争时信道共享的介质访问控制技术的问题。因此，对于信道共享连接的广播网络，不设置网络层而将数据链路层分为两个子层，逻辑链路控制子层 LLC 和介质访问控制子层 MAC。其中，MAC 子层的主要功能是负责与物理层相关的所有问题，介质访问控制技术是该子层的主要功能。

1. 争用协议

对于信道共享连接的网络，大多采用随机访问技术，即所有用户都可以随机地发送信息。但对于像总线拓扑结构的网络，当有两个或多于两个的用户同时发送信息时，就产生了冲突，将导致用户的发送失败。经过多年的研究与发展，一种争用型的介质访问控制技术逐渐完善。

（1）ALOHA

最早采用争用方式的介质访问控制技术的是美国夏威夷大学的 ALOHA 网。该网将分布在各个岛上的工作站通过无线网络和总校校园的主机与其他工作站相连。ALOHA 网的介质访问控制方法非常简单，几乎是不加控制，任何用户站有数据帧就可以发送，如果发现冲突，则冲突的站都分别重发。当用户站增加或需要发送的数据帧数量增加时，都会使冲突的次数增加，降低信道的利用率。

（2）分槽 ALOHA

为了提高通道的利用率，提出了一种改进的控制方法，称为分槽 ALOHA 网。分槽 ALOHA 网的原理是：将通道上的时间分割成时间片（分槽），每个时间片的长度与一个数据帧传输所需时间相等，各个站要发送数据帧必须在时间片的起始时间，即分槽处开始。这样只有在两个数据帧完全覆盖时才会发生冲突，从而提高了通道的利用率。

ALOHA 协议与分槽 ALOHA 协议的传输如图 3-20 所示。

从图 3-20 可以看出，ALOHA 协议中，在第 1 帧已经发送的过程中，其他站仍然可以发送数据帧，造成冲突。而在分槽 ALOHA 协议中，只要第 1 帧开始发送，在这一时间片内就不允许其他站再发送数据帧。因此，只要开始发送时没产生冲突，在这一时间片内就不会再产生冲突，减少了冲突的可能性。

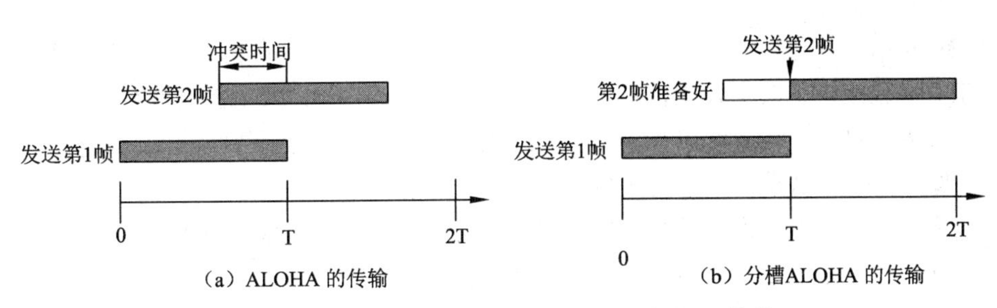

（a）ALOHA 的传输　（b）分槽ALOHA 的传输

图 3-20　ALOHA 协议与分槽 ALOHA 协议的传输

（3）带有冲突检测的载波监听多路访问 CSMA/CD

① CSMA。

CSMA 是在 ALOHA 协议的基础上的一种改进协议。与 ALOHA 协议的主要区别是采用了附加的载波监听装置。每个站在发送数据前都要监听信道，如果信道空闲（没有监听到有数据在发送），则发送数据；如果信道忙（监听到有数据在发送）就先不发送，等待一段时间后再监听。这样能减少产生冲突的可能，提高系统的吞吐量。

根据在信道忙时，对如何监听采取的处理方式不同，又可以将 CSMA 分为不坚持 CSMA、1 坚持 CSMA 和 P 坚持 CSMA 三种不同的协议。

- 不坚持 CSMA 协议的指导思想是：一旦监听到信道忙，就不再坚持监听，而是根据协议的算法延迟一个随机的时间后再重新监听。不坚持 CSMA 存在可能在再次监听之前信道就已经空闲了，即不能找出信道刚一变成空闲的时刻的缺点。这样就影响了信道利用率的提高。
- 1 坚持 CSMA 协议的指导思想是：监听到信道忙，坚持监听，当信道空闲立即将数据帧发送出去。但若有两个或更多的站同时在监听信道，则一旦信道空闲就会都同时发送而引起冲突，反而不利于吞吐量的提高。
- P 坚持 CSMA 协议的指导思想是：当监听到信道空闲时，就以概率 P（$0<P<1$）发送数据，而以概率（$1-P$）延迟一段时间，重新监听信道。P 坚持 CSMA 协议可根据信道上通信量的多少设定不同的 P 值，可以使信道的利用率进一步提高，但 P 值的确定是一件很复杂的事。

通过分析可以看出，上述三种协议各有优缺点。为了更清楚地表述这三种协议，将 CSMA 协议的开始发送过程用图 3-21 描述。

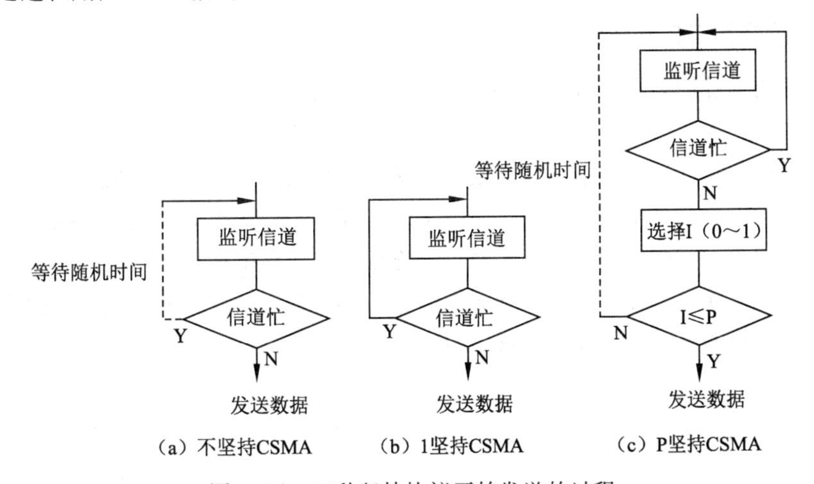

（a）不坚持CSMA　（b）1坚持CSMA　（c）P坚持CSMA

图 3-21　三种坚持协议开始发送的过程

② CSMA/CD。

由于信号在信道上传输会发生传播延迟，采用 CSMA 协议并不能完全消除冲突。如图 3-22 所示，A 和 B 两个站点，B 站点在 A 站点发送的信息到达之前，监听不到有数据在信道上发送，B 就有可能发送数据，这样就会产生冲突。

为了能及时发现冲突，发送数据帧的站点边发送数据边监听信道，只要监听到发生冲突，就立即停止发送。这种边发送边监听的功能称为冲突检测。

在实际网络中，为了使每个站点都能及早发现冲突的发生，采取一种强化冲突的措施，即当发送站一旦发现有冲突时，立即停止发送数据并发送若干比特的干扰信号，以便让所有站点都知道发生了冲突。CSMA/CD 协议流程图如图 3-23 所示。

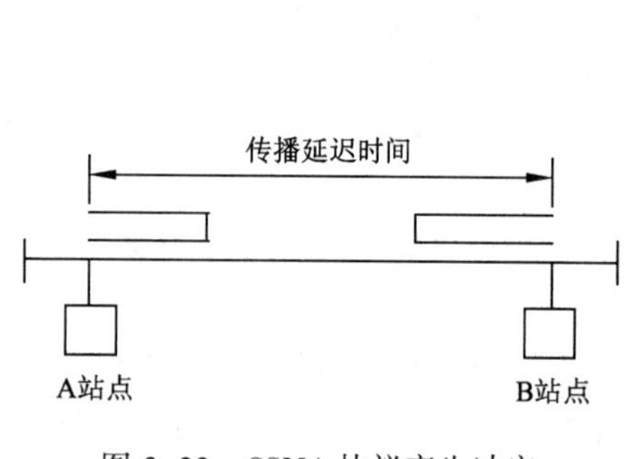

图 3-22 CSMA 协议产生冲突

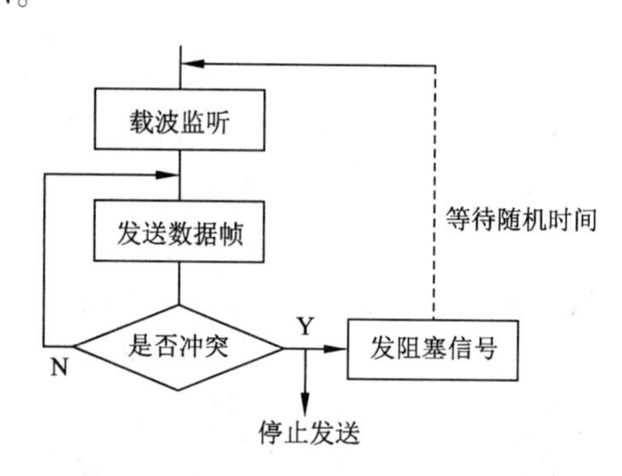

图 3-23 CSMA/CD 协议流程图

③ 二进制指数退避算法。

CSMA/CD 协议中，当检测到冲突后，要等待随机时间再监听。等待的随机时间的确定常常采用二进制指数退避算法。该算法的思路是：

当站点发生第 1 次冲突，等待 $0\sim2^1-1$ 个时间片。

当站点发生第 2 次冲突，等待 $0\sim2^2-1$ 个时间片。

依此类推，当站点发生第 n 次冲突，在 $n\leqslant10$ 时，等待 $0\sim2^n-1$ 个时间片；$n\geqslant10$ 后，等待 $0\sim2^{10}$ 个时间片。

当站点发生冲突的次数达到第 16 次时，将放弃该数据帧的发送。

2. 令牌环介质访问控制技术

令牌环介质访问控制多用于环状拓扑结构的网络，属于有序的竞争协议。

（1）令牌环的组成

连接到令牌环网的计算机通过网卡和电缆连接成环状网络。其拓扑结构如图 3-24 所示。

一般环状网传输介质采用同轴电缆，使用 T 形连接器、BNC 头等连接件将同轴电缆与网卡相连。其物理连接如图 3-24 所示，相当于将总线连接的总线首尾相接在一起。环状网的传输介质也可以采用双绞线，此时需要使用令牌环集线器、RJ-45 等连接件与网卡相连，构成逻辑上的环状网。令牌环集线器的内部结构如图 3-25 所示。

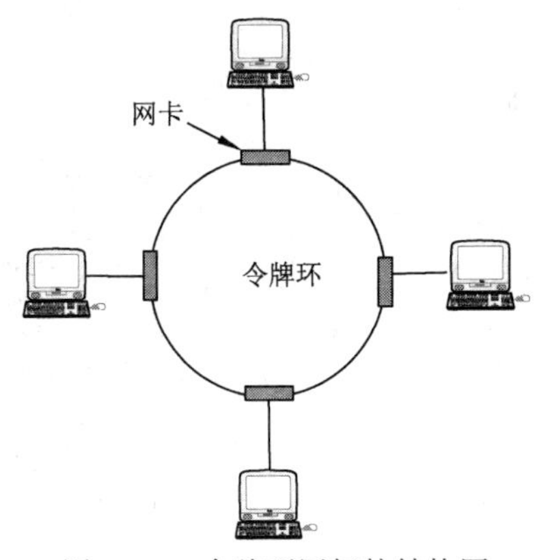

图 3-24　令牌环网拓扑结构图

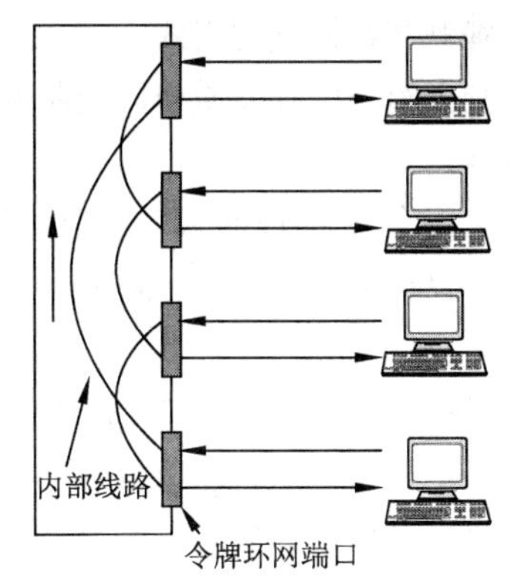

图 3-25　令牌环集线器的内部结构图

令牌环集线器拥有 4、8、12 或 16 端口类型，每个集线器有一个入环端口 RI（Ring-In）和一个出环端口 RO（Ring-Out）。当环网站点数大于集线器的端口数时，可以用两个集线器串接起来。此时，必须是把一个集线器的 RI 端口与另一个集线器的 RO 端口相连，使两个集线器连接成环。两个集线器相连的示意图如图 3-26 所示。

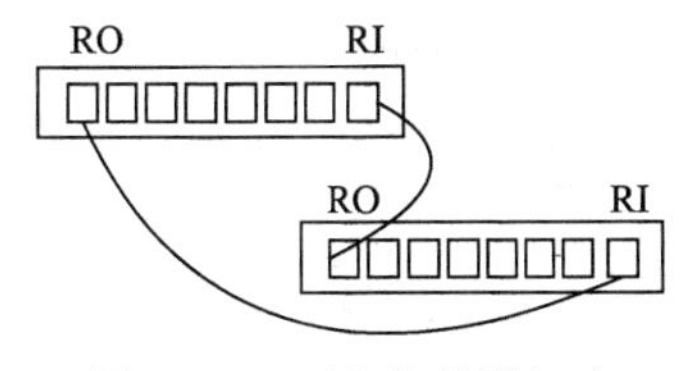

图 3-26　两个集线器相连

（2）令牌环介质访问控制的操作过程

① 令牌环网中使用一个特殊的令牌帧，当某个站点有数据帧要发送时，必须等待标记为空的令牌帧到来，将令牌帧的空标记改为忙，并将数据帧发送到环上。

② 发送的数据帧在环上循环的过程中，所经过的环上的各个站点都将帧上的目的地址与本站点的地址进行比较，若不等则直接传给后面的站点，若相等则将帧复制接收，然后继续传给后面的站点。

③ 发送的数据帧在环上循环一周后再回到发送站，由发送站将该帧从环上移去，同时将令牌的忙标记改为空标记，传给后面的站。

④ 空令牌帧在环上循环，经过某站点时，若该站点有数据帧要发送则重复上述过程，若该站点没有数据帧发送则直接将令牌帧传给下一个站点。

假设有 A 站点要向 C 站点发送数据帧。令牌环介质访问控制的操作过程如图 3-27 所示。

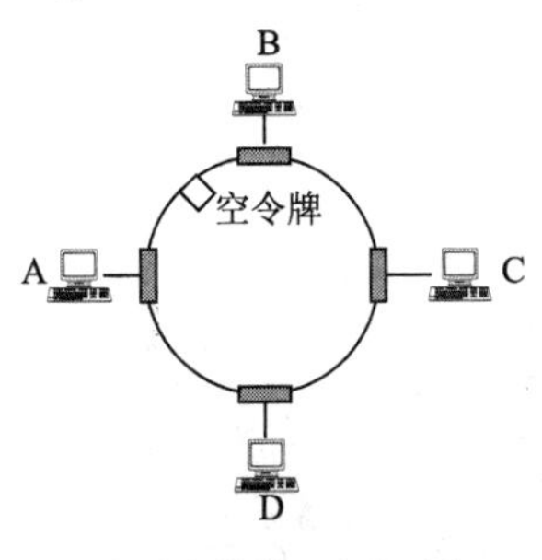

（a）A 站点等待空令牌到来，准备发送数据帧

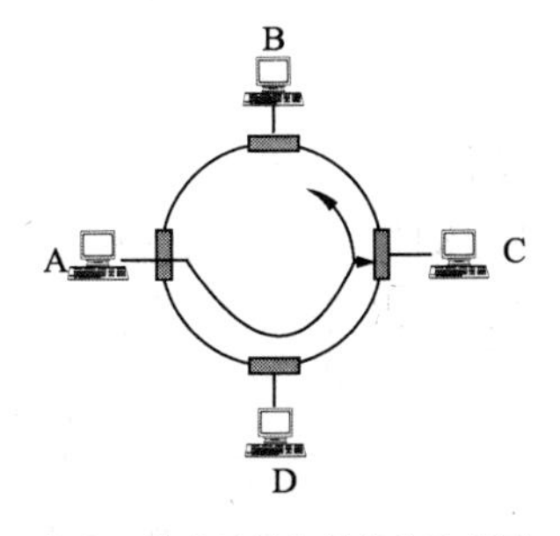

（b）C 站点地址与目的地址相同复制数据并在环上传输

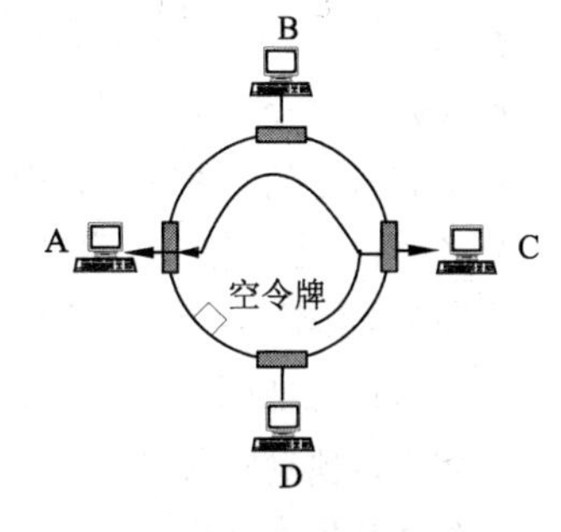

（c）A 站点将数据帧从环上移去，并发送空令牌

图 3-27　令牌环发送数据过程

（3）令牌帧和数据帧的格式

下面分别介绍令牌环介质访问控制的令牌帧和数据帧格式。

① 令牌帧。

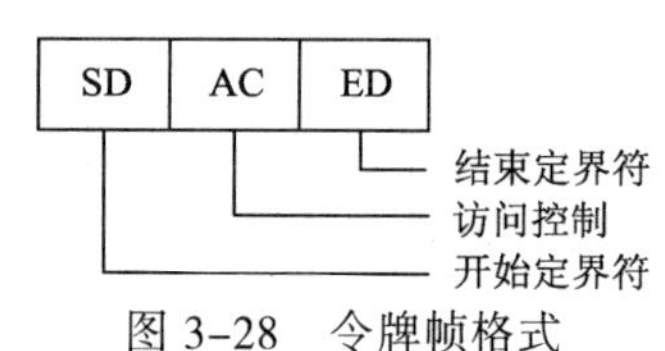

图 3-28 令牌帧格式

令牌帧是一个 3 字段的帧，每个帧都有一个开始定界符 SD 和一个结束定界符 ED 来指定令牌的边界。令牌帧格式如图 3-28 所示。

开始定界符有一个特殊模式 JK0JK000，其中的 0 是按照差分曼彻斯特编码定义的，J 和 K 信号中间没有跳变，不符合曼彻斯特编码的规定，不会成为报文中的任何一部分，因此不会与报文混淆。同样，结束定界符也有一个特殊模式 JK1JK1IE，也不会和报文混淆。

AC 访问控制字段长度为 1 字节，定义与下面介绍的数据帧的 AC 字段相同。

② 数据帧。

数据帧是一个 9 字段的帧，其帧格式如图 3-29 所示。

SD	AC	FC	目的地址	源地址	…数据…	帧检验序列	ED	FS

图 3-29 数据帧格式

图 3-29 中各字段的具体规定如下：

- SD 开始定界符：1 字节，为 JK0JK000。
- AC 访问控制：1 字节，包含 PPPTMRRR，其中：
  - ✧ PPP：优先级位。
  - ✧ T：令牌位，T=0 为令牌帧，T=1 为数据帧。
  - ✧ M：监控位。
  - ✧ RRR：预约位。
- FC 帧控制：1 字节，为 FFZZZZZZ，其中：
  - ✧ F：帧类型位。
  - ✧ Z：控制位。
- 目的地址：2 或 6 字节。
- 源地址：2 或 6 字节。
- 数据：0～5 000 字节。
- 帧检验序列：4 字节，CRC 检验码。
- ED 结束定界符：1 字节，为 JK1JK1IE。
- FS 帧状态：1 字节，为 ACXXACXX，其中：
  - ✧ A：地址确认位。
  - ✧ C：帧复制位。
  - ✧ X：位定义。

一般的令牌环网是按照站点的物理连接顺序传递令牌，也可以通过设置优先级允许站点按不同的顺序获取令牌。

（4）令牌环的维护

当下述情况发生时，需要对令牌环进行维护：

① 当一个站点在一个长环上发送一个较短的帧后，在帧还未返回到该站点时，该站点就崩溃了，这时会在环上产生一个不能移去的帧。

② 当一个站点在接收到一个帧或令牌后就崩溃，造成环上没有令牌的现象。

③ 当帧发生错误时，需要确定负责修复的站点。

令牌环的维护需要通过监控站来完成。在环上设置一个监控站，在一个帧刚产生时，将它的监控位设置为 0，当该帧通过监控站时，将该帧的监控位改为 1；如果该帧再一次通过监控站，监控站就可以判断该帧为不能移去的帧，而将其移去，并产生一个新令牌。

监控站设置一个计时器，只要监控站发送一个帧或令牌，就启动计时器。当计时器超过预定的时间（该时间根据环的长度、站点的数量及帧的最大尺寸等确定），监控站没有收到帧或令牌，则判断帧或令牌丢失，产生一个新令牌。

3.6.3 交换式局域网

交换式局域网的核心设备是局域网交换机，交换机的主要特点是：所有端口平时都不连通；当站点需要通信时，交换机可以同时连通许多对端口，使每一对相互通信的站点都能像独占通信信道那样，无冲突地传输数据，即每个站点都能独享信道速率；通信完成后就断开连接。因此，交换式网络技术是提高网络效率、减少拥塞的有效方案之一。目前，交换式局域网主要是交换式以太网。

1. 交换式以太网的优点

与共享介质的传统局域网相比，交换式以太网具有以下优点：

① 保留现有以太网的基础设施，只需将共享式 Hub 改为交换机，大大节省了升级网络的费用。

② 交换式以太网使用大多数或全部的现有基础设施，当需要时还可追加更多的性能。

③ 在维持现有设备不变的情况下，以太网交换机有着各类广泛的应用，可以将超载的网络分段，或者加入网络交换机后建立新的主干网等。

④ 可在高速与低速网络间转换，实现不同网络的协同。目前大多数交换式以太网都具有 1 000 Mbit/s 的端口，通过与之相对应的 1 000 Mbit/s 的网卡接入到服务器上，暂时解决了 100 Mbit/s 的瓶颈，成为局域网升级时首选的方案。

⑤ 交换式以太网是基于以太网的，只需了解以太网这种常规技术和一些少量的交换技术就可以很方便地被工程技术人员掌握和使用。

⑥ 交换式局域网可以工作在全双工模式下，实现无冲突域的通信，大大提高了传统网络的连接速度，可以达到原来的 200%。

⑦ 交换式局域网提供多个通道，比传统的共享式集线器提供更多的带宽。传统的共享式 10 Mbit/s 和 100 Mbit/s 以太网采用广播式通信方式，每次只能在一对用户间进行通信，如果发生碰撞还要重试；而交换式以太网允许不同用户间进行传送，如一个 16 端口的以太网交换机允许 16 个站点在 8 条链路间通信。

⑧ 在共享以太网中，网络性能会因为通信量和用户数的增加而降低。交换式以太网进行的是独占通道、无冲突的数据传输，网络性能不会因为通信量和用户数的增加而降低。交换式以太

网可提供最广泛的媒体支持，因为交换式以太网属于以太网，所以可以在双绞线、光纤以及同轴电缆等传输介质上运行，尤其是光纤以太网使得交换式以太网非常适合作主干网。

2. 以太网交换机的工作原理

以太网交换机工作在数据链路层，即二层交换机。以太网交换机类似于多接口的网桥，每个接口都可以连接一个主机或者另一台以太网交换机，各接口之间能同时连通，从而实现并行工作。

以太网交换机各接口设计有缓存器，能在输出口繁忙时进行数据帧的暂存，等待空闲时再发送出去，解决了碰撞和冲突的问题。

以太网交换机的主要工作是将源端口的信息帧转发到目的端口，转发的过程是通过查询内部的帧交换表实现的，该表是通过自学习算法自动地逐渐建立起来的。该转发过程大多采用硬件实现，而网桥的转发大多采用软件实现，因此以太网交换机的转发速度要快得多。

（1）交换机的转发和过滤

交换机的转发和过滤的依据是帧交换表，该表包含一个 MAC 地址，该 MAC 地址关联的接口号以及该项关联录入表的时间。当有一个目的地址为 AB-AB-AB-AB-AB-AB 的帧到达交换机 1 端口，交换机就会搜索其帧交换表的 MAC 地址来决定下一步的工作，就会出现 3 种情况：

① 表中不存在地址为 AB-AB-AB-AB-AB-AB 的表项，交换机需要向除了 1 端口外的所有端口广播该帧。

② 表中存在地址为 AB-AB-AB-AB-AB-AB 的表项，但是关联端口是 1 端口，说明目的地址所在与接收端口 1 端口处于同一端口，无须转发到其他端口，应利用过滤功能丢弃该帧。

③ 表中存在地址为 AB-AB-AB-AB-AB-AB 的表项，关联端口 x 是 1 端口以外的其他端口，交换机需要将帧转发到 x 端口。

因此，如果帧交换表是完善且正确的，交换机不需要广播信息帧就可以明确转发到相应端口，转发效率将大幅提高。那么帧交换表是如何通过自学习算法不断建立和完善的呢？

（2）交换机的自学习功能

视频 3-2 交换机的自学习功能

交换机的帧交换表是不需要人工干预，是自动、动态逐步建立起来的。该表初始的时候是空表。当交换机各端口开始有数据帧到达的时候就会将该帧的源 MAC 地址、到达接口和当前时间来存储为一个表项。随着接收的数据帧增多表项也逐渐完善。当交换机某个端口由一台 PC 换成了另一台 PC 时，其关联的 MAC 地址是如何变化的呢？交换机会为每一个表项设定一个老化时间，如果表项到达了老化时间，还没有接收端以此表项为源地址的数据帧，则该表项将在帧交换表中清除。

下面以一个简单的例子来说明帧交换表的自学习过程。如图 3-30 所示，假设交换机有 4 个接口，每个接口连接的 PC 的 MAC 地址简写为 A、B、C、D，为了阐述方便，图中省略了帧交换表中的时间。初始状态下，帧交换表是空的，如图 3-30（a）所示。

此时如果 A 有一数据帧发送给 D，该帧到达以太网交换机的 1 端口，交换机接收该帧后首先查找帧交换表，由于此时帧交换表为空，没有目的 MAC 地址 D 的关联端口。接着交换机将该帧的源 MAC 地址 A 和关联端口号 1 写入帧交换表表项，然后将该帧广播转发给端口 2、3、4，PC B 和 C 接收到该帧后对比其目的 MAC 地址不是自己的 MAC 地址将该帧丢弃。PC D 对比其目的 MAC 地址是自己的 MAC 地址将该帧接收。

D 接收到 A 的信息后想要发回一个信息帧，该帧到达交换机端口 4，交换机接收该帧后首先查找帧交换表是否含有 MAC 为 A 的表项，经过上一次信息帧的发送，该表已经将 MAC 地址 A 和其关联端口 1 写入帧交换表，因此交换机不需要广播该信息帧，只需要转发给 1 号端口即可。同时，帧交换表将该帧的源 MAC 地址 D 和关联端口号 4 写入帧交换表。至此，帧交换表已经含有两个表项，如图 3-30（b）所示。随着各端口信息转发数量的增加，以太网交换机的帧交换表更加完整。

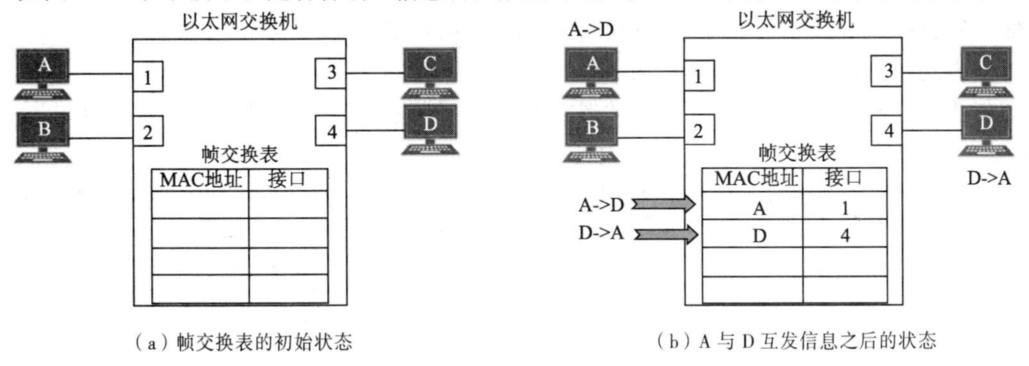

图 3-30　以太网交换机帧交换表工作原理

3.6.4　以太网

以太网的发明，使局域网得到了快速普及，它是 1972 年由梅特卡夫（Robert Metcalfe）发明的。梅特卡夫 1946 年生于纽约州布鲁克林，在麻省理工学院获电子工程与管理双学位，在哈佛大学获应用数学硕士并攻读计算机科学博士学位。当时的博士论文是关于 ARPANET 的，但因“理论缺乏”而失败，只好去施乐（Xerox）公司工作。他受夏威夷大学的 AlohaNet 鼓舞，提出了 CSMA/CD 算法，终于获得博士学位。

梅特卡夫研制的以太网是一种速率为 2.94 Mbit/s 的以粗同轴电缆连接的局域网，并用当时人们认为可以传播电磁辐射的以太（Ether）来命名。1980 年 DEC 公司、英特尔（Intel）公司和施乐公司以三家公司的首字母为名字制定了 10 Mbit/s 以太网的标准的第一个版本 DIX V1。1982 年该标准经过修改诞生了第二个版本即 DIX Ethernet Ⅱ。1983 年，IEEE 802 委员会在此基础上进行部分调整制定了 IEEE 以太网标准——IEEE 802.3 协议，其中帧格式只做了微小的修改，并且允许 DIX Ethernet Ⅱ和 IEEE 802.3 两种标准在同一个局域网上兼容，因此通常说以太网有两个标准。经过一系列的局域网市场角逐，目前 DIX Ethernet Ⅱ标准的以太网成为最常用的局域网技术。

随着通信与计算机技术的发展，以太网技术也在更新，促使高速以太网不断涌现。

1. 以太网帧结构

以太网帧结构通常有两种，DIX Ethernet Ⅱ帧结构和 IEEE 802.3 的帧结构，这里仅就应用广泛的 DIX Ethernet Ⅱ的帧结构进行介绍，格式如图 3-31 所示。

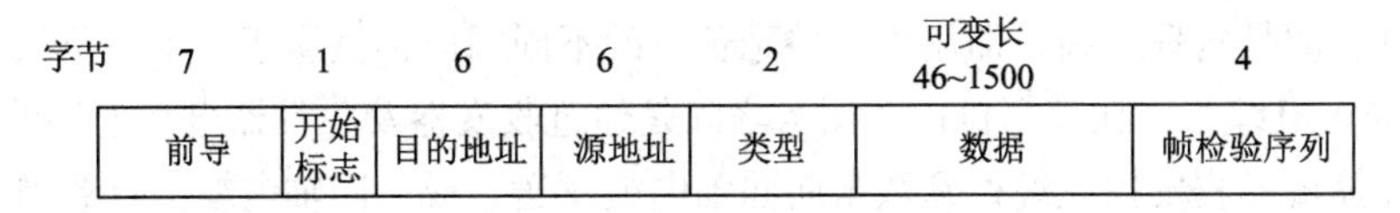

图 3-31　以太网帧结构

各字段说明如下：

① 前导：由 7 字节的 10101010 比特串组成，该字段是曼彻斯特编码，根据以太网类型选择 10 Mbit/s、100 Mbit/s、1 000 Mbit/s 等不同速率的时钟产生方波，使发送方与接收方时钟达到同步。

② 开始标志：由 1 字节的 10101011 比特串组成，标志着帧的开始。

③ 目的地址：由 6 字节的目的网络适配器的 MAC 地址组成，接收到与本网络适配器 MAC 地址一致的帧或者是 MAC 广播地址的帧则接收，其他情况则丢弃。

④ 源地址：由 6 字节发送该帧的网络适配器的 MAC 地址组成。

⑤ 类型：由 2 字节组成，用代码的形式表示上一层使用的协议类型，比如 0x0800 表示上一层使用的是 IP 协议，而数据字段是 IP 数据报。

⑥ 数据：为了保证站点在一个帧没发送完之前能检测出冲突，IEEE 802.3 规定有效帧从目的地址开始，到帧检验序列字段的最短长度为 64 字节，由于以太网帧中的目的地址、源地址、类型和帧校验字段一共 18 字节，因此数据字段长度最少是 46 字节，当数据字段的长度为 0 或小于 46 字节时，需要填充到 46 字节。另外，以太网的最大数据单元是 1 500 字节，因此数据字段最大不可超过 1 500 字节。

⑦ 帧检验序列：由 4 字节组成，一般采用循环冗余检验（CRC）。

以太网传输数据时以帧为单位，以太网帧之间还要有一定的间隙，因此每一个帧开始界定符之后的信号同属于一个以太网帧，而不需要增加结束界定符，也不需要利用位填充或者字节填充来保证透明传输。

2. 以太网物理层标准

以太网物理层标准主要包括 10BASE-5、10BASE-2、10BASE-T 和 10BASE-F，其主要性能指标如表 3-1 所示。下面分别介绍各种介质的规范。

表 3-1 传统以太网不同传输介质的选项

选　项	10BASE-5	10BASE-2	10BASE-T	10BASE-F
传输介质	50 Ω 同轴电缆	50 Ω 同轴电缆	双绞线	光纤
段长/m	500	185	100	1000
段站点数	100	30		
电缆直径	10 mm	5 mm	0.4 ~ 0.6 mm	62.5/125 μm
拓扑结构	总线	总线	星状	星状
编码技术	曼彻斯特	曼彻斯特	曼彻斯特	曼彻斯特

（1）10BASE-5 介质规范

10BASE-5 指定使用 50 Ω 粗同轴电缆，传输速率是 10 Mbit/s。BASE 表示采用曼彻斯特编码基带传输方式。每段电缆的最大长度是 500 m，用中继器可以延长距离。IEEE 802.3 规定一个以太网中最多使用 4 个中继器，因此采用 10BASE-5 介质的网络的最大距离是 2.5 km。需要注意的是，中继器延长的是物理距离，即用中继器延长后的不同网段仍然属于一个竞争域。

50 Ω 粗同轴电缆与插在计算机内的网卡之间是通过收发器及收发器电缆连接的。收发器的主要功能是从计算机经收发器电缆得到数据向同轴电缆发送，或从同轴电缆接收数据经收发器电缆送给计算机；检测在同轴电缆上发生的数据帧的冲突；在同轴电缆和电缆接口的电子设备之间进行电气隔离；当收发器或所连接的计算机出故障时，保护同轴电缆不受其影响。

但 50 Ω 粗同轴电缆价格较贵，而且连接很不方便，所以在 IEEE 802.3 标准中用得不多。

（2）10BASE-2 介质规范

10BASE-2 指定使用细同轴电缆，并且在网卡上实现了收发器的功能，这样就可以省去收发器及收发器电缆，代之以用 T 形头和 BNC 连接件实现细同轴电缆与插在计算机内的网卡之间的连接。这种连接价格低，并且方便。

每个网段的最大距离为 185 m，同样规定最多只能用 4 个中继器连接 5 个网段。

细同轴电缆除上述的价格低廉、安装简单外，因其直径较细还具有布线时在转弯处容易转弯等优点。

（3）10BASE-T 介质规范

10BASE-T 标准规定使用双绞线为传输介质、采用星状拓扑结构，各台连网计算机的双绞线都集中连接到集线器上。使用集线器的以太网从物理连接上看像星状网，在逻辑上仍是一个总线网，各工作站仍然共享逻辑上的总线，使用的还是 CSMA/CD 协议。一个集线器有多个端口，每个端口通过 RJ-45 连接器用两对双绞线与一个工作站上的网卡相连。集线器的每个端口都具有发送和接收数据的功能。当某个端口有数据到来时，将数据传输给其他端口，然后再发送给各个工作站。若有两个或更多的端口同时有数据到来，则发生冲突，集线器就发送干扰信号。因此，一个集线器很像一个多端口的转发器。

一般情况，10BASE-T 使用的双绞线都是非屏蔽双绞线。集线器有 4 端口、8 端口、16 端口及 24 端口等，当一个集线器的端口数目不够时，可用几个集线器串接。

（4）10BASE-F 介质规范

10BASE-F 标准规定使用光纤为传输介质。10BASE-F 标准系列包括如下 3 个标准：

- 10BASE-FP：P 代表无源，即用无源星状拓扑连接站点和转发器，每段链路最大距离为 1 000 m。
- 10BASE-FL：L 代表链路，该标准定义连接站点及转发器之间的链路长度最大为 2 000 m。
- 10BASE-FB：B 代表主干，该标准定义连接转发器之间的链路长度最大为 2 000 m。

3. 高速以太网

速率达到或超过 100 Mbit/s 的以太网称为高速以太网。

（1）百兆位以太网

100 Mbit/s 以太网又称快速以太网，基本上保留了传统 10 Mbit/s 以太网的所有特性，便于从 10 Mbit/s 以太网向 100 Mbit/s 以太网的升级。

1995 年 5 月，IEEE 802 委员会正式通过了快速以太网的协议标准 IEEE 802.3u，它是 IEEE 802.3 的补充。IEEE 802.3u 协议在 LLC 子层采用 IEEE 802.2 标准，在 MAC 子层仍然采用 CSMA/CD 介质访问控制方法，只是在物理层作了一些调整，定义了新物理层标准，支持多种介质，因此已使用 10BASE-T 网络的电缆技术都可以保留使用。

按照 IEEE 802.3u 所支持的传输介质类型，分为 3 种物理层规范。

① 100BASE-TX。

100BASE-TX 采用两对 5 类非屏蔽或屏蔽双绞线，其中一对用于发送，一对用于接收。最大网段长度为 100 m。100BASE-TX 是一个全双工系统，每个节点可以同时以 100 Mbit/s 的速率发送和接收数据。

100BASE-TX 采用 4B/5B 数据编码。信号编码采用多电平传输（Multi-Level Transmission-3，MLT-3）编码方式。MLT-3 采用 3 元制进行编码，即采用正、负和零 3 种电平传送信号，具体规则是：

- 当输入一个 0 时，下一个输出不变。
- 当输入一个 1 时，下一个输出根据前一个的输出值来确定。如果前一个输出值为非零值，则下一个输出值为零；如果前一个输出值为零，则下一个输出值为与前一个输出值符号相反的值。

② 100BASE-T4。

100BASE-T4 主要是为已经使用 3 类非屏蔽双绞线的用户设计的，采用 4 对非屏蔽 3 类或 5 类双绞线，其中的 3 对用来传输数据（每对以 100/3 Mbit/s 的速率传输），一对用来作为冲突检测的接收信号。因为没有专用的发送或接收数据的传输线，所以不支持全双工传输。

100BASE-T4 采用 8B/6B 编码，即将每 8 bit 数据作为 1 组，转换为每组 6 bit。

③ 100BASE-FX。

100BASE-FX 采用两根光纤，其中一根用于发送，一根用于接收。最大网段长度可变，与连接方式和采用多模或单模光纤有关，为 150～10 000 m 不等。支持全双工传输。100BASE-FX 也采用 4B/5B 方式对数据编码。

（2）千兆位以太网

千兆位以太网也称吉比特以太网，1998 年 IEEE 正式发布了千兆位以太网标准 IEEE 802.3z。IEEE 802.3z 协议仍然使用 IEEE 802.3 使用的帧格式；允许在 1 Gbit/s 下采用全双工或半双工两种方式传输；在半双工方式时，使用 CSMA/CD 介质访问控制；在全双工方式时，不需要使用 CSMA/CD 介质访问控制。千兆位以太网的物理层支持 1000BASE-X 和 1000BASE-T 两个标准。

① 1000BASE-X。

1000BASE-X 标准是基于光纤通道的物理层，使用的传输介质有 3 种：

- 1000BASE-SX：使用短波长 850 nm 的激光器光源。采用纤芯直径为 62.5 μm 和 50 μm 的多模光纤，传输距离分别为 275 m 和 550 m。
- 1000BASE-LX：使用长波长 1 300 nm 的激光器光源。采用纤芯直径为 62.5 μm 和 50 μm 的多模光纤，传输距离 550 m；采用纤芯直径为 10 μm 的单模光纤，传输距离 5 km。
- 1000BASE-CX：使用两对短距离的屏蔽双绞线电缆，传输距离为 25 m。

② 1000BASE-T。

1000BASE-T 是 IEEE 802.3ab 标准，采用 4 对 5 类非屏蔽双绞线，传输距离是 100 m。

当 1 000 Mbit/s 以太网工作在半双工方式时，必须进行冲突检测。由于传输速率提高了，要保证在发送一个数据帧的时间内能够检测到冲突，必须减少传输距离至 10 m 或增大最短数据帧长度到 640 字节。这样，都会在发送短的数据帧时增大开销。

因此，1 000 Mbit/s 以太网工作在半双工方式时，采用了“载波延伸”的方法，即保持最短数据帧长度仍为 64 字节，同时将争用时间延长到 512 字节。当所发送的帧长不足 512 字节时，发送方就在帧后填充一些特殊的字符，使其达到 512 字节，接收方收到帧后，将所填充的字节去掉再向上层提交。

如果单纯这样做并不能减少开销，1 000 Mbit/s 以太网又增加了“分组突发”功能。所谓分组突发，就是当有比较多的短帧要发送时，第一个短帧采用载波延伸的方法，其后的短帧就可以一个接一个地发送。当然，要在帧之间保留一个间隔。

1 000 Mbit/s 以太网工作在全双工方式时，不需要采用载波延伸和分组突发。

（3）万兆位以太网

万兆位以太网也称十吉比特以太网。万兆位以太网的标准由 1999 年 3 月 IEEE 成立的高速研究组开发制定的。该标准为 IEEE 802.3ae，于 2002 年 6 月完成。万兆位以太网的工作范围已经从局域网扩大到广域网，实现了端到端的以太网传输。

万兆位以太网并不是简单地将速率提高，需要解决许多技术问题。

① 新物理层标准。

新开发了物理层标准,万兆位以太网有局域网物理层和可选的广域网物理层两种物理层规范。

② 传输介质的选择。

万兆位以太网只使用光纤传输介质，并且使用长距离的光收发器与单模光纤接口，距离可超过 40 km。

③ 全双工方式。

万兆位以太网只工作在全双工方式，不再存在争用问题，也不使用 CSMA/CD 协议。万兆位以太网的帧格式与 10 Mbit/s、100 Mbit/s 和 1 000 Mbit/s 以太网的帧格式完全相同，并保留了 802.3 标准规定的以太网的最小和最大帧长。这样，便于较低速率以太网的升级，也便于万兆位以太网与较低速率以太网之间的通信。

（4）十万兆位以太网

在万兆位以太网之后，随着应用需求的不断增长和以太网技术的迅速发展，十万兆位以太网应运而生。2006 年 7 月，IEEE 802.3 成立了高速研究小组来定义 100 吉比特以太网标准，然而该小组刚成立不久就发生了意见分歧，一部分专家认为有着广阔市场的 40 吉比特以太网才是下一代以太网，而另一部分专家则认为应一步跨入 100 吉比特以太网时代。最终，双方达成共识，同时开发这两种传输速度的以太网标准。2007 年 12 月该小组正式转变为 IEEE 802.3ba 特别工作小组，来制定在光纤和铜线上实现 40 Gbit/s 和 100 Gbit/s 数据速率标准，该标准命名为 IEEE 802.3ba，于 2010 年 6 月正式获得批准。

IEEE 802.3ba 标准在 40 Gbit/s 和 100 Gbit/s 下的物理层标准不同：在 40 Gbit/s 下支持 1 m 背板链路、10 m 铜线链路、100 m 多模光纤链路和 10 km 单模光纤链路；在 100 Gbit/s 下支持 10 m 铜线链路、100 m 多模光纤链路和 10 km、40 km 单模光纤链路。40 吉比特以太网传输距离较短，主要适用于服务器和存储应用。100 吉比特以太网传输距离较长主要适用于聚合及核心网络应用。

十万兆位以太网技术已经不仅仅是传输速度的提升这一个技术层面，而是要进行一系列综合技术的革新。

① 高速链路传输技术。

为了保护现有运营商的投资，在现存传输网络和设备上实现复用，从而提高传输速率成为一个非常重要的策略。目前的高速链路传输技术主要包括反向复用技术和串行的密集型光波复用技术（Dense Wavelength Division Multiplexing，DWDM）。串行 DWDM 技术是未来的发展方向，这种复用技术使得传输链路上的光比特率极高，信号损耗严重增大，需要开发下一代相干技术。

② 全光交换技术。

基于 40/100 Gbit/s 的全光交换技术由可重构光分插复用器（Reconfigurable Optical Add-Drop Multiplexer，ROADM）发展而来，该技术日渐成熟并逐步应用。

③ 高速接口技术。

高速接口技术主要包括物理层汇聚通道技术、多光纤通道及波分复用技术。芯片工艺的提升也为接口提速提供了有力支持。

高速局域网除了高速以太网外，还有高速令牌环网、FDDI-II 和 ATM 局域网等，由于篇幅所限在此不再详述。

3.6.5 虚拟局域网

传统的局域网中各站点共享传输信道，随着站点数量的增加，信道中传输的广播数据增加，信道冲突的概率也将增加。为了减少竞争域的范围，可以使用网桥或交换机将物理网络划分为不同的逻辑子网。但是，这种方法划分的逻辑子网的结构缺少灵活性，效率不高。由此，产生了虚拟局域网（Virtual LAN，VLAN）的概念。

IEEE 802.1q 给出了 VLAN 的标准，实现了不同厂商交换机 VLAN 的建立与通信，为 VLAN 的广泛使用打下了基础。

1. 虚拟局域网的定义

所谓虚拟局域网，是指局域网中的站点不受地理位置的限制，根据需要、灵活地将站点构成不同的逻辑子网，这种逻辑子网称为虚拟局域网。VLAN 与使用网桥或交换机构成的一般逻辑子网的最大区别就是：不受地理位置的限制，即构成 VLAN 的站点可以位于不同的物理网段。同一个 VLAN 的站点所发送的数据可以广播传输到该 VLAN 的所有站点，而不同 VLAN 的站点的数据不能直接广播传输。

VLAN 是一组逻辑上的设备和用户，这些设备和用户并不受物理网段的限制，可以根据功能、部门及应用等因素将它们组织起来，相互之间的通信就好像它们在同一个网段中一样，由此得名虚拟局域网。

2. 虚拟局域网的优点

建立 VLAN 有以下优点：

① 使得网络的结构灵活，便于网络结构的变化。

② 可以有效隔离 VLAN 间的广播数据，减少 VLAN 中广播数据的通信量。

③ 可以有效隔离 VLAN 间的访问，增加了网络内部的安全性。

④ 更加方便网络管理员对网络的维护和管理。

3. VLAN 采用的以太网帧格式

VLAN 采用 IEEE 802.1q 标准定义的扩展以太网帧格式。该扩展以太网帧格式在原有以太网帧格式基础上增加一个 4 字节的 VLAN 标记字段。扩展以太网帧格式如图 3-32 所示。

7	1	6	6	4	2	46～1500	4 字节
前导	开始标志	目的地址	源地址	VLAN标记	类型	…数据…	帧检验序列

图 3-32 扩展以太网帧格式

在 VLAN 标记字段包含 VLAN 标识符，该标识符用来唯一地标识该数据帧所属的 VLAN。

4. 虚拟局域网的组建

建立虚拟局域网的方法通常有 4 种：基于端口的 VLAN、基于 MAC 地址的 VLAN、第 3 层 VLAN 和 IP 多播组 VLAN。

（1）基于端口的 VLAN

基于端口的 VLAN 是通过将交换机端口设置成不同的 VLAN 而组建不同的虚拟局域网。端口定义 VLAN 时，可以将同一个交换机的不同端口设置为不同的 VLAN，也可以将不同交换机的端口设置为同一个 VLAN。

基于端口的 VLAN 又分为在单交换机端口定义 VLAN 和多交换机端口定义 VLAN 两种情况。

单交换机端口定义的 VLAN 如图 3-33 所示，交换机的 1、2、3、8、9 端口组成 VLAN10， 4、5、6、7、10 端口组成了 VLAN20。

多交换机端口定义的 VLAN 如图 3-34 所示，交换机 1 和交换机 2 的 1、2、3、8、9 端口组成 VLAN100，交换机 1 和交换机 2 的 4、5、6、7、10 端口组成 VLAN200。

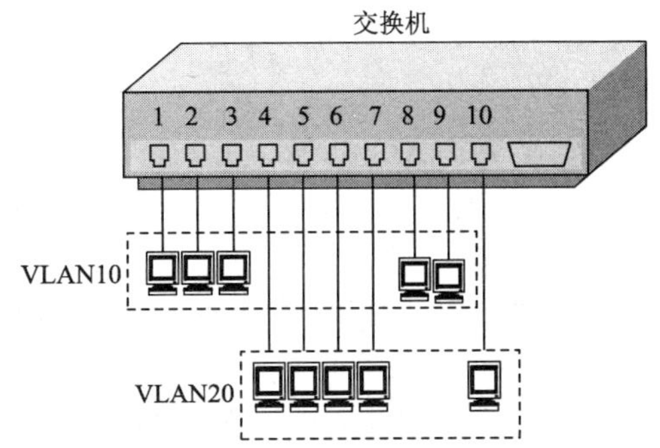

图 3-33 单交换机端口定义的 VLAN

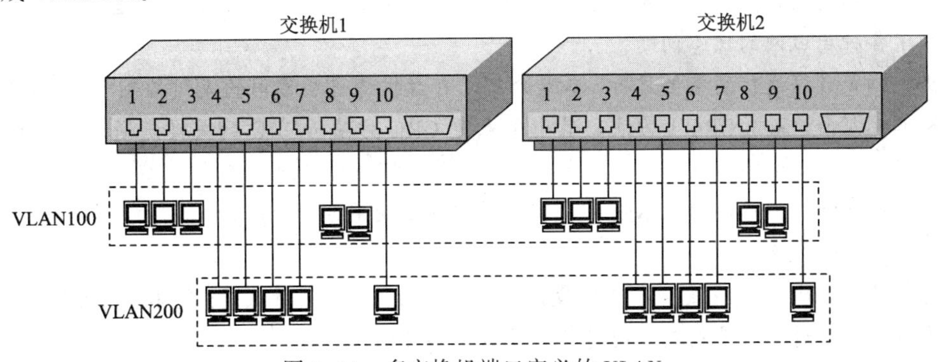

图 3-34 多交换机端口定义的 VLAN

基于端口的 VLAN 配置简单，但不允许不同的 VLAN 包含同一物理网段。

（2）基于 MAC 地址的 VLAN

基于 MAC 地址的 VLAN 通过网络终端设备的 MAC 地址来设置 VLAN。

由于 MAC 地址就是网卡的序列号，因此基于 MAC 地址的 VLAN 允许网络终端设备移动到网络的其他物理网段，而仍然保持为原来的 VLAN ID。但基于 MAC 地址的 VLAN 要求所有网络终端设备在一开始必须至少配置到一个虚拟局域网中，初始的配置只能由人工完成，因此工作量大。

（3）基于第 3 层协议的 VLAN

第 3 层 VLAN 根据所使用的协议或网络层地址来划分 VLAN。

根据所使用的协议划分 VLAN，这种划分方法对于使用 TCP/IP 协议的用户很有效，但对有些协议并不十分有效，而对于使用无法路由的协议（如 NetBIOS）的用户根本就不能被 VLAN 识别。

但按照所使用的协议划分 VLAN 有利于组成面向应用的 VLAN。

根据网络层地址划分 VLAN，在进行数据通信时还需要进行地址转换，会增加一定的延时。

第 3 层 VLAN 方式允许一个 VLAN 跨越多个交换机，或一个端口位于多个 VLAN 中。

（4）基于 IP 多播组的 VLAN

IP 多播组 VLAN 是通过“代理”对一组 IP 节点进行管理和提供服务。这种组建方法可以动态建立 VLAN。当具有多个 IP 地址的多播数据帧要传输时，先动态地建立 VLAN 代理，代理再和多个 IP 节点构成 VLAN。组建 VLAN 时，网络通过广播信息通知各 IP 节点，若 IP 节点响应，就可以加入该 VLAN 中，与该 VLAN 中的其他 IP 节点通信。

IP 多播组 VLAN 有很强的动态特性，因而具有极大的灵活性，并可以跨越路由器形成 WAN 连接。

小　　结

数据链路层不仅涉及网络相邻节点间通信的基本原理，也涉及很多局域网的基本概念和基本技术。

本章首先介绍了数据链路层的概念、常用的差错检验技术和实现可靠传输的相关协议，在此基础上重点阐述了点对点 PPP 协议的特点、帧格式和工作原理；然后介绍了数据链路层的常用设备网卡、网桥和交换机；最后按照共享介质局域网、交换式局域网、以太网、虚拟局域网的顺序分别阐述了各种局域网的核心问题。

差错控制是数据通信的重要目标，本章介绍了在数据链路层常用的差错控制方法：奇偶检验、检验和及循环冗余检验（CRC）方法，其中重点是 CRC 方法。CRC 的关键是通过二进制数相除确定检验码。

可靠传输是数据链路层的基本任务，实现的方法是使用连续 ARQ 协议，包括退后 *N* 步和选择重传两种不同的策略。

点对点协议 PPP 是数据链路层使用最广泛的一种协议，它的特点是：简单，只检错而不纠错，不使用序号，也不进行流量控制，同时支持多种网络协议。

局域网的体系结构中，将数据链路层分为逻辑链路控制子层和介质访问控制子层。决定局域网性能的主要因素是拓扑结构、所选择的介质及介质访问控制技术。

从介质访问控制技术的角度，局域网分为共享介质式局域网和交换式局域网。对于共享介质式局域网的关键技术是介质访问控制问题，本章主要介绍了 CSMA/CD、令牌环两种访问控制技术。交换式局域网的关键设备是局域网交换机。以太网是目前应用最广泛的局域网。随着网络技术的发展，高速以太网的出现，传统以太网的技术也在不断改进。虚拟局域网 VLAN 作为一种网络技术，具有很强的实用价值，希望能较好地掌握。

习　　题

1. 求 10110100101000010001111011110100 的检验和。
2. 传输数据为 11010010，生成多项式为 $g(x)=x^4+x^3+1$，计算 CRC 码。

3. 为什么要使用连续 ARQ 协议实现可靠传输？

4. 比较退后 N 步协议和选择重传协议的异同。

5. PPP 协议有哪些特点？它是否有帧编号？能不能实现可靠传输？它适用于什么样的网络状况？

6. 网卡工作在哪一层？它的作用是什么？

7. 源路由网桥和透明网桥有什么区别？

8. 画出 IEEE 802 参考模型的分层结构图，并简述各层功能。试分析此模型的特点。

9. 简述 CSMA/CD 介质访问控制技术的基本原理。

10. 交换式以太网有什么优势？

11. 简述交换机的基本原理和工作方式。

12. 为什么要划分 VLAN？划分 VLAN 有哪几种方法？

第4章 网 络 层

TCP/IP 体系结构中的第 2 层是网络层。网络层的主要功能是寻址，即确定从源主机到目标主机的路由，并最终将源主机发送的数据报传输到目标主机。

本章从网络层功能入手，系统介绍 Internet 中的网络层协议——IP 协议簇，包括 IPv4 和 IPv6 协议簇的多个协议；然后介绍路由算法和路由协议，以及网络层互连设备——路由器和三层交换机，这些理论和技术是计算机网络的核心内容；最后简要介绍了 IP 多播和多协议标签交换 MPLS 协议。

4.1 网络层概述

网络层位于 TCP/IP 体系结构中的第 2 层，又称网际层、IP 层。本节介绍网络层的功能、网络层编址方法等基本概念。

4.1.1 网络层提供的服务

分组交换可以采用数据报和虚电路两种方式实现，意味着在计算机网络中，网络层可以向传输层提供数据报（无连接）和虚电路（面向连接）两种不同性质的服务。

虚电路服务的优势是可靠性强。OSI/RM 体系结构的支持者曾极力主张在网络层使用虚电路服务，也曾推出过网络层虚电路服务的著名标准——ITU-T 的 X.25 建议书。但现在 X.25 早已成为历史了。

TCP/IP 协议的设计宗旨是网络层只提供简单的、无连接的、尽力而为的服务，即数据报服务。网络在发送分组（也就是 IP 数据报）时不需要先建立连接。每一个分组独立发送，所传送的分组可能出错、丢失、重复和失序，也不保证分组交付的时限。如果主机之间的通信需要是可靠的，那么就由网络的主机中的传输层负责（包括差错处理、流量控制等）。这样做的目的是网络中的转发节点（路由器）比较简单，且价格低廉。从而使得网络造价大大降低，运行方式灵活，能够适应多种应用。可靠性交由功能强大的端系统（主机）来完成。Internet 的迅猛发展，从实践角度充分证明了采用这种设计思路的正确性。

4.1.2 网络层功能

网络层的任务是确定从源主机到目的主机的路由，并最终将源主机发送的数据报传输到目的主机。看似简单的工作却需要两种重要的网络层功能：

1. 转发

转发是网络层中每台路由器的功能。当一个数据报到达某路由器的一条输入链路时，该路由器必须将该数据报移动到适当的输出链路(也可能根据规则丢弃数据报)。路由器转发的依据是该数据报头部的目的地址等字段，本章 4.2 节的 IP 协议及其寻址、本章 4.6.1 节路由器工作原理等相关内容将帮助理解这一重要功能。

2. 路由

当数据报从发送方流向接收方时，网络层必须选择数据报经由的路径。计算这些路径的算法称为路由算法（Routing Algorithm）。这种路由器之间的路由方式，相关内容为本章 4.5 节路由算法和路由协议等。

4.1.3　网络层编址

在 Internet 中要保证数据正确的从源站传输到目的站，必须能够正确定位连接到 Internet 的每个节点，因此 Internet 中地址的概念至关重要。

1. IP 地址

使用 TCP/IP 协议的 Internet 使用 3 个等级的地址，即物理（MAC）地址、IP 地址及端口地址。每一层地址都与 TCP/IP 体系结构中的特定层相对应。这 3 个等级地址与 TCP/IP 体系结构中的层次关系如图 4-1 所示。第 3 章介绍的 MAC 地址为物理地址，IP 地址及端口地址都是逻辑地址。

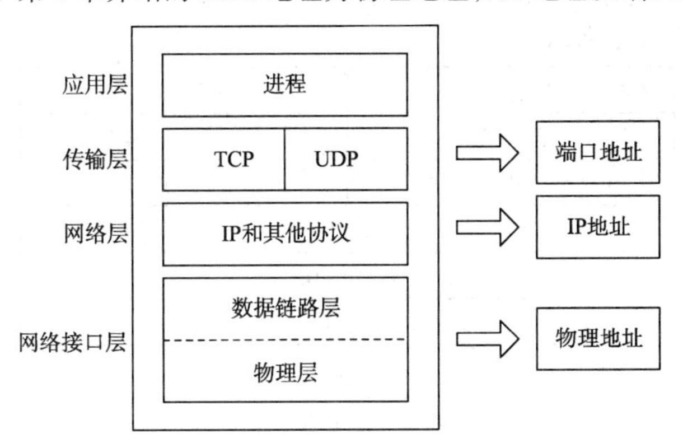

图 4-1　TCP/IP 中各种地址与层次的关系

IP 地址是网络层地址，因为 Internet 中的不同网络可以使用不同的地址格式，需要有一种通用的编址系统，用来唯一地标识每一台主机。IP 地址包含在 IP 数据报中，可以是单播、多播和广播地址。关于 IP 地址将在本章 4.2 节详细讲解。

2. Internet 中的设备与 IP 地址的关系

（1）IP 地址定位设备

IP 地址定义了一个设备的网络位置，而不是标识一个设备。当一台计算机从一个网络改接到另一个网络时，其 IP 地址必须改变。

（2）多接口设备拥有多个 IP 地址

IP 地址是唯一的，但一个设备却可以拥有多个 IP 地址。一台可以连接不同网络的设备称为多接口设备。设备为连接到它的每一个网络分配一个不同的 IP 地址，因此多接口设备拥有一个以上的 IP 地址。例如，路由器就是一种多接口设备，每个 IP 地址对应一个接口，从而实现在不同网络间转发分组的作用。

4.2 网际协议 IP

Internet 的网络层协议是以网际协议 IP 为主的一组协议，包括网际协议 IP、地址解析协议 ARP、逆向地址解析协议 RARP、Internet 控制信息协议 ICMP 及 Internet 组管理协议 IGMP。为了更好地理解数据报在网络中的传输过程，首先简要介绍 Internet 中与地址相关的某些概念。

4.2.1 IPv4

因为 Internet 是由千千万万个网络互连构成的，所以 Internet 的寻址，首先要查询到目的主机所在的网络，然后再查询到目的主机。网际协议 IP 的主要功能是寻址。目前 IP 协议以第 4 版本为主，即人们通常所指的 IPv4，IP 协议的第 6 版本正在逐渐完善和推广。本节先介绍 IPv4，然后介绍 IPv6。为了对 IP 协议有更好地理解，首先介绍 IP 数据报的格式，然后着重介绍 IP 地址的概念。

1. IP 数据报

（1）IP 数据报的格式

IP 数据报由头部（或首部）和数据两部分组成。头部中的源地址和目的地址都是 IP 协议地址。IP 数据报格式如图 4-2 所示。

<table>
<tr><td>版本</td><td>头长度</td><td>服务类型</td><td colspan="2">总长度</td></tr>
<tr><td colspan="3">重装标识</td><td>标志</td><td>段偏移</td></tr>
<tr><td colspan="2">生存期</td><td>协议号</td><td colspan="2">检验和</td></tr>
<tr><td colspan="5">源IP地址</td></tr>
<tr><td colspan="5">目的IP地址</td></tr>
<tr><td colspan="5">选项</td></tr>
<tr><td colspan="5">数据</td></tr>
</table>

图 4-2　IP 数据报格式

图 4-2 中各项说明如下：

① 版本：4 比特，指明本数据报的 IP 版本号。

② 头长度：4 比特，指明本数据报头部长度，单位为字。每个字长 4 字节（32 位）。头长度范围为 5~15 字长。

③ 服务类型：8 比特，指明服务参数类型，如图 4-3 所示。

④ 总长度：16 比特，整个数据报（包括头部和数据部分）的长度，单位为字节，最大长度为 65 535（$2^{16}-1$）字节。

⑤ 重装标识：16 比特，数据报编号，用于识别同一数据报的各个分段，便于重装。此标识与源 IP 地址和目的 IP 地址唯一标识本数据报，应复制到每个分段的头部中。

⑥ 标志：3 比特，有 1 位备用，标志字段各位的分配如图 4-4 所示。

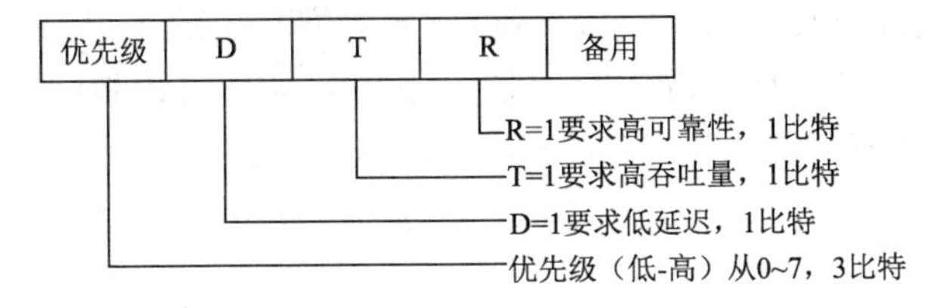

图 4-3　服务类型字段

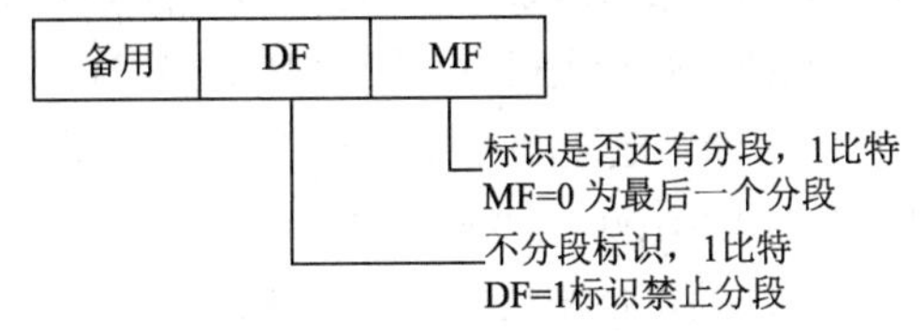

图 4-4　标志字段

⑦ 段偏移：13 比特，指明本分段在数据报中的位置。单段和多段数据报的第 1 个分段的段偏移为 0，每个数据报最多可分 8 192（2^{13}）个分段。

⑧ 生存期：8 比特，指明允许数据报在 Internet 上逗留的最长时间。数据报从源主机到目的主机每经过一个路由器，生存期减 1。当生存期为 0 时，将该数据报丢弃。

⑨ 协议号：8 比特，指明接收数据报数据部分的上一层协议。例如，ICMP 的协议号为 1，TCP 为 6，UDP 为 17 等。

⑩ 检验和：16 比特，IP 数据报头部的检验和。在通过路由器时，由于生存期改变，检验和要重新计算。

⑪ 源 IP 地址：32 比特，数据报的源端的 IP 地址。

⑫ 目的 IP 地址：32 比特，数据报的目的端的 IP 地址。

⑬ 选项：可变长度，0～40 字节，主要用于路由和路由记录等。当头部的长度不为 32 比特的整数倍时，加填充位至 32 比特的整数倍。

（2）IP 数据报的分段和重组

不同的物理网络允许通过它的数据报的最大长度可能有所不同。当路由器收到 1 个对它下面的网络而言过大的数据报时，路由器的 IP 层要对 IP 数据报进行分段，分段后的数据报到达最终的目标主机后要进行重组。分段和重组的过程如下：

路由器对数据报进行分段时，是将数据报的数据部分分割成满足要求的段长，并在每段前加上数据报的报头。分段影响的报头字段包括：

- MF 位，除最后 1 段的 MF=0 外，其他各段的 MF=1。
- 段偏移，指明该分段在原数据报中的位置，以便重组。
- 头长度，重新计算该数据报报头的长度。
- 总长度，重新计算该小数据报的总长度。
- 检验和，由于以上各项数值的变化，需重新计算该数据报的报头检验和。

分段不改变其他字段的数值，因此可以从原报头直接复制。

当分段的数据报到达最终目的主机时，IP 层再把它们组装成原来的数据报，即重组。分段一般发生在传输介质混合在一起的环境中，比如兼有双绞线的以太网和光纤令牌环网的网络。

视频 4-1　IP 地址

2. IP 地址

IP 地址被定义为一个 32 位长的二进制数据，分为 A、B、C、D 和 E 五类。

（1）IP 地址类型

Internet 上的每台主机要进行通信必须有一个地址，这就像邮寄信件必须有发信人和收信人地址一样，这个地址称为 IP 地址。IP 地址必须能唯一确定主机的位置，因此 Internet 上不允许有两台主机有相同的 IP 地址。IP 地址由 IP 协议规定。下面进行讲解 IPv4 定义的 IP 地址。

一个 IP 地址由 4 字节（二进制 32 位）组成，为便于阅读采用点分十进制表示。如 IP 地址 11001010 10100011 00000001 00000111 表示成点分十进制为 202.163.1.7，即每一字节二进制数换算成对应的十进制数，各字节之间用圆点分隔。

IP 地址分为 A、B、C、D 和 E 五类，其中 A、B、C 三类是按网络规模大小划分的，其地址由网络号和主机号两部分组成，同一网络内的所有主机使用相同的网络号，主机号是唯一的，如图 4-5 和表 4-1 所示。

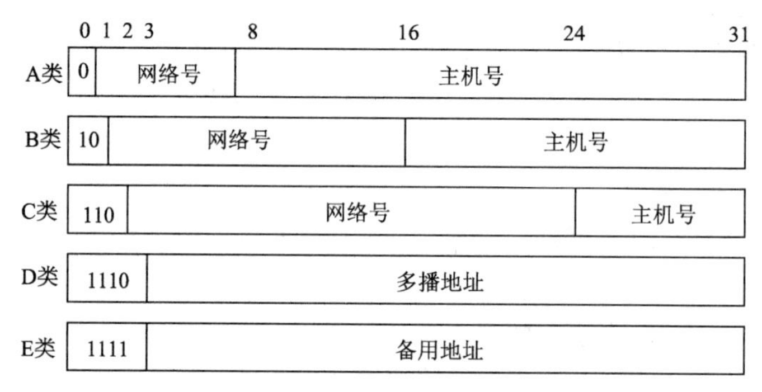

图 4-5 IP 地址类型

表 4-1 A、B、C 类网络号及主机号范围

类型	起始网络号	结束网络号	起始主机号	结束主机号	最大网络数	最大主机数
A	1.Y.Y.Y	126.Y.Y.Y	X.0.0.1	X.255.255.254	126	16 777 214
B	128.1.Y.Y	191.255.Y.Y	X.X.0.1	X.X.255.254	16 383	65 534
C	192.0.1.Y	223.255.255.Y	X.X.X.1	X.X.X.254	2 097 151	254

注：X 代表不确定的网络号，Y 代表不确定的主机号。

具体规定如下：

① A 类：网络号以 0 开头，占 1 个字节长度，主机号占 3 字节，用于大型网络。

② B 类：网络号以 10 开头，占 2 个字节长度，主机号占 2 字节，用于中型网络。

③ C 类：网络号以 110 开头，占 3 个字节长度，主机号占 1 字节，用于小型网络。

④ D 类：网络号以 1110 开头，用于多播地址。

⑤ E 类：网络号以 1111 开头，用于实验性地址，保留备用。

IP 地址除了一般用于标识一台主机外，还有几种具有特殊意义的特殊形式，具体规定如下：

- 广播地址：主机号全为 1 的 IP 地址为广播地址，即同时向网络中的所有主机发送报文。广播地址仍然包含一个有效的网络号，也称直接广播地址。在互连的网络上，任何一个节点均可向其他任何网络进行直接广播。直接广播必须指明要向其广播的网络号。
- 有限广播地址：32 位全为 1 的地址用于本网络内部广播，也称受限广播地址或本地广播地址。有限广播地址不需要指明网络号。
- 0 地址：各位全为 0 的网络号被解释成“本”网络。
- 回送地址：A 类网络地址 127 是一个保留地址，用于网络软件测试以及本机进程间通信。

无论什么程序，一旦使用回送地址发送数据，协议软件立即返回，不进行任何网络传输。

由以上规定可以看出，网络号或主机号为全 0 或全 1 的地址在 TCP/IP 协议中有特殊含义，不能用作一个网络或一台主机的有效地址。

（2）掩码

为了方便有效地将网络地址表达出来,IP 协议规定每一个 IP 地址都对应一个 32 位的位模式，称为掩码。对应 IP 地址中网络地址中的每一位，掩码中的各位都置为 1；对应 IP 地址中主机地址中的每一位，掩码中的各位都置为 0。为了使用方便，掩码也采用点分十进制方法表示。A、B、C 类网络掩码的表示如表 4–2 所示。

表 4–2　A、B、C 类网络的掩码

类　　型	掩码二进制表示	掩码点分十进制表示
A	11111111.00000000.00000000.00000000	255.0.0.0
B	11111111.11111111.00000000.00000000	255.255.0.0
C	11111111.11111111.11111111.00000000	255.255.255.0

IP 地址掩码与 IP 地址结合使用，可以区分出一个 IP 地址的网络号和主机号。

例如，C 类地址的子网掩码为 255.255.255.0，若有一 C 类 IP 地址 192.9.200.13，则其网络号和主机号可按以下步骤得到。

① 将 IP 地址 192.9.200.13 转换为二进制 11000000.00001001.11001000.00001101。

② 将子网掩码 255.255.255.0 转换为二进制 11111111 11111111 11111111 00000000。

③ 将两个二进制数进行逻辑与（AND）运算后得出的结果为 11000000.00001001.11001000 00000000（192.9.200.0），该值就是网络号。

④ 将子网掩码取反再与 IP 地址进行逻辑与（AND）运算后得到的结果为 00000000.00000000.00000000.00001101（0.0.0.13），即可以得到主机号为 13。

（3）私有地址

如果一个网络不需要接入 Internet，但需要在本网络上运行 TCP/IP，则该网络的编址方法可以有以下 3 种选择：

① 可以向 ICANN 申请地址在本网络使用，但并不与 Internet 相连。可是目前很难申请到 A、B 类地址，一个 C 类网络最多可以有 254 个 IP 地址，可能地址不够用。

② 可以在网络内部使用 IP 地址中的某一类地址，但不到 Internet 管理机构注册。但有可能被用户错误地当作是能够在 Internet 上使用的地址而造成混乱。

③ 为克服上述缺点，Internet 管理机构保留了 3 块可以在局域网内部任意使用的地址，称为私有地址。私有地址的范围如表 4–3 所示。

表 4–3　私有地址的范围

类　　型	网　络　号	网　络　数
A	10	1
B	172.16~172.31	16
C	192.168.0~192.168.255	256

这些地址在一个组织内部是唯一的，但从全局来看却不是唯一的。

3. 划分子网和构成超网

划分子网就是将一个网络分成几个较小的子网，每个子网都有自己的子网地址。

构成超网就是一个组织将几个C类网络合并成为一个更大的地址范围，即几个网络合并成为一个超网。

（1）划分子网

IP地址有32位，理论上可容纳2^{32}（近43亿）个主机，可以说数目不小了。但实际上，IP地址已经分配殆尽。

IP地址消耗如此之快的原因是因为巨大的浪费。以B类地址为例，一个B类地址的网络可以容纳65 534台主机，而如此大规模的网络几乎是不可能出现的。这样，对于获得B类网络地址的单位虽然拥有65 534个IP地址，但大部分是搁置着。为了提高IP地址使用效率，在基础的IP地址分类上对IP编址进行了相应改进，将主机号进一步划分为子网号和主机号两部分，这样不仅可以节约网络号，而且可以充分利用主机号部分巨大的编址能力，于是便产生了子网编址技术。采用子网编址的另一个原因是可以将同一类型（或同一单位、同一权限等）的主机划分为一个子网，便于管理。

① 子网编址。

增加子网就是从主机号中取出若干高位作为子网号，此时在IP编址系统中产生一个中间级层次——子网地址。子网编址使IP地址由3部分构成：网络号、子网号和主机号。

在原来的IP地址模式中，网络号部分就标识一个独立的物理网络，引入子网模式后，网络号部分加上子网号才能全局唯一地标识一个物理网络。构成子网后的掩码称为子网掩码，此时，子网掩码中对应IP地址中的网络号和子网号的各位都置为1。

子网编址使用的关键在于确定从主机号中取多少高位作为子网号。一般可以综合考虑所需子网个数和子网规模来确定。

② 子网中的特殊地址。

全1的主机号保留给在特定子网上向所有主机广播用，全0的主机号地址保留来定义子网本身，因此子网所能容纳的最大主机数目应该是主机地址数目减去2。

③ 子网划分实例。

子网划分可以按以下步骤确定：

- 将要划分的子网数目转换成最接近的2的整数幂的值。如需要分10个子网，则转换成2^4（8<10<16），取上述的幂值4。
- 将上一步确定的幂值4按从高位排序占用主机地址4位，即主机地址的高字节取为11110000，然后将其转换为十进制数为240。
- 写出子网掩码。如果是C类网，则子网掩码为255.255.255.240；如果是B类网，则子网掩码为255.255.240.0；如果是A类网，则子网掩码为255.240.0.0。
- 确定子网范围。如将一个C类网络分成10个子网。若使用的网络号为202.119.100，则该C类网内的主机IP地址就是202.119.100.1 ~ 202.119.100.254，现将网络划分为10个部分，子网掩码为255.255.255.240，10个子网的IP地址范围如表4–4所示。

表 4-4　子网主机号划分

子网	起始主机号（二进制）	结束主机号（二进制）	起始主机号（十进制）	结束主机号（十进制）
1	11001010 01110111 01100100 00010001	11001010 01110111 01100100 00011110	202.119.100.17	202.119.100.30
2	11001010 01110111 01100100 00100001	11001010 01110111 01100100 00101110	202.119.100.33	202.119.100.46
3	11001010 01110111 01100100 00110001	11001010 01110111 01100100 00111110	202.119.100.49	202.119.100.62
4	11001010 01110111 01100100 01000001	11001010 01110111 01100100 01001110	202.119.100.65	202.119.100.78
5	11001010 01110111 01100100 01010001	11001010 01110111 01100100 01011110	202.119.100.81	202.119.100.94
6	11001010 01110111 01100100 01100001	11001010 01110111 01100100 01101110	202.119.100.97	202.119.100.110
7	11001010 01110111 01100100 01110001	11001010 01110111 01100100 01111110	202.119.100.113	202.119.100.126
8	11001010 01110111 01100100 10000001	11001010 01110111 01100100 10001110	202.119.100.129	202.119.100.142
9	11001010 01110111 01100100 10010001	11001010 01110111 01100100 10011110	202.119.100.145	202.119.100.158
10	11001010 01110111 01100100 10100001	11001010 01110111 01100100 10101110	202.119.100.161	202.119.100.174

④ 可变长子网掩码。

对于 A、B、C 类网络，其掩码长度分别为 1、2、3 字节，属于固定长度掩码。增加子网后，子网掩码的长度发生了变化，其长度根据所需子网个数或每个子网需要包含的最大主机个数确定，此时，子网掩码的长度是原网络掩码长度加上子网所需位数的长度。但是，对于一个物理网络一般划分的子网大小是固定的一种，那么其子网掩码的长度还是一种。如果对于一个物理网络需要划分大小不同的子网，自然，产生的子网掩码的长度也应该不同，这就提出了可变长子网掩码（Variable Length Subnet Mask，VLSM）的概念。

下面通过一个实例说明为什么需要可变长子网划分以及如何确定可变长子网掩码。

例如，一个 C 类网络需要划分为 5 个子网，其连接的主机数分别为 60、60、60、30、30。

按照子网划分的方法，首先确定子网所需占用的位数。若子网用 2 比特，每个子网所能包含的最大主机数（2^6-2）满足要求，但子网个数（2^2）不够；若子网用 3 比特，子网个数（2^3）可以满足要求，但每个子网所能包含的主机个数（2^5-2）不能满足要求。使用变长子网划分，在一个物理网络中使用两个不同长度的掩码，先使用掩码 255.255.255.192，再对其中的一个子网使用掩码 255.255.255.224，就可以满足要求。变长子网划分结果如图 4-6 所示。

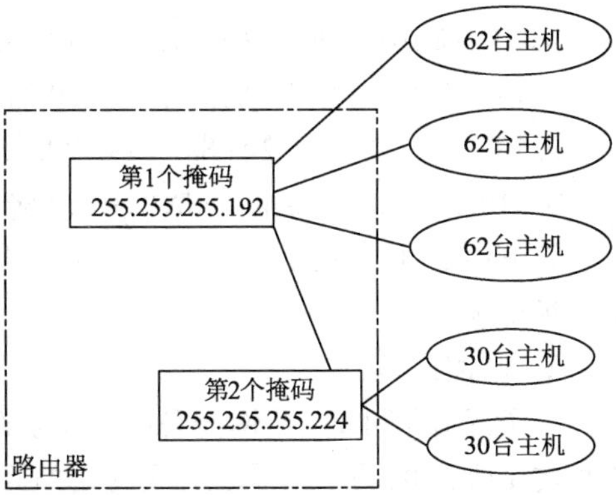

图 4-6　变长子网划分结果

需要注意的是：路由协议必须在每个路由器之间传递掩码，因此需要使用支持 VLSM 的路由协议。

（2）构成超网

对于 IPv4 A 类和 B 类地址几乎用尽，只能申请到 C 类地址，但一个 C 类地址的网络最多只能容纳 254 台主机，对于许多单位或组织都不能满足需要。此时，可以申请一个 C 类地址块，构成超网。超网与子网相反，是将若干较小的 C 类网组合成一个大的网，便于管理以及减少路由器中路由表的条目数。

如某组织的网络有 1000 台主机，可以申请 4 个连续的 C 类网络，组合成一个超网，如图 4-7 所示。

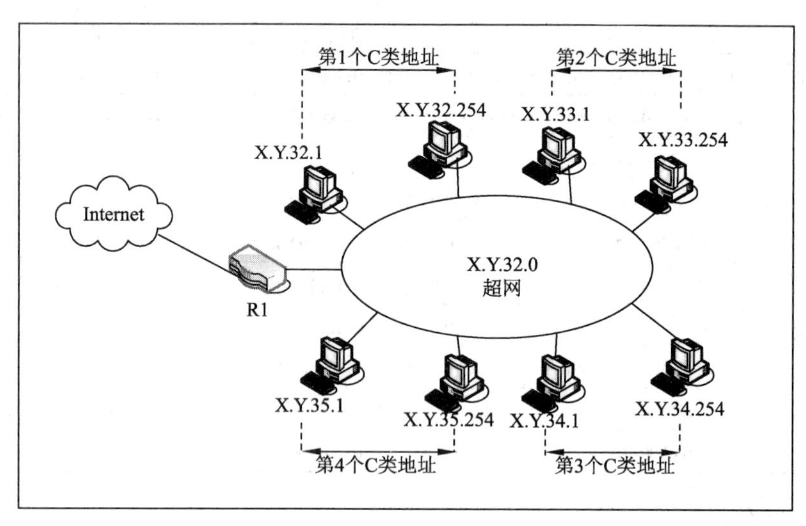

图 4-7 构成超网

① 构成超网的规则。

一组 C 类网络构成超网时必须遵守以下规则：

- C 类地址的数量必须是 2 的 n 次幂（1，2，4，8，16……）。
- 地址之间必须相连没有间距。
- 超网的第 1 个网络地址的第 3 字节必须能被联合的网络块的数量整除。（如联合的地址数量是 n，那么第 1 个网络地址的第 3 字节必须能被 n 整除）

例如，分析下列 5 组 C 类地址中哪组满足超网技术的标准要求。

a. 205.52.30.0，205.52.40.0，205.52.50.0，205.52.60.0

b. 202.12.16.0，202.12.17.0，202.12.18.0，202.12.19.0

c. 198.20.32.0，198.20.33.0，198.20.34.0

d. 198.20.64.0，198.20.68.0，198.20.72.0，198.20.76.0

e. 210.40.64.0，210.40.65.0，210.40.66.0，210.40.67.0

该例中 a 组、d 组地址不连续，c 组地址的数量不是 2 的幂值，只有 b 组和 e 组满足超网技术的标准要求。

② 超网掩码。

与子网掩码相反，子网掩码将主机号的某些高位的 0 改为 1，在超网中是将网络号中的某些低位的 1 改为 0。子网掩码与超网掩码的区别如图 4-8 所示。

③ 超网地址。

将超网中网络的地址与超网掩码进行“与”运算的结果就是最低地址（地址组中第 1 个网络的网络地址），因此用超网的最低地址作为超网地址。将超网地址与超网掩码组合起来就能唯一地定义属于一个超网的地址范围，也可以用最低地址和在此范围内的地址数来定义超网范围。

例如，图 4-8 所示的超网掩码，如果选择第 1 个地址是 X.Y.32.0，则其他 3 个地址就是 X.Y.33.0、X.Y.34.0 和 X.Y.35.0。该例中超网范围的表示如图 4-9 所示。

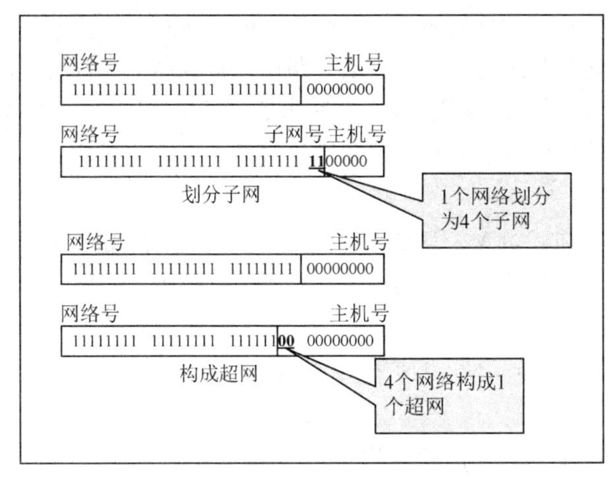

图 4-8　子网掩码与超网掩码比较

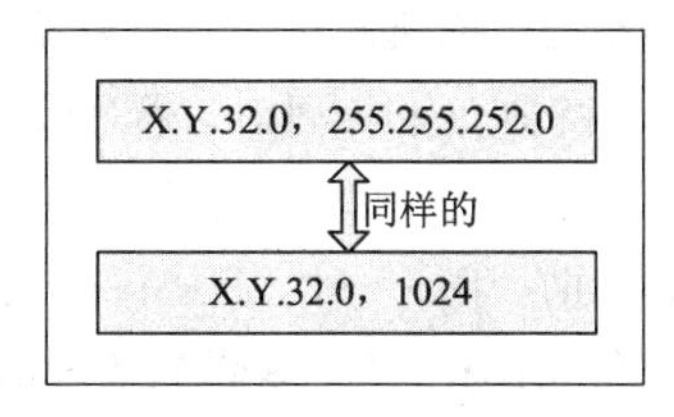

图 4-9　超网范围

当路由器收到一个分组时就将超网掩码应用到目的地址，并与最低地址相比较。若结果与最低地址一致，则该分组就属于这个超网。

假定一个目的地址为 X.Y.33.4 的分组到达，在应用掩码后，结果为 X.Y.32.0，它与最低地址一致，则该分组属于这个超网。

如果具有目的地址为 X.Y.39.12 的分组到达，应用掩码后，结果为 X.Y.36.0，与最低地址不一致，该分组不属于这个超网。

上述判断分组是否属于该超网的过程如图 4-10 所示。

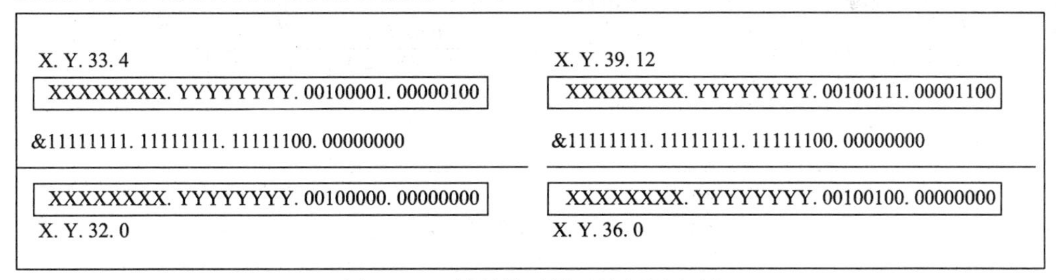

图 4-10　判断是否属于该超网实例

④ 超网的运算。

例如，如果超网的第 1 个地址是 200.42.32.0，超网掩码是 255.255.248.0，确定：

a. 超网中的网络数量。

b. 网络地址。

c. 下列地址中哪些属于该超网。

200.42.40.50，200.42.35.28，200.43.33.17

解：超网掩码是 248，转换成二进制为 11111000，超网掩码占网络号的低 3 位，应该有 8 个 C 类网地址的地址块。

8 个 C 类地址从 200.42.32.0 至 200.42.39.0，因此 200.42.35.28 属于该超网。

⑤ 无类域间路由 CIDR。

无类域间路由（Classless Inter-Domain Routing，CIDR）取消网络路由表层次中的“类”的

概念，代之以“网络前缀”的概念。开放式最短路径优先协议（Open Shortest Path First，OSPF）、边界网关协议（Border Gateway Protocol，BGP）等路由协议，它们在路由更新过程中，将网络掩码与路径一起广播出去，这时网络掩码也称前缀屏蔽或前缀。由于在路由器之间传送掩码(前缀)，因而没有必要判断地址类型和默认掩码，这就是无类地址及无类路由。对于子网，尤其是变长子网与超网，都需要采用无类路由。

在无类路由中，IP 地址之间不再有类型差别，如 A 类地址、B 类地址或 C 类地址等之分，所有地址都由前缀来决定用于网络标识的位数，IP 地址不再归属于某一个类，取而代之的是将它们看作一个地址和掩码对。通过使用无类路由，用户可以更充分地利用已有的 IP 地址空间，从而避免浪费宝贵的 IP 地址资源。另外，新的 IP 编址标准 IPv6 也使用无类路由协议，通过使用无类路由，有助于向下一代 IP 协议过渡。

在 CIDR 中，掩码的表示用在 IP 地址后加以斜杠和掩码位数（前缀）的方法表示，如 192.113.244.8/24 等。

使用 CIDR 可用来减少路由表中的项目数。使用 CIDR 时，在路由表中使用超网掩码和在这个组中的最低地址。

利用超网可以给需要超过 254 个主机地址的组织指派一组 C 类地址；如果不采用 CIDR，这些 C 类地址放在路由表中时，每一个地址都在路由表中占据一个条目。即如果一个组织得到 256 个 C 类地址，在路由表中就占据 256 个条目；使用 CIDR 时，在路由表中使用超网掩码和在这个组中的最低地址，只需要一个条目即可。有超网掩码与无超网掩码的路由表中的表示如图 4-11 所示。

默认掩码	网络地址	下一跳地址
255.255.255.0	X.Y.32.0	…
255.255.255.0	X.Y.33.0	…
255.255.255.0	X.Y.34.0	…
…	…	…

（a）无超网掩码的路由表

默认掩码	网络地址	下一跳地址
255.255.252.0	X.Y.32.0	…
…	…	…

（b）有超网掩码的路由表

图 4-11　路由器的路由表比较

4.2.2　IPv6

IPv4 定义 IP 地址的长度为 32 位，Internet 上每台主机至少分配一个 IP 地址，同时为提高路由效率将 IP 地址进行了分类，造成了 IP 地址的浪费。网络用户和节点的增长不仅导致 IP 地址的短缺，也导致路由表的迅速膨胀。为了彻底解决 IPv4 存在的问题，Internet 工程部 IETF 从 1991 年开始着手研究开发下一代 IP 协议，即 IPv6。

1. IPv6 的主要设计特点

（1）IPv6 的优点

与 IPv4 相比 IPv6 主要有以下的优点：

① 超大的地址空间。IPv6 将 IP 地址从 32 位增加到 128 位，所包含的地址数目高达 $2^{128} \approx 10^{40}$ 个地址。如果所有地址平均散布在整个地球表面，大约每平方米有 10^{24} 个地址，远远超过了地球上的人数。

② 更好的头部格式。IPv6 采用了新的数据报头部格式，将选项与基本头部分开，并将选项插入头部与上层数据之间。数据报头部具有固定的 40 字节的长度，简化和加速了路由的过程。

③ 增加了新的选项。IPv6 数据报有一些新的选项可以实现附加的功能。

④ 允许扩充。留有充分的备用地址空间和选项空间，当有新的技术或应用需要时允许协议进行扩充。

⑤ 支持资源分配。在 IPv6 数据报中删除了 IPv4 中的服务类型字段，但增加了流标记字段，可用来标识特定的用户数据流或通信量类型，以支持实时音频和视频等需实时通信的通信量。

⑥ 增加了安全性考虑。扩展了对认证、数据一致性和数据保密的支持。

（2）IPv6 地址

① IPv6 地址的表示方法。

IPv6 的地址为 128 比特，128 位的地址的表示方法如果仍然采用 IPv4 的点分十进制表示法，会有 16 个点分隔，太长了。IPv6 采用了将地址表示成由 8 个“:”分开的 4 位十六进制数。例如，一个 IPv6 的地址为 2060:0000:0000:0000:0009:0A00:500D:826E。

为了进一步简化，IPv6 规定了一种速记表示法。速记表示法规定，对于连续的多个 0 可以省略，用两个冒号表示（::），省略的 0 的个数可以通过十六进制的总位数 32 减去现有的位数得到。对于上例的 IPv6 地址，用速记表示法为 2060::0009:0A00:500D:826E。可以容易地计算出来，在“::”间省略了 12 个 0。注意，省略的方法在一个 IPv6 地址中只能使用一次。

IPv6 掩码采用类似 IPv4 中 CIDR 的前缀表示法，前缀长度用十进制表示。即表示成：IPv6 地址/前缀长度。如上述 IPv6 地址如前缀长度为 60 比特时可以表示成：

2060:0000:0000:0000:0009:0A00:500D:826E/60

或者

2060::0009:0A00:500D:826E/60。

② IPv6 地址的类型。

IPv6 定义了 3 种地址类型：单播、多播和任播。

- 单播地址是点对点通信时使用的地址，该地址仅标识一个接口。网络负责把对单播地址发送的分组发送到这个接口上。
- 多播地址表示主机组，它标识属于不同系统的多个接口的一组接口，发送给多播的分组必须交付到该组中的每一个成员。
- 任播地址也表示主机组，但它标识属于同一个系统的多个接口的一组接口，发送给该组的分组只交付给地址标识最近的一个接口，再转发。

与 IPv4 不同的是，IPv6 不采用广播地址，为了达到广播的效果，可以使用能够发往所有接口组的多播地址。

③ IPv6 的地址格式及初始分配。

IPv6 的地址采用可变长的类型前缀来定义地址的用途，增加了灵活性。其地址结构如图 4-12 所示。

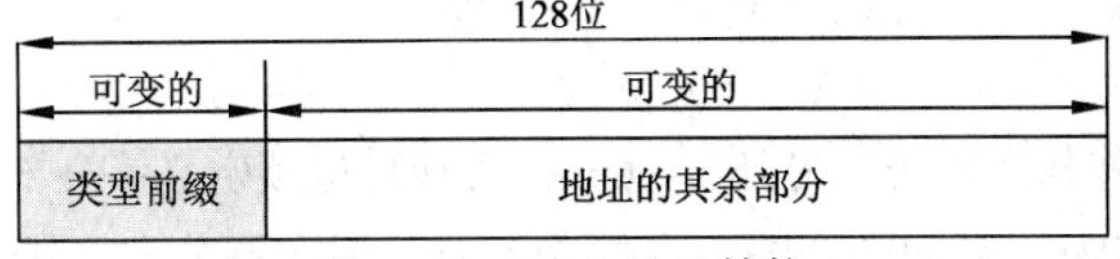

图 4-12 IPv6 地址结构

Internet 管理机构对于 IPv6 的地址进行了初始分配，表 4-5 列出了每一种类型前缀的初始分配情况。

表 4-5 IPv6 地址类型前缀初始分配

类型前缀	类型	占地址总量的比例
0000 0000	保留	1/256
0000 0001	未分配	1/256
0000 001	网络服务访问点	1/128
0000 010	IPX（Novell）	1/128
0000 011	未分配	1/128
0000 1	未分配	1/32
0001	未分配	1/16
001	可聚类全局单播	1/8
010	未分配	1/8
011	未分配	1/8
100	未分配	1/8
101	未分配	1/8
110	未分配	1/8
1110	未分配	1/16
1111 0	未分配	1/32
1111 10	未分配	1/64
1111 110	未分配	1/128
1111 1110 0	未分配	1/512
1111 1110 10	链路局域单播地址	1/1024
1111 1110 11	网点局域单播地址	1/1024
1111 1111	多播地址	1/256

下面对表 4-5 中的几种地址类型加以说明。

- 保留地址：顾名思义，保留地址是预留使用，其中包含特殊地址。例如，当高 96 位都为 0 而低 32 位为 IPv4 地址时，该地址作为在 IPv4 向 IPv6 过渡期，两者兼容时使用的内嵌 IPv4 地址的 IPv6 地址。
- 网络服务访问点地址：为网络服务访问点保留的地址。
- 可聚类全局单播地址：对于接入 Internet 的节点作为一个单播地址使用的地址。
- 链路局域单播地址：用于一个单一链路内部使用，路由器不向其他链路转发，但用于在本链路内部寻址。
- 网点局域单播地址：类似于 IPv4 中的私有地址，不与 Internet 相接，也不用向 Internet 管理机构申请，只在一个网点内部使用。

④ 多播地址。

多播地址不能够用作信源地址。另外，Internet 管理机构预定义了一部分多播地址。例如，保留的从 FF00:0:0:0:0:0:0:0~FF0F:0:0:0:0:0:0:0 的多播地址，不允许分配给任何多播组。

⑤ 任播地址。

当一个单播地址被分配给多于一个的接口时，就属于任播地址。任播地址从单播地址中分配，从语法上任播地址与单播地址没有任何区别。

目前，任播地址只能用于路由器的集合，而不能分配给 IPv6 主机，也不能作为信源地址。

（3）IPv6 数据报头部结构

IPv4 数据报头部有 10 个固定长度域、2 个地址空间、若干选项。IPv6 数据报头部有 6 个固定长度域、2 个地址空间。IPv6 数据报头部删除了 6 个域，改变了 3 个域，新增了 2 个域（业务量等级、流标记）。因此，IPv6 数据报的头部格式比 IPv4 简化。主要表现在：

- 所有头部有固定长度。
- 删除头部检验和功能。
- 删除各路由器的分拆段功能。
- 在固定头部后增加扩展头部来处理特殊分组。

① IPv6 数据报的基本头部。

IPv6 数据报采用了基本头部和附加不同扩展头部的头部结构。基本头部的长度为 40 字节，每个扩展头部的长度是 8 字节的倍数。IPv6 数据报的基本头部格式如图 4-13 所示。

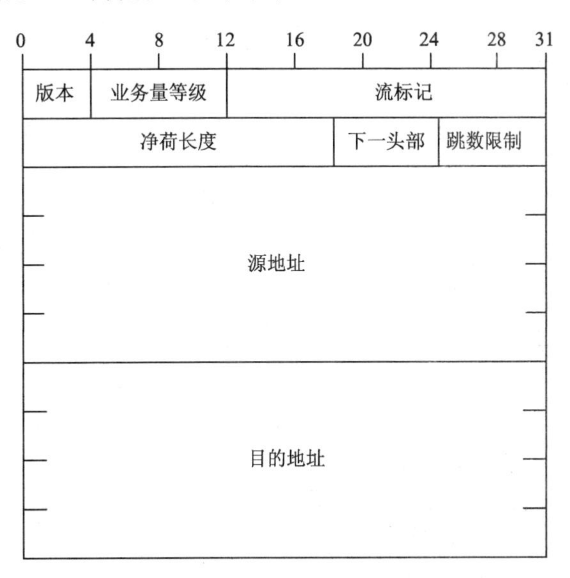

图 4-13　IPv6 数据报基本头部格式

- 版本：为 4 比特，在所有 IPv6 数据报中该值为 6。
- 业务量等级：为 4 比特，相当于 IPv4 中的优先级字段。将业务量等级分为受拥塞控制与不受拥塞控制两大类。不受拥塞控制的数据是指当网络拥塞时不能进行速率调整的数据（如对时延要求很严的实时语音数据），这类数据具有较高的等级，一般为 8~15。受拥塞控制的数据的等级的取值范围为 0~7，等级高的数据报在发生拥塞时保留的时间比等级低的数据报要长。IPv6 建议的受拥塞控制的业务量等级分配如表 4-6 所示。

表 4-6　IPv6 建议的受拥塞控制的业务量等级分配

优先级	0	1	2	3	4	5	6	7
应用	无优先级	网络新闻	电子邮件	保留	文件传输	保留	远程登录、WWW	网络管理

- 流标记：为 24 比特，与业务量等级一起使用，用来标识需要路由器特殊处理的数据报。在此，流是指源节点在某个应用中，向目的节点发送的数据报序列。同一流具有同一个流标号。例如，对于向目的节点提供实时观看的数据报序列，需要按顺序到达，路由器就可以进行特殊处理，使这一数据报序列沿同一路径传输，保证按顺序到达。但并不是所有应用都具有流的概念。

- 净荷长度：为 16 比特，净荷长度的值是该数据报的总字节数减去基本头的长度（40），该值就是基本头部以后的 IP 数据报剩余部分的长度，单位是字节。
- 下一头部：为 8 比特，允许有 0 个、1 个或多个头部，每个头部由它的前一个头部指出，最后一个头部指明该 IP 数据报的上一层协议。表 4-7 中列出了 IPv6 数据报的部分下一头部的值。

表 4-7 IPv6 数据报的部分下一头部的值

十进制数	关键字	头部类型
0	HBH	Hop by Hop（逐跳选项）
1	ICMP	ICMP 报文（IPv4 的控制信息协议）
2	IGMP	IGMP 报文（IPv4 的组管理协议）
4	IP	IP in IP（封装 IPv4 数据报）
5	ST	流
6	TCP	传输控制协议
17	UDP	用户数据报协议
43	RH	寻路头部（IPv6 数据报的扩展头部）
44	PH	报片头部（IPv6 数据报的扩展头部）
50	ESP	封装化安全净荷
51	AH	认证头部（IPv6 数据报的扩展头部）
58	ICMP	ICMP 报文（IPv6 的传输控制协议）
59	Null	无下一头部（IPv6 的扩展头部）

- 跳数限制：为 8 比特，与 IPv4 中的生存期的功能相同。
- 源地址和目的地址：各占 128 比特。

图 4-14 为一个 IPv6 数据报扩展头部的示例，在基本头部的后面依次封装了逐跳、寻路、报片标志以及认证扩展头部，在最后一个扩展头部（认证头部）中指明下一头部序号为 6，即此数据报的数据部分为 TCP 段，上一层协议为 TCP。

② 与 IPv4 数据报相比参数的变化。

与 IPv4 相比，IPv6 数据报在以下几个字段作了修改：

- IPv4 数据报中的“总长度”字段在 IPv6 中改为“净荷长度”，该字段的值是头部后的数据长度，当传送特大数据报时可以使用“特大净荷”选项。
- IPv4 数据报中的“协议号”字段在 IPv6 中改为“下一头部”。
- IPv4 数据报中的“生存期”字段在 IPv6 中改

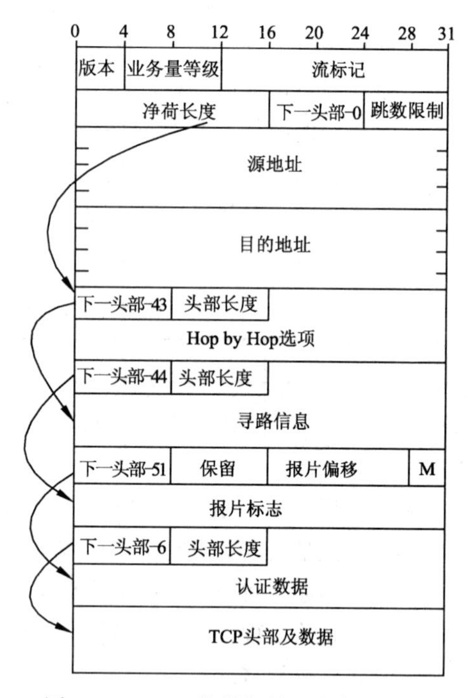

图 4-14 IPv6 数据报扩展头部示意图

为“跳数限制”。

- 与 IPv4 数据报相比新增加了“流标记”和“业务量等级”域。

4.2.3　IPv4 过渡到 IPv6

IPv4 向 IPv6 的过渡需要相当长的时间才能完成，为此 Internet 工程部 IETF 组建了专门的 Ngtrans 工作组开展对于 IPv4 向 IPv6 过渡问题和高效无缝互通问题的研究。IETF 的 Ngtrans 工作组提出了从 IPv4 过渡到 IPv6 的 3 种主要迁移机制：双 IP 协议栈(Dual Stack)、隧道技术(Tunneling) 和网络地址-协议翻译（ Network Address Translation-Protocol Translation，NAT-PT ）技术。

1. 双 IP 协议栈

IPv4 和 IPv6 网络层协议功能相近，都基于相同的物理平台，加载于其上的传输层协议 TCP 和 UDP 又没有任何区别，因此，如果一台主机同时支持 IPv6 和 IPv4 两种协议，那么该主机既能与支持 IPv4 协议的主机通信，又能与支持 IPv6 协议的主机通信，这就是双协议栈技术的工作机理。对现有路由节点设备进行升级，使其成为 IPv4/IPv6 路由器，这样 IPv6 的连接就成为本地链路，相当于 IPv4/IPv6 存在于相同的物理网络上。但双栈方案需要为网络上的每个节点（包括主机和路由器）同时分配一个 IPv4 地址和一个 IPv6 地址。

2. 隧道技术

当两个 IPv6 网络中间需要经过 IPv4 网络传输时，可以采用隧道技术。在 IPv4 网络的一端将 IPv6 的数据报封装在 IPv4 数据报里，然后在 IPv4 网络的另一端将其解封，得到 IPv6 数据报，再转发给 IPv6 网络的目的地址。将 IPv6 数据报封装时，将其作为无结构意义的数据，封装在 IPv4 数据报中，被 IPv4 网络传输。IPv4 分组的源地址和目的地址分别是隧道入口和出口的 IPv4 地址。

3. 网络地址-协议翻译技术

网络地址-协议翻译是一种纯 IPv4 终端和纯 IPv6 终端之间的互通方式。也就是说，原 IPv4 用户终端不需要进行升级改造，包括地址、协议在内的所有转换工作都由网络设备来完成。在这种情况下，网关路由器要向 IPv6 域中发布一个路由前缀 PREFIX：：/96，凡是具有该前缀的 IPv6 数据报都被送往网关路由器。网关路由器为了支持 NAT-PT 功能，需要具有 IPv4 地址池，在从 IPv6 向 IPv4 域中转发数据报时使用。

4.3　地址解析协议和逆向地址解析协议 ARP/RARP

在网际协议中定义的是 Internet 中的 IP 地址，但在实际进行通信时，物理层不能识别 IP 地址，只能识别物理地址，因此，需在 IP 地址与物理地址之间建立映射关系，地址之间的这种映射称为地址解析。

以太网网络中的物理地址即网卡的序列号。IEEE 规定网卡序列号为 6 字节（48 位），前 3 字节为厂商代号，由厂商向 IEEE 注册登记申请，后 3 字节为网卡的流水号。

地址解析包括从 IP 地址到物理地址的映射和从物理地址到 IP 地址的映射。TCP/IP 协议簇提供了两个映射协议：地址解析协议 ARP 和逆向地址解析协议 RARP。ARP 用于从 IP 地址到物理地址的映射，RARP 用于从物理地址到 IP 地址的映射。

4.3.1 ARP

从 IP 地址到物理地址的解析是自动进行的，即只要主机或路由器要和本网络上的另一个已知 IP 地址的主机或路由器进行通信，ARP 协议就会自动地把这个 IP 地址解析为数据链路层所需要的物理地址。

1. ARP 的工作原理

ARP 是解决同一个子网上的主机或路由器的 IP 地址和硬件地址的映射问题。

下面以图 4-15 所示的网络为例，介绍 ARP 的工作原理。

假定在如图 4-15 所示的 LAN1 中，A（源主机）要与 C（目的主机）进行通信，但不知道 C 的物理地址。A 利用 ARP 协议工作的过程如下：

A 广播一个 ARP 请求报文，请求 IP 地址为 IP_C 的主机回答其物理地址。LAN1 中的所有主机（B 和 C）以及 LAN1 的默认网关（R 的 Ethernet1 端口）都能收到该 ARP 请求，并将本机 IP 地址与请求的 IP 地址比较，C 主机识别出自己的地址 IP_C，并做出回应，通报自己的物理地址。A 收到这个 ARP 响应报文后，就可以与 C 进行通信了。

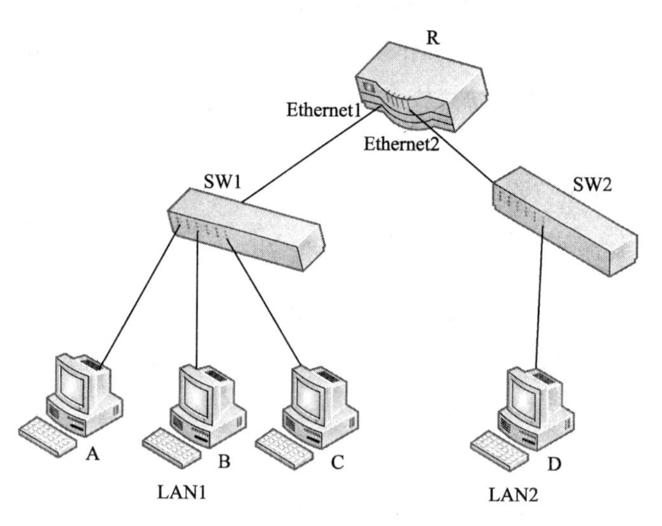

图 4-15 ARP 示例网络

为了提高效率，ARP 协议使用了高速缓存技术。在每台使用 ARP 的主机中，都保留了一个专用的内存区，一收到 ARP 响应，主机就将获得的 IP 地址和物理地址存入缓存。以后每次要发送报文时，首先到缓存中查找有无相应的项，若找不到，再利用 ARP 进行地址解析。由于多数网络通信都要连续发送多个报文，所以高速缓存大大提高了 ARP 的效率。

在 ARP 请求报文中还放入源主机的“IP 地址–物理地址”地址对，源主机在广播 ARP 请求时，网络上所有主机都可以知道该源主机的“IP 地址–物理地址”地址对并将其存入自己的缓存。

在新主机入网时，令其主动广播其地址映射，以减少其他主机进行 ARP 请求。

2. 代理 ARP

如果是在不同物理网络中的主机之间进行通信，中间要经过路由器的转换。例如，在图 4-15 中，位于 LAN1 的 B（源主机）要发送 IP 数据报给位于 LAN2 的 D（目的主机），此时的工作过程如下：

① B 主机在 LAN1 中广播一个 ARP 请求报文，请求 IP 地址为 IP_D 的主机回答其物理地址，但没有主机能够匹配这个 IP 地址，此时路由器 R 做出响应，通报自己 Ethernet1 端口的物理地址（该网网关地址）。

② B 主机将 IP 数据报发送给路由器 R。

③ 路由器 R 的 Ethernet2 端口（LAN2 的网关）在 LAN2 中广播 ARP 请求报文，找到目的主机 D 的物理地址，并最终将 IP 数据报发送给目的主机 D。

上述在不同子网通信中 ARP 的工作机制，被形象地称为代理 ARP。

4.3.2　RARP

RARP 的功能是从物理地址到 IP 地址的转换。这种情况主要应用在无盘工作站上。顾名思义，无盘工作站不带磁盘，其所有的文件都存放在网络中的文件服务器上，同样无盘工作站的 IP 地址也存放在文件服务器的硬盘上。而无盘工作站在不知道 IP 地址的情况下是不能与文件服务器进行通信的，甚至不能启动操作系统，因此，无盘工作站在开机后所要做的第一件事就是获得自己的 IP 地址。那么，如何获得呢?

无盘工作站的 ROM 中有一个基本输入/输出系统，无盘工作站只要安装了网络适配器(网卡)，就拥有了物理地址，就能依赖于物理地址进行本地网络通信。

无盘工作站获取 IP 地址的过程如下：

由 ROM 中基本输入/输出系统广播一个请求报文，该报文中给出无盘工作站的物理地址询问对应的 IP 地址。

网络中的 RARP 服务器中维持着一个本网的"物理地址-IP 地址"对应表。当 RARP 服务器收到无盘工作站的请求报文后，因为已经知道了该无盘工作站的物理地址，因此直接发送应答报文给该无盘工作站通知其 IP 地址。

4.4　因特网控制信息协议 ICMP

ICMP 是 IP 层协议的重要组成部分。在本节中首先讲解 IPv4 中的 ICMP，然后介绍 IPv6 中的 ICMPv6。

4.4.1　ICMP

ICMP 的作用是在一些特定的情况下（例如路由器无法将报文送达目的主机时、路由器发现更佳路径时等）目的主机或路由器向源主机或路由器发送消息和错误报告。

1. ICMP 报文格式

ICMP 报文被封装在 IP 数据报中传送，在 IP 数据报中的协议号字段的值为 1，格式如图 4-16 所示。ICMP 报文的前 4 字节是统一的格式，共有类型、代码、检验和 3 个字段。接着的 4 字节因 ICMP 的类型不同而各有定义。最后是数据字段，其长度取决于 ICMP 的类型。

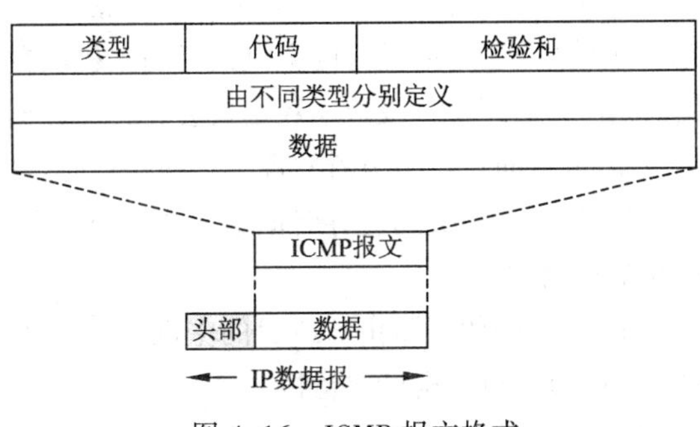

图 4-16　ICMP 报文格式

① 类型：8 比特，指明 ICMP 报文类型，包括差错报文和消息报文两类。

② 代码：8 比特，对同一类型的报文进行更详细的分类。

③ 检验和：16 比特。

2. ICMP 的报文类型

ICMP 报文中类型字段将 ICMP 报文定义为差错报文和消息报文两种类型。常用的 ICMP 报文如表 4–8 所示。

表 4-8 常用的 ICMP 报文

<table>
<tr><th>ICMP 报文分类</th><th>报文名称</th><th>类型值</th><th>代码值</th><th>注 释</th></tr>
<tr><td rowspan="14">差错报文</td><td rowspan="8">目的不可达</td><td rowspan="8">3</td><td>0</td><td>网络不可达</td></tr>
<tr><td>1</td><td>主机不可达</td></tr>
<tr><td>2</td><td>协议不可达</td></tr>
<tr><td>3</td><td>端口不可达</td></tr>
<tr><td>4</td><td>需要进行分段但设置不分段比特</td></tr>
<tr><td>5</td><td>源站选路失败</td></tr>
<tr><td>6</td><td>目的网络未知</td></tr>
<tr><td>7</td><td>目的主机未知</td></tr>
<tr><td rowspan="2">重定向</td><td rowspan="2">5</td><td>0</td><td>对网络重定向</td></tr>
<tr><td>1</td><td>对主机重定向</td></tr>
<tr><td rowspan="2">超时</td><td rowspan="2">11</td><td>0</td><td>传输期间生存期为 0</td></tr>
<tr><td>1</td><td>在数据报组装期间生存期为 0</td></tr>
<tr><td rowspan="2">参数问题</td><td rowspan="2">12</td><td>0</td><td>坏的 IP 头部（包括各种差错）</td></tr>
<tr><td>1</td><td>缺少必需的选项</td></tr>
<tr><td rowspan="4">消息报文</td><td rowspan="2">回送
请求应答</td><td>8</td><td>0</td><td>回送请求</td></tr>
<tr><td>0</td><td>0</td><td>回送应答</td></tr>
<tr><td rowspan="2">地址掩码
请求应答</td><td>17</td><td>0</td><td>地址掩码请求</td></tr>
<tr><td>18</td><td>0</td><td>地址掩码应答</td></tr>
</table>

（1）差错报文

ICMP 包括的差错报文类型如下：

① 目的不可达：一旦路由器发现无法将报文送达目的主机就向源主机发送该差错报文。目的不可达的原因可能是目的主机或目的主机所在网络不可达，也可能是由于需要将数据报分段而又不允许将数据报分段造成数据报丢弃，使数据报不可到达目的。

② 重定向：当路由器发现更佳的路径时，向源主机发送重定向报告。

③ 超时：报文的生存时间或主机的分段重组计时用完时，路由器丢弃数据报并向源主机发送 ICMP 差错报文。

④ 参数问题：路由器或目的主机一旦发现数据报报头参数有问题无法完成处理而丢弃数据报时，向源主机发送该差错报文。

（2）消息报文

ICMP 包括的消息报文如下：

① 回送请求/回送应答：向测试是否可达或是否正常的主机或路由器发送“回送请求”报文，作为响应，该主机或路由器回送一个“回送应答”报文。

② 地址掩码请求/地址掩码应答：主机为了知道其地址掩码在启动时向本网络路由器发送一个“地址掩码请求”报文，作为响应，路由器返回一个“地址掩码应答”报文，其中包含该网络的子网掩码。

4.4.2 ICMPv6

ICMPv6是IPv6的基础协议之一，协议类型号为58。ICMPv6向源节点报告关于目的地址传输IPv6数据报的错误和消息，具有差错报告、网络诊断、邻节点发现和多播实现等功能。换言之，ICMPv6实现了IPv4中ICMP、ARP和IGMP的功能。

1. ICMPv6报文格式

ICMPv6报文封装在IPv6数据报中，其格式如图4-17所示。

类型	代码	检验和
报文体		

图4-17　ICMPv6报文格式

各字段含义如下：

① 类型：8比特，标识ICMPv6报文类型。由最高位区分，最高位为0时定义为差错报文，最高位为1时定义为消息报文。

② 代码：8比特，对同一类型的报文进行更详细的分类。

③ 检验和：16比特。

④ 报文体：用于返回出错的参数和记录出错报文的片段，帮助源节点判断错误的原因或是其他参数。

2. ICMPv6报文类型

ICMPv6报文分为差错报文和消息报文两大类，常用的报文如表4-9所示。其中的差错报文以及回送请求应答的功能与ICMPv4的相应报文类似，而多播侦听和邻居发现报文则涉及两个协议——多播侦听者发现协议（Multicast Listener Discovery Protocol，MLDP）和邻居发现协议（Neighbor Discovery Protocol，NDP）。

表4-9　常用的ICMPv6报文

ICMPv6报文分类	报文名称	类型值	代码值	注　释
差错报文	目的不可达	1	0	没有到达目的节点的路由
			1	与目的节点的通信被管理策略禁止
			2	超出源地址范围
			3	地址不可达
			4	端口不可达
			5	源地址失败策略
			6	拒绝到目的节点的路由
	数据报超长	2	0	数据报超长
	超时	3	0	在传输中超越了跳数限制
			1	分段重组超时
	参数问题	4	0	畸形的数据报或头部
			1	无法识别的下一个报头类型
			2	无法识别的IPv6选项

续表

ICMPv6 报文分类	报文名称	类型值	代码值	注　释
消息报文	回送请求应答	128	0	回送请求
		129	0	回送应答
	多播侦听	130	0	多播侦听者查询
		131	0	多播侦听者报告
		132	0	多播侦听者退出
	邻居发现	133	0	路由器请求
		134	0	路由器通告
		135	0	邻居请求
		136	0	邻居通告
		137	0	重定向

3. ICMPv6 相关协议

ICMPv6 比 ICMPv4 复杂得多，主要体现在 ICMPv6 除了具备 IPv4 ICMP 的基本功能外，还包含以下两个功能：

（1）多播侦听发现协议 MLDP

在 IPv6 网络中，多播技术得到了进一步的丰富和加强。MLDP 可以理解为 IGMP（详见本章 4.7.2 节）的 IPv6 版本，两者的协议行为完全相同，区别仅仅在于报文格式。

MLDP 负责子网内的多播成员管理，由多播侦听者查询（包括普通查询报文和特殊查询报文两种类型）、多播侦听者报告和多播侦听者退出 3 种 ICMPv6 消息报文完成，如表 4-9 所示。

当一个网段内有多台 IPv6 多播路由器时，需要选取其中一台多播路由器发送查询报文，该多播路由器称为 MLD 查询器（Querier）。MLD 查询器周期性地向本网段内所有主机和多播路由器发送普通查询报文，通过主机和多播路由器反馈的报告报文来维护多播组成员关系。当 MLD 查询器收到成员发送的针对某组的退出报文时，会发送特殊查询报文来了解网段内是否还存在该组的成员，如果没有则删除对应的组成员关系。MLD 查询器根据组成员关系来决定是否将对应组的多播数据报文转发到该网段。

MLDP 报文封装在 IPv6 数据报中。所有的 MLDP 报文被限制在本地链路上，跳数为 1（路由器只能直连网段上发现多播侦听者）。MLDP 目前有两个版本：MLDPv1 和 MLDPv2。

（2）邻居发现协议 NDP

NDP 组合了 IPv4 中的 ARP、ICMP 路由器发现和重定向等协议和功能，并对其加以改进和增强。NDP 还提供了前缀发现、邻居不可达检测、重复地址检测和地址自动配置等功能。

① 地址解析。

在 IPv4 中，当源主机需要和目的主机通信时，必须先通过 ARP 协议获得目的主机的 MAC 地址。在 IPv6 中 NDP 实现了这个功能。

ARP 报文是直接封装在以太网帧中，有观点认为 ARP 为第 2.5 层的协议。NDP 基于 ICMPv6 实现，所有报文均封装在 IPv6 数据报中，因此 NDP 被看作第 3 层的协议，在网络层完成地址解析，主要带来以下几个好处：

- 地址解析在三层完成，不同的二层介质可以采用相同的地址解析协议。
- 可以使用三层的安全机制避免地址解析攻击。
- 使用多播方式发送请求报文，减少了二层网络的性能压力。

地址解析过程中使用了邻居请求报文和邻居通告报文，其中邻居请求报文的作用类似于 IPv4 中的 ARP 请求报文，邻居通告报文类似于 IPv4 中的 ARP 响应报文。

IPv6 的地址解析功能除了上述解析目的 IP 地址所对应的数据链路层地址外，还包括邻居可达性状态的维护过程，即邻居不可达检测。

节点与邻居的通信，会因硬件故障等多种原因而中断，因此，节点需要维护一张邻居表，每个邻居都有相应的状态。NDP 定义邻居状态可以在未完成、可达、失效、延迟、探查和空闲 5 种之间迁移。

② 无状态地址配置。

NDP 中特有的无状态地址配置机制，可以使链路上的节点自动获得 IPv6 全球单播地址。除此之外，还包括一系列相关功能，如路由器发现、重复地址检测等。

- 路由器发现：用来发现与本地链路相连的设备，并获取与地址自动配置相关的前缀和其他配置参数。此功能是 IPv6 地址自动配置功能的基础，通过路由器请求和路由器通告两种报文实现。
  - ✧ 路由器请求报文：主机接入网络后希望尽快获取网络前缀进行通信，此时主机可以立刻发送路由器请求报文，等待网络上的设备回应路由器通告报文。
  - ✧ 路由器通告报文：每台设备为了让网络中的主机和路由器获知自己的存在，定时以多播的方式发送路由器通告报文，路由器通告报文中会带有网络前缀及其他一些标志位信息。
- 重复地址检测：重复地址检测是在接口使用某个 IPv6 单播地址之前进行的，主要是为了检测是否有其他节点使用了该地址。特别是在地址自动配置时，进行重复地址检测是必需的。一个 IPv6 单播地址在正式分配给一个接口之前称为试验地址，此时该接口不能使用这个试验地址进行单播通信，但是会加入 ALL-NODES 和试验地址所对应的 Solicited-Node 两个多播组。重复地址检测的过程是 Solicited-Node 多播组发送邻居请求报文。邻居请求报文中目标地址即为该试验地址。如果收到某个站点回应的邻居通告报文，证明该地址已被网络上的其他节点使用，该接口将不能使用此试验地址通信。
- 地址自动配置：IPv4 使用动态主机配置协议（Dynamic Host Configuration Protocol，DHCP）（详见第 6 章 6.6.1 节）实现 IP 地址等网络参数的自动配置。IPv6 地址增长为 128 位，且终端节点多，对于自动配置的要求更为迫切。除保留了 DHCP 作为地址自动配置的手段外，还增加了无状态地址自动配置。无状态地址自动配置通过路由器请求和路由器通告两条报文实现，其过程如下：
  - ✧ 根据接口标识产生链路本地地址。
  - ✧ 发出路由器请求报文，进行重复地址检测。
  - ✧ 如地址冲突，则停止自动配置，需要手工配置。
  - ✧ 如不冲突，则链路本地地址生效，节点具备本地链路通信能力。
  - ✧ 主机会发送路由器请求报文（或接收到设备定期发送的路由器通告报文）。
  - ✧ 根据路由器通告报文中的前缀信息和接口标识得到 IPv6 地址。

③ 路由重定向。

当在本地链路上存在一个更好的到达目的网络的路由时，路由器需要通告节点来进行相应配置的改变。重定向报文中会携带更好的路径下一跳地址和需要重定向转发的报文目的地址等信息。

4.5 路由算法和路由协议

路由器运行路由协议，执行路由和分组转发功能。路由协议的核心就是路由算法。

4.5.1 路由算法

路由算法是网络层软件的一部分，用来确定数据的传输路由。路由算法关系到网络资源的利用率和网络性能。从理论上讲，路由算法应当考虑网络负荷、数据报长度、数据报报头中规定的服务类型等情况，但由于实现上的困难，通常以最短路由为前提进行路由。

路由算法通常使用路由表，表中的每一项是一对地址（N,R），其中 N 是目的网络地址，而 R 是下一个路由器的地址。根据路由表产生与更新的方法，路由算法又可以分为静态路由算法和动态路由算法两种。

不同的路由算法选择不同的“最佳”衡量参数。该参数可以通过路径的某一特性进行计算，也可以在综合多个特性的基础上进行计算。几个比较常用的特征是：路径所包含的路由器个数、网络传输费用、带宽、延迟、负载、可靠性和最大传输单元（MTU）等。

1. 静态路由算法

静态路由算法是指节点的路由表一旦确定不再自动改变的路由算法。静态路由算法的路由表一般在网络建立初期建立，可以由网络管理员手工配置，也可以采用某种路由算法产生。静态路由信息在默认情况下是私有的，不会传递给其他路由器。静态路由算法一般适用于比较简单的、不太变化的网络环境。

使用静态路由算法，路由器之间交换的路由信息少。这样就可以减少路由器之间链路上的数据传输量，安全性也高。

虽然静态路由有一定的优越性，但对大型和复杂的网络环境，因为难以全面地了解整个网络的拓扑结构，并当网络的拓扑结构和链路状态发生变化时，路由器中的静态路由信息需要大范围地调整，所以通常不宜采用静态路由。

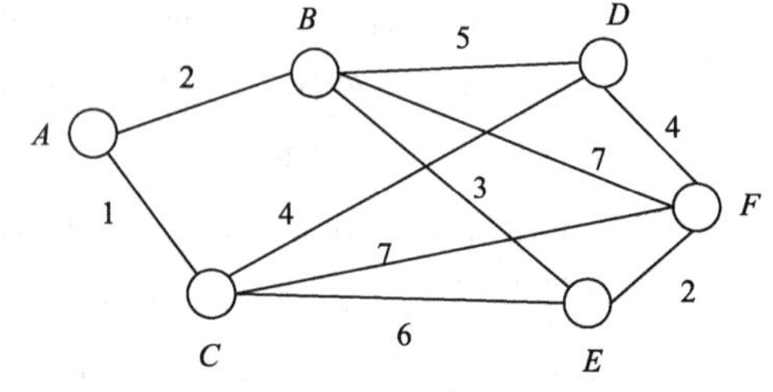

图 4-18 静态路由算法示例网络的拓扑结构

注：图中字母表示节点，数字表示所需费用

（1）静态路由表示例

下面以图 4-18 所示网络的拓扑结构为例，将节点 *A* 和节点 *B* 的路由表分别用表 4-10 和表 4-11 表示。

对拓扑结构中的各个节点分别设置静态路由表，就可以逐个节点地了解完整路由。如从节点 *A* 到节点 *E* 的路由，可以通过查看表 4-10 所示的节点 *A* 的路由表，得知从节点 *A* 到节点 *E* 首先到达节点 *B*，总费用为 5；再查看表 4-11 所示的节点 *B* 的路由表，得知从节点 *B* 可以直接到达节点 *E*。因此得出从节点 *A* 到节点 *E* 的路由为 *A*→*B*→*E*，所需总费用为 5。

表 4-10　*A* 节点的路由

目的节点	下一节点	费　用
B	*B*	2
C	*C*	1
D	*C*	5
E	*B*	5
F	*B*	7

表 4-11　*B* 节点的路由

目的节点	下一节点	费　用
A	*A*	2
C	*A*	3
D	*D*	5
E	*E*	3
F	*E*	5

（2）最短路径算法 SPA

确定路由表的算法有多种，比较普遍采用的是最短路径算法。最短路径算法（Shortest Path Algorithm，SPA）也称正向搜索算法，是以网络路线中间节点个数或网络费用为参数的一种路径算法。

最短路径算法采用迭代算法，具体思路是：建立一个节点集合，在每次的循环中逐个建立集合的元素，最后使每个节点都知道到最终节点的最短路径。下面仍以图 4-18 的网络拓扑为例介绍最短路径算法的运算过程。

在最短路径算法中，包括两个集合、两个函数。假设两个集合分别为集合 *M* 与集合 *N*，函数分别为 Cost 与 Prior。在如图 4-18 所示的网络拓扑中，首先定义集合 *M* 中只包含了节点 *A*，则在集合 *N* 中将包含不在集合 *M* 中，并与集合 *M* 中任一节点有直接连接的节点（如在第一步应包含与 *A* 直接连接的节点 *B*、*C*）。定义函数 Cost(*X*)=从 *A* 到 *X* 的最经济路径的费用（只定义中间节点都在集合 *M* 中的 *X* 节点，如果在集合 *M* 中不包含从 *A* 到 *X* 的所有中间节点则取费用为∞），定义函数 Prior(*X*)为包含在最经济路径上位于节点 *X* 前面的节点。

算法在迭代过程中，每次都从集合 *N* 中寻找一个节点 *X*，该节点的 Cost 函数值最小，然后将该节点添加到集合 *M* 中，并更新集合 *N*。如此循环，直到寻找出所有从 *A* 节点到其他节点的最经济路径为止。可以用同样的方法寻找其他节点的路径。

按照上述思路，图 4-18 所示网络拓扑结构采用最短路径算法，在集合 *M* 中首先选择节点 *A* 的情况，推导过程如表 4-12 所示。

表 4-12　采用最短路径算法的推导过程

步骤	集合 *M* 中的节点	集合 *N* 中的节点	Cost 函数						Prior 函数				
			X	*B*	*C*	*D*	*E*	*F*	*B*	*C*	*D*	*E*	*F*
1	*A*	*B*，*C*	*C*	2	1	∞	∞	∞	*A*	*A*	–	–	–
2	*A*，*C*	*B*，*D*，*E*，*F*	*B*	2	1	5	7	8	*A*	*A*	*C*	*C*	*C*
3	*A*，*B*，*C*	*D*，*E*，*F*	*D*	2	1	5	5	8	*A*	*A*	*C*	*B*	*C*
4	*A*，*B*，*C*，*D*	*E*，*F*	*E*	2	1	5	5	8	*A*	*A*	*C*	*B*	*C*
5	*A*，*B*，*C*，*D*，*E*	*F*	*F*	2	1	5	5	7	*A*	*A*	*C*	*B*	*E*

为了更清楚地说明算法的推导过程，下面具体描述表 4-12 中的各步骤。

① 集合 *M* 中选择节点 *A*，与节点 *A* 直接连接的节点是 *B* 和 *C*，放入集合 *N*。因节点 *A* 到其他节点的中间节点必须在集合 *M* 中，而此时集合 *M* 中只有节点 *A*，因而此时只有从节点 *A* 到节点 *B* 和从节点 *A* 到节点 *C* 是“连通”的。从节点 *A* 到其他节点的费用值为∞。因是从节点 *A* 直

接到达，其前趋节点（函数 Prior）为 A 本身。在集合 N 中，Cost(C) < Cost(B)，因此 X=C，将节点 C 放入集合 M。

② 与节点 C 直接连接的节点是 D、E 和 F，放入集合 N。节点 A 能够通过节点 C 与节点 D、E 和 F 相连，算出 Cost 函数和 Prior 函数的值。可以看出在集合 N 中，Cost(B)函数的值最小，将节点 B 放入集合 M。

③ 比较节点 A 通过节点 B 与节点 C 到达其他节点的值，可以看出，节点 A 通过节点 B 到达节点 E 的值比通过节点 C 到达节点 E 的值小，修改 Cost 函数和 Prior 函数的值。在集合 N 中，Cost(D)函数与 Cost(E)函数的值相等，任意选择节点 D 放入集合 M。

④ 比较节点 A 通过节点 D 到达其他节点的值，可以看出，Cost 函数和 Prior 函数的值不变。在集合 N 中，Cost(E)函数值最小，选择节点 E 放入集合 M。

⑤ 比较从节点 A 通过节点 E 到达其他节点的值，可以看出，节点 A 通过节点 E 到达节点 F 的值比通过节点 C 到达节点 F 的值小，修改 Cost 函数和 Prior 函数的值。将节点 F 放入集合 M。至此所有节点都在集合 M 中，从节点 A 到其他所有节点的最佳路径选择完毕。

通过表 4-12 确定从节点 A 到达其他节点路径的过程是根据最后的步骤的值确定。如从节点 A 到节点 F 的最佳路径，在第⑤步的 Prior(F)函数的值是 E、Prior(E)函数的值是 B、Prior(B)函数的值是 A，因此其最佳路径是 A→B→E→F。用同样的推导可以得出从节点 A 到其他节点的最佳路径。

2. 动态路由算法

静态路由算法只考虑网络的静态状况，并且一旦路径确定则很少再改变。实际网络的拓扑结构、各节点的通信量、负载状况等都会变化，因此，完全采用静态路由算法不能保证所选择的路径总是最优的，在有些情况，甚至根本就找不到路径。

动态路由算法可以从时间或空间两方面根据网络的变化适时调整路由表选择最佳路径。这种选择算法能较好地适应网络流量、拓扑结构的变化，有利于改善网络的性能。但由于算法复杂，会增加网络的负担，有时还会因反应太快引起振荡或反应太慢不起作用。

动态路由算法也称自适应路由算法，即能自动适应网络变化的路由算法。一般动态路由算法的工作过程包括 4 部分：

① 测量：通过测量了解网络的拓扑结构、流量及通信延迟等状态。

② 报告：向相关节点或进程报告测量结果。

③ 更新：得到报告的节点，根据测量结果更新路由表。

④ 决策：根据新路由表重新选择最佳路径。

常用的自适应路由算法有分布式路由策略和集中式路由策略。下面分别作简单介绍。

（1）分布式路由策略

分布式路由策略要求每个节点独立地决定和维护本节点的路由表。采用分布式路由策略网络的各个节点先了解有哪些相邻节点，计算本节点到相邻节点的参数值，再计算相邻节点到目的节点的参数值。各个节点执行同样的步骤，根据这些信息，每个节点就可以建立本节点的路由表。各个节点还周期性地从相邻的节点获得网络状态信息，同时也将本节点的信息周期性地通知相邻的各节点，以使网络节点不断地根据网络新的状态更新其路由策略。所以整个网络的路由经常处于一种动态变化的状况。

分布式路由策略采用的算法主要有距离向量算法、链路状态路径选择算法及层次路径选择算法。

① 距离向量算法。

距离向量算法（Distance Vector Algorithm，DVA）与 SPA 相反，是从目的地出发反向计算最佳路径，也称反向搜索算法。

距离向量算法的基本思路是：每个节点保存一张路由表，记录到其他节点的最佳参数（距离或费用等）和最佳路径。路由表产生的过程是根据本节点到每个相邻节点的参数，同时每个相邻节点到目的节点的参数来确定。这些参数的获得是通过各节点不断定期地向相邻节点广播本节点以及收到的信息，每个节点根据与相邻节点交换的信息更新路由表。

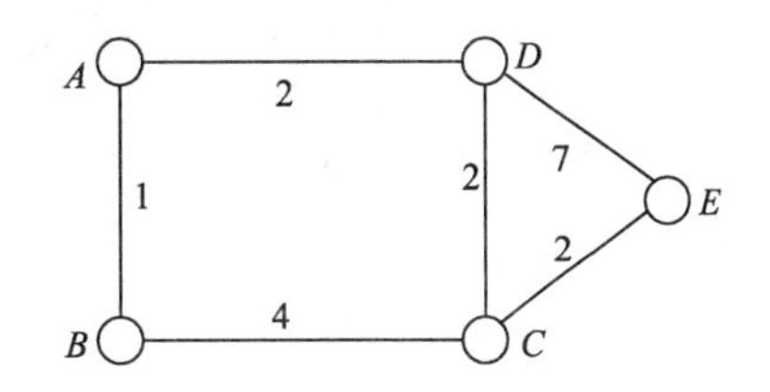

图 4-19 距离向量算法示例网络的拓扑结构

下面以图 4-19 所示网络为例说明距离向量算法的路由表。表 4-13 中列出了经过 3 次计算后的路由表中的值。

表 4-13 距离向量算法的 3 次运算

源节点	终节点					运算次数
	A	*B*	*C*	*D*	*E*	
A	—	(*B*,1)	未知	(*D*,2)	未知	
B	(*A*,1)	—	(*C*,4)	未知	未知	
C	未知	(*B*,4)	—	(*D*,2)	(*E*,2)	Ⅰ
D	(*A*,2)	未知	(*C*,2)	—	(*E*,7)	
E	未知	未知	(*C*,2)	(*D*,7)	—	
A	—	(*B*,1)	(*D*,4)	(*D*,2)	(*D*,9)	
B	(*A*,1)	—	(*C*,4)	(*A*,3)	(*C*,6)	
C	(*D*,4)	(*B*,4)	—	(*D*,2)	(*E*,2)	Ⅱ
D	(*A*,2)	(*A*,3)	(*C*,2)	—	(*C*,4)	
E	(*D*,9)	(*C*,6)	(*C*,2)	(*C*,4)	—	
A	—	(*B*,1)	(*D*,4)	(*D*,2)	(*D*,6)	
B	(*A*,1)	—	(*C*,4)	(*A*,3)	(*C*,6)	
C	(*D*,4)	(*B*,4)	—	(*D*,2)	(*E*,2)	Ⅲ
D	(*A*,2)	(*A*,3)	(*C*,2)	—	(*C*,4)	
E	(*C*,6)	(*C*,6)	(*C*,2)	(*C*,4)	—	

注：表中加下画线的数据为有变化的数据。

这种选择算法从理论上是可行的，但在实际应用中存在一些问题：一是因为各节点间要不断地相互交换信息，会造成大量信息在网络中传递，因而开销大；二是因为交换的信息从相邻节点开始，由于延迟获得全网状态信息的时间有先有后，有可能先前的最佳路径在当前已经不是最佳了，甚至是不通的，最终造成阻塞。

② 链路状态路径选择算法。

链路状态路径选择算法是对距离向量算法的改进，其基本工作过程为：通过向与本节点相连的每个链路发送一个特殊的信息包，由链路的另一端的节点回送应答包，从而发现邻节点及该邻节点的地址；向所有邻节点各发送一个测量包，测量到邻节点的延迟；向所有邻节点各发送一个链路状态包将测量结果通知所有的邻节点；每个节点根据周期性地收到的相邻节点的链路状态包，重新选择最佳路径。链路状态路径选择算法是被普遍应用的算法。

③ 层次路径选择算法。

层次路径选择算法也称分级路径选择算法。其主要目的是解决随着网络规模的扩大、节点数的增多，每个节点测量、计算及交换信息所占用的时间越来越长，路由表所占用的空间越来越大的问题。层次路径选择算法的基本思想是：根据网络规模将网络分成区域、簇、区、组等不同层次，使最后分成的单位内节点数较少。在进行路径选择时，将该层的划分单位作为一个虚拟节点，再以下级划分单位进行路径选择，直到最后到达的目的节点为止。层次路径选择算法在每层可以采用一种具体的路径选择算法。

（2）集中式路由策略

集中式路由策略是指所有互连信息都产生和维护在一个中心位置。这个中心负责全网状态信息的收集、路由计算以及路由。每个节点根据中心位置的信息可以很容易地建立本节点的路由表。例如图 4–18 所示网络，在中心位置将产生一个如表 4–14 所示的路由矩阵。

表 4-14　图 4-18 所示网络的路由矩阵

源节点	目的节点					
	A	B	C	D	E	F
A	—	B	C	C	B	B
B	A	—	A	D	E	E
C	A	A	—	D	E	F
D	C	B	C	—	F	F
E	B	B	C	F	—	F
F	E	E	C	D	E	—

路由确定的过程是：先找到源节点到目的节点的交点为从源节点到目的节点的第一个节点，再以该节点为源节点找到从此节点到目的节点的下一节点，依此类推，直到找到节点即为目的节点止。例如，确定节点 *A* 到节点 *F* 的路径，先从第一行找到 *A* 与 *F* 的交点 *B*，再从第二行找到 *B* 与 *F* 的交点 *E*，再从第 5 行找到 *E* 与 *F* 的交点 *F*，查找结束。得出从节点 *A* 到节点 *F* 的最佳路径为 $A \to B \to E \to F$，与表 4–13 中得出结论相同。

集中式路由策略的优点是各个节点不需要进行路由的计算。由于是集中计算路由，所以容易得到更精确的路由最优化，同时还消除了分组在网内“兜圈子”以及路由“振荡”的现象。集中式路由策略还可起到对进入网络的通信量的某种流量控制作用。这一点使得集中式路由策略很有吸引力。

但集中式路由策略存在两个较严重的缺点：一是在离中心位置近的节点通信量的开销大；另一个更严重的缺点是可靠性问题，因为一旦中心位置出故障，整个网络将失去控制。

为了克服集中式路由算法的缺点，可以在网络中同时综合使用几种路由策略。

4.5.2　路由协议

对于大型网络可以看成域的集合，“域”也称“自治系统”，即能够独立运行的区域。控制一个自治系统内部路由的路由协议称为内部路由协议。与此相对应，控制不同自治系统路由的路由协议称为外部路由协议。

1. 内部路由协议

常见的内部路由协议有路由信息协议（Routing Information Protocol，RIP）和开放式最短路径优先协议（OSPF）。

（1）路由信息协议

路由信息协议是由加利福尼亚大学伯克利分校开发应用于学校局域网中的路由协议。

该协议的主要思想是：使用中间路由器的数目测量距离；每个路由器向与它相连的网络发送一个特殊信息包，说明它能在一个站段内到达的网络，由此其他与相应网络相连的路由器就可以推断出自己可以通过两个站段到达该网络，依此类推，各个路由器就可以建立自己的路由表；各个路由器不断接收信息、存储、再发送信息来建立、维护自己的路由表。

为了更清楚地说明路由信息协议的运行过程，下面以图 4-20 所示网络为例，叙述路由表建立过程。

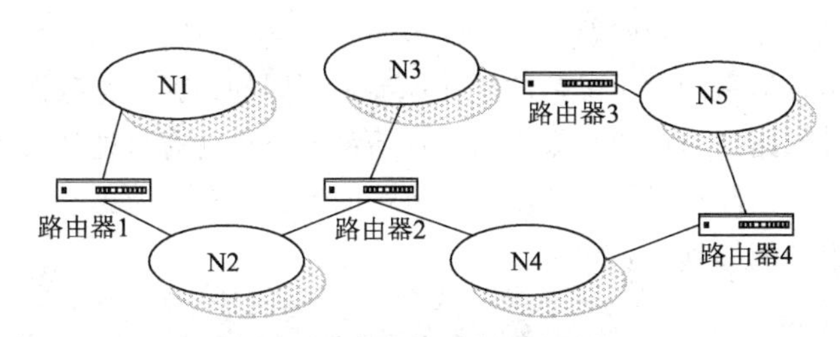

图 4-20　路由信息协议示例网络

①“路由器 1”发送报文，说明它能在一个站段内到达 N2 和 N1。

②“路由器 2”与 N2 相连，“路由器 2”能够知道它可以通过两个站段到达 N1，将此信息存到路由表中，并分别向 N3 和 N4 发送报文，说明它可以通过一个站段到达 N2、通过两个站段到达 N1。

③“路由器 3”因与 N3 相连，它可以知道它能够通过两个站段到达 N2 和 N4、通过 3 个站段到达 N1，将此信息存到路由表中，并向 N5 发送信息说明它通过一个站段到达 N3、通过两个站段到达 N2 和 N4、通过 3 个站段到达 N1。

④“路由器 4”与 N4 相连，它可以知道它能够通过两个站段到达 N2 和 N3、通过 3 个站段到达 N1，将此信息存到路由表中，并向 N5 发送信息说明它通过一个站段到达 N4、通过两个站段到达 N2 和 N3、通过 3 个站段到达 N1。

路由信息协议就是这样不断地接收、存储、发送与更新信息，来建立和更新路由表。如出现重复信息的情况，路由器将不进行更新。

（2）开放式最短路径优先协议

开放式最短路径优先协议（OSPF）目前已成为采用最多、应用最广泛的路由协议之一，是一种典型的链路状态路由协议。采用 OSPF 协议的自治系统内部需要建立一个描述该自治系统结构的数据库，数据库中存放自治系统相应链路的链路长度、比特率、延迟和费用等状态信息。自治系统中的所有路由器都维护这个数据库，并通过这个数据库给出的链路状态信息计算出自己的路由表。OSPF 协议适用于大型、异构网络。该协议是开放的，即其规范是公开的，公布的 OSPF 规范是 RFC2328。

OSPF 算法的基本原理基于最短路径优先算法（Shortest Path First，SPF）。SPF 算法的基本思路是：每个路由器周期性地发送链路状态广播信息包，提供其相邻节点的信息或当其状态改变时通知其他路由器。通过对已建立的邻接关系和链接状态进行比较，失效的路由器可以很快被检测出来，网络拓扑相应地更动。从链路状态广播信息包生成的拓扑数据库中，每个路由器以自己为根计算最短路径树，通过最短路径树生成路由表。

OSPF 协议与 SPF 算法的不同点是：只有当路由器初始化或网络结构发生变化时，才向其相邻的节点发送链路状态广播信息包，其他路由器将变化的信息包再向其相邻节点广播并更新路由表。这种广播、更新并不是定时周期性进行，当网络稳定时，网络中的路由信息是比较少的。

2. 外部路由协议

外部路由协议是各自治系统之间的通信协议，边界网关协议（BGP）是一种外部协议。

边界网关协议与距离向量算法相似，不同之处是 BGP 不是通过某些特定路径的参数确定路径，而是用域或自治系统序列来表明路径。这样做的原因是：BGP 是外部路由协议，由于要通过多个自治系统，而各个自治系统对于参数的最佳标准是不同的，因而最佳路径的概念对于外部协议意义不大。另外，外部路由协议要涉及不同的自治系统，也就有可能涉及不同的企业、公司、部门，甚至不同的国家，因此有可能会涉及竞争策略的考虑、安全考虑、政治因素的考虑等，因此选择路由的主要因素是能够到达。

4.6 网络层设备

网络层的互连设备要求具有路由功能，主要有路由器和三层交换机。

4.6.1 路由器

路由器在网络层实现网络互连，路由器除具有网桥的全部功能外，还具备路径选择功能，可以互连多个网络及多种类型的网络。

1. 路由器的工作原理

路由器的概念模型如图 4-21 所示。网络层有自己的源地址和目的地址信息，如 IP 地址，路由器通过 IP 地址来确定信息发送的网络。如果源地址和目的地址的网络号相同，说明源主机与目标主机在同一网络，则路由器不转发该分组。

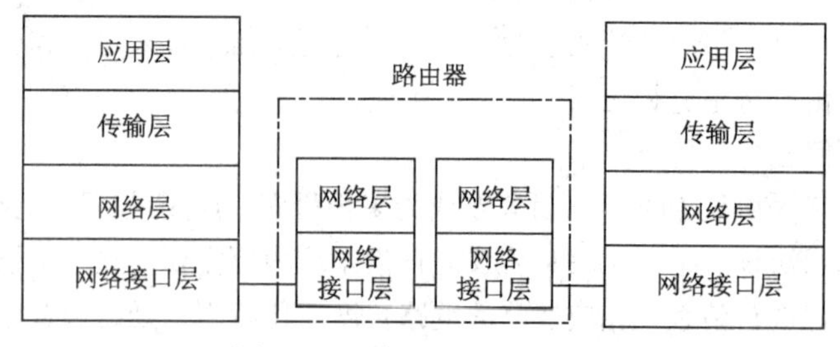

图 4-21 路由器的概念模型

2. 路由器的工作过程

① 分组到达路由器排到等待处理队列，例如按照“先来先出”的原则等待。

② 路由器提取目的地址，查看路由表。

③ 如果有多条路径，那么选择一条最佳路径。

3. 路由器分类

可以从不同的角度对路由器进行分类。其中，最常用的是按照网络协议对路由器分类，分为单协议路由器和多协议路由器两种。单协议路由器只能实现具有相同网络层协议的网络互连，多协议路由器可以实现具有不同网络层协议的网络的互连。多协议路由器具有处理多种不同协议分组的能力，可以为不同类型的协议建立和维护路由表。

还可以按照路由器所连接的范围，分为区域路由器、企业级路由器和园区路由器；从性能上可分为线速路由器以及非线速路由器。

4. IP 数据报的交付

视频 4-2　IP 数据报的交付

为了更好地理解路由器的工作原理，简单介绍在 Internet 中 IP 数据报的交付过程。在 Internet 中 IP 数据报的交付只分为直接交付与间接交付两种。

（1）直接交付

最终目的站和发送站连接在同一个网络，发送站直接用目的 IP 地址找出目的物理地址。IP 协议将目的 IP 地址和目的物理地址一起交付数据链路层，以便进行实际的交付。

（2）间接交付

目的站与发送站不在同一个网络，数据报就要间接交付。间接交付时，数据报从一个路由器传到另一个路由器，直到到达与最终目的站连接在一个网络上的路由器为止。

一个交付永远包括一个直接交付和零个或多个间接交付，最后的交付总是直接交付。直接交付时，地址的映射是在最终的 IP 地址与最终的物理地址之间进行的。间接交付时，地址的映射是在下一个路由器的 IP 地址与下一个路由器的物理地址之间进行的。在图 4–22 中描述了 IP 数据报的交付过程，可以看出，直接交付不通过路由器，而间接交付必须通过路由器。

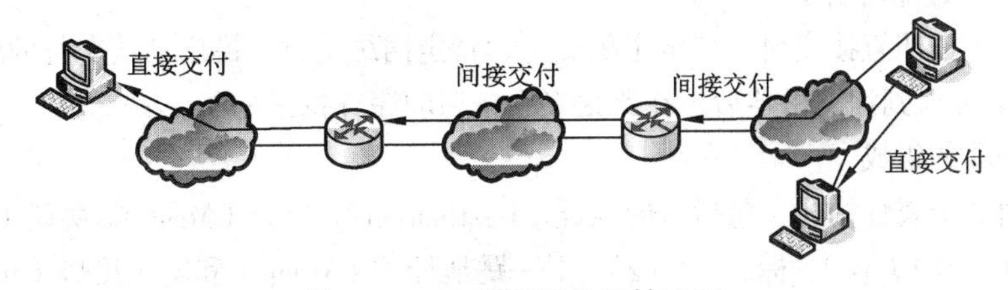

图 4–22　IP 数据报的交付过程

5. 路由表的设计

路由器依据路由表完成路径选择工作，路由表的设计决定了路由的效果。

（1）路由表项的种类

传统的每一项地址都存放在路由表中的做法已经不适用于今天的计算机网络了。当前使用一些技术使路由表的大小成为可管理的。路由表中的路由表项分为以下几种：

① 特定网络路由：不是对连接在同一个物理网络上的所有主机都在路由表中设置路由表项，

而是仅用一条表示该网络的网络地址来设置。凡交付到该网络上的分组都通过一个接口发出，即连接在同一网络上的所有主机在路由表中共同使用一个路由表项。实际上，Internet 上所有的分组转发都是基于目的主机所在网络的。

② 特定主机路由：特定主机路由是特定网络路由的特例，在路由表中对特定的目的主机指明一个路由。采用特定主机路由可使网络管理人员更方便地测试、控制网络，同时也可在需要考虑某种安全问题时采用这种特定主机路由。

③ 默认路由：当路由表中没有与分组的目的地址匹配的表项时，路由器可以选择默认路由作为分组的转发路径。在路由表中，默认路由的目的网络地址为 0.0.0.0，掩码也为 0.0.0.0。在路径选择过程中，默认路由会被最后匹配。

在图 4-23 中，路由器 R2 把默认路由设为连接到 ISP 的路由器，这样，目的地址为 Internet 中所有网络的分组都会被 R2 转发到该 ISP。当主机 A 需要访问 Internet 时，要通过路由器 R2 转发分组，即由 R2 中的默认路由来实现对 Internet 中某网络地址的访问。当 A 需要访问网络 N2 上的主机时，需要将分组转发给路由器 R1，R1 再将分组转发到连接在 N2 上的主机。

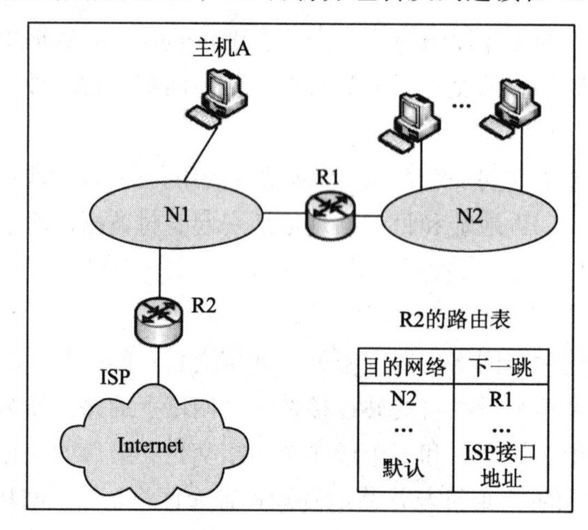

图 4-23　路由方法

（2）路由表项的排列顺序

在路由表中，按照直接交付、特定主机交付、特定网络交付，最后默认交付的顺序放置路由表项。当一个 IP 分组到达路由器后，在路由表中按照顺序查找匹配项。

（3）路由表项的组成

路由表项由 8 个属性构成，包括目的地址（Destination）、掩码（Mask）、协议（Proto）、优先级（Pre）、路由开销（Cost）、标志（Flag）、下一跳地址（Nexthop）和输出接口（Interface）。

① 目的地址：用来标识分组的目的地址或者目的网络。

② 掩码：与目的地址一起标识目的主机或者路由器所在的网段地址。

③ 协议：生成此路由条目的协议。

④ 优先级：标识路由加入路由表的优先级。可能到达一个目的地有多条路由，路由器使用优先级高的路由。

⑤ 路由开销：当到达一个目的地的多个路由优先级相同时，路由开销最小的将成为最优路由。

⑥ 标志：

- U：指出路由器正在工作。
- G：指出目的地是另一个网络，如无此标志表示目的地是本网络，即区分了间接交付和直接交付。
- H：地址字段是一个特定主机地址，如无此标志表示目的地址是网络地址。
- D：该路由是由重定向报文创建的。
- M：该路由已被重定向报文修改。

⑦ 下一跳地址：说明分组所经过的下一个路由器。

⑧ 输出接口：说明分组将从该路由器哪个接口转发。

（4）路由表实例

以图 4-24 网络连接中路由器 R1 的路由表为例，说明如何建立路由表。

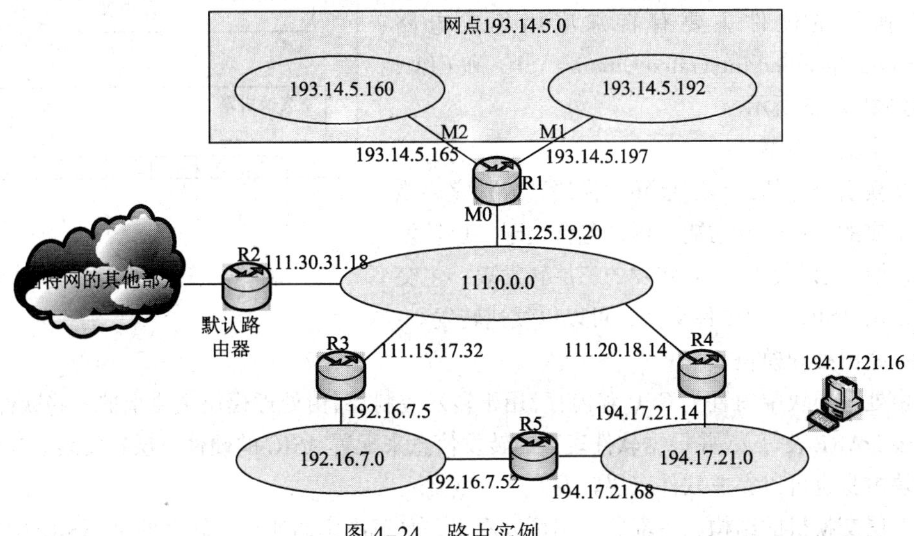

图 4-24　路由实例

路由表中必不可少的属性包括目的地址、掩码、下一跳地址和输出接口。路由器 R1 的路由表如表 4-15 所示。

表 4-15　路由表实例

目 的 地 址	掩　　码	下一跳地址	输出接口
111.0.0.0	255.0.0.0	—	m0
193.14.5.160	255.255.255.224	—	m2
193.14.5.192	255.255.255.224	—	m1
194.17.21.16	255.255.255.255	111.20.18.14	m0
192.16.7.0	255.255.255.0	111.15.17.32	m0
194.17.21.0	255.255.255.0	111.20.18.14	m0
…	…	…	…
0.0.0.0	0.0.0.0	111.30.31.18	m0

该路由表中，前 3 项是直接交付，第 4 项是特定主机交付，第 5、6 项是特定网络交付，最后 1 项是默认交付。

4.6.2 三层交换机

随着 VLAN 技术在局域网中的大量应用，VLAN 间的通信如果单纯经过路由器来完成转发，则由于路由器端口数量有限，而且路由速度较慢，从而限制了网络的规模和访问速度。基于这种情况三层交换机便应运而生了。三层交换机端口数量多且类型简单，具有很强的帧处理能力，非常适用于中大型局域网内的数据路由与交换。三层交换机既可以工作在第三层替代或部分完成传统路由器的功能，同时又具有接近第二层交换的速度，而且比相同路由器的价格低。

1．三层交换机的结构

三层交换机就是具有部分路由器功能的交换机，可以认为是在二层交换机上叠放了路由模块构成的。三层交换机的硬件主要有特殊应用集成电路（Application Specified Integrated Circuit，ASIC）和 CPU，其结构如图 4-25 所示。

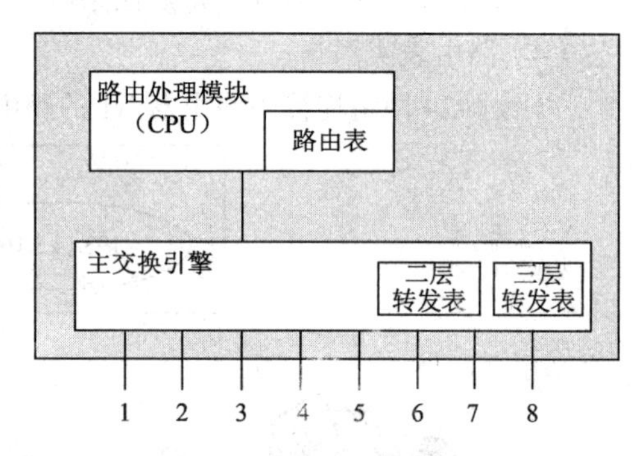

图 4-25　三层交换机的结构

（1）主交换引擎

主交换引擎包括二、三层转发模块，分别完成二层以及主要的三层转发功能，内部包含用于二层转发的 MAC 地址表以及用于 IP 转发的三层转发表。主交换引擎采用 ASIC 芯片硬件交换，可以以线速转发。

（2）路由处理模块

路由处理模块中内置了 CPU 和内存，用于转发控制。路由处理模块主要维护一些软件表项（包括路由表、ARP 表等），并根据软件表项的转发信息来配置 ASIC 的硬件三层转发表。当然，路由处理模块本身也可以完成软件三层转发。

从三层交换机的结构和各部分作用可以看出，真正决定高速交换转发的是 ASIC 中的二、三层硬件表项，而 ASIC 的硬件表项来源于 CPU 维护的软件表项。

2．三层交换机的工作原理

三层交换机最重要的目的是加快中大型局域网内部 VLAN 间的数据交换，能够做到一次路由，多次转发。下面以图 4-26 为例，介绍三层交换机的工作原理。

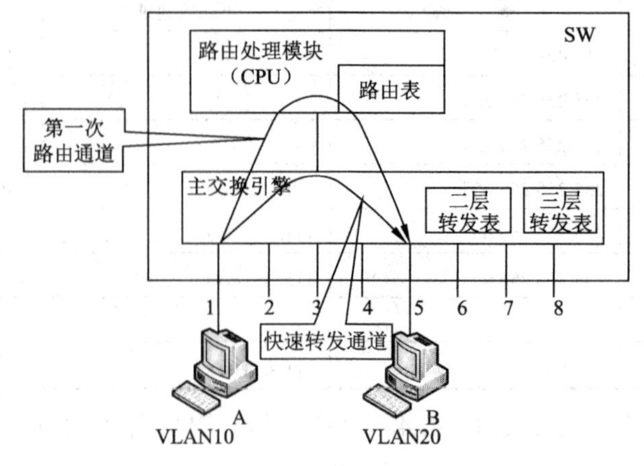

图 4-26　三层交换机的工作原理

图 4-26 中 A 和 B 位于不同的 VLAN，通过三层交换机 SW 互连。A 向 B 发送 IP 数据报，通信过程如下：

① A 在本网 VLAN10 中广播一个 ARP 请求报文，请求 B 的 MAC 地址。

② 此时的 ARP 代理即为 SW 的三层交换模块。SW 的三层交换模块回复 VLAN10 的 MAC 地址，并接收 A 发送的 IP 数据报。

③ 设此时 SW 的三层交换模块的硬件路由表中没有匹配的表项，则转给 CPU 处理。在 VLAN 20 中广播 ARP 请求。

④ B 收到此 ARP 请求后，向三层交换模块发送 ARP 响应报文，回复其 MAC 地址。

⑤ SW 的三层交换模块将 IP 数据报转发给 B。三层交换模块保存此地址，同时将 B 站的 MAC 地址发送到二层交换模块的 MAC 地址表中。

⑥ 之后 A 向 B 发送的 IP 数据报便全部交给二层交换处理，数据得以高速转发。

由上例可以看出，仅仅在路由过程中才需要三层处理，绝大部分数据都通过二层交换转发，因此三层交换机能够接近二层交换机的转发速度。

三层交换机最重要的作用是加快中大型局域网内部的数据交换，揉合进去的路由功能也是为这个目的服务的，所以它的路由功能没有同一档次的路由器强。在网络流量很大但又要求响应速度很高的情况下，由三层交换机做网内的交换，由路由器专门负责网间的路由工作，这样可以充分发挥不同设备的优势，是一个很好的配合。

4.7 IP 多 播

IP 协议支持单播和多播通信。虽然在 Internet 的通信中单播占有很大比例，但随着 Internet 应用范围的扩大，多播也具有很多应用，例如证券交易所股票价格的播报、远程学习中的教师上课以及视频点播等。

4.7.1 IP 多播的基本概念

本书前文所论述的网络通信都是单播，即一对一的通信。下面详细讨论网络中另外一种通信方式——多播。

1. 多播

多播，曾译为组播，顾名思义是由一个源点发送到许多个终点，即一对多的传播通信。

与单播相比，多播可大大节约网络资源。图 4-27（a）是视频服务器 M 用单播方式向 60 台主机传送同样的视频节目。为此，需要发送 60 个单播，即同一个视频分组要发送 60 个副本。图 4-27（b）是视频服务器 M 用多播方式向属于同一个多播组的 60 个成员传送节目。这时，视频服务器只需把视频分组当作多播分组来发送，并且只需发送一次。路由器 R0 在转发分组时，需要把收到的分组复制成 3 个副本，分别向 R1、R2 和 R3 各转发 1 个副本。当分组到达目的局域网时，由于局域网具有硬件多播功能，因此不需要复制分组，在局域网上的多播组成员都能收到这个视频分组。

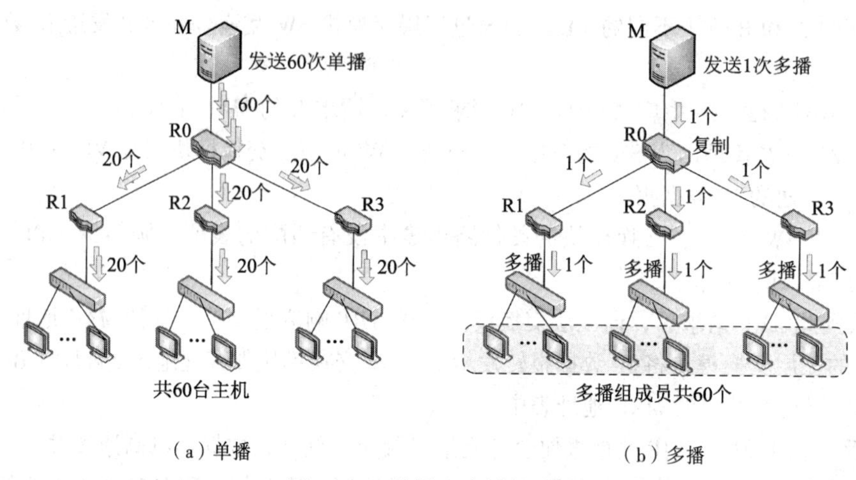

（a）单播　　（b）多播

图 4-27　单播和多播的比较

当多播组的主机数很大时，采用多播方式就可明显地减轻网络中各种资源的消耗。

2. IP 多播

1988 年 Steve Deering 首次在其博士学位论文中提出 IP 多播的概念。1992 年 3 月 IETF 在 Internet 范围首次试验 IETF 会议声音的多播，当时有 20 个网点可同时听到会议的声音。现在 IP 多播已成为 Internet 的一个热门课题。

在 Internet 上进行多播称为 IP 多播。在 Internet 范围的多播要靠路由器来实现，这些路由器必须增加一些能够识别多播数据报的软件。能够运行多播协议的路由器称为多播路由器（Multicast Router）。IP 多播也是“尽力而为”的服务，不保证一定能够交付到多播组内的所有成员。

3. 多播地址

IP 多播还需要使用多播地址，注意多播地址只能用作目的地址。

（1）多播 IP 地址

在本章 4.2.1 节中讨论的 D 类 IP 地址就是多播组的标识符。D 类地址的前 4 位为 1110，余下的 28 位作为多播组地址，范围是 224.0.0.0 ~ 239.255.255.255，也就是说，在同一时间可以允许超过 2.6 亿的多播组在 Internet 上运行。

D 类地址中的某些地址被 IANA 指定为特定地址，例如：

① 224.0.0.1：所有主机的地址（包括所有路由器地址）。

② 224.0.0.2：所有多播路由器的地址。

③ 224.0.0.5：所有 OSPF 路由器。

④ 224.0.0.6：所有 OSPF 指定/备份指定路由器。

⑤ 224.0.0.9：RIPv2 路由器。

⑥ 224.0.0.12：DHCP 服务器/中继代理。

⑦ 224.0.0.13：所有协议无关多播（Protocol Independent Multicast，PIM）路由器。

⑧ 224.0.0.22：IGMPv3。

（2）多播物理地址

大多数的局域网支持多播物理地址，如以太网。以太网地址是 48 位，当以太网地址中的前

25 位是 0 00000010 00000000 10111100 时，则表明该地址定义的是 TCP/IP 协议的多播地址。剩下的 23 位可用来定义多播地址的一个组地址。要将 IP 多播地址转换为以太网地址，多播路由器就要提取 D 类 IP 地址中的最低位的 23 位，并将其插入多播以太网物理地址中。

将 D 类多播地址转换为以太网物理地址的过程如图 4-28 所示。

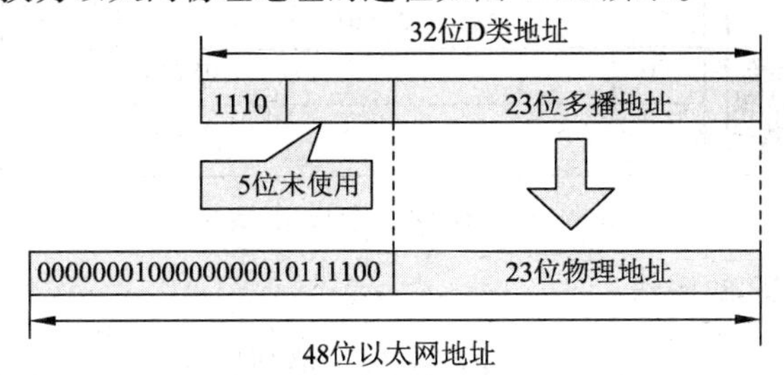

图 4-28　将 D 类多播地址转换为以太网物理地址的过程

4.7.2　因特网组管理协议 IGMP

Internet 多播中使用的协议是因特组管理协议 IGMP，下面介绍 IGMP 的基本原理。

1. IGMP 报文格式及封装

IGMP 报文被封装在 IP 数据报中传送。

（1）IGMP 报文格式

IGMP 报文格式如图 4-29 所示。

版本	类型	未使用	检验和
组地址			

图 4-29　IGMP 报文格式

报文中，各字段含义如下：

① 版本：4 比特。目前的版本是 1。

② 类型：4 比特。类型值为 1 时指查询报文，即从路由器发到主机的报文。类型值为 2 时指报告报文，即从主机发到路由器的报文。

③ 检验和：16 比特。报文（共 8 字节）的检验和。

④ 组地址：32 比特。在报告报文中是多播组地址，在查询报文中为全 0。

（2）IGMP 报文封装

IGMP 报文必须与 IP 协议一起使用，IGMP 在网络中是作为 IP 数据报的数据封装在 IP 数据报中的。封装时在 IP 数据报头部中的协议值是 2，TTL 的值必须置为 1。当 IGMP 为查询报文时，IP 数据报的目的地址使用多播地址 224.0.0.1；当 IGMP 为报告报文时，IP 数据报的目的地址使用 IGMP 的多播目的地址，使得其他所有站点都能够看到这个报告报文，知道该组已经被报告，其他站点就不用再报告了。

下面以一个实例说明 IGMP 是如何被封装的。假设一个 IP 地址为 202.45.33.21 的路由器，发送 IGMP 查询报文，将该报文封装成 IP 分组，如图 4-30 所示。

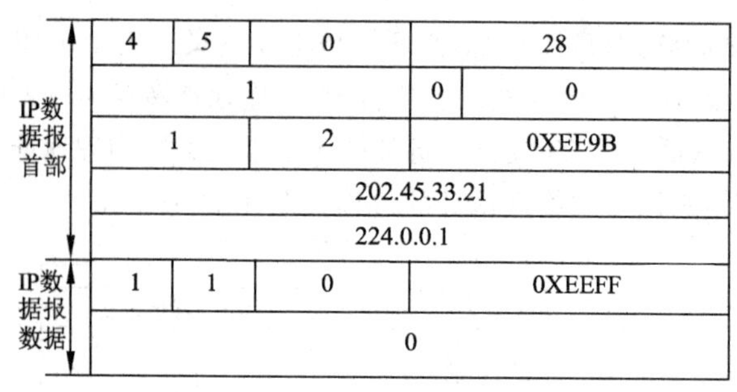

图 4-30　IGMP 封装成 IP 数据报

2. 单个网络中 IGMP 的操作

单个网络中 IGMP 是由多播路由器将多播分组传播到局域网中。此时，要求连接到局域网的多播路由器有一个多播地址表，组中至少有一个忠诚的组成员。当多播路由器收到一个分组，其目的地址与多播地址表中的一个地址相匹配时，就将 IP 多播地址转换为物理地址，转发该报文。对于单个网络中 IGMP 有以下 4 种不同的操作情况：

① 加入一个组：完成一个进程加入组的操作。

② 监视组的成员关系：多播路由器周期性的发送查询报文，监视组中的成员关系。

③ 继续成员关系：主机回应多播路由器愿意继续成员关系的报告报文。

④ 离开一个组：没有进程继续成员关系时，主机不回应多播路由器的查询报文，达到超时后，多播路由器删除该组。

3. Internet 中 IGMP 的操作

多个网络互连或在 Internet 中 IGMP 多播路由使用支撑树算法。下面以图 4-31 为例说明其操作过程。

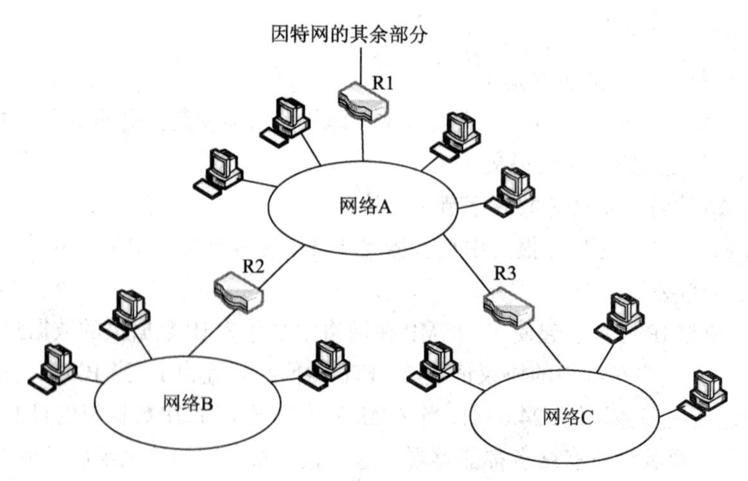

图 4-31　多播路由的支撑树算法

在图 4-31 中，路由器 R2 是多播路由器，负责监视网络 B，它保持一个 D 类地址表，其中至少有一个成员是来自网络 B。

路由器 R3 也是一个多播路由器，以与 R2 同样的方法，负责监视网络 C。

路由器 R1 负责 A、B 和 C 3 个网络，用与其他路由器同样的方法监视网络 A。同时 R1 期望从 R2、R3 得到 IGMP 报告。期望 R2 报告网络 B 中具有忠诚成员的每一个组，R3 报告网络 C 中具有忠诚成员的每一个组。

R2、R3 具有双重身份，作为路由器监视下游的网络，也作为主机响应路由器 R1 的查询。

4．隧道技术

大多数的广域网不支持多播地址。要通过这样的网络发送多播分组，需使用隧道技术。

使用隧道技术时，将多播分组封装成单播分组并发送到网络，然后在网络的另一端，这个分组再转换成多播分组。通过隧道转换的过程如图 4-32 所示，数据报通过隧道被封装示意图如图 4-33 所示。

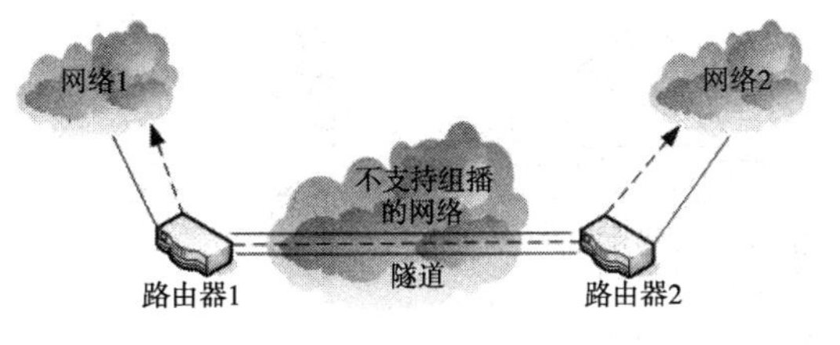

图 4-32　通过隧道转换过程

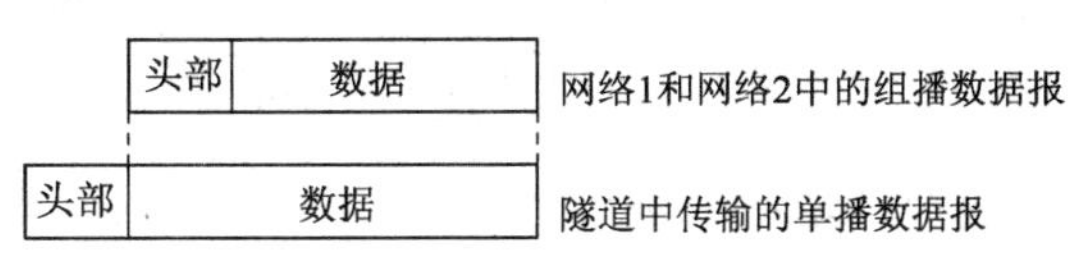

图 4-33　数据报通过隧道被封装

4.7.3　多播路由协议

虽然在 TCP/IP 中 IP 多播协议已成为标准，但多播路由协议则尚未标准化。下面介绍一种主流的多播路由协议——协议无关多播 PIM 协议。

PIM 协议可以利用静态路由或者任意单播路由协议（包括 RIP、OSPF 等）所生成的单播路由表为 IP 多播提供路由。多播路由与所采用的单播路由协议无关，只要能够通过单播路由协议产生相应的多播路由表项即可。PIM 协议借助逆向路径转发（Reverse Path Forwarding，RPF）机制实现对多播报文的转发。当多播报文到达本地设备时，首先对其进行 RPF 检查，若 RPF 检查通过，则创建相应的多播路由表项，从而进行多播报文的转发；若 RPF 检查失败，则丢弃该报文。

根据实现机制的不同，PIM 协议分为协议无关多播-密集方式（Protocol Independent Multicast-Dense Mode，PIM-DM）和协议无关多播-稀疏方式（Protocol Independent Multicast-Sparse Mode，PIM-SM）。

1．协议无关多播-密集方式 PIM-DM

PIM-DM 使用“推（Push）模式”传送多播数据，通常适用于多播组成员相对比较密集的小型网络。

（1）PIM-DM 的基本原理

PIM-DM 假设网络中的每个子网都存在至少一个多播组成员，因此多播数据将被扩散（Flooding）到网络中的所有节点。然后 PIM-DM 对没有多播数据转发的分支进行剪枝（Prune），只保留包含接收者的分支。

这种“扩散-剪枝”现象周期性地发生，被剪枝的分支也可以周期性地恢复成转发状态。当被剪枝分支的节点上出现了多播组的成员时，为了减少该节点恢复成转发状态所需的时间，PIM-DM 使用嫁接（Graft）机制主动恢复其多播数据的转发。

PIM-DM 中的 IP 数据报的转发路径是多播源到接收者的最短路径树(Shortest Path Tree,SPT)。

（2）PIM-DM 的工作机制

PIM-DM 的工作机制包括邻居发现、扩散、剪枝、嫁接和断言 5 个部分。下面结合图 4-34，做一简要介绍：

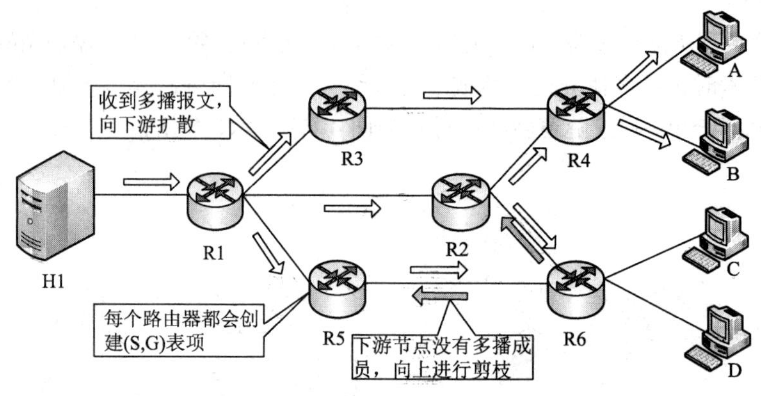

图 4-34　PIM-DM 的工作机制

① 邻居发现。

路由器每个运行了 PIM 协议的接口,周期性地以多播方式(目的地址为 224.0.0.13)发送 Hello 报文，维护各路由器之间的 PIM 邻居关系，以构建和维护 SPT。

② 扩散和剪枝。

- 多播源 S（主机 H1）向多播组 G（图 4-34 中的路由器和 PC）发送多播报文时，首先多播报文进行扩散。路由器对该报文的 RPF 检查通过后，便创建一个(S,G)表项（包括多播源的地址 S、多播组的地址 G、出接口列表和入接口等），并将该报文向网络中的所有下游节点转发。经过扩散，每个路由器上都会创建(S,G)表项。
- 然后对下游没有接收者的节点进行剪枝。由没有接收者的下游节点向上游节点发送剪枝报文（Prune Message），以通知上游节点将相应的接口从其多播转发表项(S,G)所对应的出接口列表中删除，并不再转发该多播组的报文至该节点。剪枝过程最先由叶子路由器发起，如图 4-34 所示，没有接收者的路由器 R6 主动发起剪枝，并一直持续到 PIM-DM 域中只剩下必要的分支，这些分支共同构成了 SPT。

扩散和剪枝实际上是构建 SPT 的过程。这个过程是周期性发生的，各个被剪枝的节点提供超时机制，当剪枝超时后便重新开始这一过程。

③ 嫁接。

当被剪枝的节点上出现了多播组的成员时，为了减少该节点恢复成转发状态所需的时间，PIM-DM 使用嫁接机制主动恢复其对多播数据的转发，过程如下：

- 需要恢复接收多播数据的节点向其上游节点发送嫁接报文（Graft Message）以申请重新加入 SPT 中。
- 当上游节点收到该报文后，恢复该下游节点的转发状态，并向其回应一个嫁接应答报文（Graft-Ack Message）以进行确认。
- 如果发送嫁接报文的下游节点没有收到来自其上游节点的嫁接应答报文，将重新发送嫁接报文直到被确认为止。

④ 断言。

在一个网段内如果存在多台多播路由器，则相同的多播报文可能会被重复发送到该网段。为了避免出现这种情况，就需要通过断言（Assert）机制来选定唯一的多播数据转发者。

如图 4-34 所示，当 R2 和 R3 从上游节点 R1 收到多播报文后，都会向本地网段转发该报文，于是处于下游的节点 R4 就会收到两份相同的多播报文。此时，R2 和 R3 会通过本地接口向所有 PIM 路由器（224.0.0.13）以多播方式发送断言报文（Assert Message），该报文中携带有以下信息：多播源地址 S、多播组地址 G、到多播源的单播路由的优先级和度量值。通过一定的规则对这些参数进行比较后，R2 和 R3 中的获胜者将成为多播报文在本网段的转发者，比较规则如下：

- 到多播源的单播路由的优先级较高者获胜。
- 如果到多播源的单播路由的优先级相同，那么到多播源的度量值较小者获胜。
- 如果到多播源的度量值也相等，则本地接口 IP 地址较大者获胜。

2. 协议无关多播-稀疏方式 PIM-SM

PIM-SM 使用“拉（Pull）模式”传送多播数据，通常适用于多播组成员分布相对分散、范围较广的大中型网络。

PIM-SM 的基本原理是假设所有主机都不需要接收多播数据，只向明确提出需要多播数据的主机转发。PIM-SM 实现多播转发的核心任务就是构造并维护汇集树(Rendezvous Point Tree，RPT)。PIM-SM 选择某台路由器为公用的汇集点（Rendezvous Point，RP），并将其作为 RPT 的根节点，多播数据通过 RP 沿着 RPT 转发给接收者。连接接收者的路由器向多播组对应的 RP 发送加入报文（Join Message），该报文被逐跳送达 RP，所经过的路径就形成了 RPT 的分支。

多播源如果要向某多播组发送多播数据，首先由与多播源侧指定路由器（Designated Router，DR）负责向 RP 进行注册，把注册报文（Register Message）通过单播方式发送给 RP，该报文到达 RP 后触发建立 SPT。之后多播源把多播数据沿着 SPT 发向 RP。当多播数据到达 RP 后，被复制并沿着 RPT 发送给接收者。

PIM-SM 的工作机制较为复杂，包括邻居发现、DR 选举、RP 发现、加入（Join）、剪枝、注册（Register）、SPT 切换和断言等。其中邻居发现、剪枝和断言过程与 PIM-DM 的工作机制相似。

4.8 多协议标签交换 MPLS

多协议标签交换（Multi-Protocol Label Switching，MPLS）是一种在开放的通信网上利用标签引导数据高速且高效传输的技术。MPLS 位于数据链路层和网络层之间，可以建立在多种数据链路层协议（如 PPP、ATM、帧中继、以太网等）之上，为多种网络层协议（IPv4、IPv6、IPX 等）提供面向连接的服务。

4.8.1 标记交换

标记交换（Tag Switching）是由 Cisco 公司于 1996 年提出的，它是一种利用附加在 IP 数据报上的标记（Tag）进行快速转发的 IP 交换技术。

在传统的分组存储转发过程中，每一个分组在它经过的所有的路由器上都要进行复杂的分组头分析和选路，加大了转发时延，造成转发速度减慢。

标记交换中，在 IP 数据报上附加一个短小字段作为标记，路由器只根据简单的标记来决定数据报的下一跳。与传统的数据报头部相比，标记信息短小、简单，根据标记建立的转发表也就很小，这样就可以快速地查找转发表，从而大大提高 IP 数据报的转发速度。

标记交换技术的明显优势促使 IETF 开始了规范化进程，即 MPLS 的设计动机。

4.8.2 MPLS 工作原理

MPLS 利用面向连接技术，使每个分组携带一个称为标签（Label）的小整数。当数据报到达路由器时，路由器读取分组的标签，并用标签值来检索分组转发表。这样就比查找路由表来转发分组要快得多。

1. MPLS 的基本概念

（1）转发等价类

转发等价类（Forwarding Equivalence Class，FEC）是 MPLS 中的一个重要概念。MPLS 将具有相同特征（目的地相同或具有相同服务等级等）的报文归为一类，称为 FEC。属于相同 FEC 的报文在 MPLS 网络中将获得完全相同的处理。目前路由器只支持根据报文的网络层目的地址划分 FEC。

（2）标签

标签是一个长度固定、只具有本地意义的标识符，用于唯一标识一个报文所属的 FEC。一个标签只能代表一个 FEC。标签封装在第二层帧头和第三层分组头之间，长度为 4 字节，如图 4-35 所示。

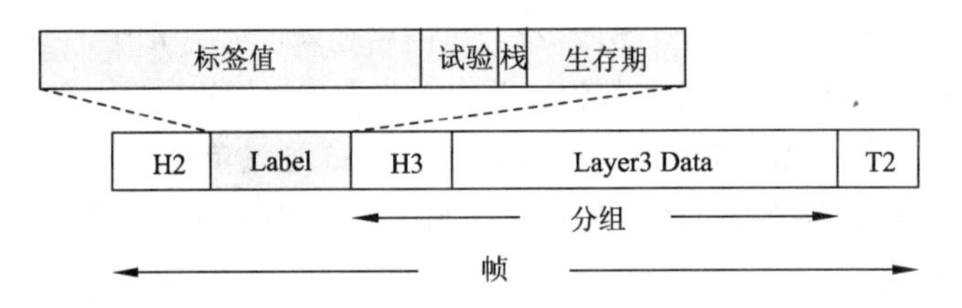

图 4-35　标签的封装结构

标签由以下 4 个字段组成：

① 标签值：20 位。用来标识 FEC。理论上，设置 MPLS 时可以同时容纳高达 2^{20}（1 048 576）个流。实际应用中通常需要管理员人工管理和设置每条交换路径。

② 试验：3 位。保留，未做明确规定，通常用作服务等级。

③ 栈：1 位。MPLS 支持多重标签。值为 1 时表示底层标签。

④ 生存时间：8 位。用来防止环路。

（3）标签交换路由器

标签交换路由器（Label Switching Router，LSR）是具有标签分发能力和标签交换能力的设备，是 MPLS 网络中的基本元素。

（4）标签边缘路由器

位于 MPLS 网络边缘，连接其他网络的 LSR 称为标签边缘路由器（Label Edge Router，LER）。

（5）标签交换路径

属于同一个 FEC 的报文在 MPLS 网络中经过的路径称为标签交换路径（Label Switched Path，

LSP）。LSP 是从 MPLS 网络的入口到出口的一条单向路径。在一条 LSP 上，沿数据传送的方向，相邻的 LSR 分别称为上游 LSR 和下游 LSR。

（6）标签转发表

在 MPLS 网络中，报文通过查找标签转发表（Label Forwarding Information Base，LFIB）确定转发路径。LFIB 中的信息有入标签（InLabel）、出标签（OutLabel）、出接口、操作类型、下一跳等。

2. LSP 的建立

MPLS 需要为报文事先分配好标签，建立一条 LSP，才能进行报文转发。LSP 分为静态 LSP 和动态 LSP 两种。

（1）静态 LSP 的建立

静态 LSP 是网络管理员通过手工为各个 FEC 分配标签而建立的。由于静态 LSP 各节点上不能相互感知整个 LSP 的情况，因此静态 LSP 是一个本地的概念。配置静态 LSP 时，管理员需要为各 LSR 手工分配标签，需要遵循的原则是：前一节点出标签的值等于下一个节点入标签的值。

静态 LSP 不使用协议，不需要交互控制报文，因此，消耗资源比较小，适用于拓扑结构简单且稳定的小型网络。但通过静态方式建立的 LSP 不能根据网络拓扑变化动态调整，需要管理员干预。

（2）动态 LSP 的建立

动态 LSP 通过标签分发协议（Label Distribution Protocol，LDP）动态建立。LDP 是 MPLS 的控制协议，负责 FEC 的分类、标签的分发以及 LSP 的建立和维护等一系列操作。

动态 LSP 的基本建立过程是下游 LSR 根据目的地址划分 FEC，为特定 FEC 分配标签，将 FEC 标签的绑定关系告知上游 LSR，上游 LSR 根据绑定关系建立 LFIB，报文转发路径上所有 LSR 都为该 FEC 建立转发表项后，就成功建立了转发 FEC 的 LSP。

3. MPLS 的工作过程

MPLS 技术综合了二层交换和三层路由的功能，将二层的快速交换和三层的路由有机地结合起来。其工作过程示例如图 4-36 所示，主机 A 通过 MPLS 网络发送 IP 数据报给目的主机 B，其传输过程如下：

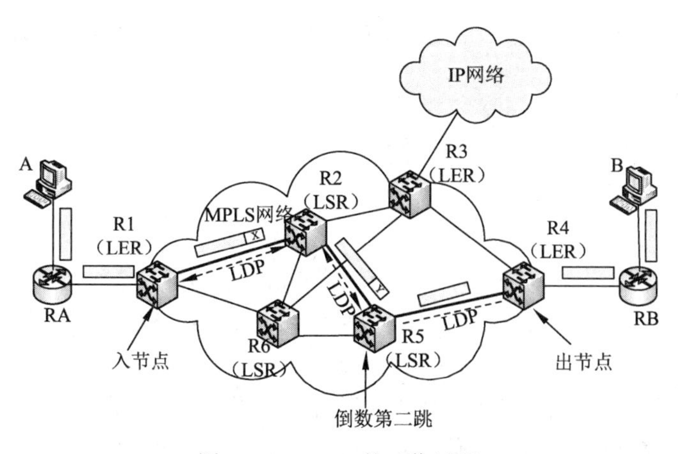

图 4-36　MPLS 的工作过程

① MPLS 网络中的所有 LSR 和 LER 启用传统路由协议（如 OSPF），在 LSR 中建立 IP 路由表。

② 由 LDP 结合 IP 路由表来建立 LSP（例如 R1–R2–R5–R4）。

③ 入节点 LER（R1）接收源主机 A 发来的 IP 数据报，分析 IP 数据报并对应到 FEC，然后给 IP 数据报加上标签（标签值为 X），根据 LFIB 中的 LSP 将已标记的报文送到相应的出接口。

④ LSR（R2）收到带有标签的报文，根据标签头查找 LSP，替换标签（将标签 X 替换为 Y），并送到相应的出接口。中途的 LSR 转发过程依此类推。

⑤ 倒数第二跳 LSR（R5）收到带有标签的 IP 数据报，查找 LFIB，发现对应的出接口标签为空标签，弹出标签，发送 IP 数据报到最后一跳 LER（R4）。

⑥ 在最后一跳出节点 LER（R4）上执行三层路由功能，根据 IP 数据报的目的 IP 地址转发，最终将 IP 数据报发至目的主机 B。

从上述 MPLS 的工作过程可以看出，MPLS 网络边缘的 LER 主要完成三层路由、分析 IP 数据报头、决定对应的 FEC 和 LSP 以及标记报文的工作，而处于 MPLS 网络核心的 LSR 采用基于标签的二层交换，工作相对较简单。这种机制实现了数据报高速、高效的转发。

虽然 MPLS 目前在实际转发应用中较少用到，但是由于诸多优点，使得 MPLS 在虚拟专用网（Virtual Private Network，VPN）、流量工程（Traffic Engineering，TE）、服务质量（Quality of Service，QoS）等方面得到广泛应用。

小　　结

本章用较大的篇幅介绍了 Internet 中的网络层协议——IP 协议簇，包括 IPv4 中的 IP、ARP/RARP、ICMP 和 IGMP 以及 IPv6 中 IPv6、ICMPv6。在掌握各协议的基本原理的基础上，熟练掌握建立子网和超网的方法。此内容是本章亦是本书的重点。

其后介绍了路由算法中的静态路由算法和动态路由算法；简单介绍了常见的内部路由协议 RIP 和 OSPF 以及外部路由协议 BGP。在学习路由算法时，最主要的是学会动态路由算法建立路由表的过程。

接着介绍了在网络层互连的设备——路由器和三层交换机。有条件的读者应该进行有关内容的实训。

最后，简要介绍了目前网络技术中应用广泛的 IP 多播和 MPLS 协议，旨在使读者有一初步了解，为今后深入学习打下基础。

习　　题

1. 简述网络层的功能。
2. Internet 中的地址是如何分级的？每一级对应网络中的哪一层？
3. 某单位有一个 C 类 IP 地址网段，其网络地址是 192.169.5.0，如果要将该网段分为 6 个子网，应如何划分？子网掩码是什么？
4. 判断 200.243.0.0~200.243.7.0 地址段能否构成超网。若能，请给出超网地址和超网掩码。
5. IPv4 和 IPv6 数据报头部格式有什么区别？
6. IP 地址和物理地址的区别是什么？如何从 IP 地址得到物理地址？反之如何得到？
7. 列出图 4-18 中 C 节点和 F 节点的路由表。

8. 采用最短路径算法，在如图4-18所示的网络拓扑中，如果首先定义集合 M 中只包含了节点 B，列出其计算过程。

9. 静态路由算法与动态路由算法的本质区别是什么？

10. 什么是内部路由协议？什么是外部路由协议？常用的路由协议有哪些？

11. 试比较路由器和三层交换机的异同。

12. 多播的优点是什么？什么是IP多播？

13. 目前MPLS协议的主要应用是什么？

第5章 传 输 层

传输层是整个协议层次结构的核心，其功能是提供从源主机进程到目的主机之间的可靠的、价格低廉的数据传输服务。本章首先介绍传输层的基本概念，包括进程之间的通信、传输层协议以及传输地址等，特别应明确传输层寻址与网络层寻址的区别；在简要介绍UDP协议原理之后，着重介绍传输层协议TCP；最后简单介绍了网络应用程序开发的基础知识。

5.1 传输层概述

第4章介绍的网络层的主要功能之一是路由，网络中传输的数据经过网络层可以做到从源主机到目的主机。那么，传输层在寻址这一功能中又起什么作用？传输层的最终目标是向用户或者说是向应用程序的进程（正在运行的应用程序）提供有效、可靠且最佳的服务。要了解传输层的功能，首先要清楚传输层与网络层及应用层之间的关系。

5.1.1 进程之间的通信

从通信和信息处理的角度看，传输层向它上面的应用层提供通信服务，它属于面向通信部分的最高层，同时也是用户功能中的底层。当网络边缘中的两台主机使用网络核心的功能进行端到端的通信时，只有主机的协议栈才有传输层，而网络核心中的路由器在转发分组时都只用到下三层（物理层、数据链路层以及网络层）的功能。

假设局域网LAN1上的主机A和局域网LAN2上的主机B通过互连的广域网WAN进行通信。IP协议能够把源主机A发送出的分组，按照首部中的目的地址，送交到目的主机B，如图5-1所示。那么，为什么还要传输层呢？

就IP层来说，通信的两端是两台主机。IP数据报的首部明确地标志了这两台主机的IP地址。但在计算机网络通信中，真正进行通信的实体是主机中的应用进程（可以把应用进程简单地理解为运行在主机上的不同应用程序，如浏览器、QQ、微信等）。而所谓的端到端通信，本质上是这台主机中的一个进程和另外一台主机中的一个进程之间的通信（数据交换）。IP协议虽然能把分组送到目的主机，但是这个分组还停留在主机的网络层而没有交付到主机中的应用进程。

从图5-1中还可以看出，网络层和传输层有明显的区别。网络层为主机之间提供逻辑通信，而传输层为应用进程之间提供端到端的逻辑通信。从应用层来看，只要将应用层报文交给下面的传输层，传输层就会把报文传送到对方的传输层，好像这种通信就是沿水平方向直接传送数据。

但事实上这两个传输层之间没有一条水平方向的物理连接，数据的传送是沿着图中虚线（经过多个层次）传送的。

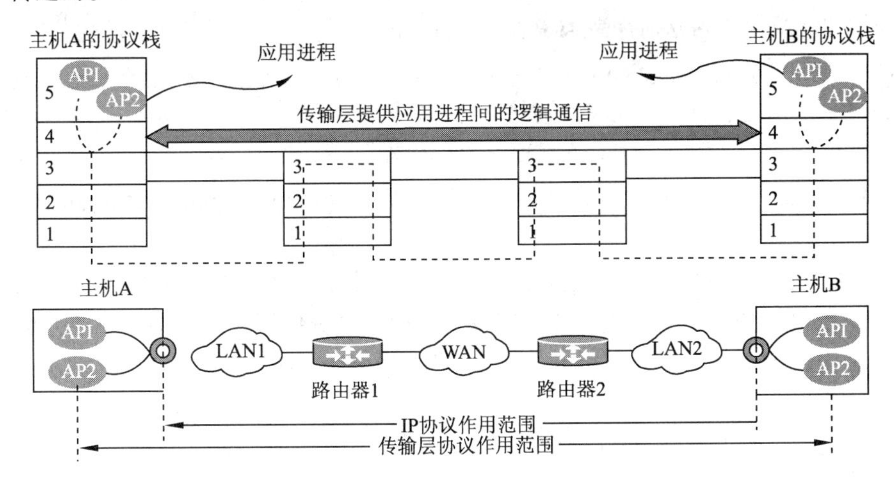

图 5-1　进程之间的通信

5.1.2　传输层协议

根据应用程序的不同需求，传输层需要有两种不同的传输协议，即面向连接的 TCP 和无连接的 UDP，这两种协议均是本章要讨论的主要内容。在第 4 章讲述的网络层，IP 协议提供了一种"尽力而为"的不可靠网络服务。与之相比，本章讲述的传输层具有明显的不同，如图 5-2 所示。传输层向高层用户屏蔽了下面网络层核心的细节（如网络拓扑、所采用的路由协议等），它使应用进程看见的就是好像在两个传输层实体之间有一条端到端的逻辑通信信道，但这条逻辑通信信道对上层的表现却因传输层使用的不同协议而有很大的差别。当传输层采用面向连接的 TCP 协议时，尽管下面的网络是不可靠的，但这种逻辑通信信道就相当于一条全双工的可靠信道。当传输层采用无连接的 UDP 协议时，这种逻辑通信信道仍然是一条不可靠的信道。

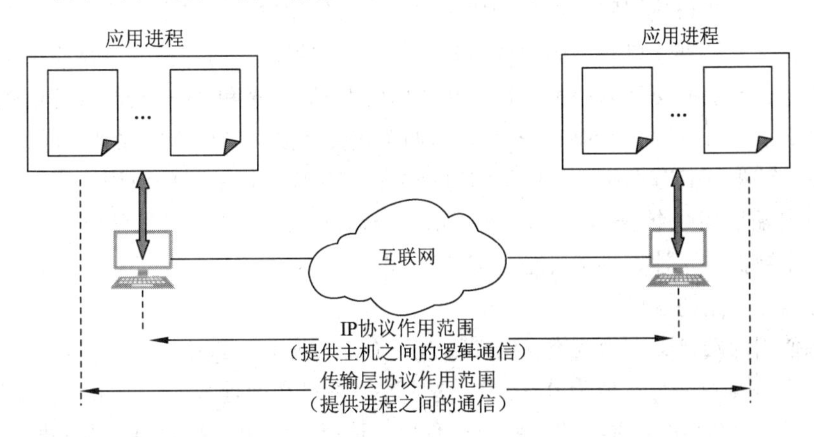

图 5-2　传输层协议和网络层协议的主要区别

TCP/IP 传输层的两个协议都是 Internet 的正式标准，即用户数据报协议 UDP [RFC 768]和传输控制协议 TCP [RFC 793]。UDP 协议和 TCP 协议在协议栈中的位置如图 5-3 所示。

在 OSI 术语中，两个对等传输实体在通信时传送的数据单元称为传输协议数据单元 TPDU。但在 TCP/IP 体系中，传输层协议数据单元分别称为 TCP 段（Segment）或 UDP 用户数据报（User Datagram）。

UDP 在传送数据之前不需要先建立连接。目的主机的传输层在收到 UDP 用户数据报后，不需要给出任何确认。虽然 UDP 不提供可靠交付，但在某些情况下 UDP 却是一种最有效的工作方式。

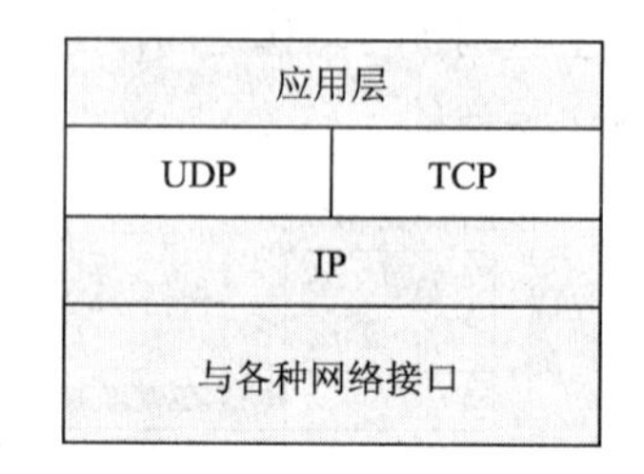

图 5-3 TCP/IP 体系结构中的传输层协议

TCP 提供面向连接的服务。在传送数据之前必须先建立连接，数据传送结束后要释放连接。由于 TCP 要提供可靠的、面向连接的传输服务，因此不可避免地增加了许多开销，如确认、流量控制、计时器以及连接管理等。这不仅使协议数据单元的首部增大很多，还要占用许多的处理资源。

5.1.3 传输层地址

要实现一台主机上的某个应用进程，准确地将数据传送到另一台主机上的某个应用进程这一传输层服务，除了需要主机的 IP 地址以外，还需要通信进程双方的唯一标识。

在单个计算机中的进程是使用进程标识符（一个不大的整数）来标识的。但是在 Internet 环境下，用计算机操作系统所指派的这种进程标识符，来标识运行在应用层的各种应用进程则是不可行的。这是因为在 Internet 上使用的计算机操作系统种类繁多，而不同的操作系统又使用不同格式的进程标识符。为了使运行不同操作系统的计算机的应用进程能够相互通信，就必须用统一的方法（这种方法必须与特定操作系统无关）对 TCP/IP 体系的应用进程进行标识。

解决这一问题的方法就是在传输层使用协议端口号（Protocol Port Number），通常简称端口（Port）。这就是说，虽然通信的终点是应用进程，但只要把所传送的报文交到目的主机的某个合适的目的端口，剩下的工作（即最后交付目的进程）就由 TCP 或 UDP 来完成。

请注意，这种在协议栈层间的抽象的协议端口是软件端口，和路由器或交换机上的硬件端口是完全不同的概念。硬件端口是不同硬件设备进行交互的接口，而软件端口是应用层的各种协议进程与传输实体进行层间交互的一种地址。在 UDP 用户数据报和 TCP 段的首部格式中（见本章 5.2.2 节和 5.3.2 节），都有源端口和目的端口这两个重要字段。当传输层收到 IP 层交上来的传输层报文时，就能够根据其首部中的目的端口号把数据交付应用层的目的应用进程。

TCP/IP 的传输层用一个 16 位端口号来标识一个端口，16 位的端口号可允许有 65 536 个不同的端口号，这个数据对于计算机来说是足够的。

（1）服务器端使用的端口号

服务器端使用的端口又分为两类：熟知端口号（Well-known Port Number）和登记端口号。熟知端口号又称系统端口号，数值为 0~1023，这些数值可以在网址 www.iana.org 上查到。IANA 把这些端口指派给了 TCP/IP 最重要的一些应用程序，让所有的用户都知道。当一种新的应用程序出现后，IANA 必须为它指派一个熟知端口，否则 Internet 上的其他应用进程就无法和它进行通信。表 5-1 给出了一些常用的熟知端口号。

表 5-1　常用的熟知端口号

应用程序	FTP	TELNET	SMTP	DNS	TFTP	HTTP	SNMP	SNMP(TRAP)	HTTPS
熟知端口号	21	23	25	53	69	80	161	162	443

登记端口数值为 1024~49151。这类端口是为没有熟知端口号的应用程序使用的。使用这类端口号必须在 IANA 按照规定的手续登记，以防止重复。

（2）客户端使用的端口号

客户端使用的端口号数值为 49 152~65 535。 由于这类端口号仅在客户进程运行时才动态选择，因此又称短暂端口号。这类端口号留给客户进程选择暂时使用。当服务进程收到客户进程的报文时，就知道了客户进程所使用的端口号，因而可以把数据发送给客户进程。通信结束后，刚才已经使用的客户端口就被释放，这个端口号就可以供其他客户进程使用。

5.1.4　套接字

套接字（Socket）可以表示多种不同的含义。例如：

① 在 RFC 793 中的定义，Socket 是端口号拼接到 IP 地址构成的，也称插口。

② 允许应用程序访问连网协议的应用程序编程接口 API，即传输层和应用层之间的一种接口称为 Socket API，并简称 Socket。

③ 在 Socket API 中使用的一个函数名也称为 Socket 调用。

④ 调用 Socket 函数的端点成为 Socket，如创建一个数据报 Socket。

⑤ 调用 Socket 函数时，其返回值称为 Socket 描述符，简称 Socket。

下面介绍前两个含义：

1. 插口

TCP 的许多特性都与 TCP 是面向连接的这个基本特性有关，因此需要对 TCP 连接有更清楚的了解。

TCP 协议把连接作为最基本的抽象。每一条 TCP 连接都有两个端点。那么，TCP 连接的端点是什么呢？不是主机，不是主机的 IP 地址，不是应用集成，也不是传输层的协议端口。TCP 连接的端点就是 Socket 或插口。根据 RFC 793 的定义：端口号拼接到 IP 地址即构成 Socket。因此，套接字的表示方法是在点分十进制 IP 地址后面写上端口号，中间用冒号或逗号隔开。例如，若 IP 地址是 192.3.4.5 而端口号是 80，那么得到的套接字就是(192.3.4.5:80)，即式（5-1）：

套接字 Socket=(IP 地址:端口号)　（5-1）

每一条 TCP 连接唯一地被通信两端的两个端点（即两个 Socket）所确定，即式（5-2）：

TCP 连接：: ={Socket1,Socket2}={(IP1:port1),(IP2:port2)}　（5-2）

这里的 IP1 和 IP2 分别是两个端点主机的 IP 地址，而 port1 和 port2 分别是两个端点主机中的端口号。TCP 连接的两个 Socket 就是 Socket1 和 Socket2。可见 Socket 是个很抽象的概念。

总之，TCP 连接就是由协议软件所提供的一种抽象。虽然有时为了方便，可以说在一个应用进程和另一个应用进程之间建立了一条 TCP 连接。但一定要记住：TCP 连接的端点是个很抽象的 Socket，即(IP 地址:端口号)。还应记住：同一个 IP 地址可以有多个不同的 TCP 连接，而同一个端口号也可以出现在多个不同的 TCP 连接中。

2. 应用程序编程接口

大多数 Internet 的应用程序都是由进程对组成的，每对中的两个进程互相发送报文。进程通过 Socket 在网络上发送和接收报文。进程和 Socket 的关系可以用房子和门户来比喻：进程好像一座房子，而 Socket 就好像房子的门户。当一个进程想向位于另一台主机的另一个进程发送报文时，把报文推出门户（Socket）。报文通过网络到达目的主机的目的进程时，通过该进程的 Socket（门户）接收该报文。

Socket 是同一台主机应用层与传输层之间的接口，如图 5-4 所示。由于 Socket 是在网络上建立网络应用程序的可编程接口，因此也将 Socket 称为应用程序编程接口 API。通过使用一组标准的应用程序接口，在计算机网络通信上用来实现不同主机或同一主机的不同进程之间的通信。

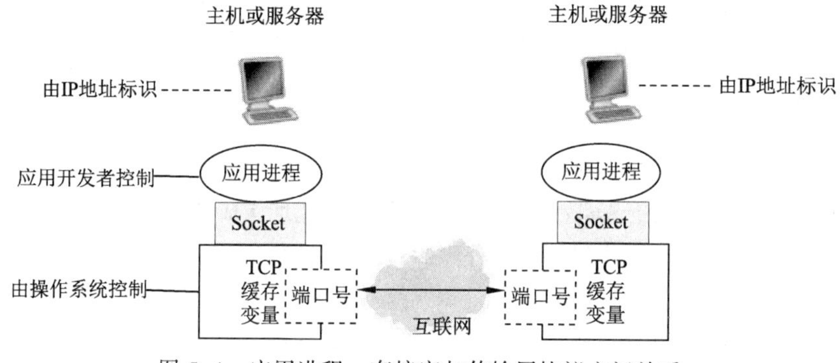

图 5-4 应用进程、套接字与传输层协议之间关系

在 UNIX/Linux 系统上遵循由美国加州伯克利大学制定的伯克利套接字（Berkeley Sockets），又称 BSD 套接字编程接口规范，而在 Windows 系统上遵循由微软公司制定的与 BSD Socket 套接字接口规范兼容的 Windows Sockets 套接字编程接口规范。

5.2 用户数据报协议 UDP

UDP 是一个简单的面向数据报的传输层协议。由于 UDP 在数据传输过程中无须建立逻辑连接，对数据包也不进行检查，因此在优良的网络环境中，其工作的效率较 TCP 要高，具有 TCP 望尘莫及的速度优势。本节将从 UDP 的特点、数据报结构以及使用端口等几个方面，简要介绍 UDP 的实现原理。

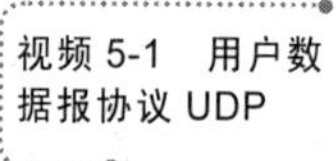

5.2.1 UDP 的特点

UDP 只在 IP 数据报服务上增加了很少一点功能，这就是将网络层的报文提交到相应的应用程序进程，或者是将应用层数据转发给网络层。除此之外，UDP 还提供差错检验的功能。UDP 的主要特点是：

① UDP 是无连接的：传输数据前无须建立连接，一个应用进程如果有数据报要发送就直接发送，属于一种无连接的数据传输服务。

② UDP 使用尽最大努力交付：即不保证可靠交付，因此主机不需要维持复杂的连接状态。

③ UDP 是面向报文的：发送方的 UDP 对应用程序交下来的报文，在添加首部后就向下交付

IP 层。UDP 对应用层交下来的报文，既不合并，也不拆分，而是保留这些报文的边界。在接收方的 UDP，对 IP 层交上来的 UDP 用户数据报，在去除首部后就原封不动地交付上层应用进程。

④ UDP 没有拥塞控制：对于网络上出现的拥塞不会使源主机的发送速率降低。很多事实应用（如 IP 电话、实时视频会议等）要求源主机以恒定的速率发送数据，并且允许在网络发生拥塞时丢失一些数据，但却不允许数据有太大的时延。UDP 正好适合这种要求。

⑤ UDP 支持一对一、一对多、多对一和多对多的交互通信。

⑥ UDP 的首部开销小：首部只有 8 个字节，比 TCP 的 20 字节的首部要短。

虽然某些实时应用需要使用没有拥塞控制的 UDP，但很多源主机同时向网络发送高速率的实时视频时，网络就有可能发生拥塞，结果大家都无法正常接收。因此，不使用拥塞控制的 UDP 有可能会引起网络产生严重的拥塞问题。

还有一些使用 UDP 的实时应用，需要对 UDP 不可靠的传输进行适当的改进，以较少数据的丢失。在这种情况下，应用进程本身可以在不影响应用实时性的前提下，增加一些提高可靠性的措施，如采用前向纠错或重传已丢失的报文。

5.2.2　UDP 用户数据报格式

UDP 功能简单，它的用户数据报结构也简单。

1. UDP 用户数据报首部格式

UDP 的用户数据报结构如图 5-5 所示，其中首部各字段的含义如下：

① 源端口：16 比特，标明发送端地址。

② 目的端口：16 比特，标明接收端地址。

③ 长度：16 比特，指明包括 UDP 的头在内的数据段的总长度。

④ 检验和：16 比特，该字段是可选项，当不用时置为全 0。

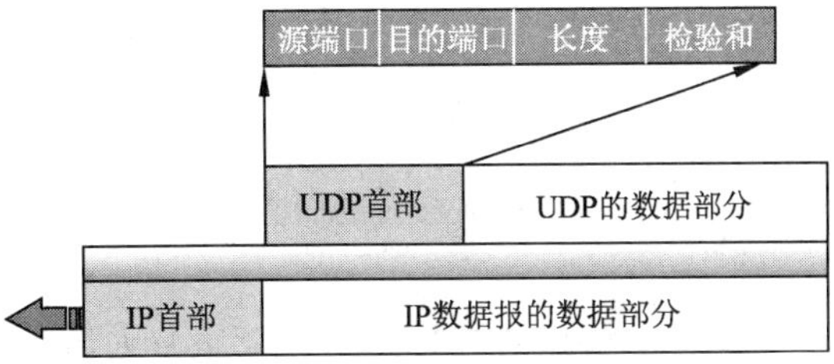

图 5-5　UDP 的用户数据报结构

当传输层从 IP 层收到 UDP 数据报时，就根据首部的端口，把 UDP 数据报通过相应端口，上交最后的终点：应用进程。图 5-6 是 UDP 基于端口分发数据的示意图。

如果接收方 UDP 发现收到的报文中的目的端口号不正确（即不存在对应于该端口的应用进程）就丢弃该报文，并由网际控制报文协议 ICMP 发送“端口不可达”差错报文给发送方。

请注意，虽然在 UDP 之间的通信要用到其端口号，但由于 UDP 的通信是无连接的，因此不需要使用套接字。

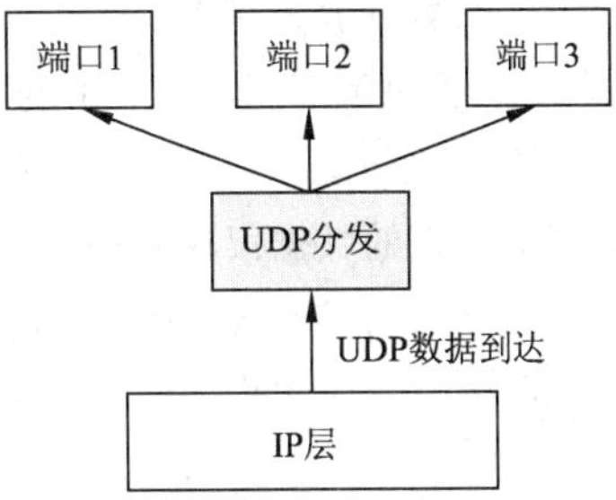

图 5-6　UDP 基于端口分发数据

2. UDP 端口号

UDP 端口号的规定与 TCP 相同，用于 UDP 的常用端口号如表 5-2 所示。

表 5-2 常用的 UDP 协议的端口号

协议名称	协议内容	所使用的端口号
DNS	域名解析服务	53
SNMP	简单网络管理协议	161
QQ	聊天软件	8000
TFTP	简单文件传输协议	69

5.3 传输控制协议 TCP 原理

传输控制协议 TCP 是传输层的核心协议，在整个计算机网络中占有极为重要的位置。由于TCP 协议比较复杂，因此本节先对 TCP 协议进行一般的介绍，然后逐步深入讨论 TCP 的可靠传输、流量控制和拥塞控制等问题。

5.3.1 TCP 特点

TCP 是面向连接的传输层协议，用于在不可靠的因特网上提供可靠的、端到端的字节流通信。TCP 是 TCP/IP 体系中非常复杂的一个协议，其最主要的特点是：

① TCP 是面向连接的传输层协议。应用程序在使用 TCP 协议之前，必须要先建立 TCP 连接。在传送数据完毕后，必须释放已经建立的 TCP 连接。也就是说，应用进程之间的通信好像在“打电话”：通话前要先拨号建立连接，通话结束后要挂机释放连接。

② 对一条 TCP 连接只能有两个端点（Endpoint），每一条 TCP 连接只能是点对点的（一对一）。

③ TCP 提供可靠交付的服务。通过 TCP 连接传送的数据，无差错、不丢失、不重复，并且按序抵达。

④ TCP 提供全双工通信。TCP 允许通信双方的应用进程在任何时候都能发送数据。TCP 连接的两端都设有发送缓存和接收缓存，用来临时存放双向通信的数据。在发送时，应用程序把数据传送给 TCP 的缓存后，就可以做自己的事，而 TCP 在合适的时候把数据发送出去。在接收时，TCP 把收到的数据放入缓存，上层的应用进程在合适的时候读取缓存中的数据。

⑤ 面向字节流。TCP 中的“流”（Stream）是指流入到进程或从进程流出的字节序列。“面向字节流”的含义是：虽然应用程序和 TCP 的交互是一次一个数据块（大小不等），但 TCP 把应用程序交下来的数据仅仅看成一连串的无结构的字节流，TCP 并不知道所传送的字节流的含义。TCP 不保证接收方应用程序所接收到的数据块和发送方应用程序所发出的数据块具有对应大小的关系，但接收方应用程序收到的字节流必须和发送方应用程序发出的字节流完全一样。

5.3.2 TCP 段格式

因为 TCP 是应用于大数据量传输的情况，所以需要将长的数据流分段，TCP 的段结构如图 5-7 所示。

需要说明的是，TCP 地址与 IP 不同。IP 地址是节点地址，一个节点可以运行多个应用。TCP 的地址是节点的某个应用的地址，这种应用在计算机内部是进程。多个进程的数据传递通过不同的端口完成，因此在 TCP 段结构中，是以“端口”表示地址的。

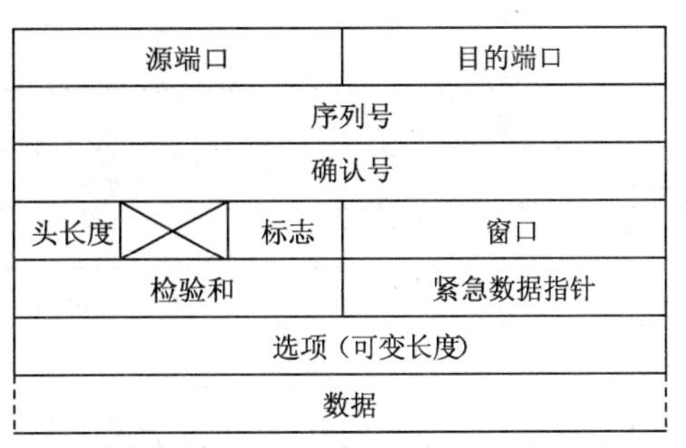

图 5-7 TCP 的段结构

① 源端口：16 比特，源节点进程端口。

② 目的端口：16 比特，目的节点端口。

③ 序列号：32 比特，TCP 对字节流中的每个字节都编号。假设每个数据段包含 1000 个数据字节，第一个字节的编号为 X，则对于字节流中各段的第一个字节的序列号分别为 X、X+1000、X+2000 等。

④ 确认号：32 比特，为准备接收的字节序列号，即意味着该字节序列号前的字节都已正确接收。

⑤ 头长度：4 比特，随可变长度选项的改变而改变，接收方可根据该数据确定 TCP 的数据的起始位置。

⑥ 标志：6 比特，该字段包含对其他字段的说明或对控制功能的标志。具体的设置如下：

- ACK：说明确认字段中的数据有意义。
- URG：说明紧急数据指针字段中的数据有意义。
- FIN：标志是最后的 TCP 数据段，FIN 也称“完成”。
- PSH：指出接收方不必等待一定量的数据再向应用提供数据（一般情况应该是等待一定量再提供），而是立即提供该数据段，PSH 也称“推”。
- RST：在有异常情况发生时，发送方通知接收方暂时终止连接，释放与连接有关的缓冲区，中断 TCP 传输，RST 也称“复位”。
- SYN：在建立初始连接时，允许双方共同确定初始序列号，SYN 也称“同步”。

⑦ 窗口：16 比特，通知接收方还可以发送的数据字节数（因为是全双工通信），接收方可以根据该值改变其发送窗口的大小。

⑧ 检验和：16 比特，进行传输层的差错检验。

⑨ 紧急数据指针：16 比特，当标志字段中的值为 URG 时，表示有紧急数据，紧急数据位于段的开始，紧急数据指针指向紧挨着紧急数据后的第一个字节，以区分紧急数据和非紧急数据。对于紧急数据接收方必须尽快送给高层应用。

⑩ 选项：可变长度，选项一般包含两个内容：一是在通信双方容量相差很大时，必须在初始建立连接时，确定可接收的段的最大尺寸；二是在使用高带宽线路传输大型文件时，允许用最多 30 比特来代替 16 比特的窗口字段。需要注意的是，利用填充选项字段，以保证 TCP 段的首部尺寸是 4 字节的整数倍。

⑪ 数据：可变大小，用户提供的数据。

TCP 段结构中端口地址是 16 比特，可以有 0~65535 范围的端口号。常用的 TCP 协议所使用的端口如表 5-3 所示。

表 5-3 常用的 TCP 协议所使用的端口

协议名称	协议内容	所使用的端口号
FTP（控制）	文件传输服务	21
FTP（数据）		20

续表

协 议 名 称	协 议 内 容	所使用的端口号
TELNET	远程登录	23
HTTP	超文本传送协议	80
GOPHER	菜单驱动信息检索	70
SMTP	简单邮件传送协议	25
POP3	接收邮件（与 SMTP 对应）	110

5.3.3 TCP 连接管理

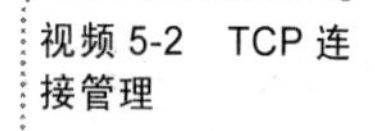

TCP 是面向连接的控制协议，即在传输数据前要先建立逻辑连接，数据传输结束还要释放连接。这种建立、维护和释放连接的过程就是连接管理。

1. 连接建立

TCP 连接的建立采用三次握手协议。三次握手的具体过程是：第一方向另一方发送连接请求段，另一方回应对连接请求的确认段，第一方再发送对对方确认段的确认。这个过程如图 5-8 所示。

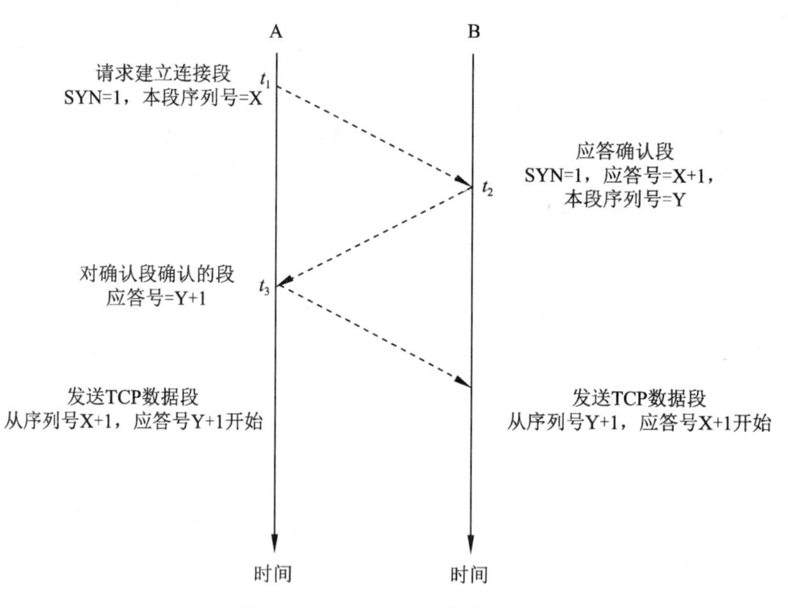

图 5-8 TCP 建立连接的过程

SYN 为请求建立连接的标志，三次握手过程如下：

① 在 t_1 时刻，A 向 B 发送请求建立连接段，序列号为 X。

② 在 t_2 时刻，B 发送应答 A 的 X 序列号的请求建立连接的段，该确认段的序列号为 Y。

③ 在 t_3 时刻，A 发送对 B 的确认段的确认，应答号为 Y+1，表明确认号为 Y 的段已接收。

至此，连接建立成功，A、B 分别发送数据段，序列号分别是 X+1、Y+1，应答号分别是 Y+1、X+1。

2. 连接释放

因为是全双工通信，一方的数据段发送完毕要终止连接时，另一方不一定也发送完数据段，因此 TCP 连接释放采用对称释放方式。连接释放的过程同样采取三次握手的协议，连接释放的三次握手的示意图如图 5-9 所示。

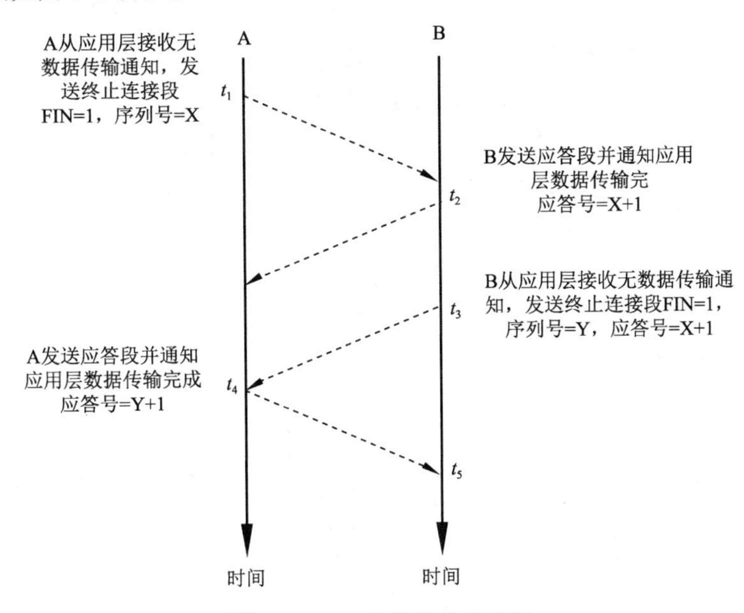

图 5-9　TCP 连接释放的过程

FIN 为终止标志，释放连接的过程如下：

① A 在 t_1 时刻收到应用层的终止请求，发送释放连接段。

② B 在 t_2 时刻收到 A 发送的释放连接段，发送应答段，确认已经收到该段，并通知应用层 A 已经无数据发送，请求释放连接。

③ 此后 B 仍然可以发送数据，但在 t_3 时刻收到无数据传输的通知，向 A 发送释放连接段。

④ A 在 t_4 时刻收到 B 的释放连接段，A 向 B 发送应答段，确认已经收到该段，并中断连接。

⑤ 在 t_5 时刻 B 收到 A 的确认，也中断连接。

5.4　TCP 可靠传输

TCP 发送的段是交给 IP 层传送的。但 IP 层只能提供尽最大努力服务，也就是说，TCP 下面的网络所提供的是不可靠的传输，因此，TCP 必须采用适当的措施才能使得两个传输层之间的通信变得可靠。在满足以下两个理想的传输条件的情况下，不需要采用任何措施就能够实现可靠传输：

① 传输信道不产生差错。

② 不管发送方以多快的速度发送数据，接收方总是来得及处理收到的数据。

然而，实际的网络都不具备以上两个理想条件。为了实现可靠传输，可以使用一些可靠传输协议。当出现差错时让发送方重传出现差错的数据，同时在接收方来不及处理收到的数据时及时报告发送方适当减低发送数据的速度。这样一来，本来不可靠的传输信道就能够实现可靠传输了。

5.4.1 TCP 滑动窗口

第 3 章 3.3 节中阐述了数据链路层的可靠传输，其设计思想也可应用于传输层，但传输层的可靠传输要比数据链路层的可靠传输复杂得多。TCP 使用滑动窗口技术来实现传输层的可靠传输。

1. TCP 滑动窗口的基本原理

为了讲述可靠传输原理的方便，假定数据传输只在一个方向进行，即 A 发送数据，B 给出确认。这样的好处是使讨论限于两个窗口，即发送方 A 的发送窗口和接收方 B 的接收窗口。如果再考虑 B 也向 A 发送数据，那么还要增加 A 的接收窗口和 B 的发送窗口，这对讲述可靠传输的原理并没有多少帮助，反而会使问题更加烦琐。

TCP 的滑动窗口是以字节为单位的。假定 A 收到了 B 发来的确认段，其中窗口是 20 字节，而确认号是 31（这表明 B 期望收到的下一个序号是 31，而序号 30 为止的数据已经收到了）。根据这两个数据，A 构造出自己的发送窗口，如图 5-10 所示。

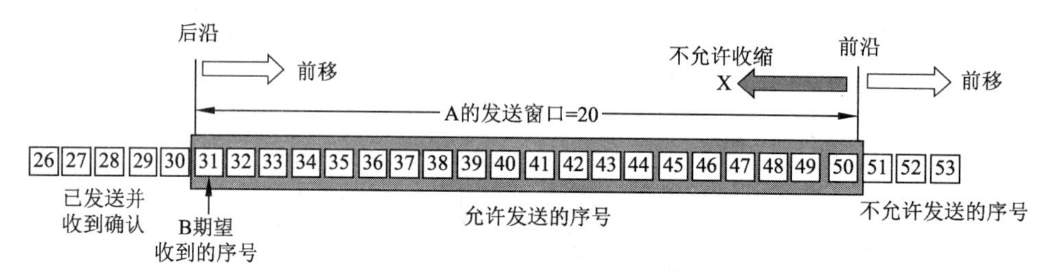

图 5-10　根据 B 给出的窗口值 A 构造出自己的发送窗口

发送方 A 的发送窗口表示：在没有收到 B 的确认的情况下，A 可以连续把窗口内的数据都发送出去。凡是已经发送过的数据，在未收到确认之前都必须暂时保留，以便在超时重传时使用。

发送窗口里面的序号表示允许发送的序号。显然，窗口越大，发送方就可以在收到对方确认之前连续发送更多的数据，因而可能获得更高的传输效率。在本章 5.5.1 节将要讲到，接收方会把自己的接收窗口数值放在窗口字段中发送给对方，因此，A 的发送窗口一定不能超过 B 的接收窗口数值。在本章 5.5.2 节将要讨论，发送方的发送窗口大小还要受到当时网络拥塞程度的制约，但在目前暂不考虑网络拥塞的影响。

发送窗口后沿的后面部分表示已发送且已收到了确认。这些数据显然不需要再保留了。而发送窗口前沿的前面部分表示不允许发送的，因为接收方都没有为这部分数据保留临时存放的缓存空间。

发送窗口的位置由窗口前沿和后沿的位置共同确定。发送窗口后沿的变化情况有两种可能，即不动（没有收到新的确认）和前移（收到了新的确认）。发送窗口后沿不可能向后移动，因为不能撤销掉已收到的确认。发送窗口前沿通常是不断向前移动，但也有可能不动。这对应于两种情况：一是没有收到新的确认，对方通知的窗口大小也不变；二是收到了新的确认但对方通知的窗口缩小了，使得发送窗口前沿正好不动。

发送窗口前沿也有可能向后收缩。这发生在对方通知的窗口缩小了。但 TCP 的标准强烈不赞成这样做。因为很可能发送方在收到这个通知以前已经发送了窗口中的许多数据，现在又要收缩窗口，不让发送这些数据，这样就会产生一些错误。

现在假定 A 发送了序号为 31～41 的数据。这时，发送窗口位置并未改变（见图 5-11），但发送窗口内靠后面有 11 字节（黑色小方框表示）表示已发送但未收到确认。而发送窗口内靠前面的

9 字节（42~50）是允许发送但尚未发送的。

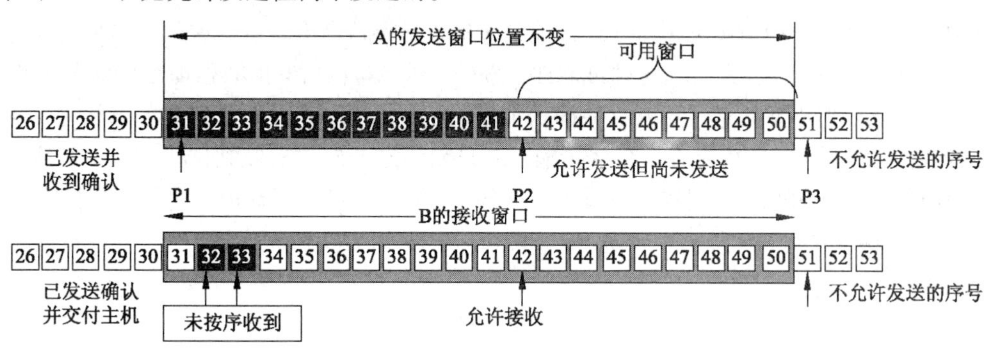

图 5-11　A 发送了 11 字节的数据

从以上所述可以看出，要描述一个发送窗口的状态需要 3 个指针：P1、P2 和 P3（见图 5-11）。指针都指向字节的序号。这 3 个指针指向的几个部分的意义如下：

- 小于 P1 的是已发送并已收到确认的部分，而大于 P3 的是不允许发送的部分。
- P3−P1=A 的发送窗口
- P2−P1=已发送但尚未收到确认的字节数
- P3−P2=允许发送但当前尚未发送的字节数（又称可用窗口或有效窗口）。

再看一下 B 的接收窗口。B 的接收窗口大小是 20。在接收窗口外面，到 30 号为止的数据是已经发送过确认，并且已经交付主机了，因此在 B 可以不再保留这些数据。接收窗口内的序号（31~50）是允许接收的。在图 5-11 中，B 收到了序号为 32 和 33 的数据。这些数据没有按序到达，因为序号为 31 的数据没有收到（也许丢失了，也许滞留在网络中的某处）。请注意，B 只能对按序收到的数据中的最高序号给出确认，因此，B 发送的确认段中的确认号仍然是 31（即期望收到的序号），而不能是 32 或 33。

现在假定 B 收到了序号为 31 的数据，并把序号为 31～33 的数据交付主机，然后 B 删除这些数据。接着把接收窗口向前移动 3 个序号（见图 5-12），同时给 A 发送确认，其中窗口值仍为 20，但确认号是 34。这表明 B 已经收到了到序号 33 为止的数据。图 5-12 显示，B 还收到了序号为 37、38 和 40 的数据，但这些都没有按序到达，只能先暂存在接收窗口中。A 收到 B 的确认后，就可以把发送窗口向前滑动 3 个序号，但指针 P2 不动。可以看出，现在 A 的可用窗口增大了，可发送的序号范围是 42~53。

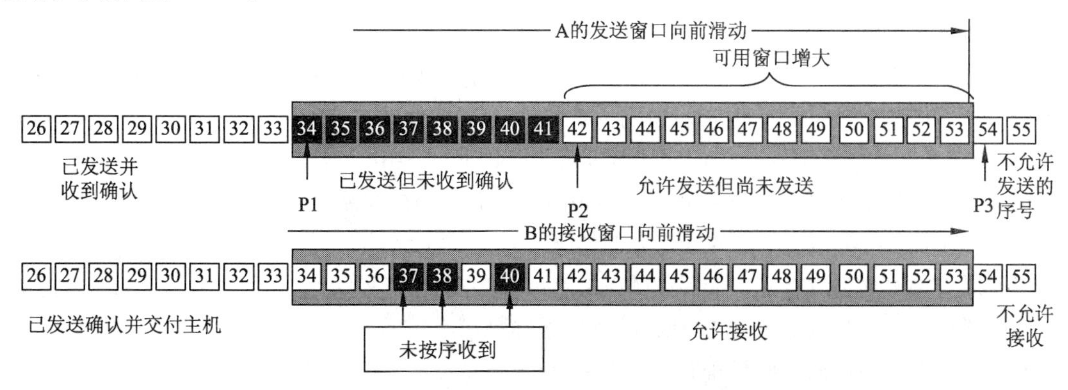

图 5-12　A 收到新的确认号，发送窗口向前滑动

A 在继续发送完序号 42~53 的数据后，指针 P2 向前移动和 P3 重合。发送窗口内的序号都已用完，但还没有再收到确认（见图 5-13）。由于 A 的发送窗口已满，可用窗口已减小到零，因此必须停止发送。请注意，存在下面这种可能性，就是发送窗口内所有的数据都已正确到达 B，B 也早已发出了确认。但不幸的是，所有这些确认都滞留在网络中。在没有收到 B 的确认时，A 不能猜测"或许 B 收到了吧！"为了保证可靠传输，A 只能认为 B 还没有收到这些数据。于是，A 在经过一段时间后（由超时计时器控制）就重传这部分数据，重新设置超时计时器，直到收到 B 的确认为止。如果 A 收到确认号落在发送窗口内， 那么 A 就可以使发送窗口继续向前滑动，并发送新的数据。

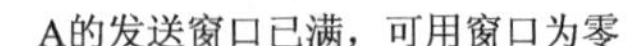

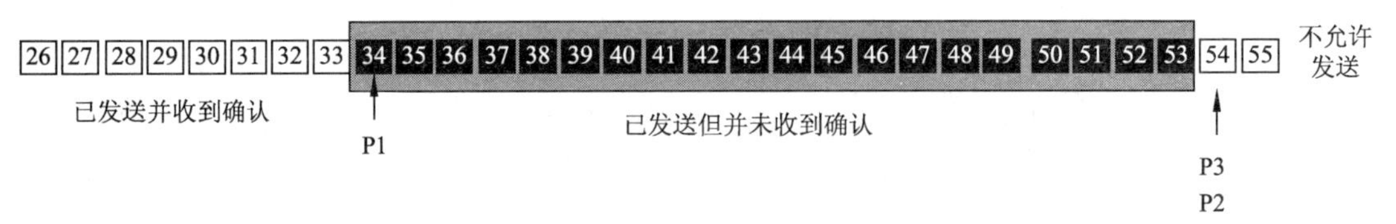

图 5-13 发送窗口的序号都属于已发送但未被确认

2. 窗口和缓存的关系

由前文阐述的 TCP 面向字节流的特性可知：发送方的应用进程把字节流写入 TCP 的发送缓存， 接收方的应用进程从 TCP 的接收缓存中读取字节流。下面就进一步讨论窗口和缓存的关系。图 5-14 画出了发送方维持的发送缓存和发送窗口，以及接收方维持的接收缓存和接收窗口。

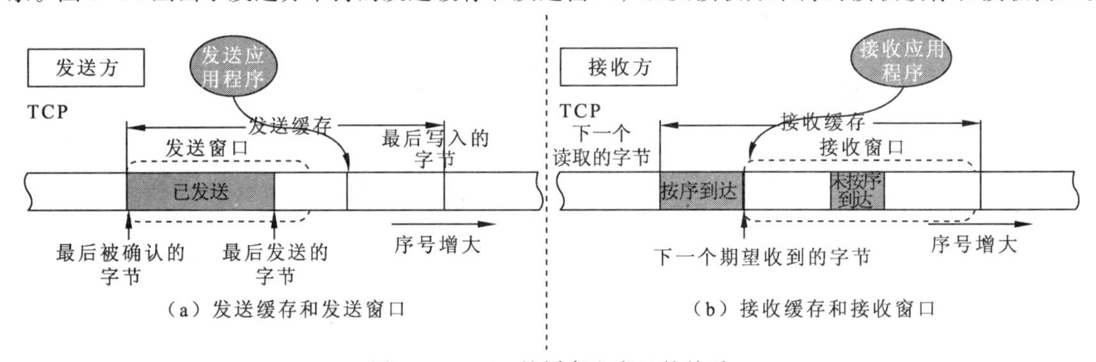

图 5-14 TCP 的缓存和窗口的关系

这里首先要明确两点：

① 缓存空间和序号空间都是有限的，并且都是循环使用的。最好是把它们画成圆环状的。但这里为了画图的方便，还是把它们画成长条状的。

② 由于实际上缓存或窗口中的字节数非常大，因此图 5-14 仅仅是个示意图，没有标出具体的数值。但用这样的图来说明缓存和发送窗口以及接收窗口的关系是很清楚的。

先看一下图 5-14（a）所示的发送方的情况。

发送缓存用来暂时存放：

- 发送应用程序传送给发送方 TCP 准备发送的数据。
- TCP 已发送出但尚未收到确认的数据。

发送窗口通常只是发送缓存的一部分。已被确认的数据应当从发送缓存中删除，因此发送缓存和发送窗口的后沿是重合的。发送应用程序最后写入发送缓存的字节减去最后被确认的字节，就是还保留在发送缓存中的被写入的字节数。发送应用程序必须控制写入缓存的速率，不能太快，否则发送缓存就会没有存放数据的空间。

再看一下图 5-14（b）所示的接收方的情况。

接收缓存用来暂时存放：

- 按序到达的、但尚未被接收应用程序读取的数据。
- 未按序到达的数据。

如果收到的 TCP 段被检测出有差错，则要丢弃。如果接收应用程序来不及读取收到的数据，接收缓存最终就会被填满，使接收窗口减小到零。反之，如果接收应用程序能够及时从接收缓存中读取收到的数据，接收窗口就可以增大，但最大不能超过接收缓存的大小。图 5-14（b）中还指出了下一个期望收到的字节号。这个字节号也就是接收方给发送方的段首部中的确认号。

据以上所讨论的，还要再强调以下 3 点：

第一，虽然 A 的发送窗口是根据 B 的接收窗口设置的，但在同一时刻，A 的发送窗口并不总是和 B 的接收窗口一样大。这是因为通过网络传送窗口值需要经历一定的时间滞后（这个时间还是不确定的）。另外，正如本章 5.5.2 节将要讲到的，发送方 A 还可能根据网络当时的拥塞情况适当减小自己的发送窗口数值。

第二，对于不按序到达的数据应如何处理，TCP 标准并无明确规定。如果接收方把不按序到达的数据一律丢弃，那么接收窗口的管理将会比较简单，但这样做对网络资源的利用不利（因为发送方会重复传送较多的数据），因此，TCP 通常对不按序到达的数据是先临时存放在接收窗口中，等到字节流中所缺少的字节收到后，再按序交付上层的应用进程。

第三，TCP 要求接收方必须有累积确认的功能，这样可以减小传输开销。接收方可以在合适的时候发送确认，也可以在自己有数据要发送时把确认信息顺便捎带上。但请注意两点：一是接收方不应过分推迟发送确认，否则会导致发送方不必要的重传，这反而浪费了网络的资源，TCP 标准规定，确认推迟的时间不应超过 0.5 s，若收到一连串具有最大长度的段，则必须每隔一个段就发送一个确认；二是捎带确认实际上并不经常发生，因为大多数应用程序很少同时在两个方向上发送数据。

最后再强调一下，TCP 的通信是全双工通信。通信中的每一方都在发送和接收 TCP 段，因此每一方都有自己的发送窗口和接收窗口。在谈到这些窗口时，一定要弄清是哪一方的窗口。

5.4.2　超时重传时间的选择

上面已经讲到，TCP 的发送方在规定的时间内没有收到确认就要重传已发送的段。这种重传的概念是很简单的，但重传时间的选择却是 TCP 最复杂的问题之一。

由于 TCP 的下层是 Internet 环境，发送的段可能只经过一个高速率的局域网，也可能经过多个低速率的网络，并且每个 IP 数据报所选择的路由还可能不同，如果把超时重传时间设置得太短，就会引起很多段的不必要的重传，使网络负荷增大；若把超时重传时间设置得过长，则又使网络的空闲时间增大，降低了传输效率。

那么，传输层的超时计时器的超时重传时间究竟应设置为多大呢？

TCP 采用了一种自适应算法，它记录一个段发出的时间，以及收到相应确认的时间。这两个时间之差就是段的往返时间 RTT。TCP 保留了 RTT 的一个加权平均往返时间 RTT_S（又称平滑的往返时间，S 表示 Smoothed。因为进行的是加权平均，因此得出的结果更加平滑）。每当第一次测量到 RTT 样本时，RTT_S值就取为所测量到的 RTT 样本值。但以后每测量到一个新的 RTT 样本，就按式（5-3）重新计算一次 RTT_S：

$$新的\ RTT_S = (1-\alpha)(旧的\ RTT_S)+\alpha\ (新的\ RTT\ 样本) \tag{5-3}$$

其中，$0 \leqslant \alpha < 1$。若 α 很接近于零，表示新的 RTT_S值和旧的 RTT_S值相比变化不大，而对新的 RTT 样本影响不大（RTT 值更新较慢）。若选择 α 接近于 1，则表示新的 RTT_S值受新的 RTT 样本的影响较大（RTT 值更新较快）。已成为建议标准的 RFC 6298 推荐的 α 值为 1/8，即 0.125。用这种方法得出的加权平均往返时间 RTT_S就比测量出的 RTT 值更加平滑。显然，超时计时器设置的超时重传时间（Retransmission Time-Out，RTO）应略大于上面得出的加权平均往返时间 RTT_S。RFC 6298 建议使用式（5-4）计算 RTO：

$$RTO=RTT_S+4 \times RTT_D \tag{5-4}$$

而 RTT_D是 RTT 的偏差的加权平均值，它与 RTT_S和新的 RTT 样本之差有关。RFC 6298 建议这样计算 RTT_D：当第一次测量时，RTT_D值取为测量到的 RTT 样本值的一半；在以后的测量中，则使用式（5-5）计算加权平均的 RTT_D：

$$新的\ RTT_D=(1-\beta)（旧的\ RTT_D）+\beta * |RTT_S-新的\ RTT\ 样本| \tag{5-5}$$

其中 β 是个小于 1 的系数，它的推荐值是 1/4，即 0.25。

5.5 TCP 的流量控制和拥塞控制

流量控制和拥塞控制（Congestion Control）是保障计算机网络高效、稳定运行的基本手段。本节介绍基于传输层 TCP 协议的流量控制和拥塞控制的基本概念。

5.5.1 TCP 流量控制

一般说来，人们总是希望数据传输得更快一些。但如果发送方把数据发送得过快，接收方就可能来不及接收，这就会造成数据的丢失。所谓流量控制，就是让发送方的发送速率不要太快，要让接收方来得及接收。利用滑动窗口机制可以很方便地在 TCP 连接上实现对发送方的流量控制。TCP 流量控制如图 5-15 所示。

在图 5-15 中，假定接收方有 4096 B 的缓冲区。ACK 为将要确认的字节号，即在此前的字节已经被正确接收；WIN 为可以接收的窗口大小；SEQ 为定序器，即发送数据段的起始字节号。该例的运行步骤如下：

- 在 t_1 时刻，发送方的应用写入 2048 B 的数据，发送数据段的起始字节号为 0。
- 在 t_2 时刻，接收方接收到发送方的数据段后，在没有交给应用层前，缓冲区被占用 2 KB，还剩下 2 KB，接收方向发送方发确认段，ACK=2048，WIN=2048。
- 在 t_3 时刻，发送方收到应用层写入的 3 KB 的数据，但因接收方的缓冲区只剩下 2 KB，因此发送 2 KB 的数据段，SEQ=2048。
- 在 t_4 时刻，接收方接收到发送方的数据段后，在没有交给应用层前，缓冲区又被占用 2 KB，缓冲区满，接收方向发送方发确认段，ACK=4096，WIN=0，此时发送方被阻塞。

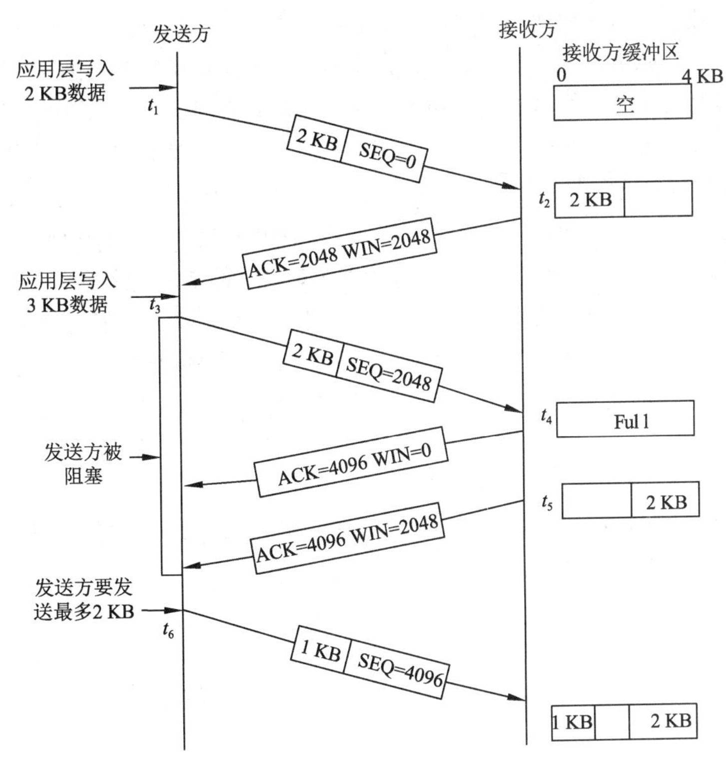

图 5-15　TCP 流量控制

- 在 t_5 时刻，接收方向应用层上传一个数据段，缓冲区被释放 2 KB，接收方向发送方发送确认段，通知发送方有 2048 B 的缓冲区，即 WIN=2048。
- 在 t_6 时刻，发送方发送余下的 1 KB 数据段，SEQ=4096，此时，接收方缓冲区还剩下 1 KB。

上例中，接收方进行了三次流量控制。第一次把窗口减小到 WIN = 2048，第二次又减到 WIN = 0，即不允许发送方再发送数据了，在向上层提交部分数据后，又将窗口调整为 WIN=2048。这种使发送方暂停发送的状态将持续到接收方重新发出一个新的窗口值为止。

对于网络条件较差的环境，为了解决因发送报文或确认报文丢失而产生死锁问题，TCP 为每一个连接设有一个持续计时器（Persistence Timer）。只要 TCP 连接的一方收到对方的零窗口通知，就启动持续计时器。若持续计时器设置的时间到期，就发送一个零窗口探测 TCP 段（仅携带 1 字节的数据），而对方就在确认这个探测段时给出了现在的窗口值。如果窗口仍然是零，那么收到这个段的一方就重新设置持续计时器。如果窗口不是零，那么死锁的僵局就可以打破了。

5.5.2　TCP 拥塞控制

因特网中，对拥塞的控制大部分是由 TCP 来完成的，对拥塞控制的最有效的方法是降低数据传输速率。要进行拥塞控制首先要检测到拥塞的发生，由于传输线路质量的提高，由传输错误造成数据段丢失的情况越来越少，因此因特网上的传输超时大部分是因拥塞造成的。这样，就可以明确地认为，如果出现传输超时就意味着出现了拥塞。

造成拥塞出现，是由网络容量与接收方容量两个方面的问题引起的，需要分别处理。为此发送方除本章 5.4 节讲到的接收方承认的发送窗口外，增加一个拥塞窗口。每个窗口都反映出发送方能够传输的字节数，发送方取两个窗口中的最小值作为发送的字节数。

关于发送窗口，在此不再赘述。下面着重讲述如何确定拥塞窗口的大小。

在刚建立连接时，将拥塞窗口的大小初始化为该连接所需的最大数据段的长度值，并发送一个最大长度的数据段（当然必须是接收窗口允许的）。如果在定时器超时前，得到确认，将拥塞窗口的大小增加一个数据段的字节数，并发送两个数据段，如果每个数据段在定时器超时前都得到确认，就再在原基础上增加一倍，即为 4 个数据段的大小，如此反复，每次都在前一次的基础上加倍。当定时器超时或达到发送窗口设定的值时，停止拥塞窗口尺寸的增加。这种方法称为慢启动。

在慢启动阶段发送速率以指数方式迅速增长，若持续以该速度增长发送速率，必然导致网络很快进入拥塞状态，因此，当网络要接近拥塞时应降低发送速率的增长速率，避免网络拥塞。这可以使 TCP 连接在一段相对长的时间内，保持较高的发送速率，但又不使网络拥塞。为此，TCP 定义了一个门限值，当拥塞窗口超过此门限值时，停止使用慢启动算法而改用拥塞避免算法。在拥塞避免阶段，拥塞窗口按线性规律缓慢增长。

无论在慢启动阶段还是在拥塞避免阶段，只要发送方发现网络出现拥塞（检测到分组丢失），就立即将拥塞窗口重新设置为 1，并执行慢启动算法。这样做的目的是迅速减少主机发送到网络中的分组数，使得发生拥塞的路由器有足够时间把队列中积压的分组处理完毕。

5.6 基于 Socket 的网络编程

目前，因特网应用软件的开发已成为网络应用软件开发的主流。

5.6.1 网络应用程序体系结构

在第 1 章 1.1.2 节中介绍的客户机/服务器 C/S 以及对等连接 P2P 的概念，在网络软件中通常是指应用程序的工作方式。

1. 客户机/服务器体系结构

客户端系统的通信节点为客户端应用程序进程，而服务器端系统的通信节点为服务器端应用程序进程。服务器端向客户端提供服务，客户端向服务器请求服务，这种体系结构称为客户机/服务器（C/S）模型。在该模型中，端系统通信的实体是应用程序进程，而不是计算机、用户或程序。

（1）客户端和服务器的定义

① 客户端。

客户端是指向服务器发出服务请求的网络通信一端的计算机应用程序进程。它由用户或另一个应用进程启动，并使用明确的服务器端端口号向服务器提出服务请求，所提供服务完成后即终止。

② 服务器。

服务器是网络中向客户端提供服务的主机应用程序进程。当它启动后就等待客户端提出服务请求并完成该请求。服务器一旦启动就一直运行，并等待和处理客户端的请求。

一般来说，客户机/服务器体系结构是一个服务器面向多个客户端。

（2）运行方式

无论是客户端还是服务器都可以运行在循环方式或并发方式。

① 客户端的运行方式。

- 循环：循环地运行表示客户端程序是一个接一个地运行，即只有当一个客户端程序启动、运行和终止以后，才能运行另一个客户端程序。
- 并发：并发地运行表示一台计算机上可以同时运行多个客户端程序。

② 服务器的运行方式。

由于传输层有面向连接和无连接两种协议，因此服务器的应用层就会组合出“无连接循环”“无连接并发”“面向连接循环”“面向连接并发”4 种运行方式。一般情况下，因特网中采用“无连接循环”或“面向连接并发”两种方式。

- 无连接循环：使用 UDP 的服务器多采用循环方式，即对于客户端的服务请求一次处理一个，只有处理完后，才处理下一个请求（可以是一个客户端的请求，也可以是多个客户端的请求）。多个客户端请求需排在一个队列中等待。
- 面向连接并发：使用 TCP 的服务器多采用并发方式，即服务器可以同时与多个客户端建立连接并处理各客户端的请求。建立多个连接，服务器需要使用多个端口。为便于服务器的访问，服务器使用一个明确监听端口同客户端建立连接，一旦监听端口监听到有客户端连接请求到来，服务器就分配一个临时端口给该连接，并释放监听端口用于与其他客户端的连接，服务器就用该临时端口同客户端进行通信。

（3）客户机/服务器演变结构

在客户机/服务器模型中，一个应用只有一台服务器，不论客户端距离服务器多远，也只能访问该服务器。如果客户端访问的路径中存在低速链路，或出现拥塞都会降低访问速度。当访问服务器的客户端数量多时，也会出现等待。为此，人们开发出对一个应用由多个服务器共同完成的方法，这就是内容分布。

内容分布模式中，服务器与客户端都是多个，可以是一个服务器面向多个客户端，也可以是多个服务器面向多个客户端，甚至是多个服务器面向一个客户端。关于内容分布问题将在第 6 章 6.7 节做较详细介绍。

2. 对等体系结构

在分布式计算模型中，复杂的处理任务通常被划分为简单的“任务块”，然后分配到所有参与计算的计算机上。在过去，通常是建立一个专用的服务器集群，所有计算任务仅仅是分配到这个服务器集群中完成。与 C/S 体系结构不同，对等（P2P）体系结构是令传统意义上 C/S 模型中的客户端直接互相通信，这些客户端实际上同时扮演着服务器和客户端的角色。P2P 模型可以有效地减少 C/S 模型中服务器的压力，使这些服务器可以更加有效的执行其专属任务。此外，利用 P2P 模型的分布式计算技术，可以将网络上成千上万的计算机连接在一起共同完成某种极其复杂的计算任务，成千上万台桌面 PC 和工作站集结在一起所能达到的计算能力是非常可观的，这些计算机所形成的“虚拟超级计算机”所能达到的运算能力甚至是现有的单个大型超级计算机所无法达到的。

在 P2P 模型中，计算任务被分配到所有可用的计算机上，特别是包括公司企业中数量巨大的桌面计算机以及空闲的部门级服务器等。这种对等分布式计算模型充分利用了桌面系统空闲的计算能力（这些计算能力过去通常只是用来运行屏幕保护程序或者干脆是休眠了）来完成计算任务，能够降低采购大型专用服务器集群的费用，同时也不会影响桌面计算机完成其原有的各种桌面处理任务。

从软件的架构上分，因特网软件主要有两类：一类是 C/S 结构或 P2P 结构类型的因特网软件；另一类是 B/S 结构的因特网软件。C/S 结构或 P2P 结构的网络应用软件建构在传输层 TCP 或 UDP

协议之上，并采用 Socket 网络编程接口进行网络应用软件的开发。而 B/S 结构的网络应用软件则建构在应用层 HTTP 协议之上，通常是在 Web 服务器集成环境中进行软件开发（见第 6 章 6.8 节）。下面讲述基于 Socket 的网络编程。

5.6.2 基于 Socket 的网络编程

为开发基于传输层服务功能的网络应用程序，UNIX/Linux 或 Windows 都提供了 Socket API。在 UNIX/Linux 系统中，Socket 接口在系统内核中给出实现；在 Windows 系统中，Socket 接口以动态链接函数库的形式给出实现。Windows Sockets 规范给出了两套库函数：一是与 BSD Socket 规范相兼容的基本函数；二是支持 Windows 消息驱动机制的扩展函数。

采用 Socket 接口可开发 C/S 结构或 P2P 结构的网络应用程序。针对 TCP/IP 协议，可创建 3 种类型的套接字：流式套接字 SOCK_STREAM、数据报套接字 SOCK_DGRAM、原始套接字 SOCK_RAW，分别用于 TCP、UDP 和 IP 报文的数据传输。在对可靠性要求较高的应用场合，应采用 TCP 协议进行数据传输，此时创建 SOCK_STREAM 类型的套接字。对于可靠性要求不高的应用场合，则优先选择 UDP 协议进行数据传输，此时创建 SOCK_DGRAM 类型套接字。创建套接字函数：

```
int Socket(int af, int type, int protocol);
```

af：代表套接字使用哪种网络地址，对 IP 地址族，该参数取值为常量 AF_INET。

type：标识要创建的套接字的类型。

protocol：指出套接字使用何种传输层协议，一般取值为 0，系统会根据套接字类型决定使用相应的传输层协议。

采用 SOCK_STREAM 类型套接字编程时有建立连接、数据传输和拆除连接过程，其程序基本流程如图 5-16 所示。对于 SOCK_DGRAM 套接字的编程相对比较简单，其程序基本流程如图 5-17 所示。

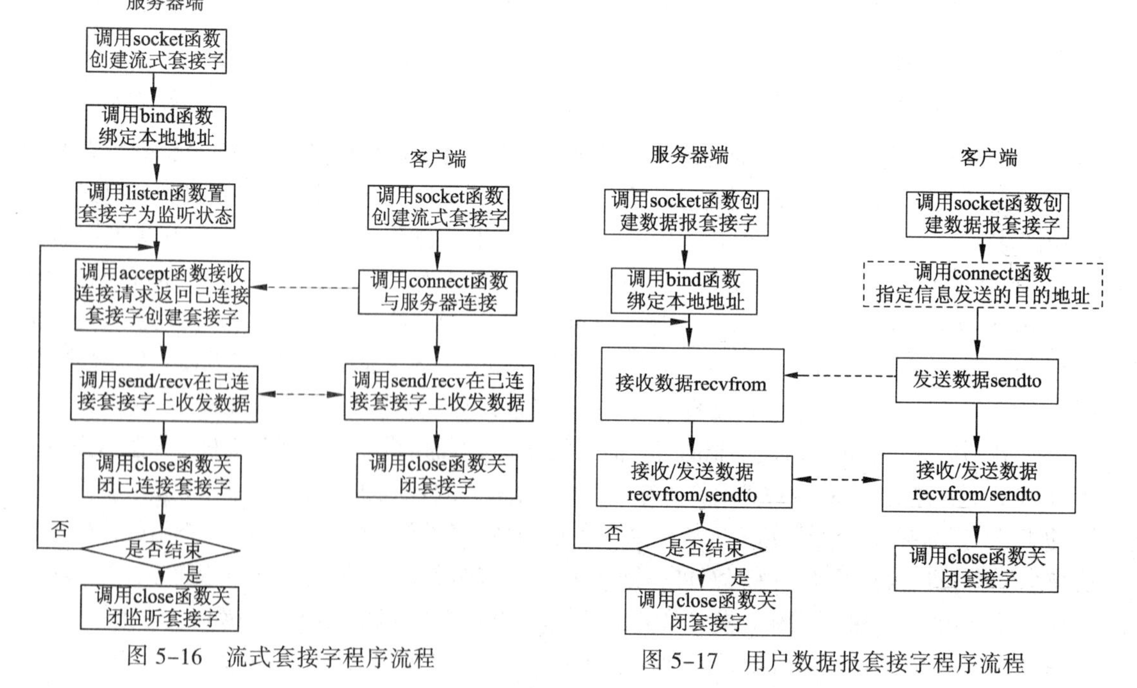

图 5-16 流式套接字程序流程　　图 5-17 用户数据报套接字程序流程

BSD Socket 接口为网络编程提供了阻塞和非阻塞 I/O 模式以及 3 类 I/O 模型：多路复用模型、信号驱动模型和异步模型。

所谓阻塞模式，是指当执行网络 I/O 函数操作时，在 I/O 操作完成或出现错误之前，此函数一直阻塞等待。在此模式下，开发人员容易把握程序执行状态，编程比较容易，但程序执行效率不高，适合网络 I/O 较轻的应用场合。非阻塞模式正好相反，当执行网络 I/O 函数操作时，函数不阻塞，不等 I/O 操作是否完成，控制立即返回程序，这样程序可以执行后续更多任务，程序执行效率更高。此时，程序通过轮询或特定 I/O 模型机制处理之前的 I/O 操作。

Socket 接口默认将创建的套接字置于阻塞模式之下，如若要设置到非阻塞模式在 UNIX/Linux 中执行如下操作：

```
//设置 Socket 为非阻塞模式
int flags, state;
int sockfd;
sockfd = Socket(AF_INET,SOCK_STREAM,0);
flags = fcntl(sockfd,F_GETFL,0);
flags |= O_NONBLOCK;
state = fcntl(sockfd,F_SETFL,flags);
//取消 Socket 非阻塞模式:
flags = fcntl(sockfd,F_GETFL,0);
flags &= ~O_NONBLOCK;
state = fcntl(sockfd,F_SETFL,flags);
```

在 Windows 下设置为非阻塞模式：

```
int nret;
unsigned long ul = 1;     //ul=1 设置非阻塞模式; ul=0 则取消非阻塞模式
SOCKET sockfd;
sockfd = Socket(AF_INET,SOCK_STREAM,0);
nret = ioctlSocket(sockfd,FIONBIO,&ul);
```

I/O 编程模型是 Socket 接口为网络程序开发人员提供的易于使用的、高效的网络 I/O 机制。这些机制对阻塞模式和非阻塞模式存在的问题都给出了良好的解决方案。如对阻塞模式的程序执行效率不高给出的多路复用模型；对非阻塞模式程序执行逻辑复杂问题给出的信号驱动模型、异步模型及 Windows Sockets 下特有的高效执行多个异步 I/O 操作的重叠模型和完成端口模型等。

小　　结

传输层介于网络层与高层之间，它使用网络层的服务并为应用层提供服务。通过套接字，传输层能够实现实质上的端到端（进程到进程）通信。

本章首先介绍了传输层的一些基本概念，然后讲解了传输层相对简单的 UDP 协议，接着重点讲解了传输控制协议 TCP 的工作原理以及可靠传输技术的实现—滑动窗口技术。另外，对于 TCP 的流量控制和拥塞控制也作了简单介绍。在下一章中，将会详细介绍 UDP、TCP 在各类应用层软件中的具体应用。

最后介绍了网络编程的基础知识，为读者深入学习 Socket 编程打下基础。

习　题

1. 说明传输层在协议栈中的地位和作用。传输层的通信和网络层的通信有什么重要的区别？为什么传输层是必不可少的？

2. 传输层地址用什么表示？有何规定？什么是插口地址？

3. 传输层地址与IP地址有什么不同？两者之间有什么关系？

4. TCP与UDP有什么不同之处？

5. TCP和UDP对于端口号的使用有什么规定？

6. 简述UDP的数据传输机制。

7. 简述TCP协议中连接建立和连接释放的三次握手过程。

8. TCP协议是如何实现可靠传输的？

9. 主机A向主机B连续发送了两个TCP段，其序号分别是70和100。试问：

（1）第一个段携带了多少字节的数据？

（2）主机B收到第一个段后发回的确认中的确认号应当是多少？

（3）如果B收到第二个段后发回的确认中的确认号是180，那么A发送的第二个段中的数据有多少字节？

（4）如果A发送的第一个段丢失了，但第二个段到达了B，B在第二个段到达后向A发送确认，那么这个确认号应为多少？

10. 在TCP协议中如何进行滑动窗口控制？有什么特点？

11. TCP的拥塞控制策略是什么？

12. 利用Socket编写一个面向连接的信息通信应用程序。

13. 利用Socket编写一个无连接用户数据报的信息通信应用程序。

第6章 应 用 层

应用层是网络应用的集合。网络应用泛指基于网络基础架构的各种通信应用。网络应用是网络实施的归宿，是构建网络的真正意义所在。网络应用的核心是网络应用程序。网络应用程序提供了网络和用户之间的接口，网络程序的运行为用户提供了各种通信应用服务。借助于这种通信应用服务，用户能方便地使用网络上的各种资源或数据处理服务。随着应用需求与网络技术的发展，应用层提供的服务功能处于不断完善和丰富之中，性能也处于不断的改进和增强之中。

本章对因特网上目前使用最为广泛的几个主要网络应用服务进行介绍，这些网络应用包括域名系统、超文本传输服务、电子邮件、文件传输服务、远程登录服务和动态主机配置服务。此外，鉴于内容分布应用的增多，还介绍了3种常用内容分布方案。最后针对基于Web的网络应用开发的基本框架做了概括性介绍。

6.1 应用层概述

应用层位于OSI/RM模型的顶层，它涵盖了所有通信应用进程及相关资源。应用层的核心是通信应用进程，它负责网络应用任务的处理。因此网络应用程序是应用层的最重要资源。网络应用程序运行所具有的社会性生产功能称为网络应用。应用层通过接口和下层表示层进行数据交换。通信应用进程一方面通过接口接收表示层传来的数据，按应用协议数据单元识别相应请求或数据，并做相应处理；另一方面通过接口将处理后的应用平台数据按应用协议数据单元下发到表示层，完成应用层与下层表示层之间的交互。而在TCP/IP体系结构中的应用层相当于OSI模型中的会话层、表示层与应用层的组合，即TCP/IP体系结构应用层中的每一个网络应用必须包括指派给OSI模型中的会话层、表示层与应用层的功能。这样做可以使每一个网络应用程序在传输层之上都是独立的，只使用该应用程序任务所需的功能，避免了一些不必要的调用，但会造成不同应用程序中出现一些相同的任务，分层思想没有得到充分实现。

6.1.1 应用层的任务

应用层的根本任务是开发、部署、运行和维护网络应用。网络应用开发涉及领域业务模型分析、计算机应用系统模型分析与设计和网络应用系统实现。领域业务模型分析涉及领域业务对象分析、业务流程分析和业务逻辑分析。计算机应用系统模型分析与设计涉及应用系统体系结构分析与设计、应用系统特性分析与设计、应用系统组件分析与设计、应用系统接口分析与设计、软硬件开发技术选择等方面。

网络应用系统开发与运维任务涉及系统分析师、系统架构师、系统设计师、程序员、用户和管理员等人员的参与。他们的职责是:

- 系统分析师负责领域业务模型分析与建构。
- 系统架构师负责将领域业务模型转化为计算机应用系统模型。其需要在两种模型之间实现元素映射，计算机应用系统模型元素配置等工作。计算机应用系统的体系结构设计是系统架构师的核心工作。
- 系统设计师对计算机应用系统架构模型具体化。
- 程序员对系统设计模型给出计算机软件实现。
- 用户是领域业务用户，他们通过计算机应用系统完成领域业务操作或决策。
- 管理员是负责计算机应用系统运行管理与维护人员。

应用系统体系结构是应用系统构件组织和运行的基本结构。目前网络应用系统大体上存在两种体系结构，即客户机/服务器体系结构和对等体系结构。

网络应用开发中的一个核心工作是应用层协议的设计。系统设计师根据跨地域的领域业务操作流程及规范，确定网络通信过程时序，即协议时序；根据网络业务操作目的和协议本身需求，确定协议的数据结构，即协议的语法表示及语义。通过综合、归纳和优化，最终设计出简洁的、系统内统一的相关协议。

应用系统特性是指基于具体业务的特点而开发出来的应用系统所具备的特性。如应用系统的组件化特性、开放性特性、可靠性特性、可用性特性、安全性特性和可伸缩性特性等。针对这些特性的不同要求决定了应用系统开发技术的不同需求。

应用系统组件是指构建应用系统的基本构建单元。如采用面向对象技术设计下的包、类、对象、接口等。

应用系统接口主要包括应用系统与人的接口和与其他系统的接口。与人的接口通常采用图形用户接口，这种接口要求符合人体工程学。而与其他系统的接口则要求简洁、高效和通用。

软硬件开发技术是实现应用系统的手段。这涉及开发技术种类的选择（如面向过程开发技术、面向对象开发技术），各种开发框架、平台、开发工具、标准的选择等方面。

6.1.2 应用层协议

不论网络应用采用的是 C/S 体系结构还是 P2P 体系结构，客户端和服务器之间都要通过相互通信来完成特定的网络应用任务。传输层已为应用进程提供了端到端的通信服务，但不同的网络应用其应用进程间需要有不同的通信规则，因此，在传输层协议之上还需要有应用层协议，其作用是定义运行在不同端系统上的应用进程间为实现特定应用而互相通信的规则。具体来说，应用层协议定义了:

- 交换的报文类型，如请求报文和响应报文。
- 各种报文类型的语法，如报文中的各个字段及其详细描述。
- 字段的语义，即包含在字段中的信息的含义。
- 进程何时、如何发送报文及对报文进行响应的规则。

因特网的应用层协议是由 RFC 文档定义的。例如，万维网（WWW）的应用层协议超文本传输协议 HTTP 就是由 RFC 2616 定义的，是公开的国际标准。如果浏览器开发者遵守 RFC 2616 标准，所开发出来的浏览器就能够访问任何遵守该标准的万维网服务器，并获取相应的万维网页面。在因特网中还有很多其他应用的应用层协议不是公开的，而是专用的。例如，很多现有的 P2P 文件共享系统使用的就是专用应用层协议。

应用层协议与网络应用并不是同一个概念。应用层协议只是网络应用的一部分。例如，万维网应用是一种基于 C/S 体系结构的网络应用。万维网应用包含很多部件，有万维网浏览器、万维网服务器、万维网文档的格式标准，以及一个应用层协议——HTTP，它定义了在万维网浏览器和万维网服务器之间传送的报文类型、格式和序列等规则。而万维网浏览器如何展示一个万维网页面，万维网服务器是用多线程还是用多进程来实现并不是 HTTP 定义的内容。

应用层协议的报文需要利用传输层协议提供的端到端服务来传输。在第 5 章讲述的传输层有两个协议：TCP 和 UDP。TCP 提供面向连接可靠的字节流服务，并实现了流量控制和拥塞控制机制；而 UDP 提供的是无连接不可靠的数据报传送服务，没有流量控制和拥塞控制机制，是一种轻量级协议。

表 6-1 列出了一些流行的因特网应用所使用的传输层协议。可以看到万维网、文件传输、电子邮件等网络应用都采用的是 TCP 协议。这些应用采用 TCP 协议的原因是 TCP 协议能够提供可靠的数据传输服务。域名系统和动态主机配置常用 UDP 协议，原因是这两个应用都要求快速响应，可以以牺牲一些可靠性为代价。另外，流式音视频应用（详见第 9 章）也多采用 UDP，是因为这些应用以容忍一定的数据丢失，并且有最低发送速率的要求。另外，UDP 没有拥塞控制机制，发送方可以以任何速率向网络注入数据。因此 UDP 成为这些应用的较好选择。

表 6-1　常用 Internet 应用使用的传输层协议

网络应用	应用层协议	传输层协议
域名系统	DNS	UDP
万维网	HTTP	TCP
文件传输	FTP	TCP
电子邮件	SMTP、POP3、IMAP4	TCP
动态主机配置	DHCP	UDP
远程终端访问	Telnet	TCP
流式音视频	RTP、RTCP、专用协议	UDP 或 TCP

注：POP3（Post Office Protocol），邮局协议的第 3 个版本。

IMAP4（Internet Mail Access Protocol），因特网邮件存取协议的第 4 个版本。

RTP （Real-time Transport Protocol），实时传输协议。

RTCP（Real-Time Transport Control Protocol），实时传输控制协议。

6.1.3　统一资源定位器与统一资源标识

统一资源标识（Universal Resource Identifier，URI）是用于标识某一 Internet 资源名称的字符串，这些资源包括 HTML 页面、XML 文档、图像、多媒体文件等，而统一资源定位器（Uniform Resource Location，URL）是 URI 的子集。

1. 统一资源定位器 URL

因特网中的许多应用都是客户端通过访问网络服务器提供的相应资源实现的。为寻址这些可访问资源，因特网定义了 URL 用来标识这些资源的地址。

（1）URL 的格式

URL 的格式一般由下列 3 部分组成：

- 第一部分是协议（或称服务方式）。
- 第二部分是授权信息，由提供资源的主机 IP 地址（或主机域名地址）和端口号（有时端口号可省略）来标识。
- 第三部分是主机资源的具体地址。

URL 的一般语法格式为：

```
[protocol:][//[userInfo@]host][:port]/path[?query][#fragment]
```

其中各参数含义是：

- protocol 协议可以是 file、ftp、http、https、telnet 等；
- userInfo 部分是服务器的登录信息（可选），格式为：用户名:密码
- host 主机部分可以是主机名如 www.xxx.com，也可以是服务器 IP 地址如 xxx.xxx.xxx.xxx。
- port 端口号（可选）。
- path 路径指向服务器一个特定目录。
- query 查询字符串向服务器提供附加参数。
- fragment 片段指向远程资源的某个特定部分。

例如：

```
file:///c:/myfolder/subfolder/myfile.txt
http://www.sohu.com
http://learnland.tpddns.cn:8080/ecp/login.html
ftp://tute:123456@ftp.tute.edu.cn
```

（2）URL 的分类

URL 分为绝对 URL 和相对 URL 两种类型。

① 绝对 URL（Absolute URL）显示文件的完整路径，这意味着绝对 URL 本身所在的位置与被引用的实际文件的位置无关。例如：

```
http://learnland.tpddns.cn:8080/ecp/login.html
```

② 相对 URL（Relative URL）以包含 URL 本身的文件夹的位置为参考点，描述目标文件夹的位置。如果目标文件与当前页面（也就是包含 URL 的页面）在同一个目录，那么这个文件的相对 URL 仅仅是文件名和扩展名及后续部分。如果目标文件在当前目录的子目录中，那么它的相对 URL 是子目录名，后面是斜杠，然后是目标文件的文件名和扩展名及后续部分。例如：

```
css/mainstle.css
html/index.jsp?name=李四&password=123456
```

2. 统一资源标识 URI

统一资源标识 URI 是标识抽象或物理资源的字符序列。

URI 没有非常具体的格式，一般由模式和模式特定部分组成，模式特定部分的语法取决于所用的模式，其格式如下：

```
模式:模式特定部分[#片段标识符]
```

常用模式类型有 file、ftp、http、mailto、telnet、urn 等。

模式特定部分没有特定的语法，一般会采用一种层次结构形式，如下：

```
[//authority][/]path[?query][# fragment]
```

其中：

- authority 为授权机构，负责解析 URI 其余部分，其格式为：// [user：password @] host [：port]。
- path 为路径。
- query 为查询字符串。与路径一起的附加数据用于标识资源。对于 url 是查询字符串。
- fragment 为资源特定部分的可选标识符。

3．URL 与 URI 的区别

URL 是 URI 的子集。URL 用于标识可访问资源，URI 用于标识项目资源。URL 要使用指定的协议类型，而 URI 不涉及协议规范。

6.2 域名系统 DNS

因特网是由数亿台主机互相连接形成的全球性网络，而且因特网上连接的主机数量还在快速增长。为了实现网上的通信和资源共享，就要识别网络上的每台主机。在因特网上是通过给每台主机分配一个全网唯一的网络地址来区分每一台主机的，这个地址就是 IP 地址。但 IP 地址难以记忆，所以用户一般通过“域名”（Domain Name）去访问因特网上的主机。

6.2.1 DNS 的概念

因特网上的计算机是通过 IP 地址来定位的，给出一个 IP 地址，就可以找到因特网上的某台主机。由于 IP 地址难于记忆，又发明了域名来代替 IP 地址。因特网上主机的域名就是该主机在因特网上的唯一的名称，它与给定的 IP 地址对应。例如，天津职业技术师范大学的域名是 www.tute.edu.cn，其对应的 IP 地址为 202.113.245.1。但通过域名并不能直接找到要访问的主机，需要执行一个从域名查找 IP 地址的过程，这个过程就是域名解析。

1．域名系统的名称解析

域名系统 DNS 是指在因特网或任何一个 TCP/IP 构架的网络中查询域名或 IP 地址的目录服务系统。

DNS 是一个非常重要而且常用的系统。其主要功能是将人易于记忆的域名与不容易记忆的 IP 地址进行转换。执行 DNS 服务的网络主机称为 DNS 服务器。当接收到请求时，DNS 服务器可将一台主机的域名翻译为 IP 地址（称为“正向解析”），或将 IP 地址转换成域名（称为“逆向解析”）。大部分域名系统都维护着一个大型的数据库，它描述了域名与 IP 地址的对应关系，并且这个数据库被定期地更新。解析请求通常来自网络上的另一台需要 IP 地址以便进行路由的计算机。

2．DNS 的结构

因特网上的主机数已达数亿台，不可能由一台 DNS 服务器完成全部主机域名与 IP 地址的解析。DNS 系统采用树状层次型结构。整个 DNS 系统由多个域组成，每个域下又细分为更多的域，这些细分的域又可以再分成更多的域，不断地循环下去。每一个域最少由一台 DNS 服务器管辖，该服务器只存储其管辖域内的数据，同时向上层域的 DNS 服务器注册。标准的 DNS 域结构如图 6-1 所示。

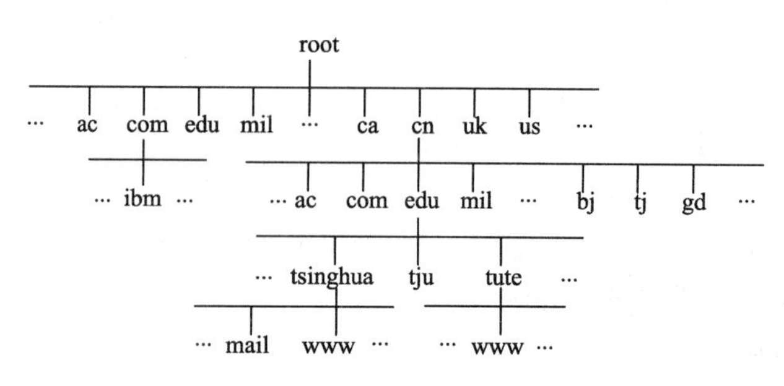

图 6-1 标准的 DNS 域结构

为了提高查询效率、便于管理及确保因特网上的每台主机的完整域名不重复，DNS 结构设计成多层，对于 4 层结构的形式分别称为根域、顶级域、二级域及主机。

（1）根域

根域是 DNS 结构的最高层，当下层的任何一台 DNS 服务器无法解析某个 DNS 域名时，可以向根域的 DNS 服务器寻求协助。理论上，只要所查找的主机按规定注册，不论位于何处，从根域的 DNS 服务器向下层查找，都可以解析出它的 IP 地址。

（2）顶级域

顶级域分为国家和地区等级域名以及通用等级域名。

国家和地区顶级域名中，各国家和地区有不同的代码，如中国的代码是 cn，英国为 uk，加拿大为 ca 等。美国原没有作为顶级域名的国家代码，从 2002 年 4 月开始使用 us 作为美国的国家域名代码。

通用等级域名中，表明网站类型的顶级域名原有 7 类，分别是 ac、com、edu、mil、gov、net、org。后来因网站数目增加太快，原有域名资源日益枯竭，Internet 名称和号码分配公司（ICANN）2000 年 11 月批准新增 7 个顶级域名：biz、info、name、pro、museum、coop、areo，所以现在已有 14 个网站类型的顶级域名，网站可以根据实际情况选择某个类型做自己网站的域名。通用顶级域名类型如表 6-2 所示。

表 6-2 通用顶级域名类型

序号	域名	应　用	序号	域名	应　用
1	ac	学术单位	8	biz	商业组织
2	com	公司	9	info	信息服务
3	edu	教育部门	10	name	个人域名
4	mil	军事部门	11	pro	律师、医生等专业人员
5	net	网络公司	12	areo	航运公司、机场
6	gov	政府部门	13	coop	商业合作组织
7	org	非营利组织	14	museum	博物馆及文化遗产组织

中国国内企事业单位网站既可以申请注册以 cn 为顶级域名的国内域名，也可以申请注册以公司等类型域名为顶级域名的国际域名。

（3）二级域

第二层域是 DNS 系统中最重要的部分。二级域名是可以自由申请的，但必须是唯一的。例如，

IBM 公司申请了域名 ibm.com，其他公司就不能再申请同样的域名。

二级域在我国分为按行政区域名和类别域名两种方式。例如，天津职业技术师范大学的网站 www.tute.edu.cn 以网站类别做二级域名，其中二级域名为.edu，表明这是一个教育单位的网站。再如，天津热线的网站 www.online.tj.cn 以行政区域做二级域名，其中二级域名.tj，表明行政区域为天津。目前我国行政区域域名共 34 个，如.bj 为北京、.gd 为广东等。

（4）主机

主机是最后一层，由各个域的管理员自行建立，不需要通过域名的管理机构。例如，天津职业技术师范大学的 www.tute.edu.cn、新浪公司的 www.sina.com.cn、ftp.sina.com.cn 以及 username.sina.com.cn 等主机名，不再需要申请。

域名最多可以有 5 级，最少有 2 级。例如，联想集团的域名为 www.lenovo.com.cn，包含 4 级；IBM 公司的域名是 www.ibm.com，只有 3 级。以 3 级（以网站类型做顶级域名）或 4 级（以国家和地区为顶级域名）者占绝大多数。

目前，国际域名的注册和解析工作是由因特网信息中心 InterNIC 负责，该机构委托网络解析公司（Network Solutions）负责日常的经营活动。国内域名则由中国互联网络信息中心（China Internet Network Information Center，CNNIC）负责维护和解析工作。

6.2.2　DNS 的查询过程

当因特网用户打开浏览器，输入一个网址（域名）时，并不知道该域名所对应的是哪一台主机，因此向 Internet 的 DNS 服务器发出查询请求。DNS 服务器将查询到的 IP 地址返回给用户的计算机，用户计算机就可以根据 IP 地址连接要访问的主机。

DNS 的查询过程分为两部分：第一部分是在本机的查询以及到本机指定的 DNS 服务器的查询，这一部分包括了客户端本身及客户端对服务器的查询；第二部分是到其他 DNS 服务器的查询，这一部分属于服务器和服务器之间的查询。

1．客户端及客户端对服务器的查询

当用户输入要访问网站的完整域名后，操作系统调用解析程序。

（1）客户端的查询

解析程序在客户端的查询过程如下：

解析程序首先在本机的高速缓存内检查有无该域名的记录，是否能找到该域名的 IP 地址。如果能找到，则将此 IP 地址传给应用程序；如果找不到，则转到下一步。

解析程序去检查本机文件，查看有否该域名的记录。如有则找到该域名的 IP 地址并传给应用程序；如果找不到，则转到对服务器的查询。

（2）客户端对服务器的查询

在本机查询不到的情况下，客户端到本机指定的 DNS 服务器查询。其查询过程如下：

DNS 服务器收到查询的请求后，首先检查该域名是否属于本服务器管辖区域。到本服务器的区域文件中查找，如找到将 IP 地址反馈给客户端；如果找不到，则执行下一步。

DNS 服务器查找本机的高速缓存，检查有无该域名的记录，是否能找到该域名的 IP 地址。如找到将 IP 地址反馈给客户端；如果找不到，则执行服务器和服务器之间的查询。

2. 服务器和服务器之间的查询

服务器和服务器之间的查询采用迭代查询的方法。

当本机指定的 DNS 服务器在自身管辖区域查找不到域名的 IP 地址时，首先询问根域的 DNS 服务器，查找到顶级域的 DNS 服务器，再到顶级域的 DNS 服务器查找到第二层域的 DNS 服务器，如此反复，最后查找到该域名的 IP 地址。

3. 完整的查询过程

以用户要访问域名为 www.tute.edu.cn 网站为例，DNS 系统查询域名对应的 IP 地址的完成过程如图 6-2 所示。

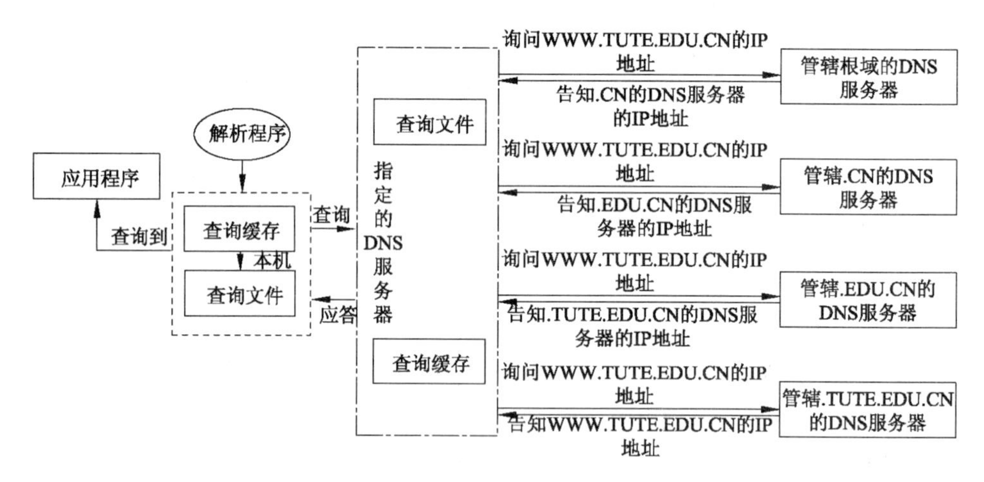

图 6-2 DNS 系统查询域名对应的 IP 地址的完成过程

需要注意的是，并不是所有主机的操作系统都有本地主机的查询功能；DNS 服务器之间的查询是通过指定的 DNS 服务器逐层查询，并且把每一层得到的答案缓存起来。

6.2.3 域名的注册

中国企事业单位既可以申请国内域名，也可以申请国际域名。

1. 域名注册

中国企事业单位网站注册国内域名可通过 CNNIC 注册（网址为 http://www.cnnic.net.cn），也可通过 CNNIC 域名注册申请授权代理来完成。

中国企事业单位也可申请国际域名，以便将自己的网站推向世界。申请国际域名可以通过 CNNIC 实现，也可以通过 InterNIC（网址为 http://www.internic.net）或国际域名注册申请代理来进行。但应注意，在中国境内接入中国因特网而注册的国际域名必须要在 CNNIC 登记备案。

域名注册可以在上述机构或授权代理公司的网站上进行，注册的方法和步骤在网页上都有十分详细的提示和解释，只要按提示的步骤一步步去做就可以完成申请和注册。在网上申请注册后有时还需要提交相关的书面文件，交纳一定的注册费用（在不同的机构或公司注册所需的费用有可能不同）。在 CNNIC 申请注册域名的申请人可以采用 WWW、电子邮件、传真、邮寄和来访等方式提出注册申请。

2. 通用网址

通用网址技术是一种基于域名基础之上、专用于 WWW 浏览的访问技术。它通过建立通用网址与网站地址 URL 的对应关系，有效地降低了域名体系的复杂性，是实现浏览器访问的一种便捷方式。访问者不用记忆或输入 http://、www、.com、.net 等复杂、冗长的英文域名，只要在浏览器网址栏中输入通用网址（企业、产品、品牌的名称或拼音）就可以直达目标网站。

通用网址提供了 4 种访问方式：

① 中文网址：输入企业、产品的全称或简称即可直达目标，如输入“联想集团”，可以直接到达联想集团公司的网站。

② 英文网址：输入 IBM 即可访问 IBM 的网站。

③ 拼音网址：输入拼音、拼音字头如 QJD，就可访问全聚德集团的网站。

④ 数字网址：输入企业的电话号码、股票代码即可直达相应的网站。

6.3　超文本传输协议 HTTP

超文本传输协议 HTTP 并不复杂，但由于应用比较广泛所以显得特别重要。谈到 HTTP 首先需要了解另一个相关的概念——万维网（WWW）。正是由于万维网概念和技术的出现，使得网络应用成为了人们生活的一部分。

视频 6-1　超文本传输协议 HTTP

6.3.1　万维网 WWW

万维网起源于 1989 年欧洲核子研究组织 CERN。CERN 有几台加速器分布在若干大型科研机构。这些机构中的科学家来自开展了粒子物理学研究的世界各地。这些由遍布全球的研究人员组成的队伍进行的合作，需要经常收集时刻变化的报告、蓝图、绘制图、照片和其他文献。在传统的文件系统中，参考不同的文件是通过完整地复制这些文件到自己的计算机上来实现的，非常不方便，尤其不适合远距离的信息交流。科学家们期盼更简便的文档共享方法。

链接文档的万维网的最初计划是由 CERN 的物理学家蒂姆·伯纳斯·李（Tim Berners-Lee）于 1989 年 3 月提出的。伯纳斯·李是一位富于想象力的研究人员。他想设计一个软件能在实验室成员的文件之间建立一种非常容易掌握的联系方式。当某个人需要了解另一个人的工作时，他不必把对方的文件复制到自己的计算机上，而只要“链接”到对方的计算机上就行。而且，每一个人也都可以在不同的地方建立自己的网页，然后把这些网页“链接”起来。

第一个基于文本的原型于 18 个月后运行。1991 年 12 月在得克萨斯州的 SanAntonio 91 超文本会议上进行了一次公开演示。接着，他又开发了超文本服务器（Hypertext Server）代码，并使之适用于因特网。超文本服务器是一种存储超文本置标语言（Hypertext Transfer Protocol，HTML）文件的计算机，其他计算机可以连入这种服务器，并读取这些 HTML 文件。

接着，CERN 和麻省理工学院签订协议建立万维网集团，其网址为 http://www.w3.org。这是一个致力于进一步发展信息网、标准化协议并鼓励站点间互操作性的组织，由伯纳斯·李任主管。从那以后，数百所大学和公司加入了该集团。

今天，人们把 WWW 称为万维网，其含义是指通过 HTTP 协议链接起来的无数 Web 服务器中的网页资源。万维网是一种特殊的结构框架，它的目的是访问遍布在因特网上数以万计的机器上的链接文件，是目前因特网上使用最广泛的应用之一。它像一个无比巨大的虚拟网络，将全世界连接在一起。万维网的出现，强有力地推动了因特网走向商业的速度，并提升了它的知名度。从此，因特网向全世界迅速蔓延，成为信息时代的新宠儿。伯纳斯·李因此被称为万维网之父。

6.3.2 HTTP 协议的基本原理

HTTP 是位于 TCP/IP 协议体系结构中的应用层协议。每天通过浏览器浏览的网页实际就是使用 HTTP 协议在因特网中的 Web 服务器和浏览器之间传输的。

HTTP 采用 C/S 模式。客户端是用户运行应用程序的 PC 或工作站，在需要时首先提出服务请求。服务器则是用来提供 Web 服务的高性能计算机。在用户需要浏览某台 Web 服务器中的网页文件时，就打开一个 HTTP 会话，并向远程服务器发出 HTTP 请求。接到请求信号后，服务器产生一个 HTTP 应答信息，并发回到客户端浏览器。

1. HTTP 的工作过程

下面通过分析客户端和服务器端的操作过程，来理解 HTTP 是如何工作的。

（1）客户端

万维网的文档常简称为页面（Page）。每一页面可以包含到世界上任何地方的其他相关页面的链接。用户可以跟随一个链接（如单击）到所指向的页面，这一过程可被无限重复。这种通过超链接（Hyperlink）指向其他页面的文档称为超文本（HyperText）。这里超文本的含义是，传输的信息内容可以是数字化的文字、图形和声音等各种媒体形式，而且传送的网页文件之间是通过超链接的形式链接在一起的。

超文本的页面通过安装在客户计算机中的浏览器（Browser）的程序来观察。微软公司的 IE 是目前最流行的浏览器。浏览器取来所需的页面，解释其所包含的文本和格式化命令，并以适当的格式在屏幕窗口上显示该页面。新的一页可能和前一页在同一台机器上，也可能在与浏览器主机相隔半个地球另一边的机器上，用户是不会察觉的。取来页面由浏览器完成，无须从用户那里得到任何帮助。通常用户已访问过的链接可能以另一种颜色下画线显示，以区别于那些未浏览的链接。

（2）服务器端

网站服务器也称 Web 服务器。每个服务器站点都有一个服务监听 TCP 80 端口，看是否有从客户端浏览器来的连接请求。在连接建立起来后，每当客户端发出一个请求，服务器就发回一个应答，然后释放连接。定义合法的请求与应答的协议就是 HTTP 协议。HTTP 协议的执行过程如图 6-3 所示。

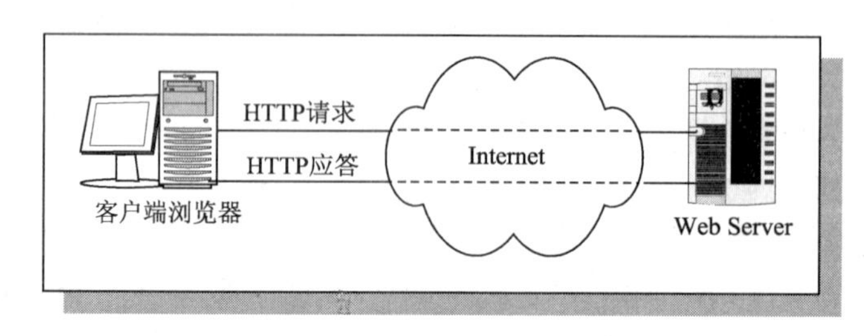

图 6-3　HTTP 协议的执行过程

例如，当用户输入了一个统一资源定位符（URL）地址 http://www.w3.org/Protocols ，或仅单击了某条正文或一个图标，它指向该页面。其工作流程简述如下：

① 浏览器确定 URL。

② 浏览器向 DNS 服务器询问 www.w3.org 的 IP 地址（关于 DNS 参见本章 6.2 节）。

③ DNS 服务器以 128.30.52.100 应答。

④ 浏览器和 128.30.52.100 的 80 端口建立一条 TCP 连接。

⑤ 128.30.52.100 指派一个临时端口继续保持与该浏览器的连接，释放它的 80 端口。

⑥ 浏览器发送获取 Protocols 网页的 GET 命令。

⑦ www.w3.org 服务器发送 Protocols 网页文件。

⑧ 浏览器显示 Protocols 网页中的所有正文。

⑨ 浏览器取来并显示 Protocols 网页中的所有图像。

⑩ 浏览器访问结束，释放与 www.w3.org 服务器的 TCP 连接。

在客户端浏览器上看到的浏览命令的执行结果如图 6-4 所示。

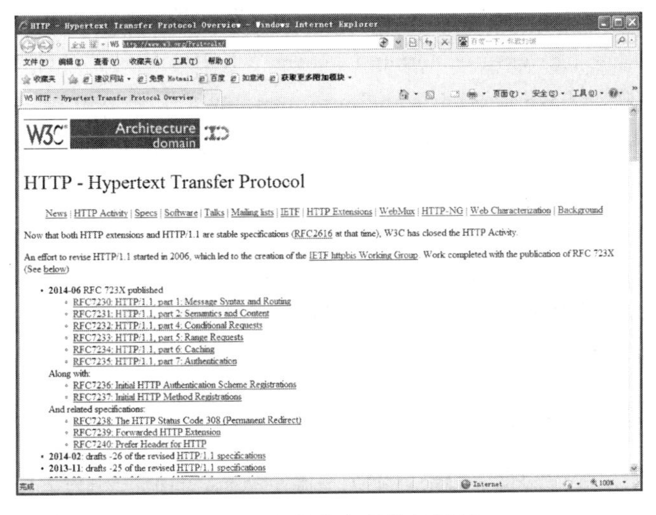

图 6-4　浏览命令的执行结果

在浏览器屏幕底部的状态栏里显示出当前正在执行的状态。通过这种方式，当性能不佳时，用户可以判断是由于 DNS 无响应、服务器无响应还是因为页面传输时网络拥塞引起的。

HTTP 是一种通用协议，除了 Web 服务外，通过对请求操作的扩充，也可以广泛用于域名服务器和企业管理信息系统；还可用于用户软件、网关或其他因特网/内联网应用系统之间的通信，从而可实现各类应用资源超媒体访问的集成。资源标识是 HTTP 的核心问题，在 HTTP 中通过统一资源定位器 URL 来标识被操作的资源，其输入格式为：http:// www.w3.org。

2. HTML

伯纳斯・李发明了 HTML。这是一种文档生成语言。它包括一套定义文档结构和内容类型的标记，这套编码描述了文档内文本元素之间的关系。目前大多数 WWW 上的文档都采用 HTML。HTML 具有以下特点：

① 标记：HTML 是一系列标准化的标记的集合。

② 超文本：HTML 文档是可以描述各种媒体表达的文档。

③ HTML 是网页设计者和 Web 浏览器之间的桥梁。

（1）HTML 文档基本结构

一个 HTML 文档一般以<Html>开始，以</Html>结束。前面是文档的头标记段，头标记段可以省略，后面是文档的主体内容段，大部分标记都是成对表示。HTML 文档的一般结构可以用图 6-5 所示。其中文档头的部分可以省略。

图 6-5 所示中左侧为 HTML 标记和结构，右侧为标记说明。在 HTML 文档中，常用标记不是很多，所以记忆和使用都比较方便。

标　记	注　释
<Html>	表示HTML文档的开始
<Head>	文档头开始标记
<Title>	标题开始标记
标题内容	在此输入标题
</Title>	标题结束标记
</Head>	头结束标记
<Body>	页面主体开始标记
页面主体内容	输入页面上显示的内容
</Body>	页面主体结束标记
</Html>	HTML文档结束标记

图 6-5　HTML 文档的一般结构

（2）XML

HTML 虽然简单，但其最大的缺点是只能描述静态网页的显示格式与样式，既不能对网页内容进行描述，也无法构建和后台数据库相连接的动态网页。可扩展置标语言（Extensible Markup Language，XML）就是在这种背景下产生的。

XML 是由万维网联盟（World Wide Web Consortium，W3C）于 1998 年 2 月发布的一种标准，它以一种开放的自我描述方式定义了数据结构。在描述数据内容的同时 XML 能突出对结构的描述，从而体现出数据之间的关系。XML 包括一组基本规则，利用这些规则任何人都可创建针对自己应用领域的置标语言。

XML 的核心思想是将文档的内容、结构和表现形式独立并清晰地描述，是用来对信息进行自我描述的语言。现在，在万维网世界，XML 扮演了“国际语言”角色，为网络用户提供了定义各行各业的“专业术语”的工具。

6.3.3　有状态协议与无状态协议

有状态协议是指协议工作的每一时刻处于某一确定状态，直到一相关事件发生，协议的工作状态才转到下一个确定状态。此时协议数据单元的处理者可通过协议本身信息识别前后协议数据单元之间的相关性。面向连接的 TCP 就是一个“有状态”协议。其协议本身信息的源端口号、目的端口号、序列号、标志、检验和等信息唯一确定了该协议数据单元的状态，用这些状态信息，协议本身可处理传输层的事务性任务，进而在传输层内维护了数据通信的完整性。

无状态协议是指不能根据协议自身信息识别协议数据单元之间的相关性。HTTP 就是一个无状态协议，同一个客户端第二次访问同一个服务器上的页面时，服务器无法知道这个客户端曾经访问过，服务器也无法分辨不同的客户端。HTTP 的无状态特性简化了服务器的设计，使服务器更容易支持大量并发的 HTTP 请求，但也使得 HTTP 协议本身不能进行事务性维护，这就要求网络应用程序只能从 HTTP 协议数据单元所携带的数据中搜索事务性相关信息并进行事务维护，这显然给网络应用程序事务处理增加了更多的负担。

6.3.4　HTTP 的持续性连接与非持续性连接

在一个 C/S 体系结构的应用中，客户端与服务器端的通信往往是在一段时间内不断的交互（请求/响应）。当这一通信采用的是面向连接的通信时，是在每一次交互建立一个单独的连接，还是在所有的交互中建立一个连接，这是面向连接通信应用程序必须面对的问题。若是采用前者，则称应用程序使用了非持续性连接，而后者则称为持续性连接。

采用持续性连接与非持续性连接对应用程序的执行性能和网络利用率都有很大影响。对于非持续性连接，客户端与服务器端的每一次“请求/响应”都要建立连接与传送通信数据。当C/S之间的交互比较频繁时，多次连接建立的处理开销是极为可观的，尤其是对于服务于成百上千客户端请求的服务器来说，更是不堪重负。而对于持续性连接，一旦客户端发起了同服务器的交互操作，连接就始终保持，直到客户端断开连接。在这一方式下，服务器对已连接的客户端的响应最为迅速，但由于会一直占用网络资源，而会造成网络利用率的降低。

HTTP 1.1 协议同时支持可持续性连接与非持续性连接。默认模式下，HTTP采用持续性连接的管道模式，且设置连接超时。在超时时间到时，若连接上仍没有数据传送，服务器则关闭连接。HTTP 2 [RFC 7540]目前支持持续性连接下多请求与应答的交叉传送，并支持消息的优先级传送机制。

当HTTP协议工作在非持续性连接模式时，每一个HTTP请求都打开一个单独的TCP连接。此时服务器端应用程序根据HTTP协议数据单元进行上下文相关的操作就会产生困难。即使HTTP协议工作在持续性连接模式下，出于效率方面的原因，Web服务器也不维护客户的上下文操作状态信息，在使用HTTP协议实现应用层数据通信时，网络应用程序仍然存在应用层事务处理困难的问题。因此，为维护HTTP协议的上下文会话操作，网络应用程序就需要引入会话跟踪机制，这些内容将在本章6.3.7节讨论。

6.3.5 HTTP的请求类型与实施方法

HTTP协议工作在C/S体系结构之下。为便于服务器针对不同类别请求处理任务的软件实现和处理流程控制，在客户端向服务器发送请求时，引入了“请求类型”机制。

1. HTTP的请求类型

HTTP的请求类型是HTTP客户端通知Web服务器做出特定类别任务处理的类型。HTTP协议有如下主要请求类型：

- GET类型：通过URL，获取服务器相应资源或服务响应。
- HEAD类型：类似于GET请求，只不过返回的响应中没有实体数据，用于获取报头。
- POST类型：请求服务器对上传数据做出处理响应。
- PUT类型：请求服务器对上传数据做出存储处理，若资源存在则被覆盖。
- DELETE类型：请求服务器删除指定资源。
- CONNECT类型：连接代理服务器。
- TRACE类型：用于回环测试的请求。
- OPTIONS类型：请求选项信息，用于获取服务器端配置信息。

2. HTTP请求的实施方法

HTTP客户端发出服务请求大多是通过浏览器发出的。在此情形下，浏览器可通过如下方式发出服务请求：

- 通过浏览器地址栏或页面中的超链接以URL的方式发出请求，此时请求类型被设置为GET类型。

- 通过页面中的表单发出请求，此时，请求类型可通过表单属性 Method 设置。最常用的请求类型就是 GET 类型与 POST 类型。当 Method 属性设置为 GET 时，表单域被组织成查询串，附加在 Action 属性值 URL 的后面。而当 Method 属性设置为 POST 时，表单域被组织成 HTTP 协议数据单元的实体部分，而非附加在 Action 属性值 URL 后面的查询串。
- 通过浏览器执行页面的 JavaScript 脚本代码发起 HTTP 请求。此时可通过同步或异步方式发出服务请求，类型可通过 Method 参数设置，常设为 GET 或 POST。
- 通过高级语言开发的网络应用程序发出 HTTP 请求。

6.3.6 HTTP 的报文格式

HTTP 报文，即 HTTP 协议数据单元。为分别完成请求与响应，HTTP 包括两类报文：

- 请求报文：从客户端发向服务器的报文，其格式如图 6-6（a）所示。
- 响应报文：从服务器发向客户端的报文，其格式如图 6-6（b）所示。

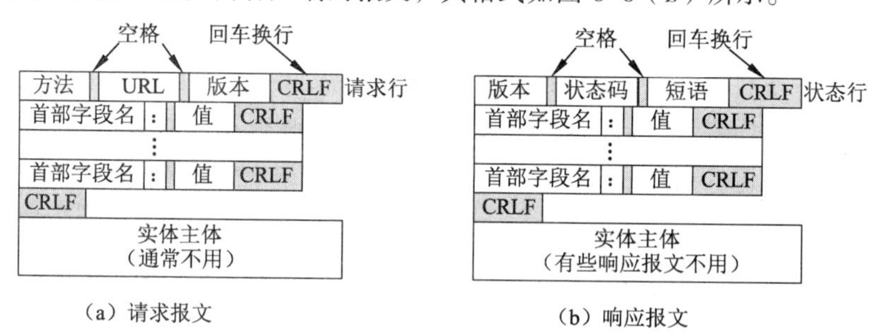

图 6-6 HTTP 协议报文格式

HTTP 报文由首部和数据两部分组成，其中首部是 ASCII 编码的文本数据（包括首行与头字段两部分），而数据部分（实体主体）可以是混合类型的数据。

1. 请求报文格式

一个 HTTP 请求报文由请求行（Request Line）、请求头部、空行和请求数据 4 部分组成。

（1）请求行

请求行由请求方法字段、URL 字段和 HTTP 协议版本字段 3 个字段组成，它们用空格分隔。例如，GET /index.html HTTP/1.1。

对于 GET 请求，请求参数和对应的值附加在 URL 后面，利用一个问号“?”代表 URL 的结尾与请求参数的开始，传递参数长度受限制。例如，/index.jsp?id=100&op=bind。

当客户端给服务器提供信息较多时可以使用 POST 方法。POST 方法将请求参数封装在 HTTP 请求数据中，以名称/值的文本形式出现，而对于文件数据，则附加在参数后面，并可采用二进制编码。

（2）请求头部

请求头部由关键字/值对组成，每行一对，关键字和值用英文冒号“:”分隔。请求头部通知服务器有关于客户端请求的信息，典型的请求头有：

- User-Agent：产生请求的浏览器类型。
- Accept：客户端可识别的响应内容类型列表；星号“*”用于按范围将类型分组，用“*/*”指示可接收全部类型，用“type/*”指示可接收 type 类型的所有子类型。

- Accept-Language：客户端可接收的自然语言。
- Accept-Encoding：客户端可接收的编码压缩格式。
- Accept-Charset：可接收的应答的字符集。
- Host：请求的主机名，允许多个域名同处一个 IP 地址，即虚拟主机。
- connection：连接方式（close 或 keepalive）。
- Content-Type：设置请求实体的 MIME 类型（适用 POST 和 PUT 请求）。
- Content-Length：设置请求实体的字节长度（适用 POST 和 PUT 请求）。
- Cookie：存储于客户端扩展字段，向同一域名的服务端发送属于该域的 Cookie。

（3）空行

最后一个请求头之后是一个空行，发送回车符和换行符，通知服务器以下不再有请求头。

对于一个完整的 HTTP 请求来说空行是必需的，否则服务器会认为本次请求的数据尚未完全发送到服务器，处于等待状态。

（4）请求数据

请求数据不在 GET 方法中使用，而是在 POST 方法中使用。POST 方法适用于需要客户填写表单的场合。与请求数据相关的最常使用的请求头是 Content-Type 和 Content-Length。

2. 响应报文格式

HTTP 响应报文主要由状态行、响应头部和响应正文 3 部分组成。

（1）状态行

状态行由 3 部分组成，分别为：协议版本、状态码和状态码描述，之间由空格分隔。

状态代码为 3 位数字，200～299 的状态码表示成功，300～399 的状态码指资源重定向，400～499 的状态码指客户端请求出错，500～599 的状态码指服务端出错。

（2）响应头部

与请求头部类似，为响应报文添加了一些附加信息。常用的响应头有：

- Location：Location 响应报头域用于重定向接收者到一个新的位置。例如，客户端所请求的页面已不存在原先的位置，为了让客户端重定向到这个页面新的位置，服务器端可以发回 Location 响应报头后使用重定向语句，让客户端去访问新的域名所对应的服务器上的资源。
- Server：Server 响应报头域包含了服务器用来处理请求的软件信息及其版本，如 Server、Apache/2.4.1（UNIX）。它和 User-Agent 请求报头域是相对应的，前者发送服务器端软件的信息，后者发送客户端软件（浏览器）和操作系统的信息。
- Vary：指示下级缓存服务器需要按列出头字段列表做缓存和筛选响应处理。
- Connection：连接方式，包括 close 和 keepalive。对于请求来说，close 告诉 Web 服务器，在完成本次请求的响应后，断开连接，不等待本次连接的后续请求了；keepalive 告诉 Web 服务器，在完成本次请求的响应后，保持连接，等待本次连接的后续请求。对于响应来说，close 表示连接已经关闭；keepalive 表示连接保持着，在等待本次连接的后续请求。
- WWW-Authenticate：标识访问请求实体的身份验证方案，如 WWW-Authenticate: Basic。WWW-Authenticate 响应报头域必须被包含在 401（未授权的）响应消息中，这个报头域和 Authorization 请求报头域是相关的，当客户端收到 401 响应消息，就要决定是否请求服务器对其进行验证。如果要求服务器对其进行验证，就可以发送一个包含了 Authorization 报头域的请求。

6.3.7 HTTP 的会话跟踪机制

HTTP 是“无状态”协议，在非持续性连接下，浏览器每次下载 Web 页面，都打开到 Web 服务器的单独的连接，且服务器也不自动维护客户的上下文信息。即使在持续性连接下，Web 服务器也没有提供维护上下文信息的内建支持。上下文的缺失引起许多困难。例如，在线商店的客户向购物车中加入商品时，服务器如何知道购物车中已有何种物品？客户结账时，服务器如何确定之前的购物车中哪些物品属于此客户？由于 HTTP 协议的无状态性，服务器端应用程序处理这些问题异常复杂困难。

为区别不同客户的应用事务，需要对不同的客户事务进行会话跟踪，通常可有如下 3 种解决方案：Cookie、URL 重写和隐藏表单域。

1. Cookie

Cookie 是在客户机上存储在小的文本文件中的数据。正统的 Cookie 分发是通过扩展 HTTP 来实现的，服务器通过在 HTTP 的响应头中加上一行特殊的指示以提示浏览器按照指示生成相应的 Cookie。然而纯粹的客户端脚本如 JavaScript 或者 VBScript 也可以生成 Cookie。利用 Cookie 实现某种凭证数据在服务器和客户端之间的往来，进而协调服务器对客户端的事务响应处理。

Cookie 的内容主要包括名字、值、过期时间、路径和域。

路径和域定义了 Cookie 的作用范围，当这一范围大于或等于请求的资源范围时，浏览器就将 Cookie 随同资源请求报文发送给服务器。过期时间可省略，这样的 Cookie 称为会话 Cookie，它在浏览器关闭之前一直有效，只存储于内存，不存储到客户机的磁盘上。会话 Cookie 除为服务器应用程序提供客户信息之外，还可用于会话跟踪。有过期时间的 Cookie 则存储于客户机磁盘上，在 Cookie 过期前，在浏览器将来访问 Cookie 作用范围的网站提供客户信息。

以网上购物应用为例，可以使用 Cookie 存储购物会话的账号（Identity Document，ID），在后续连接中，服务器从请求头的 Cookie 字段取出购物会话 ID，并使用这个 ID 查找表（Lookup Table）中提取出会话的相关信息。这里用到两个表：将会话 ID 与用户关联起来的表和存储用户具体数据的表。下面 Java Servlet 代码片段给出了创建用于会话跟踪的 Cookie 示例。

```
String sessionID = makeUniqueString();
HashMap sessionInfo = new HashMap();
HashMap globalTable = findTableStoringSeesion();
globalTable.put(sessionID,sessionInfo);
Cookie sessionCookie = new Cookie("JSESSIONID",sessionID);
sessionCookie.setPath("/");
response.addCookie(sessionCookie);
```

使用 Cookie 实现会话跟踪存在局限性，有些浏览器可能不支持 Cookie。即使支持 Cookie，也可能被客户端用户禁用，使得基于 Cookie 的会话跟踪无法实现。

2. URL 重写

URL 重写是在每个 URL 的尾部添加一些额外数据，这些数据标识当前的会话。服务器将这个标识符与它存储的用户相关数据关联起来。以 http://host/path/file.html;jsessionid=a1234 为例，

jsessionid=a1234 作为会话的标识符附加在 URL 的尾部，值 a1234 就是唯一标识与用户相关联的数据表的 ID。

URL 重写是比较好的会话跟踪解决方案，但对 URL 附加的数据必须使用活动页面处理，整个网站都需要使用活动页面（至少静态页面中不能有任何链接到站点动态页面的链接）。如果用户离开了会话并通过书签或链接再次回来，会话的信息会丢失，因为存储下来的链接含有错误的标识信息。

3. 隐藏的表单域

HTML 表单中可以有隐藏输入域，如：

```
<INPUT TYPE = "HIDDEN" NAME = "session" VALUE = "a1234">
```

利用隐藏表单域可以存储有关会话信息。其缺点是：仅当每个页面都是由表单提交且是提交给活动页面时，才能使用这种方式。这种方式不能支持通常的会话跟踪，只能用于一系列特定的操作中，比如在线商店的结账过程。

一般 Web 开发 API 都提供高层会话跟踪解决方案，这种高层会话跟踪解决方案为用户编写基于事务的会话跟踪处理程序提供了更为方便和高效的手段，免去了很多低层的烦琐处理细节。如 Servlet API 提供了 HTTPSession 接口，它构建在 Cookie 或 URL 重写之上。每一 Java Web 应用程序服务器都会实现这一接口，用户只需通过 HTTPRequst 对象的 getSession()方法即可获得 HTTPSession 对象。通过 HTTPSession 的 getAttribute()、setAttribute()、removeAttribute()、invalidate()、setMaxInactiveInterval()等方法就可轻松实现会话处理任务。

6.4　文件传输协议 FTP

在因特网诞生的初期，文件传输协议 FTP 就已经被应用在文件传输服务上，并且占有大部分的数据流量。FTP 是一种实时的联机服务，其功能是用来在两台计算机之间互相传送文件。FTP 采用 C/S 模式，在客户端和服务器之间使用 TCP 协议建立面向连接的可靠传输服务。FTP 协议要用到两个 TCP 连接，一个是控制连接，使用端口 21，用来在 FTP 客户端与服务器之间传递命令；另一个是数据连接，使用端口 20，用来从客户端向服务器上传文件，或从服务器下载文件到客户端计算机。

使用 TCP 的可靠传输服务，无论两台加入因特网的计算机相距多远，只要两者都支持 FTP 协议，就能进行文件传送。

在整个交互的 FTP 会话中，控制连接始终是处于连接状态；数据连接则在每一次文件传送时先打开然后关闭，即当用户开始 FTP 会话时，控制连接就打开，在控制连接处于打开状态时，若传送多个文件，则数据连接可以打开和关闭多次。

6.4.1　FTP 的连接

FTP 协议的控制连接与数据连接采用不同的策略和端口号。

1. 打开控制连接

打开控制连接有两步：

① 服务器在熟知端口 21 发出被动打开，等待客户。

② 客户端使用短暂端口发出主动打开。

在初始连接建立后，服务器进程就创建一个子进程，并给该子进程指派使用短暂端口向客户机提供服务的责任。打开控制连接的过程如图 6-7 所示。

2. 创建数据连接

创建数据连接可以通过以下步骤：

① 客户端使用短暂端口发出被动打开。

② 客户端使用 PORT 命令将这个端口号发送给服务器。

③ 服务器收到此端口号，并使用熟知端口 20 和收到的端口号发出主动连接。

创建数据连接的过程如图 6-8 所示。

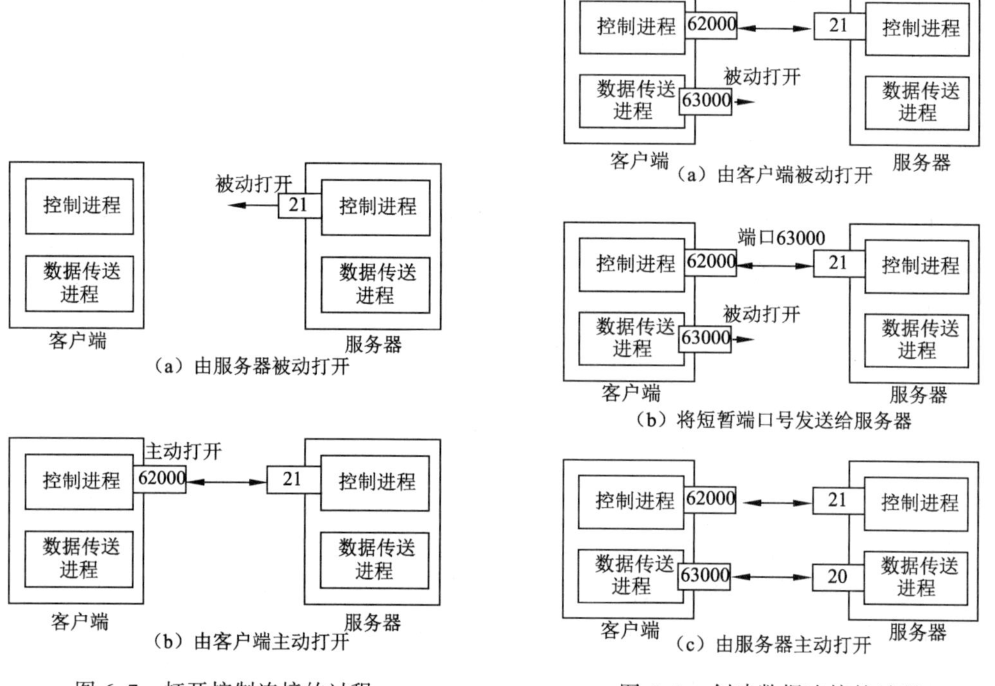

图 6-7 打开控制连接的过程

图 6-8 创建数据连接的过程

6.4.2 FTP 的数据通信

FTP 通过数据连接来传送数据，客户必须定义要传送的文件类型、数据结构及传输方式。进行 FTP 通信的客户端与服务器，可以使用不同的操作系统、不同的字符集、不同的文件结构以及不同的文件格式。这种异构性问题是通过客户端定义文件类型、数据结构和传输方式来解决的，即在数据连接传输数据时将所传输数据按照客户端定义转换，其转换过程如图 6-9 所示。

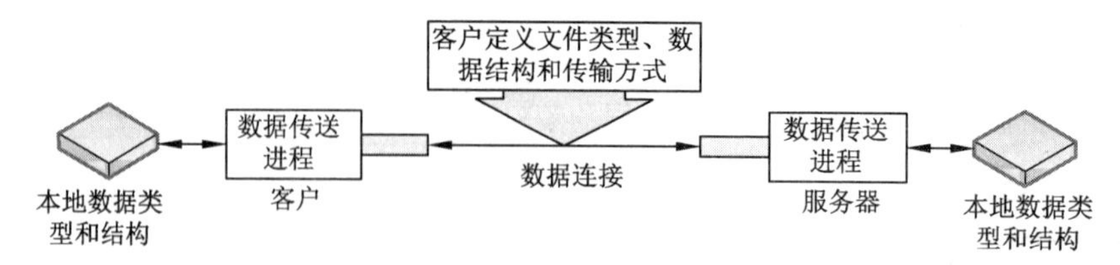

图 6-9 通过数据连接的通信

1. 文件类型

通过数据连接通信时，FTP 客户端定义的文件类型有 ASCII 文件、EBCDIC 文件和图像文件。其中 ASCII 文件为默认文件类型。

2. 数据结构

通过数据连接通信时，FTP 客户端定义的数据结构有文件结构、记录结构和页面结构。其中文件结构为默认数据结构。

3. 传输方式

通过数据连接通信时，FTP 客户端定义的传输方式有流方式、块方式和压缩方式。其中流方式为默认传输方式。

4. 通信类型

根据所使用的账户的不同，将 FTP 通信分为授权通信和公共通信两类。

（1）授权 FTP 通信

普通 FTP 服务有严格的权限控制，在请求传输文件前要求用户必须首先向服务器注册用户名和密码，服务器对用户名和密码进行验证，拒绝非法用户的访问。

（2）公共 FTP 通信

对于公共文件资源，FTP 提供了一种称为匿名 FTP 的访问方法。匿名 FTP 服务的实质是：提供服务的机构在其 FTP 服务器上建立一个公开账户，并赋予该账户访问公共目录的权限。

用户可使用 anonymous 作为用户名，以 guest 为密码，或者以用户的邮箱地址作为密码，建立与 FTP 服务器的会话，下载 FTP 服务器提供的共享文件。

5. 基于 Web 的 FTP 通信

早期的 FTP 应用都是基于字符模式，在 DOS 环境下应用。初学者使用起来十分不便。现在，在因特网上提供文件传输的不止是 FTP，还有电子邮件服务和 HTTP 应用等。利用电子邮件协议，可以通过“附件”功能传输各种类型的文件。使用 HTTP 协议则可通过基于网页的图形界面操作，非常简便地完成文件的上传和下载功能，直接将网上的图片、音乐、影视以及软件下载到自己的计算机中。

但如果涉及大量数据的传输还是建议使用专用的 FTP 应用软件。因为其不仅操作方便、传输效率高，而且有些 FTP 应用程序还有断点续传等非常有用的功能。现在这种应用程序很多，如 IDM（Internet Download Manager）下载器、迅雷（Thunder）和 QQ 旋风等，其中很多都有友好的中文图形化操作和显示界面，使用非常方便。

6.4.3 简单文件传输协议 TFTP

对于文件传输除 FTP 外，还有一种简单文件传输协议（Trivial File Transfer Protocol，TFTP）。顾名思义，TFTP 较之 FTP “简单”，但对于一些设备如交换机、路由器等的初始化被广泛应用。

1. TFTP 与 FTP 的不同之处

① 客户端与服务器之间使用 UDP（熟知端口是 69），而不是 TCP。

② 仅支持文件传输，没有命令集，不支持交互。

③ 不能对用户进行身份鉴别。

④ 不允许用户列出目录的内容或者与服务器进行协商来决定可用的文件名称。

2. TFTP 的优点

虽然 TFTP 比 FTP 功能弱，但有以下优点：

① 能使用在 UDP 环境，这对于 UDP 可用而 TCP 不可用的环境是有优势的。

② 代码所占空间小。

3. TFTP 的安全性

由于 TFTP 是基于 UDP 的，它不提供安全性，因此仅限于非关键文件使用。给 TFTP 增加安全的方法是使用另一个具有安全保障的应用程序，如 telnet。

4. TFTP 的应用

当对于安全性问题要求不高时，由于 TFTP 传输的快捷，用于基本的文件传送是非常有用的。它可以用于初始化一些设备，如交换机和路由器等。

6.5　电子邮件协议

据多个权威机构的统计，电子邮件（E-mail）是因特网上流行最早、最广泛的应用之一。由于其快捷、方便和低成本，深受个人和企事业用户的青睐。

在因特网上发送和接收电子邮件，实际并不是直接在发送方和接收方的计算机之间传送的，而是通过因特网服务提供商 ISP 的邮件服务器（全天 24 小时运行）作为代理环节实现的。发送方可在任何时间将邮件发送到邮件服务器中接收者的电子邮箱中并被存储起来（因此不用顾虑接收者的计算机是否打开），接收方在需要的时候检查自己的邮箱，并下载自己的邮件。电子邮件的另一个传统邮政系统无可比拟的优点是可以同时向多个以至于无数多个接收者发送电子邮件，而并不增加多少工作量和成本。目前应用比较多的电子邮件协议是 SMTP、POP3 和 IMAP4 等协议。

6.5.1　电子邮件的发送和接收

在介绍电子邮件协议之前，先介绍邮件的发送和接收过程。

1. 电子邮件地址

用户要使用电子邮件，必须先向因特网服务提供商 ISP 申请一个属于自己的邮箱地址，由用户自己确定一个用户名。一个完整的邮箱地址的格式为：用户名@ISP 邮箱的主机域名。此用户名在该 ISP 的邮件服务器上必须是唯一的，而 ISP 邮箱的主机域名必须在因特网上是唯一的。例如，jsjxiaoli@126.com 为网易邮箱的一个用户的邮箱地址。

2. 电子邮件的发送

用户发送电子邮件时，并不是将电子邮件直接发送到收信人的计算机上，而是先将邮件发送到本地（发送者所在的）ISP 邮件服务器上，由本地邮件服务器将邮件发送到收信人所在的邮件服务器上，收信人登录本人的邮件服务器时再处理他所收到的邮件。

因特网上支持发送邮件的协议是简单邮件传输协议 SMTP，而读取邮件的协议是邮局协议

POP、因特网邮件存取协议 IMAP 等。

发送邮件计算机、邮件服务器以及接收邮件计算机之间的传输过程如图 6-10 所示。

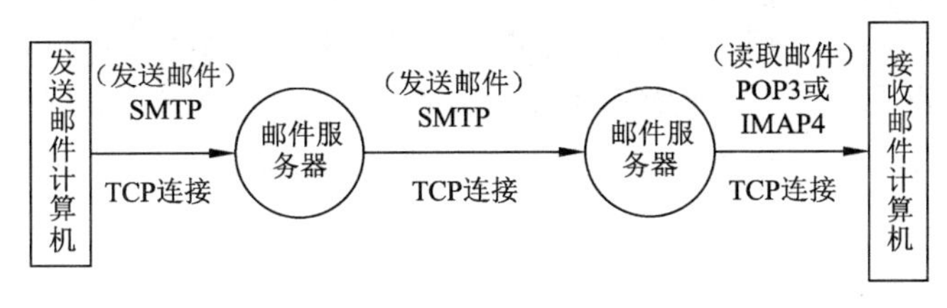

图 6-10　电子邮件传输协议

6.5.2　邮件消息格式

1. 邮件消息格式简介

电子邮件与普通邮件类似，也是包括信封和信体两部分。体现在网络传输的消息负荷上就是信头(Header)和信体(Body)数据。因特网消息格式（Internet Message Format ）[RFC 5322] 只规定了信头格式，而没有规定信体格式，用户可自由编撰邮件内容。电子邮件消息的基本格式如图 6-11 所示。

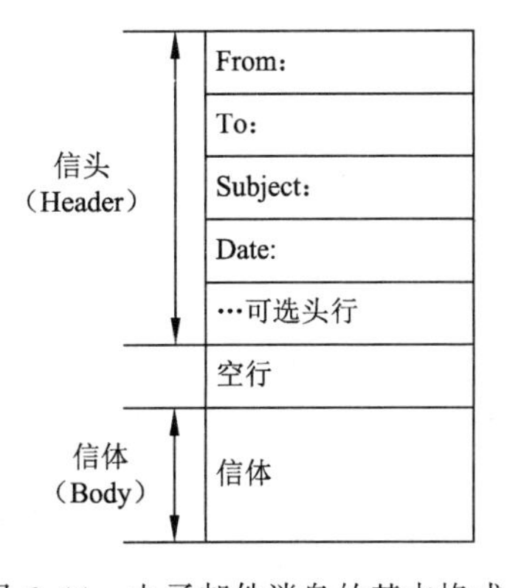

图 6-11　电子邮件消息的基本格式

邮件的头部由若干头行组成。其中包括固定头行和可选头行。头行是一文本行，文本行由关键字、冒号和冒号后的文本数据构成，并以回车换行符结束。

固定头行包括：

- From：发送者邮箱地址。
- To：接收者邮箱地址。
- Subject：邮件主题。
- Date：邮件的发信日期。

可选头行有：

- Cc：抄送，即邮件发送到额外的邮箱地址。
- Bcc：盲送，也称暗送，即不想让接收人注意到的邮件。
- Reply-To：对方回复所使用的邮箱地址。

信体部分是以 ASCII 码传送的文本内容。

2. 邮件消息格式的局限

电子邮件最初用于西方文本操作环境，传送的内容也仅是文本数据，因此其消息格式存在以下局限：

- 电子邮件本身只限于传送 ASCII 码文本数据，不能直接传送可执行文件和其他二进制对象，如声音、图形、图像和视频等数据。
- 限于传送 7 位 ASCII 码，不能传送多国语言文字。
- SMTP 拒绝传送超过一定长度的邮件。
- SMTP 的实现不完全统一。如换行处理、断行处理、尾部空格和制表符 Tab 字符处理等。

3. MIME 协议

多用途因特网邮件扩展 （Multipurpose Internet Mail Extensions，MIME）由 RFC 2045-2049 定义，它的主要目的是对传统 SMTP 协议进行扩展，以支持对二进制等多媒体数据的传送。它增加了若干头行，并定义了信体结构、支持多种编码类型和定义了非 ASCII 数据的编码规则，使得在不改变原有 SMTP 应用程序和协议的前提下，解决 SMTP 存在的若干问题。相对于 OSI 模型来说，MIME 属于表示层的协议。

（1）MIME 的消息格式

MIME 的消息格式与 SMTP 的消息格式仍保持一致，只是新增了若干信头行（有的是可选的）和信体的多体结构：

- MIME-Version：标识 MIME 的版本。
- Content-Description：对邮件主体数据的描述。
- Content-Id：邮件的唯一标识。
- Content-Transfer-Encoding：邮件主体内容数据的传送编码。
- Content-Type：邮件主体内容数据的类型和子类型。

（2）MIME 的编码类型

目前，MIME 支持 3 种内容传送编码：ASCII、Quoted-Printable 和 BASE-64。

ASCII 与原 SMTP 编码一致。

Quoted-Printable 编码适用于传送内容中存有少量非 ASCII 码的数据。这种编码的要点是除“=”外的所有可打印 ASCII 字符均不做任何改变，而“=”、不可打印 ASCII 码和非 ASCII 码数据的每个字节转换为两个十六进制数字，并在前面加上“=”。例如，汉字的“系统”的二进制编码是 11001111 10110101 11001101 10110011（共 32 位，都不是 ASCII 码），其十六进制数字表示为 CFB5CDB3。用 quoted-printable 编码表示为=CF=B5=CD=B3，这 12 个字符都是可打印的 ASCII 码。编码后的长度为 96 位，额外增加了 200%的开销。

BASE64 编码用于二进制数据的编码。其编码规则是将二进制代码划分成一个个 24 位长的单元，然后把每个 24 位单元划分为 4 个 6 位组。每个 6 位组按如下方法转换成 ASCII 码。6 位二进制编码值为 0~63，用 A 表示 0，B 表示 1，依此类推，Z 表示 25，接下来从 a 到 z26 个小写字母，再后数字 0 到 9 表示后序数字，最后用“+”表示 62，用“/”表示 63。再用两个连在一起的“==”和一个“=”表示最后一组是 8 位组，或 16 位组。回车和换行都忽略。

下面是一个 BASE64 编码的例子：

24 位二进制代码	010010010011000101111001
划分为 4 个 6 位组	010010 010011 000101 111001
对应的 64 位编码	S T F 5
用 ASCII 编码发送	01010011 01010100 01000110 00110101

不难看出，24 位的二进制代码，经 BASE64 编码后变成了 32 位，增加了 25%的开销。

（3）MIME 的内容类型

MIME 内容类型为传输的各类邮件数据提供了标识，方便了应用程序的使用和处理。MIME 标准规定 Content-Type 说明必须有两个标识，即内容类型（Type）和子类型（Subtype），中间用“/”分开。

最初的 RFC 1521 定义了 7 个基本内容类型和 15 种子类型，并支持用户自定义类型。为避免可能出现名字冲突，标准要求自定义类型名字前冠以“x-”。目前，MIME 子类型已有几百个，而且还在不断增加。现在可以在网站上查出现有 MIME 类型和子类型，以及申请新的子类型步骤。表 6-3 列出了 MIME 基本类型及部分子类型。

表 6-3　MIME 基本类型及部分子类型

内容类型	子类型举例	说明
Text（文本）	plain、html、xml、css	不同格式的文本
Image（图像）	gif、jpeg、tiff	不同格式的静止图像
Audio（音频）	basic、mpeg、mp4	可听见的声音
Vedio（视频）	mpeg、mp4、quicktime	不同格式的影片
Model（模型）	vrml	3D 模型
Application（应用）	octet-stream、pdf、javascrip、zip	不同应用程序产生的数据
Message（报文）	http、rfc822	封装的报文
Multipart（多体）	mixed、alternative、parallel、digest	多种类型的组合

邮件的 Multipart 类型扩展了 SMTP 的信体结构。使得邮件的信体可包含多个子报文部分。Multipart 类型有 4 种子类型：mixed、alternative、parallel 和 digest。

- mixed 子类型：允许单个报文有多个独立的子报文。每个子报文可以有自己的类型和编码。这使得用户可同时发送具有文本、声音、图像等多种媒体类型数据的邮件。每一子报文从一新行开始，且由两个连字符“--”后跟自定义的边界符开始。自定义边界符的方法是在 mixed 子类型名后跟“boundary=XXX”（子报文中不能出现 XXX）子串。XXX 即为边界符。整个报文用边界符“--XXX--”结束。
- alternative 子类型：允许单个报文有同一数据的多个表示。当给多个使用不同硬件或软件系统的接收者发送数据时，该子类型极为有用，如传送的文本数据可以按普通文本、富文本或 Word 格式同时传送，接收者可根据系统安装的文本编辑工具，以最便于使用的方式打开对应的邮件数据。
- parallel 子类型：允许单个报文含有可同时显示的各个子部分。例如，图像和声音子部分必须同时播放。
- digest 子类型：允许单个报文有多个其他报文的摘要。

下面是一个 MIME 邮件的例子，它包含有一个文字信函和一张照片。

```
From:XYZ@163.com
To:family@sina.com
Subject:Tour to Huangshan
MIME-Version:1.0
Content-Type:multipart/mixed;boundary=pingpang

--pingpang
Hello family:
We toured huangshan in 5-23,2018. Send some pictures to you, wish you enjoy with us!
                XYZ    5-31,2018
```

```
--pingpang
Content-Type:image/jpeg
Content-Transfer-Encoding:BASE64
      //图像数据
--pingpang--
```

6.5.3 简单邮件传输协议 SMTP

视频 6-2 简单邮件传输协议 SMTP

简单邮件传输协议 SMTP 由 RFC 5321 定义，它提供在相同和不同计算机上用户之间的邮件交换。SMTP 支持以下功能：

- 将邮件发送给一个或多个收信人。
- 发送包括字符、音频和视频的报文。
- 可以将报文发送给因特网或因特网以外网络上的用户。

SMTP 是基于面向连接的传输层协议 TCP 之上的应用，服务器端使用熟知端口号 25。因此一个邮件的发送要经过建立连接、传送邮件和释放连接 3 个阶段。

1. SMTP 命令

SMTP 是一个请求/响应协议，在 TCP 协议 25 号端口监听连接请求。SMTP 命令和响应都是基于 ASCII 文本、以命令行为单位，换行符为 CR/LF。响应信息一般只有一行，由一个 3 位数字的代码开始，后面可以附上简短的文字说明，也可以不附。SMTP 基本命令集如表 6-4 所示。

表 6-4 SMTP 基本命令集

命令	说明
HELO	向服务器标识用户身份
MAIL	初始化邮件传输
RCPT	标识邮件接收人，常在 MAIL 命令后面可有多个 rcpt to:
DATA	表示所有的邮件接收人已标识，并初始化数据传输，以“.”结束
VRFY	用于验证指定的用户/邮箱是否存在，由于安全原因，服务器常禁止此命令
EXPN	验证给定的邮箱列表是否存在，扩充邮箱列表，也常被禁用
HELP	查询服务器支持什么命令
NOOP	无操作，服务器应响应 OK
QUIT	结束会话
RSET	重置会话，当前传输被取消

2. SMTP 连接和发送过程

使用 SMTP 要经过建立连接、传送邮件和释放连接 3 个阶段，其中主要包括以下步骤：

① 建立 TCP 连接。

② 客户端向服务器发送 HELO 命令以标识发件人自己的身份，然后客户端发送 MAIL 命令。

③ 服务器端以 OK 作为响应，表明准备接收。

④ 客户端发送 RCPT 命令（标识单个的邮件接收人，常用在 MAIL 命令后面），以标识该电

子邮件的计划接收人，可以有多个 RCPT 行。

⑤ 服务器端则表示是否愿意为收件人接收邮件。

⑥ 协商结束，发送邮件。用命令 DATA（在单个或多个 RCPT 命令后，表示所有的邮件接收人已标识，并初始化数据传输，以“.”结束）发送输入内容。

⑦ 结束此次发送，用 QUIT（结束会话）命令退出。

3. 邮件路由过程

SMTP 服务器基于 DNS 中的邮件交换（Mail Exchanger，MX）记录来路由电子邮件。MX 记录注册了域名和相关的 SMTP 主机，属于该域的电子邮件都应向该主机发送。电子邮件系统发邮件时是根据收信人的地址后缀来定位邮件服务器的。下面以一个具体实例说明邮件的路由过程。为了便于理解，先将实例中用到的一些概念说明如下：

- MTA（Mail Transfer Agent）：邮件传输代理程序，负责将邮件传送到目的地。
- Sendmail：在 MTA 中最常使用的程序，是很多 UNIX 系统的标准配置。Sendmail 从发送方 SMTP 服务器接收用户的邮件并从邮件报头部分取出目的地址和源地址进行处理。
- CNAME（Canonical Name）：为别名指向。利用 CNAME，用户可以定义一个主机别名。比如，tute.abc.com 用来指向一个主机 tutemail.abc.com，那么访问 tute.abc.com，将转向到 tutemail.abc.com。
- A 记录（Address）：用来指定域名所对应的 IP 地址的记录。

例如，abc.com 域中的 DNS 服务器中设置如表 6-5 所示。

表 6-5　DNS 服务器设置

主机记录	记录类型	优先级	记录值
tute	CNAME		tutemail.abc.com
tutemail	MX	10	mailserver.abc.com
mailserver	A		201.202.3.4

实例：一个 SMTP 服务器 mail.xyz.com 收到一封要发到 asznz@tute.abc.com 的邮件。完成邮件发送的步骤如下：

① Sendmail 请求 DNS 给出主机 tute.abc.com 的解析，DNS 首先查找 tute.abc.com 的 CNAME 记录；最终迭代找到接收方 SMTP 服务器的规范主机域名。若无 CNAME 记录，则查找 tute.abc.com 的 MX 记录。

② 假定 tute.abc.com 被 CNAME 指向到 tutemail.abc.com，然后 sendmail 请求 DNS 给出 tutemail.abc.com 的 MX 记录；这一步找到接收方 SMTP 服务器的主机名 mailserver.abc.com。

③ Sendmail 最后请求 DNS 给出 mailserver.abc.com 的 A 记录，即 IP 地址，假设为 201.202.3.4；这一步找到接收方 SMTP 服务器的 IP 地址。

④ Sendmail 与 201.202.3.4 连接，传送这封给 asznz@tute.abc.com 的信到 201.202.3.4 这台服务器的 SMTP 后台程序。

SMTP 通过用户代理（User Agent，UA）程序和邮件传输代理程序 MTA 实现邮件的传输。其中，UA 完成邮件的编辑、收取、阅读等功能；MTA 则负责将邮件传送到目的地。在应用中，UA 和 MTA 实际是被整合在一起的。一些常用的邮件软件，如 Outlook Express、Windows Live Mail 等，都可以完成邮件的编辑和发送功能，避免用户使用和设置的麻烦。用户、UA 和 MTA 之间的关系如图 6-12 所示。

6.5.4 邮局协议 POP3

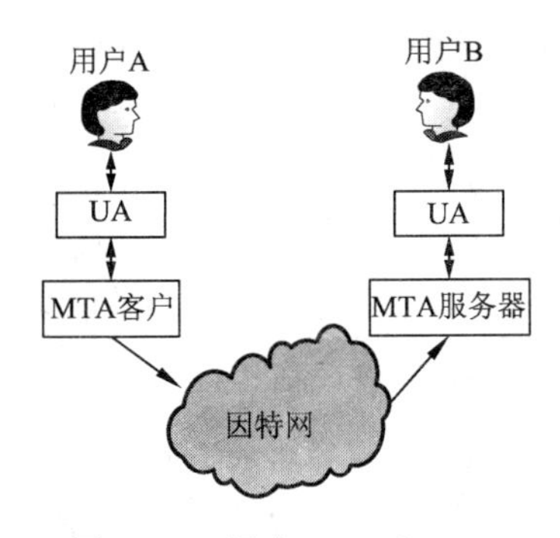

图 6-12 用户、UA 和 MTA

电子邮件的收信人使用邮局协议 POP 从邮件服务器自己的邮箱中取出邮件。POP3 即邮局协议的第 3 个版本，是因特网电子邮件的第一个离线协议标准。POP3 是与 SMTP 协议相结合最常用的电子邮件服务协议之一。目前大多数邮件服务器都支持 POP3。POP3 为邮件系统提供了一种接收邮件的方式，使用户可以直接将邮件下载到本地计算机，在自己的客户端阅读邮件。如果电子邮件系统不支持 POP3，用户则必须通过远程登录，到邮件服务器上查阅邮件。

1. POP3 命令

POP3 命令行由一个命令和一些参数组成。所有命令行以一个 CR/LF 对结束。命令和参数由可打印的 ASCII 字符组成，它们之间由空格间隔。命令一般是 3 ~ 4 个字母，每个参数可达 40 个字符长。POP3 的基本命令如表 6-6 所示。

表 6-6 POP3 的基本命令

命 令	说 明	命 令	说 明
USER	发送邮箱名	NOOP	无操作
PASS	邮箱密码	REST	删除标记的复位
STAT	服务器状态	QUIT	结束
LIST	邮件目录	TOP	显示报文报头
RETR	取邮件	APOP	邮箱、鉴别字符列的发送
DELE	删除邮件	UIDL	特殊 ID 的查询

2. POP3 的连接过程

POP3 操作开始时，服务器通过侦听 TCP 端口 110 开始服务。当客户主机需要使用服务时，它将与服务器主机建立 TCP 连接。当连接建立后，POP3 服务器发送确认消息。服务器指派一个短暂端口继续保持与客户端的连接，释放其 110 端口。客户和 POP3 服务器相互（分别）交换命令和响应，这一过程一直要持续到连接终止。

3. POP3 的工作方式

POP3 遵循存储转发机制，有下载并删除和下载并保留两种工作方式。

（1）下载并删除方式

下载并删除是 POP3 的传统方式，适合使用固定计算机阅读邮件的用户。用户在客户端与保存邮件的服务器之间建立连接之后，通过客户端上的客户邮件程序或邮件用户代理（Mail User Agent，MUA）程序将邮件服务器上的待处理的邮件取回到客户端上，同时删除服务器上已取走的邮件，并断开客户端与服务器的连接。然后在本地客户端上进行阅读、删除、编辑或回复等脱机邮件处理。对新编辑的待发送和回复的邮件，可通过选择发送操作，再次建立客户端与服务器的连接来实现。

（2）下载并保留方式

下载并保留方式是改进的 POP3 协议，那些经常使用不同计算机的用户适合于这种方式。下载并保留方式就是用户在读取邮件后，邮件仍被保留在服务器上。但此方式不允许用户在服务器上管理邮件，如创建文件夹、对邮件分类等。

由以上内容可知，POP3 协议是用户计算机与邮件服务器之间的传输协议，SMTP 协议是邮件服务器之间的传输协议。

6.5.5 因特网邮件存取协议 IMAP4

因特网邮件存取协议 IMAP 是斯坦福大学在 1986 年开发的一个功能更强的电子邮件协议，目前常用的是版本 4。IMAP4 改进了 POP3 的不足，用户可以通过浏览信件头来决定是否下载、删除或检索信件的特定部分，还可以在服务器上创建或更改文件夹或邮箱。它除支持 POP3 协议的脱机操作模式外，还支持联机操作和断连接操作，为用户提供了有选择地从邮件服务器接收邮件的功能、基于服务器的信息处理功能和共享信箱功能。IMAP4 建立在 TCP 协议之上，服务器使用熟知端口 143，提供离线、在线和断连接 3 种工作方式。

1. 离线工作方式

离线工作方式与 POP3 提供的服务类似，用户在所用的计算机与邮件服务器保持连接的状态下读取邮件。用户的电子邮件从服务器全部下载到用户计算机。

2. 在线工作方式

选择在线工作方式时，用户无论进行怎样的操作，其电子邮件都被保留在服务器一端。所有邮件都始终存储在可共享的邮件服务器中，并可利用客户端上的邮件程序，对邮件服务器上的邮件进行远程的编辑、删除和回复等联机操作和管理。在客户端邮件程序对邮件服务器的邮件进行处理过程中，始终保持与该服务器的连接。在这种操作方式中，客户端对邮件服务器的操作是透明的，操作的结果作用在邮件服务器上，而操作过程则显示于本地客户机上。

3. 断连接方式

断连接方式是一种脱机与联机操作的混合模式。在这种方式中，客户机先与邮件服务器建立连接，客户邮件程序选取相关的邮件，在本地客户机上生成一种高速缓存。与此同时，所选邮件的主副本仍保存在邮件服务器上，然后断掉与邮件服务器的连接，对客户端高速缓存的邮件进行“脱机”处理，以后客户机与邮件服务器再连接时，进行再同步处理使邮件状态相一致。在断连接操作中，联机和断连接操作相互补充，彼此交替进行。

断连接操作中的“脱机”处理不同于脱机操作模式，因为脱机操作模式会从邮件服务器中删除被取走的邮件，而断连接操作在邮件服务器仍保存被移出邮件的副本。在断开连接工作方式下，用户的一部分邮件被保留在服务器一端，另一部分下载到用户计算机之后，如果用户还需要下载其他信件，可以将用户计算机再次与服务器建立连接，下载指定的信件并在用户计算机显示下载的信件副本。

选择使用 IMAP4 协议提供邮件服务的代价是要提供大量的邮件存储空间。受磁盘容量的限制，管理员要定期删除无用的邮件。IMAP4 服务为那些希望灵活进行邮件处理的用户带来了很大方便，但是用户登录浏览邮件的联机会话时间将增加。

与 POP3 协议类似，IMAP4 协议仅提供面向用户的邮件收取服务。邮件在 Internet 上的收发是借助运行 SMTP 协议的计算机完成的。有时可以把 IMAP4 看成一个远程文件服务器，把 POP3 看成一个存储转发服务。

6.6　其他常用网络应用协议

目前在因特网上有很多常用的应用层协议，如前面所述的 DNS、HTTP、FTP、SMTP、POP3 和 IMAP4 等。除了这些协议外，还有动态主机配置协议 DHCP、Telnet、简单网络管理协议 SNMP 等很多其他协议。限于篇幅和网络管理常常以独立技术体系进行阐述，在此只介绍常用的 DHCP 协议和 Telnet 协议。

6.6.1　动态主机配置协议 DHCP

在因特网内每一上网的主机都要对网络接口配置 IP 协议的有关参数，这些参数包括 IP 地址、子网掩码、网关 IP 地址和 DNS 服务器 IP 地址。限于 IPv4 技术的应用现实：IPv4 地址数量有限，不可能所有主机都能拥有永久的 IP 地址，上网客户主机往往共享某些 IP 地址，常常需要频繁的主机网络接口 IP 协议配置；移动网络设备进入一个新网络要重新配置 IP 协议。显然如果是手工配置这些工作，无疑是枯燥的、烦琐的和低效的。在这样的背景下出现了动态主机配置协议 DHCP 的应用。

DHCP 提供了一种网络应用模式，称为即插即用连网（Plug-and-Play Networking）。DHCP 允许一台计算机加入新的网络时自动获取 IP 地址配置，而不用手工参与。DHCP 最新的 RFC 文档是 1997 年的 RFC2131 和 RFC2132，目前还是因特网草案标准。

DHCP 对运行客户端软件和服务器软件的计算机都适用。当运行客户端软件的计算机移至一个新的网络时，就可使用 DHCP 获得其配置信息而不需要手工干预。DHCP 给运行服务器软件而位置固定的计算机指派一个永久地址，而当服务器重新启动时其地址不改变。

1. DHCP 的工作原理

DHCP 使用 C/S 体系结构。需要 IP 地址的计算机在启动时就向 DHCP 服务器广播发送发现报文（DHCPDISCOVER），这时该主机就成为 DHCP 客户。此时发现报文的目的 IP 地址为 255.255.255.255，而源 IP 地址为 0.0.0.0。网络中 DCHP 服务器接收到发现报文后先在其数据库中查找该计算机的配置信息。若找到，则返回找到的信息。若找不到，则从服务器的 IP 地址池（Address Pool）中取一个地址分配给该计算机。DHCP 服务器用提供报文（DHCPOFFER）给出应答。

在实际应用中，如果在每一个网络上都设置一个 DHCP 服务器，会使 DHCP 服务器的数量太多而带来过多成本。因此，通常在若干网络中只部署一个或两个 DHCP 服务器，而在每一个网络中至少有一个 DHCP 中继代理（Relay Agent）（通常是一台路由器），它配置了 DHCP 服务器的 IP 地址信息。当 DHCP 中继代理收到主机 A 以广播形式发送的发现报文后，就以单播方式向 DHCP 服务器转发此报文，并等待其回答。收到 DHCP 服务器回答的提供报文后，DHCP 中继代理再把此提供报文回送给主机 A。

DHCP 服务器分配给 DHCP 客户的 IP 地址是临时的，因此 DHCP 客户只能在一段有限的时间内使用这个分配到的 IP 地址。DHCP 协议称这段时间为租用期（Lease Period），但并没有具体规定租用期应取为多长或至少为多长，这个数值由 DHCP 服务器自己决定。按照 RFC2132 的规定，租用期在提供报文中用 4 字节的二进制数字表示，单位是秒。因此可供选择的租用期范围从 1 秒到 136 年。DHCP 客户端也可在自己发送的报文中（如发现报文）提出对租用期的要求。DHCP 客户端使用 UDP 端口 68，而服务器使用 UDP 端口 67。

2. DHCP 的工作过程

DHCP 服务器首先运行，并始终等待广播数据报的到来。而 DHCP 客户则主动发起整个协议的工作过程。具体过程如下：

① DHCP 服务器被动打开 UDP 端口 67，等待客户端发来的报文。

② DHCP 客户从 UDP 端口 68 发送 DHCP 发现报文。

③ 凡收到 DHCP 发现报文的 DHCP 服务器都发出 DHCP 提供报文。

④ DHCP 客户从接收的提供报文中选择出其中一个服务器，并向其发送 DHCP 请求报文。

⑤ 被选择的 DHCP 服务器收到 DHCP 请求报文后发送确认报文 DHCPACK。

⑥ 客户端收到确认报文后，就可以开始使用分配到的 IP 地址，此时该 IP 地址已同该主机网络接口硬件地址完成了绑定。DHCP 客户根据服务器提供的租用期 T 设置两个计时器 T_1 和 T_2，它们的超时时间分别是 $0.5T$ 和 $0.8T$。当超时时间到了就要请求更新租用期。

- T_1 时间到：租用期过了一半，DHCP 客户端发送请求报文 DHCPREQUEST 要求更新租用期。DHCP 服务器若同意则发回确认报文 DHCPACK。DHCP 客户得到了新的租用期，重新设置计时器；若 DHCP 服务器不同意，则发回否认报文 DHCPNACK。这时 DHCP 客户必须立即停止使用原来的 IP 地址，重新申请 IP 地址。
- T_2 时间到：若 DHCP 服务器不响应，DHCP 客户端在租用期过了 87.5%时，就重新发送请求报文 DHCPREQUEST，后续过程如上或直到 T 时间到也得不到 DHCP 服务器响应，则停用原 IP 地址，重新申请新的 IP 地址。

⑦ 在 DHCP 租用期内，DHCP 客户可随时提前终止服务器所提供的租用期，这时只需向 DHCP 服务器发送释放报文 DHCPRELEASE 即可。

一般路由器上通常都提供 DHCP 服务，无须单独为网络添加单独的 DHCP 服务器。DHCP 服务器需要做相应的配置工作，主要包括指定地址池地址范围、租用期、网关地址和 DNS 服务器地址。而客户端则在接口配置 IPv4 协议时，只需指定自动获取 IP 地址及 DNS 服务器地址即可。

6.6.2 远程终端协议 Telnet

Telnet 称为仿真终端协议或远程登录协议。Telnet 通过软件程序可实现用户通过 TCP 连接注册（即登录）到远地的另一个主机上（使用主机名或 IP 地址）。Telnet 能将用户的键盘操作传到远地主机，同时能将远地主机的输出通过 TCP 连接返回到用户屏幕。这种服务是透明的，感觉好像键盘和显示器与远地主机直接相连。因此，它可以将用户的计算机模拟成远程某台提供 Telnet 服务的主机的终端，通过因特网直接进入该主机，完成对该主机各种授权的操作。

使用 Telnet 协议时，首先要通过 IP 地址或域名连接远程主机，然后再输入用户号 ID 和密码并核实无误后，Telnet 便允许用户以该主机的终端用户身份进入系统，这个过程称为远程登录。

Telnet 也使用 C/S 模式。在本地系统运行 Telnet 的客户端进程，而在远地主机运行 Telnet 的服务器进程。远程登录后，用户的计算机就像该主机的真正终端一样，所以被称网络虚拟终端（Network Virtual Terminal，NVT）。Telnet 原理如图 6-13 所示。

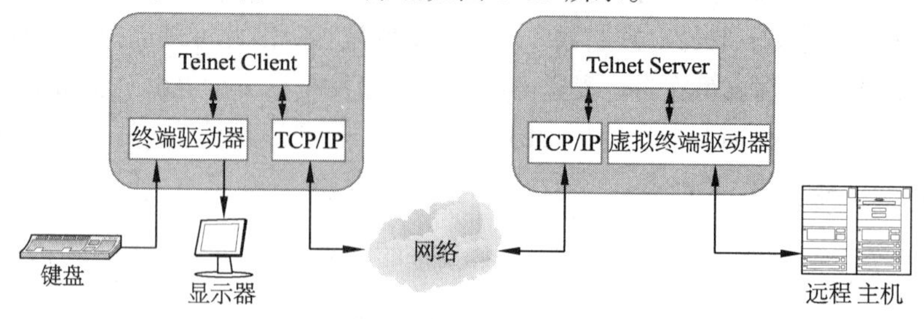

图 6-13 Telnet 原理

虽然 Telnet 并不复杂，但却应用得很广。用户通过 Telnet 不仅可以共享主机上的文件资源，也可以运行主机上的各种程序，实现对主机的远程管理，就像使用本地计算机一样。远端的计算机可以在同一个房间里或同一校园内，也可以在数千千米之外。此协议也可被用于终端到终端的通信和处理到处理的通信（分布式计算），实现在其他领域中更深层次的应用。虽然现在有了 WWW 这样使用很方便的应用，但是在某些情况下，还必须使用 Telnet 通过远程操作完成某些管理功能。

虽然 Telnet 有广泛的应用，但网站在为用户提供 Telnet 服务时要格外当心，因为 Telnet 具有很强的交互性并且向用户提供了在远程主机上执行命令的功能，因此，Telnet 上的任何漏洞都可能会对网站的安全带来致命的威胁，在这一点上 Telnet 可能比 FTP 和 HTTP 的安全隐患更大。Telnet 可以被用于进行各种各样的入侵活动，或者用来剔除远程主机发送来的信息。到目前为止，许多黑客的攻击都是基于 Telnet 技术的。

6.7 内容分布

20 世纪 90 年代后期，网络开始普及开来，网上内容资源逐渐增多，尤其是网络多媒体业务的开展，更是增加了网上数据流量，使得网络不堪重负。如何快速获得网上所需内容资源并降低网络流量就成为网络系统中急需解决的问题。在这样的背景下网络内容分布机制出现了。网络内容分布就是将网络上共享内容资源分布存储到网络上不同地理位置的多个主机（通常是内容服务器）上，当有客户申请所需内容资源时，网络内容分布系统就将离客户最近的服务器内容资源分发到客户机上，从而快速地为客户提供所需内容资源，同时也减少了不必要的跨网络流量。目前，内容分布方案大致分成 3 类：Web 缓存、内容分布网（Content Distribution Network，CDN）和 P2P 对等文件分发。

6.7.1 Web 缓存

Web 缓存是代理服务器技术的应用。

1. Web 缓存器

Web 缓存器是能够代表起始服务器来满足 HTTP 请求的网络实体。Web 缓存器有自己的磁盘存储空间，并在该空间保存最近请求过的对象的备份。

用户的浏览器可以被配置为使用用户的所有 HTTP 请求均首先指向该 Web 缓存器。

（1）用户浏览器的操作

用户请求一个对象时，首先建立与 Web 缓存器之间的 TCP 连接，如果缓存器中已有用户请求的对象，则响应；否则 Web 缓存器建立与起始服务器之间的 TCP 连接，向起始服务器请求该对象，起始服务器向 Web 缓存器发送该对象的响应。

Web 缓存器在本地存储一份备份，并向用户转发该对象。

（2）Web 缓存器的作用

Web 缓存器既是服务器又是客户端。当 Web 缓存器响应用户的请求时，起到服务器的作用；当 Web 缓存器向起始服务器发出请求时，它相当于客户端。

（3）Web 缓存器发展的原因

Web 缓存器被广泛地应用于各类局域网中，主要是因为 Web 缓存器具有以下特点：

① 可以减少对客户端请求的响应时间。

② 可以减少一个机构的内部网络与因特网连接链路上的通信量。

③ 能从整体上减低因特网上的 Web 业务流量。

2. 协作缓存

位于因特网上的不同位置的 Web 缓存器可以通过协作完善总体性能。

一个机构的 Web 缓存器可以向主干 ISP 的缓存器发送 HTTP 请求，还可以向起始服务器发送 HTTP 请求。通过高层次缓存器传递的好处是可以有更高的命中率。

通过综合使用 HTTP 和因特网缓存协议（Internet Cache Protocol，ICP），缓存器之间可以相互获取对象。

（1）Internet 缓存协议 ICP

ICP 是一个应用层协议，允许一个缓存器能够加速地查询另一个缓存器，看是否有指定的文档。ICP 广泛地应用于协议缓存系统中。

协作缓存器系统的一个例子是 Janet Web 缓存服务（Janet Web Cache Service，JWCS），这是一个用于英国学术机构的国家级协作缓存服务。在 JWCS 中，200 多台学术机构的缓存器将请求转发给一台国家缓存器，该国家缓存器每天要处理数亿次事务。

（2）缓存器群集

缓存器群集是协作缓存的另一种形式，这些缓存器通常位于同一个局域网。当一个缓存器不足以处理流量或不能提供足够的存储空间时，可以使用缓存器群集代替。使用散列选路解决选择缓存器的问题。散列选路是缓存阵列选路协议（Cache Array Routing Protocol，CARP）的基础，该协议被用于 Microsoft 和 Netscape 的缓存器产品中。

6.7.2　内容分布网络 CDN

20 世纪 90 年代后期，一种称为内容分布网络（CDN）的内容分布形式在因特网上流行起来。

CDN 使用一种不同于 Web 缓存器的商务模式。支付费用的是内容提供商而不是因特网服务提供商 ISP，内容提供商向 CDN 公司付费，使得其内容可以被请求用户以更短的时间得到。在这时涉及两个术语：

① 内容提供商。内容提供商是向广大用户综合提供因特网信息业务和增值业务的运营商。

② 起始服务器。起始服务器是指对象起始放置，并且在其中始终保留该对象复制的服务器。

1. CDN 提供内容分布服务的方式

① CDN 公司在整个因特网上安装数以百计的 CDN 服务器。通常将 CDN 服务器放置在托管中心，托管中心位于较低层 ISP，靠近 ISP 接入网络。

② CDN 在其 CDN 服务器中复制内容提供商提供的内容。当内容提供商更新其内容时，该 CDN 向 CDN 服务器分布这些新的内容。

③ CDN 公司提供一种机制，当用户请求内容时，该内容能够由离用户最近的 CDN 服务器以最快的速度来提供。

2. 内容提供商和 CDN 公司之间的交互

① 内容提供商决定将哪些内容交给 CDN 分布。内容提供商将一部分内容作上标记，并将其推向一个 CDN 节点，该 CDN 节点依次将这些内容复制并推向它的所有 CDN 服务器。

② 无论何时该内容提供商修改了某个 CDN 分布的对象，就立即将新版本推向该 CDN 节点，该节点也会立即向所有的 CDN 服务器复制并分发这些对象。每个 CDN 服务器通常会包含多个不同的内容提供商。

③ CDN 广泛应用于流式音频和视频流的内容分布。不需要对 HTTP、DNS 进行任何改动。

3. 浏览器确定获取对象的 CDN 服务器

CDN 通常利用 DNS 重定向功能来引导浏览器访问正确的服务器。

用户浏览器要获取某个对象的 Web 网页时的操作过程如下：

① 用户浏览器向起始服务器发出对基本的 HTML 对象请求，并从起始服务器获得基本 HTML 对象。

② 用户浏览器根据基本 HTML 对象，向 DNS 查找该 CDN 网络中对于本浏览器最佳的 CDN 服务器的 IP 地址。

③ 该 CDN 的权威 DNS 服务器解析该浏览器的 IP 地址，为其找到最佳的 CDN 服务器 IP 地址，再返回给浏览器。

④ 浏览器将最佳 CDN 的 IP 地址保留在用户主机或本地 DNS 服务器的缓存中，并可以一直从该 CDN 服务器获取所需要的全部信息。

注意：在用户浏览器向 DNS 服务器查找时，DNS 已经进行了配置，使得所有到达根 DNS 服务器的有关 CDN 网络的查询，都被转发到该 CDN 网络的权威 DNS 服务器。

6.7.3 P2P 文件分发

前面所介绍的内容分布方式中，用户可以通过由内容提供商管理的起始服务器、由 ISP 管理的代理缓存器，以及由 CDN 公司管理的 CDN 服务器等方式获取对象。

还存在另一种方式，使位于网络边缘的 PC 之间可以直接获取对象，形成了 P2P 文件共享模式的基础。

1. P2P 的作用

下面以一个实例说明 P2P 的作用。

主机 A 用户通过申请的 ISP 获得一个动态 IP 地址并连接上因特网，在主机 A 上运行 P2P 文件共享应用程序，试图从因特网上搜索一首歌曲。

该应用程序显示了一张对等方的列表，所有这些对等方都是当前与因特网相连的，并且愿意共享这首歌曲备份的普通 PC 用户。

主机 A 用户选择列表中的一个用户(主机 B)，向其发出请求，一个直接的 TCP 连接在主机 A、B 之间建立起来。主机 A 从主机 B 下载所需要的歌曲。

如果在下载期间主机 B 断开连接，主机 A 的 P2P 文件共享软件开始尝试从另外具有该歌曲的对等方继续下载。

在主机 A 下载期间，也可以由其他对等方从主机 A 下载其他文件。

2. P2P 的通信模式

P2P 文件共享没有通过任何服务器，而是普通 PC 直接传输，但仍然使用了 C/S 模式，请求的对等方是客户端，被选中的对等方是服务器。

3. 内容定位的方法

网络中确定用户所需内容的对等方列表，采用以下 3 种方法。

(1) 集中式目录方法

P2P 文件共享服务使用一台大型服务器来提供目录服务。目录服务器从对等方收集资源信息，保存在一个动态数据库中，当一个对等方需要某个文件时，先到提供目录的服务器上查询。对等方信息变化时及时通知该服务器，服务器需要经常更新。

集中式目录方法实现简单，但一旦目录服务器出现故障，整个 P2P 应用就会瘫痪，并且目录服务器会造成性能瓶颈。

(2) 分散目录方法

分散目录的方法是将 P2P 网络又分成若干文件共享系统，每个文件共享系统具备一个本系统的目录。具体方法如下：

① 一定数量的对等方被指定为组长。组长维护着一个数据库，用于管理指派到该组的所有对等方提供的内容与 IP 地址的映射。每个组成为一个小的 P2P 文件共享系统。

② 当一个对等方与 P2P 应用连接时，被指派给其中的一个组长。当想找到某个特定对象时，就向组长发出查询。

③ 组长也可以与其他组长进行联系，并请其他组长向其发送具有该对象的对等方列表。

④ 对等方和组长之间的通信关系形成了一个抽象的逻辑网络，称为覆盖网络。该覆盖网络一直在动态地变化。

⑤ 需要具有一些始终开机的服务器来引导需要连接的对等方，使其与某个组长建立起连接，这种服务器称为“跨接节点”。在 DNS 服务器上能定位跨接节点。

(3) 洪泛查询方法

洪泛查询方法使用完全分布式的方案进行内容定位。

① 对等方首先自行组织成为一个覆盖网络。该覆盖网络是一个平面的、无结构的拓扑。所有的对等方都是平等的，没有像组长那样的等级结构。

② 不使用目录来定位对象，而是使用洪泛查询技术。

③ 不使用数据库，设计简单。

④ 通过设置节点数来限制对洪泛查寻的范围，以解决可扩展性差的问题。

对于洪泛查询方法，同样要求一个一直运行着的引导跨接节点，使得加入的对等方能与覆盖网络中已有的对等方建立邻居关系。

6.8 基于 Web 的网络编程

基于 Web 的网络编程就是在 Web 网络架构下，开发出能生成内容可变的、由 Web 服务器分发的 HTML 页面的应用程序。实现这种应用程序的技术有 CGI、PHP（Hypertext Preprocessor）、ASP、ASP.NET、Java Web 等。其中 CGI 和 ASP 已基本淘汰。目前主流的技术是 PHP、ASP.Net 和 Java Web。

1. 主流 Web 开发技术

PHP 技术是一种超文本预处理器技术。PHP 的语言是一种服务器端的、嵌入 HTML 的脚本语言。它的语法借鉴了 C 语言、Java 语言和 Perl 语言，同时具有自己的独特性。PHP 非常利于学习和使用，应用程序开发效率高，且支持多种平台并开源和免费，因而得到了广泛使用。由于 PHP 纯脚本的执行方式，制约了程序的处理能力和执行效率，且扩展性也较差，因而往往适合中小规模 Web 应用的开发。

ASP.NET 是.NET 框架中用于开发 Web 应用程序并维持其运行的一个应用模型。使用 ASP.NET 开发 Web 应用程序比其他开发语言更加简单。与 Java、PHP 和 Perl 等高级技术相比，ASP.NET 具有简洁性、灵活性、生产效率高、安全性高、面向对象而且有良好的开发环境支持等优点，是目前主流的 Web 编程技术之一。它可采用多种脚本语言、编译型语言，适合熟悉不同语言的开发人员用来开发 Web 应用程序，但跨平台性较差。

Java Web 开发技术是采用 Java 语言开发 Web 应用程序的技术，其最大特性就是跨平台特性，面向对象特性、安全性、高性能特性和众多的第三方支持特性。用于 Java Web 应用开发的大部分资源都是开源和免费的，因而 Java Web 开发技术在 Web 应用开发中处于较为有利的地位。Java Web 开发的主要成分包含 JSP、Servlet 和 Java Bean。

2. Web 应用开发基本框架

Web 应用是一个分布式网络应用，通常其软件开发都采用“模型-视图-控制器”（Model View Controller，MVC）设计模式。模型是企业业务逻辑模型，往往由特定企业技术开发部门采用适合 Web 应用的特定语言实现；视图为与用户交互的页面，包括 HTML 页面和活动页面，往往由用户界面（User Interface，UI）设计及 Web 前端开发人员根据需求制作；控制器是接收用户请求、任务分派和响应控制的执行单元，通过控制器可将用户请求最终转化成具体业务模型的操作，并能根据模型的操作结果将合适的响应页面回送给客户端。本书仅介绍 Java Web 开发技术的基本框架。

Java Web 开发技术是以 Java EE 为基础开发平台，并结合软件工程技术、框架技术、中间件技术等构建 Web 应用的技术。下面仅对 MVC 设计模式在 Java Web 开发中的具体实现给出介绍。在 Java Web 开发中可使用的 MVC 框架很多，其中 Spring MVC、Struts、JSF 等是目前比较流行的几个框架。以 Struts 框架应用为例，可以利用 MyEclipse 集成开发环境将其集成到 Web 项目之中。

3. Java Web 开发示例

Java Web 开发需要创建开发和运行环境。开发环境的创建涉及 Java SDK 安装、集成开发环境安装、数据库管理系统安装和应用服务器安装。运行环境涉及安装 JRE、应用程序服务器和数据库管理系统并创建所使用的数据库。在本示例中，集成开发环境选择了 MyEclipse、应用程序服务器选择了 Tomcat（MyEclipse 内已集成）、数据库管理系统选择 MySQL。

创建好开发环境后，启动 MyEclipse 2017 创建 Web 项目，并对项目进行配置。此配置过程涉及：

（1）创建 Web 项目

创建 Web 项目的配置包括：

- Java EE 版本配置：通过下拉列表可选高版本配置。
- Java 版本配置：通过下拉列表可选本机安装的 Java 版本配置。
- 目标运行时环境配置：可选通用 Java EE 环境或特定服务器环境。
- 代码源文件夹配置：一般选择默认。
- 代码编译后默认输出文件夹配置：一般选择默认。
- Web 应用上下文的根名字及网站内容目录的名字配置和是否生成 Web.xml 部署描述文件的配置。
- 项目库文件的配置：默认配置即可。

在完成上述配置操作后，Web 项目即被创建完成。此时，右击 Workspace 面板的项目名称，在弹出的快捷菜单中选择 Configure Facets→Install Apache Struts(2.x)Facet 命令对 Struts 进行配置。

（2）Struts 配置

配置 Struts 选项包括：

- 选择版本、运行时环境。
- 根控制器名字及 URL 模式。

完成上述配置，web.xml 文件中会含有一个 Filter 及 filter-mapping 的配置。此即为 struts 根控制器的配置。其内容如下：

```
<filter>
<filter-name>struts2</filter-name>
<filter-class>org.apache.struts2.dispatcher.ng.filter.StrutsPrepareAndExec
uteFilter</filter-class>
</filter>
<filter-mapping>
<filter-name>struts2</filter-name>
<url-pattern>*.action</url-pattern>
</filter-mapping>
```

在项目目录的 src 目录中会出现一个 struts.xml 文件，该文件为 struts 根控制器使用的配置文件。通过该配置可将浏览器发来的请求转发到分控制器上，并配置分控制器的返回结果对应的回送页面文件。其配置示例如下所示：

```
<?xml version = "1.0" encoding = "UTF-8" ?>
<!DOCTYPE struts PUBLIC "-//Apache Software Foundation//DTD Struts
Configuration 2.1//EN" "http://struts.apache.org/dtds/struts-2.1.dtd">
<struts>
<package name = "struts2" extends = "struts-default" namespace = "/esp">
<action name = "user_login" class = "com.esp.action.UserLoginAction" >
<result name = "success">/layout.jsp</result>
<result name = "input">/login.html</result>
</action></package>
</struts>
```

struts 元素是 struts 配置文档的根元素，package 元素定义 action 所在的包，包名由 name 属性指定，extends 属性指定当前包继承的包，namespace 属性指定当前包内定义的 action 所处的命名空间。通过命名空间可以在不同命名空间下定义同名 action。例如，若命名空间 namespace="/esp"，则当请求 /esp/user_login.action 发生时（若此时 filter 的 url-pattern 被设定为 *.action），com.esp.action.UserLoginAction.class 类就被加载及实例化，并自动执行该类的 execute()方法。result 元素指定当 action 类的 execute()方法返回时，根控制器将根据该方法返回值同该 action 的 result 元素 name 属性值进行匹配，将匹配的 result 元素定义的值作为返回页面。例如，com.esp.action.User LoginAction.class 类的 execute()方法返回值为 success 时，/layout.jsp 就会由根控制器提交给服务器作为返回页面。

（3）Web 项目的数据库配置

在 Workspace 面板的项目的快捷菜单中选择 Build Path→Configure Build Path 命令，在打开的对话框中选择 Libraries 选项卡，单击 Add External JARs 按钮，通过文件打开对话框将包文件 mysql-connector-java-5.1.24-bin.jar 添加到项目中，完成数据库的配置。

（4）Java 的持久化配置

所谓持久化是指将程序数据在持久状态和瞬时状态间转换的机制。在 Java 的面向对象世界里，反对用 Java 数据库连接（Java Database Connectivity，JDBC）接口将关系数据库中的数据以非面向对象的形式引入程序空间，因此，出现了定义实体类同关系数据库表之间的关联，通过对象关系映射（Object Relational Mapping，ORM）中间件技术实现关系数据库中表的记录同面向对象系统中的对象相互映射转换。目前 Java 已给出数据持久化标准框架（Java Persistence API，JPA），该框架仅是一个规范，它的实现仍是由第三方中间件产品完成，如 Hibernate。Hibernate 是一个功能强大的 ORM 中间件产品，它可单独使用，也可作为 JPA 的提供者使用。在 MyEclipse 下同样可通过 Configure Facets 进行 JPA 或 Hibernate 配置，在此不再赘述。

通过以上配置，在 Web 项目中可创建控制器类、实体 Bean 类及操作数据的数据访问对象（Data Access Object，DAO）类、企业业务模型类和前端页面 HTML 和 JSP。创建的项目可在应用程序服务器上运行测试。对于项目的最终发布版本可打包成.war 文件，部署时可将此文件复制到运行平台应用程序服务器下的 Web 应用根文件夹之下并启动应用程序服务器，此时，用户就可以通过浏览器访问该 Web 应用了。

小　结

应用层是 TCP/IP 模型的最高层，是计算机网络和用户的接口，网络用户是通过应用层的一些服务来使用网络的。

本章主要讲述了网络应用层的任务、因特网常用应用层协议及服务和基于 Web 的因特网应用开发基本框架。所讲述的内容对大多数读者来说，因经常使用而比较熟悉。由于在 TCP/IP 协议体系中没有会话层和表示层，所以上述应用协议或服务包含了 OSI 结构中的会话管理和表示功能。通过本章内容的学习，读者能够较为全面和深入理解应用层及其工作原理，了解目前因特网常用应用和进一步开发网络应用的基本方法。

习　　题

1. 什么是应用层？什么是网络应用？目前在因特网上有哪些使用比较广泛的应用？

2. 简要说明域名系统的基本工作过程。

3. 上网访问一个网站，简述其工作过程。

4. 给出 HTTP 请求报文和响应报文的基本格式。

5. 什么是有状态协议和无状态协议？HTTP 应用如何实现会话跟踪？

6. 简述 SMTP、POP3/IMAP4 协议的用途。

7. 简述邮件消息格式。

8. 简要说明 MIME 的作用。它有几种编码方案？BASE-64 编码方案为何？

9. 发送电子邮件时，系统提示“邮件已正确发送”，但过一段时间（也可能是过一天）后，又被系统退信。你能解释这种现象吗？提示：“邮件已正确发送”是由哪台服务器发出？系统退信是因为什么、被谁退信？

10. 说明文件传输协议 FTP 的基本工作原理。

11. 简述 DHCP 应用的目的及其配置方法。

12. 何谓内容分布？内容分布的实现方式有哪些？

13. 使用 MyEclipse 开发一个 Web 应用项目，该项目能根据用户提交的菜单点菜编号将对应菜的照片回送给客户端。

第7章 无线网络

无线通信技术自诞生以来，随着时间的推移正极大地改变着人类的通信方式和生活方式，便携机、平板电脑以及智能手机已经在全球范围内得到普遍使用，全世界移动电话的普及率也已大大超过了固定电话。如果说，Internet 在过去的 30 多年是计算机的互联网，那么现在就可以说是移动互联网了。

7.1 无线网络概述

由于无线网络的特性与传统的有线网络有很大的差异，必然带来二者传输机制和协议设计上的不同。在有线网络中，当发送方检测到丢包发生时，一般认为由网络拥塞导致，会降低发送速率。而当无线网络出现丢包时，原因可能多样化，有可能是路径失效、链路质量不佳（误码率高）或者拥塞，需要具体问题具体分析，因此，无线网络更关注无线频谱管理、MAC 层共享访问介质机制、特定物理层协议设计等问题。无线网络协议体系结构也基于分层，但不同无线网络关注的协议层次不同。

7.1.1 无线网络的特点

无线网络是指采用无线传输介质（如微波、红外线等）将计算机连接起来的网络。

无线网络提供了一种无线的连网方式，凡是需要通过传送信息和共享信息实现的服务和应用功能都可以通过无线网络实现，因此比传统有线网络在很多方面具有明显的优势。比如，组网可以不受障碍物限制，架设方便，组网迅速，可扩展性好，在需要时可以随时建立临时网络，而不依赖有线主干网，而且速率较高。从长远来看，无线网络从安装到日后的维护，都具有很大的优势。具体表现在以下几方面：

（1）灵活性

无线网络可以遍及有线网络所不能到达或不适合到达的地方，比如古建筑群，可以不对建筑设施造成任何损害而完成网络的组建。当增加网络用户时，也不必对网络的用户配置进行过多的变动。

（2）移动性

不论在任何地方用户都可以在移动中实时地访问信息。比如参加会议、与同事进行协作、在办公地点之间进行移动等，都能够方便、迅速地对共享信息进行访问而无须电缆的插接，从而提高办公效率。

（3）易用性

组网快速又简单，消除了挖沟、穿墙或过天花板布线的烦琐工作。

（4）投资少

无线网络可以轻易部署到人烟稀少的边缘地区，而无须投入巨资挖沟埋线。另外，在需要频繁移动和变化的动态环境中，无线网络的投资更有回报。

（5）扩展能力强

无线网络可以十分容易地从少数用户的对等网络模式扩展到用户规模巨大的结构化网络，也可以将无线热点通过分布式联网，使其信号覆盖整个城市。

图 7-1 所示为两个建筑物局域网的无线组网方式。

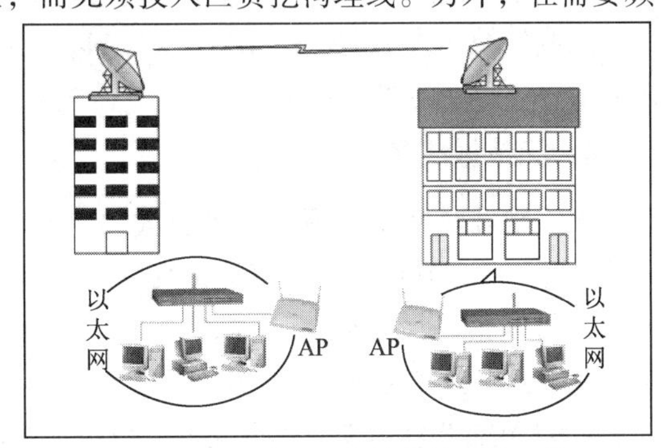

图 7-1　覆盖两个建筑物的无线网络

7.1.2　无线网络的分类

与有线网络类似，无线网络也有多种分类方法，其中最常见的是按照网络的覆盖范围进行划分，即无线体域网（Wireless Body Area Network，WBAN）、无线个域网（Wireless Personal Area Network，WPAN）、无线局域网（Wireless Local Area Network，WLAN）、无线城域网（Wireless Metropolitan Area Network，WMAN）和无线广域网（Wireless Wide Area Network，WWAN）。不同类型的网络使用不同的协议和技术，同时应用于不同的目标。

1. 无线体域网

一般情况下，1 m 以内属于无线体域网 WBAN 的范畴。WBAN 通常是小型或微型的无线网络，由附于身体或植入体内的微型智能设备组成，如智能手表、智能眼镜等。这些设备不仅可以提供便捷的因特网接入服务，而且可以为病人、老人、行动不便者、婴幼儿等提供持续的健康监测和实时反馈信息，并可长期记录和分析。

无线体域网的协议标准是 2012 年颁布的 IEEE 802.15.6。

2. 无线个域网

无线个域网 WPAN 主要服务于个人工作、娱乐或家庭内对无线网络连接的需要。相对于传统局域网的概念，个人网络的覆盖范围更小，目标更单一，让用户拥有个人操作空间（Personal Operating Space，POS）。WPAN 主要以无线的形式连接，诸如个人数字助理（Personal Digital Assistant，PDA）、蜂窝电话或笔记本电脑等各种个人应用装置。

无线个域网的覆盖范围一般在 10 m 以内。WPAN 的关键技术包括蓝牙（Bluetooth）、红外数据组织（Infrared Data Association，IrDA）、HomeRF、超宽带（Ultra Wide Band，UWB）和 ZigBee 等。

3. 无线局域网

无线局域网 WLAN 的应用范围非常广泛。可以将无线局域网的应用划分为室内和室外两种类型。室内应用包括大型办公室、车间、智能仓库、临时办公室、会议室、证券市场，在一个公司或一栋建筑物内；室外应用包括城市建筑群间通信、学校校园网络、工矿企业厂区自动化控制与管理网络、银行金融证券城区网、矿山、水利、油田、港口、码头、机场、江河湖泊等一个公共区域内，或用于野外勘测实验、军事流动网、公安流动网等。WLAN 可被用于禁止铺设大量电缆线的临时办公地点或其他场合。WLAN 也被作为有线网络的补充，以方便那些在不同时间要在同一建筑中不同地点办公的用户。

无线局域网协议主要有 IEEE 802.11 和高性能无线局域网（High Performance Radio LAN，HiperLAN）系列标准。

4. 无线城域网

无线城域网 WMAN 是以无线方式构建的以城市为覆盖范围，为用户提供高速、无线因特网接入的一种网络。它可以满足宽带无线接入的市场需求，可以解决城域网“最后一公里”接入问题，可以使用户在一个大城市的不同地点建立无线联系。例如，在一个城市范围内，实现各个大学校园、企业和社会组织之间等的无线网络连接。

WMAN 能有效解决有线方式无法覆盖地区的宽带接入问题，有较完备的 QoS 机制，可根据业务需要提供实时、非实时不同速率要求的数据传输服务，为居民和各类企业的宽带接入业务提供新的方案。

WMAN 既可以使用无线电波也可以使用激光等来传送数据，提供给用户以高速访问因特网的无线网络带宽。目前 WMAN 的主流协议是 1999 年公布的 IEEE 802.16。

5. 无线广域网

无线广域网络 WWAN 技术可使用户通过远程公共网络或专用网络建立无线网络连接。通过使用无线服务提供商所维护的若干天线基站或卫星系统，这些连接可以覆盖广大的地理区域，例如若干城市或者国家（地区）。

目前典型的 WWAN 有卫星通信网络、蜂窝移动通信系统和 IEEE 802.20 技术。其中蜂窝移动通信系统应用最广，其商用已经从第 1 代（First Generation，1G）开始，历经第 2 代（Second Generation，2G）、第 3 代（3G）和目前主流的第 4 代（4G）系统，正在向第 5 代（5G）系统迈进。有关蜂窝移动通信系统的内容详见本章 7.7 节。

7.2 无线通信介质和设备

无线网络与有线网络本质的区别就是通信介质，了解无线通信介质是学习无线网络的基础。

7.2.1 无线通信介质

用于无线通信的介质为电磁波，其传播的速度等于光速。电磁波可以按照频率或波长来分类和命名，并具有不同的传输特性。

1. 电磁波频谱

电磁波可以按照频率或波长来分类和命名，并具有不同的传输特性，因此可以用于不同的通信系统。图 7-2 所示为电磁波频谱分布及应用。

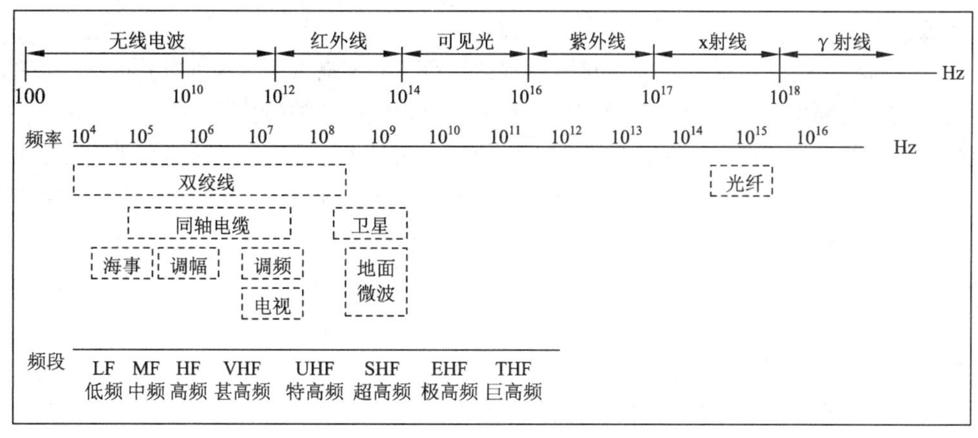

图 7-2　电磁波频谱分布及应用

在电磁波谱中，按每个波段的频率由低至高依次排列，它们分别是无线电波、红外线、可见光、紫外线、X 射线及 γ 射线。其中无线电波的频率介于 3 Hz ~ 300 GHz 之间，也称为射频（Radio Frequency，RF）电波。无线电波又分为长波、中波、短波和微波。

2. 无线电频谱管理

视频 7-1　无线电频谱的特点

作为无线通信的介质，电磁波的频谱资源是全人类共享的自然资源，在一定时间、空间、地点是有限的。无线电频谱的特点如下：

- 有限性：无线电业务不能无限使用所有频段的频率，在一定区域、时间和条件下能使用的频率是有限的。
- 排他性：无线电频谱资源在一定时间、地区和频域内，一旦被某个设备使用，就不能再被其他设备使用。
- 复用性：虽然无线电频谱有排他性，但在一定时间、地区、频域和编码条件下，无线电频率可被重复利用，即不同无线电业务和设备可复用或共用。
- 非耗尽性：无线电频谱属可再生资源，可被重复利用且不会耗尽。
- 传播性：无线电波传播不受国界和行政地域限制。
- 易干扰性：无线电波容易受到其他无线信号源、自然或人为噪声的干扰而无法正常工作，或干扰其他无线系统，使其不能正常传输信息。

由于无线通信的介质资源有限，所以无线通信系统使用的频段一般都必须要获得相应的无线电管理委员会授权。但各个国家无线管理机构也规定了非注册使用频段，例如工业、科学和医学（Industrial Scientific and Medical，ISM）频段，即 2.400~2.484 GHz（称作 2.4 GHz 频段）为各国共同认可的非注册使用频段，因此无线局域网、蓝牙、ZigBee 等无线网络均可不经许可、自由使用 2.4 GHz 频段，但发射功率一般低于 1 W，并且不能对其他频段造成干扰。美国还规定了工业（902~928 MHz）、科学研究（2.42~2.4835 GHz）和医疗（5.725~5.850 GHz）3 个非注册使用频段。而欧洲的非注册频段有 900 MHz、868 MHz 和 433 MHz 的频段。以上的非注册使用频段大多属于微波频段。

3. 无线电波的传播方式

无线电波通过多种传输方式从发射天线传播到接收天线。主要有表面波、空间波、天波、散射波和外层空间波 5 种传播方式。

（1）表面波

表面波又称地波，是电磁波沿着地球表面到达接收点的传播方式。这种方式的电磁波是紧靠着地面传播的，地面的性质、地貌和地物等情况都会影响电磁波的传播。

当电磁波紧靠着起伏不平的地面传播时，由于地表面是半导体，因此一方面使电磁波发生变化和引起电磁波的吸收；另一方面由于地球表面是球形，使沿着地球表面传播的部分电磁波发生绕射，能到达视线以外。当波长与障碍物高度相当时，产生绕射。因此，只有长波、中波以及短波的部分波段能产生绕射，绕过地球表面的大部分障碍到达较远的地方。短波的部分波段和超短波、微波波段，由于障碍高度比波长更长，不产生绕射，而是按直线传播。

（2）空间波

空间波是当发射以及接收天线架设得较高的时候，在视线范围内，电磁波从发射天线直接传播到接收天线，这样传播方式的波称为直接波。空间波也可以经地面反射而到达接收天线，这种传播方式的波称为反射波。所以，接收天线处的场强是直接波和反射波的合成场强，直接波不受地面影响，地面反射波要受到反射点地质地形的影响。

直接波在大气的底层传播，传播的距离受到地球曲率的影响。收、发天线之间的最大距离被限制在视线范围内，要扩大通信距离，就必须增加天线高度。一般视线距离可以达到 50 km。空间波除了受地面的影响以外，还受到低空大气层即对流层的影响。移动通信中，电磁波主要以空间波的形式传播。

（3）天波

天波也称电离层波，是自发射天线发出的电磁波，在高空被电离层反射回来到达接收点的传播方式。电离层是指分布在地球周围的大气层中 60 km 以上的电离区域。在这个区域中，存在有大量的自由电子与正、负离子，以及未被电离的中性离子。电离层对电磁波除了具有反射作用以外，还有吸收能量与引起信号畸变等作用。其作用强弱与电磁波的频率和电离层的变化有关。

（4）散射波

大气对流层中，除了有规则的片状或层状气流外，还存在不规则的、类似于水流中漩涡的不均匀体。相应的，在电离层中则有电子密度的不均匀性。当天线辐射出去的电磁波投射到这些不均匀体的时候，电磁波会发生散射或反射，只有一部分能量传播到接收点，这种传播称为散射传播。散射波就是利用大气层中对流层和电离层的不均匀性来散射传播的电磁波，使电磁波到达视线以外的地方。对流层在地球上方约 16 km 处，反射指数随着高度的增加而减小。

这种通信方式通信距离为 300~800 km，适用于无法建立微波中继站的地区，例如海岛之间和跨越湖泊、沙漠和雪山等地区。但是，由于散射信号相当微弱，所以散射传播接收点的接收信号也相当微弱，散射通信必须采用大功率发射机、高灵敏度接收机和高增益天线。

（5）外层空间波

外层空间波也称自由空间波，是电磁波在对流层和电离层以外的外层空间中的传播方式。外层空间波又称直达波，沿直线传播，用于卫星和外部空间的通信以及陆地上的视距传播。这种传播方式主要用于卫星、以星际为对象的通信以及空间飞行器的搜索、定位和跟踪等。

由于外层空间波主要是在大气以外的宇宙空间内进行，而宇宙空间近似于真空状态，因此传输特性比较稳定。

图 7-3 所示为上述 5 种电磁波传播方式的示意图。

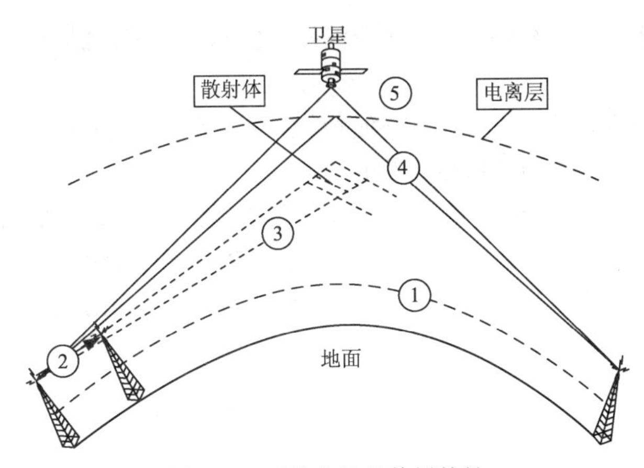

图 7-3　无线电波的传播特性

①—表面波；②—空间波；③—天波；④—散射波；⑤—外层空间波

4. 无线电波的传播特性

不同的无线应用一般采用不同频段的无线电波（射频）进行通信。这些无线射频具有与有线介质不同的特性，即在传播过程中，会出现一些无线传输特有的现象，如吸收、反射、散射、折射、衍射、损耗和多径等。一般而言，各种现象并不独立产生，而是两种或多种组合产生。

（1）吸收

吸收是指射频信号在传播过程中，遇到吸收其能量的材质，导致信号衰减的现象。

在无线电波传播过程中，大部分物质都会吸收射频信号，只是吸收的程度不同。一般而言，材质的密度越高，信号的衰减越严重，如砖墙和混凝土会显著地吸收信号，而石膏板对信号的吸收不明显。

还有一种普遍的吸收情景是水分对射频信号的吸收。因为无线传播路径中的树叶、水管、人体等都包含大量水分，因此在分析无线电波传播时需考虑人体吸收。同时，用户密度也是设计无线网络的重要参考因素。

（2）反射

反射是指射频信号在传播过程中，遇到别的介质分界面后改变其原有传播方向又返回原介质中的现象。

根据波长的不同，射频信号主要有两种反射类型：天波反射和微波反射。天波反射要求射频信号频率低于 1 GHz，可在地球大气层中电离层的带电粒子表面反射。而微波信号的工作频率为 1~300 GHz，因其波长很小，所以称为“微波”。微波可以在金属门等介质上形成反射。

在无线局域网中，需要非常关注射频信号反射现象。在室外，主要包括建筑物、道路、水体等物体反射；在室内，主要包括门、墙体和室内摆放物品等。反射可能导致信号从天线发出后，发生扩展和分散，形成“多径”现象，造成接收信号的强度和质量下降。

（3）散射

散射是指射频信号在传播过程中，遇到粗糙、不均匀的物体或由非常小的颗粒组成的材质时，偏离原来方向而分散传播的现象。

根据所遇到的媒介颗粒大小，可将散射媒介分为两种：第一种为微小颗粒，如大气中的烟雾和沙尘，由此造成的散射对信号质量和强度影响不大；第二种为较大物体，如铁丝网围栏、树叶以及粗糙的墙面等，此时主信号将散射成多路信号，会影响主信号的质量。

（4）折射

折射是指射频信号在传播过程中，从一种介质斜射入另一种介质时，传播方向发生改变的现象。由于大气影响的结果，折射现象经常发生。

水蒸气、空气温度变化和空气压力变化是导致折射产生的3个最重要因素。在室外，无线电波通常会轻微地向地球表面发生折射，然而大气的变化也可能会导致信号远离地球，因此，在长距离的室外无线桥接项目中，折射现象需要重点关注。另外，室内的玻璃和其他材料也有可能导致折射的发生。

（5）衍射

衍射是指射频信号遇到障碍物时，像水波一样沿着障碍物弯曲并绕过障碍物的现象。与折射不同，衍射是射频信号在物体周围发生的弯曲现象，而折射是射频信号穿过媒介产生的弯曲。产生衍射的条件取决于障碍物的材质、形状、大小以及射频信号的特性，如极化、相位和振幅。

衍射导致射频信号能够绕过吸收它的物体，并完成自我修复，这种特性使得在发送端和接收端之间有建筑物时，接收端仍能接收到信号。然而，发生衍射后射频信号可能出现信号失真现象。

位于障碍物正后方的区域称为射频阴影。根据衍射信号方向的变化，射频阴影可能成为信号覆盖死角或只能接收到微弱信号。

（6）衰减

衰减也称损耗，是指射频信号在电缆或者空中传播时，信号强度或振幅下降的现象。导致信号衰减的因素包括以下几方面：

① 电缆损耗：发射器与天线之间的电缆损耗。由于电缆的阻抗或者其他器件（如连接器）的影响，交流信号强度会下降，尤其在室外环境中，电缆长度较大时尤其明显。

② 自由空间路径损耗：单位面积内，射频信号的功率与传输距离的平方呈反比，射频信号能量离开天线后分散到更大的区域，接收端检测到的信号强度将急剧下降。自由空间路径损耗即为射频电磁波因自然扩展（即波束发散）导致的信号衰减。

③ 外部噪声或干扰：若附近有其他无线装置对射频器件产生干扰，可等效为射频信号发生了损耗。

④ 障碍物损耗：射频信号在传播过程中，有很多吸收或弯曲信号的物体，如建筑材料、树木、金属等。

损耗的强弱可以用分贝（dB）来进行描述。

（7）多径

射频信号在传播过程中，会由于反射、衍射等因素存在着许多时延不同、损耗各异的传输路径，从而发生多径现象。其中，反射是诱发多径现象的主要原因。由于反射信号传播的路径较长，通常会比主信号花费更长的时间到达接收端，且不同的反射信号传播时间不同。多条路径传播的时间差称为时延扩展（Delay Spread）。同时，由于多条路径存在相位差，信号叠加后可能导致信号衰减、放大或遭到破坏，这种现象称为瑞利衰弱（Rayleigh Fading）。

（8）增益

为了抵消损耗，需要将射频信号振幅增加或信号增强——增益。

有两种类型的增益：有源增益（Active Gain）和无源增益（Passive Gain）。

① 有源增益的获得通常是在发射器和天线之间安装一个放大器，放大器要求使用外部电源且通常是双向的，同时放大接收和发射的信号强度。

② 无源增益主要利用天线把射频信号集中，使某一方向信号产生增强的效果，而射频信号整体功率并未增加。天线增益是相对全向天线而言的，表征天线聚焦信号能量的能力，若天线能将射频信号能量聚焦到更窄的范围，其增益就更高。

5. 常用的无线通信介质

从图 7-2 可以看出，电磁频谱的范围很广，而常用的无线电频谱仅占其中一小部分。主要为微波、红外线、激光，以及长波、中波和短波。

（1）微波

微波通信（Microwave Communication）是 20 世纪 50 年代的产物。由于其可用频带宽、通信容量大、传输损伤小、投资费用省（约占电缆投资的 1/5）、建设速度快及抗灾能力强等优点而取得迅速发展。

① 微波传输特点。

相对于长波、中波、短波而言，微波通信是使用波长为 1 mm ~ 1 m（频率为 0.3 GHz~300 GHz）的电磁波进行的通信。在空间沿直线传播是微波通信的重要特点，因而微波通信属于“视距传输”。

通过天线，微波中继实现“接力通信”是微波通信组网的主要方式。不像无线电广播那样从一个地点向许多地点发送信号，微波通信是一个点到点的通信系统。使用配备了信号放大器的中继站以扩展微波通信的范围。一个中继站有两个天线，分别用于指向远方的不同方向。传输频率为 2~25 kHz，比短距离的专用网具有更大的带宽。

② 微波应用。

如果两点间直线距离内无障碍时就可以使用微波传送，例如：

- 卫星到地面。
- 城市两个建筑物之间。
- 很大的无法实际布设电缆的开阔区域，如沙漠、草地和湖泽等。

微波传输系统包含双向天线，它们以点到点方式聚集其他点发出的电磁波或无线电波能量。这些天线需要无障碍路径，最大范围可达 30 km。天线通常安装在高塔上，以扩展它们的工作距离，并避开引起反射信号的障碍物。各地的无线电发射接收器通过天线发送信号。例如，可以在两个建筑物的墙上分别安装一个天线，并使这两个天线指向相对，这就建立了这两个建筑物之间的微波通信。由于绕过了本地信息交换公司，所以系统相当便宜。在校园或较大的企业环境，微波系统比铺设电缆可能更实际。

（2）红外线

人们看到的红光的波长为 750 nm，红外线的波长比红光的波长还长，约为 750 nm~10 μm，人的眼睛无法看到，故称红外线。温度高于绝对零度的物体都会辐射出红外线。在常温下，物体辐射的红外线频谱是在 10 μm 左右的远红外（远离可见光频谱）范围。

红外线是一种廉价、近距离、无连线、低功耗和保密性较强的通信方案，主要应用在计算机的无线数据传输、无线网络接入和近距离遥控家电等方面。

红外线传输有 3 种模式：直接红外线连接、反射式红外线连接和全向型红外线连接。

① 直接红外线（Direct-Beam Infrared，DB/IR）连接是将两个要建立连接的红外线通信接口

面对面（左右偏移一般不超过 15°）近距离放置，中间不能有障碍物，即可建立连接。

② 反射式红外线（Diffuse Infrared，DF/IR）连接：具有 DF/IR 功能的设备不需要面对面放置，只要是在同一个封闭的空间内，依靠光线的反射彼此就能建立连接。但也容易受到室内其他干扰源的影响，导致数据传输的失败。

③ 全向型红外线（Omnidirectional Infrared，Omni/IR）连接利用一个反射的红外线基站（Base Station，BS）为中继站，将各个设备的红外线通信接口指向基站，这些设备间便能通过基站建立连接，如图 7-4 所示。

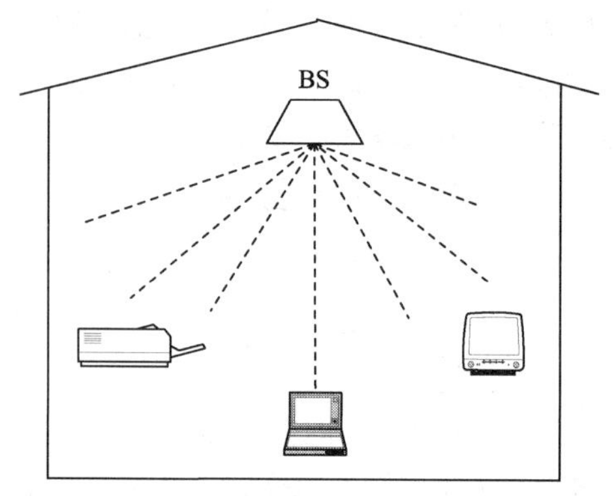

图 7-4 全向性红外线连接

红外线连接的传输距离比较短，一般不超过 1.5 m，而且容易受到障碍物的阻隔，没有穿透能力，因此在组网时受到很大局限。

（3）激光

普通常见光源的发光（如电灯、火焰、太阳等的发光）是由于物质在受到外来能量（如光能、电能、热能等）作用时，原子被激发，原子中的电子就会吸收外来能量而从低能级跃迁到高能级。这种辐射称为自发辐射。原子在外加光的诱发和刺激下可以使其能级迅速跃迁，并放出光子。这种过程是被“激”出来的，故称受激辐射。激光的频带范围是 3.846×10^{14}Hz ~ 7.895×10^{14}Hz。

激光和红外通信与微波通信一样，有很强的方向性，都是沿直线传播的。但红外通信和激光通信要把传输的信号分别转换为红外光信号和激光信号后才能直接在空间沿直线传播。激光与红外线同属于光波传输技术，但是由于激光能够产生非常纯净的窄光束，同时具有更高的能量输出，在射向目标中途不会产生反射现象，因此激光无线网络的连接模式只能是直接连接。激光传输一般用于长途通信中需要高数据速率的场合。在许多需要安全连接的环境中，激光传输不失为一种理想的选择。

激光适合在不能挖掘路面、埋设管线，或两栋建筑被海所隔，铺设管线成本很高时，并且是在空旷或拥有制高点的地方，用来建立两个局域网之间连接的信道。

（4）长波、中波和短波

频率低于微波的无线电波按波长的大小又分为长波、中波和短波。长波绕射能力强，信号可以沿着地球表面传播得很远。中波可以沿地面传播，绕射能力较强，适用于广播和海上通信。而短波具有较强的电离层反射能力，适用于环球通信。

7.2.2 无线网络连接设备

无线网络的组网是通过无线网络连接设备实现的。常见的无线连接设备包括无线网桥、无线集线系统和无线网卡。另外还有无线打印共享装置、无线数据链装置、无线 Modem、无线网络收发器、无线手持通信机、无线数据终端、无线串口和无线并口等。

1. 无线网桥

无线网桥即无线接入点（Access Point，AP）。一个无线接入点通常由一个无线输出口和一个有线的网络接口（802.3 接口）构成，桥接软件符合 IEEE 802.1d 桥接协议。接入点就像是无线网络的一个无线基站，将多个无线接入站聚合到有线网络上。无线的终端可以是 IEEE 802.11 PCMCIA 卡、PCI 接口、ISA 接口的设备，或者是在非计算机终端上的嵌入式设备（例如 IEE E802.11 手机）。

2．无线网卡

将无线网卡插入计算机可构建一个无线站。无论笔记本电脑或是台式计算机处在什么位置，都可以即时、安全地与任何经无线高保真（Wireless-Fidelity，Wi-Fi）验证的设备或网络连接。无论何时何地，在需要时都可获得与有线网络相同的性能。无线网卡有多种接口供连接不同的设备选择。例如，有适用于台式计算机的 PCI 接口的无线网卡；有适用于笔记本电脑的 PCMCIA 接口的无线网卡；有笔记本电脑和台式计算机均适用的 USB 接口的无线网卡等。

3．无线路由器

无线路由器集有线/无线网络连接于一体，将无线接入器、有线路由器合二为一。无线路由器不仅具备 AP 的全部功能，还整合了宽带路由器的路由和管理功能，使组建小型 WLAN 只需要一个无线路由器即可实现。纯 AP 设备和无线路由器价差越来越小，所以更多的用户会选择无线路由器。

目前市场上常见的无线路由器一般都带有与有线简单宽带路由器相同的 4 个 LAN 接口、1 个 WAN 接口，另有无线天线支持无线接入。这样既可以支持一般只装有有线网卡的台式计算机的连网，又支持安装无线网卡的笔记本电脑的连网，同时可以扩大连网的计算机的台数。

4．天线

天线（Antenna）的功能是将信号源信号传送至远处。至于能传多远，一般除了考虑信号源的输出功率强度之外，另一重要因素是天线本身的增益值（分贝值，dB）。增益值越高，相对所能传送的距离也越远。通常增益值每增加 6 dB 则传输距离可增加一倍。

按功能分，天线有定向型（Uni-directional）和全向型（Omni-directional）两种。定向型天线较适合于长距离使用，全向型天线较适合区域性的应用。无线网络天线的形状有平板形、半球形等多种类型。

图 7-5 所示为无线网桥和 USB 无线网卡、无线路由器和天线。很多无线设备从外表看，除了增加了天线外，和有线设备没有太大的区别。

（a）AP

（b）无线网卡

（c）无线路由器

（d）天线

图 7-5　无线设备

7.3　无线通信的主要技术

无线通信中需要用到很多技术，如多址技术、数字调制技术、软件无线电、智能天线等。特别是随着技术的进步，提高性能的新技术不断涌现。本节只简单介绍最基本和最重要的几种关键技术。

7.3.1 多址技术

在蜂窝式移动通信中，一个基站需要同时和多个用户进行通信，因而必须对不同的用户和基站发出的信号加以区别，即信号在参数上有所不同。这样基站才能从众多用户中区分出各用户的信号，而各用户又要从基站发出的众多信号中识别出哪个信号是发给自己的。这时就要用到多址技术。

多址技术就是指基站周围的移动台以何种方式抢占信道进入基站和从基站接收信号的技术，可以实现在射频信道上多个用户的相互通信。基本的多址方式有4种：频分多址(Frequency Division Multiple Access，FDMA)、时分多址(Time Division Multiple Access，TDMA)、码分多址(Code Division Multiple Access，CDMA)和空分多址(Space Division Multiple Access，SDMA)。在设计应用中，通常是几种多址方式结合运用。

1. 码分多址

码分多址CDMA是1992年由摩托罗拉(Motorola)等公司共同提出的一种数字蜂窝式通信技术。

(1)CDMA系统的核心技术

CDMA系统的技术包括功率控制、PN码(Pseudo-Noise Code)技术、RAKE接收技术、软切换技术和话音编码技术等多项内容。

① 功率控制技术是CDMA系统的核心技术，所有移动用户都占用相同带宽和频率，“远近效用”问题特别突出。CDMA功率控制的目的是克服“远近效用”，使系统既能维护高质量通信，又不对其他用户产生干扰。

② PN码技术是将发送端的基带数字信号经扩频编码发生器产生的一种序列码。利用PN码去调制数字信号形成扩频信号。

③ RAKE接收技术是在CDMA系统中，利用移动通信的多径信道的多路信号，分别接收每一路的信号进行解调，然后叠加输出达到增强接收效果的目的。

④ 软切换技术，先连接再断开称为软切换。CDMA系统工作在相同的频率和带宽上，因而软切换技术实现起来比TDMA系统要方便和容易得多。

⑤ 窄带CDMA系统的话音编码技术主要是激励线性预测编码(Code Excited Linear Prediction，CELP)的8 kbit/s和13 kbit/s两种。其中，13 kbit/s编码话音服务质量已达到有线电话的话音质量。CDMA的IS-95B技术支持115.2 kbit/s。

(2)CDMA移动通信网的优势

CDMA移动通信网是由扩频、多址接入、蜂窝组网和频率再用等几种技术结合而成，是频域、时域和码域三维信号处理的一种协作，因此它具有很多明显优点：

① 系统容量的配置灵活。CDMA的所有移动用户都占用相同带宽和频率，只要能控制住用户的信号强度，在保持高质量通话的同时，就可以容纳更多的用户。

② 话音质量很高。这是由其“多径接收”的高技术作保障的。

③ 发射功率非常小，最大只有200 mW，正常通话时仅需0.1 mW，即使与一只普通灯泡相比，也仅相当于它的十万分之一。

④ 采用编码技术，其编码有4.4亿种数字排列，而且每个接收机的编码还可随时变化，使盗码只能成为理论上的可能。

⑤ 采用软切换技术，“先连接再断开”，完全克服了硬切换容易掉话的缺点。

⑥ 频率规划简单，用户按不同的序列码区分，所以不同的 CDMA 载波可在相邻的小区内使用。网络规划灵活，扩展简单，因此 CDMA 建网成本较低。

2. OFDMA 多址技术

正交频分多址（Orthogonal Frequency Division Multiplexing Access，OFDMA）采用了一种称为正交频分复用（Orthogonal Frequency Division Multiplexing，OFDM）的技术。

OFDM 是多载波调制的一种，其主要思想是：将信道分成若干正交子信道，将高速数据信号转换成并行的低速子数据流，调制后在每个子信道上进行传输。正交信号可以通过在接收端采用相关技术来分开，这样可以减少子信道之间的相互干扰。

OFDM 中的各个载波是相互正交的，每个载波在一个符号时间内有整数个载波周期，由于载波间有部分重叠，所以它比传统的频分多址 FDMA 提高了频带利用率。

为了进一步降低 OFDM 符号之间的干扰，以及保证子载波之间的正交性，OFDM 调制在符号前段增加一个循环前缀（Cyclic Prefix，CP），即将一个符号后端的若干采样点复制到符号的前端。

传统的频分复用系统中，整个带宽分成 n 个子频带，子频带之间不重叠，为了避免子频带间相互干扰，频带间还要加隔离频带，而使频谱利用率下降。为了克服这个缺点，OFDM 应用离散傅里叶变换（Discrete Fourier Transform，DFT）和其逆变换方法，解决了产生多个互相正交的子载波和从子载波中恢复原信号的问题。另外，OFDM 应用快速傅里叶变换（Fast Fourier Transform，FFT）和快速傅里叶反变换（Inverse Fast Fourier Transform，IFFT）大大降低了多载波传输系统的复杂度。

OFDM 数据发送和接收过程如下：

在发射端，首先对比特流进行正交调幅 QAM 或正交相移键控（Quadrature Phase Shift Keying，QPSK）调制，然后依次经过串并变换和 IFFT 变换，再将并行数据转换为串行数据，加上循环前缀 CP，形成 OFDM 码元，将数字信号转换成模拟信号传输。

当接收机检测到信号到达时，经过模数转换、去循环前缀及 FFT 变换，得到的数据是 QAM 或 QPSK 的已调数据。对该数据进行相应的解调，就可得到比特流。

OFDM 数据发送和接收过程如图 7-6 所示。

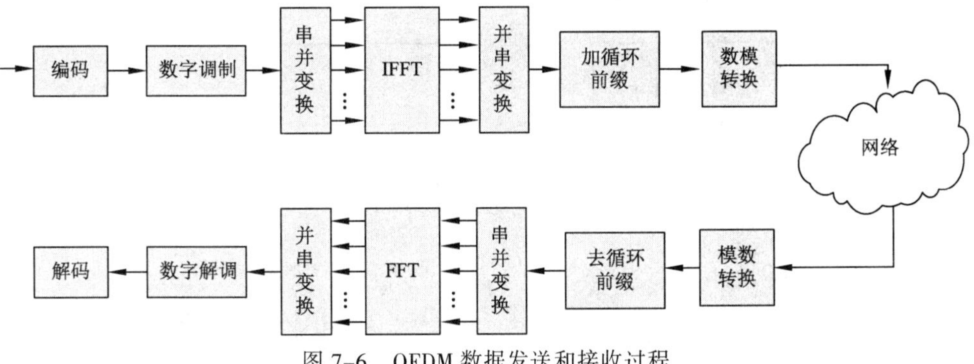

图 7-6　OFDM 数据发送和接收过程

OFDM 具有以下优势，使其在无线局域网、无线城域网和 4G/5G 移动通信中被广泛应用：

① 在窄带带宽下也能够发出大量的数据。

② 能够持续不断地监控传输介质上通信特性的突然变化，并且接通和切断相应的载波以保

证持续地进行通信。

③ 适合使用在高层建筑物、居民密集和地理上突出的地方以及将信号散播的地区。

④ 能对抗频率选择性衰落或窄带干扰。

⑤ 通过各个子载波的联合编码，具有很强的抗衰落能力。

⑥ 信道利用率很高，这一点在频谱资源有限的无线环境中尤为重要。

7.3.2 双工技术

双工技术主要分为频分双工（Frequency Division Duplex，FDD）和时分双工（Time Division Duplexing，TDD）两种方式。

1. 频分双工

FDD上下行之间使用不同的工作频带，可以在同一个时刻在不同的频率载波上进行上下行信号的传输，上下行之间有保护带宽。

2. 时分双工

TDD的发射和接收信号是在同一频率信道的不同时隙中进行的，彼此之间采用一定的保证时间予以分离。它不需要分配对称频段的频率，并可在每信道内灵活控制、改变发送和接收时段的长短比例。在进行不对称的数据传输时，可充分利用有限的无线电频谱资源。

TDD时分双工系统是数据的发送和接收使用相同的频段，上下行数据的发送在时间上错开，通过在不同时隙发送上下行数据可有效避免上下行干扰。

相对于FDD双工方式，TDD有着较高的频谱利用率；可以灵活地设置上行和下行转换时刻，用于实现不对称的上行和下行业务带宽，有利于实现明显上下行不对称的因特网业务；可以使用零碎的频段，因为上下行由时间区别，不必要求带宽对称的频段。

TDD时间切换的双工方式是在一个帧结构中定义双工过程，不需要收发隔离器，只需要一个开关即可。但是，这种转换时刻的设置必须与相邻基站协同进行。

时分双工与频分双工基本原理示意图如图7-7所示。

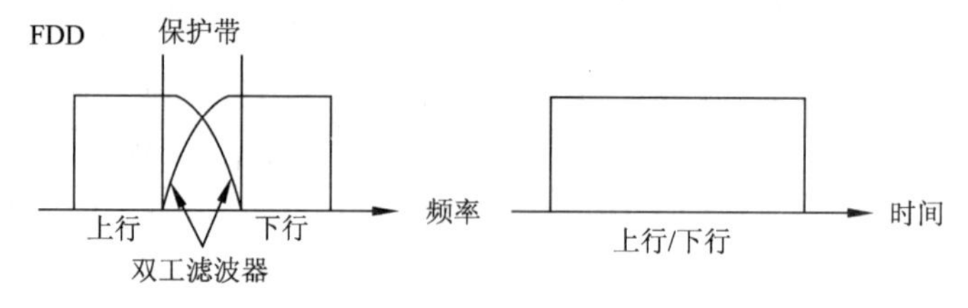

（a）频分双工原理示意图

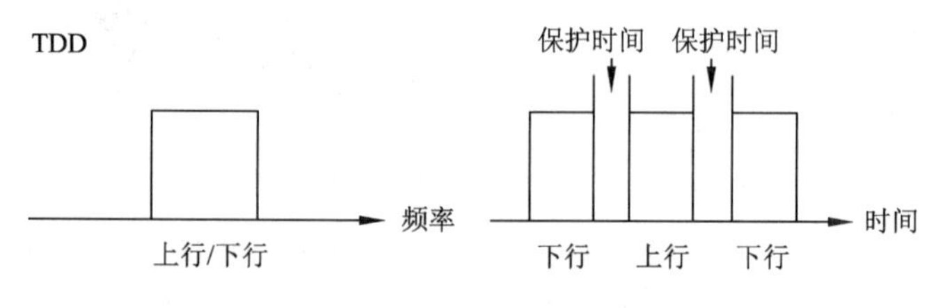

（b）时分双工原理示意图

图7-7 频分双工和时分双工基本原理示意图

7.3.3　多输入多输出/智能天线技术

多输入多输出/智能天线（Multiple-Input Multiple-Output/ Smart Antenna，MIMO/SA）系统速度可达 600 Mbit/s，它利用多天线来抑制信道衰落。

无线电发送的信号被反射时，会产生多份信号。每份信号都是一个空间流。使用单输入单输出（Single-Input Single -Output，SISO）的系统一次只能发送或接收一个空间流。MIMO 允许多个天线同时发送和接收多个空间流，并能够区分发往或来自不同空间方位的信号。

MIMO 使用多空间通道传送和接收数据。只有站点（移动设备）或接入点（AP）支持 MIMO 时才能部署 MIMO。

多输入多输出系统的优点很多，主要有：

① MIMO 系统是利用多天线来实现多输入和多输出功能的，而多天线系统的应用，使得多个并行数据流可以同时传送，此时的信道容量随着天线数量的增大而线性增大。

② 在不增加带宽和天线发送功率的情况下，频谱利用率可以成倍地提高。同时，在发送端或接收端采用多天线，可以显著克服信道的衰落，降低误码率。

③ MIMO 系统将传送的数据经过分割传送，可以使单一数据流量降低，因而可以增加现有无线网络频谱的数据传输速度，又不用额外占用频谱范围，还能增加信号接收距离。

MIMO 系统中的数据通过多重切割之后，经过多重天线进行同步传送，这些数据会经不同的反射或穿透路径，因此到达接收端的时间会不一致。为了避免数据不一致而无法重新组合，接收端会同时具备多重天线接收，然后利用数字信号处理器（Digital Signal Processor，DSP）重新计算。根据时间差的因素，将分开的数据再重新组合，输出正确且快速的数据流。

MIMO 系统是在发射端和接收端同时使用多个天线的通信系统，其核心技术是空时信号处理，即利用在空间中分布的多个时间域和空间域结合进行信号处理。空间复用主要用来对抗信道衰落，可以看作智能天线的扩展。

图 7-8 所示是多输入多输出/智能天线收发示意图。从中可以看出，比特流在经过编码、调制和空时处理（波束成行或空时编码）后，映射成不同的信息符号，从多个天线同时发射出去；再在接收端用多个天线接收，进行相应解调、解码及空时处理。

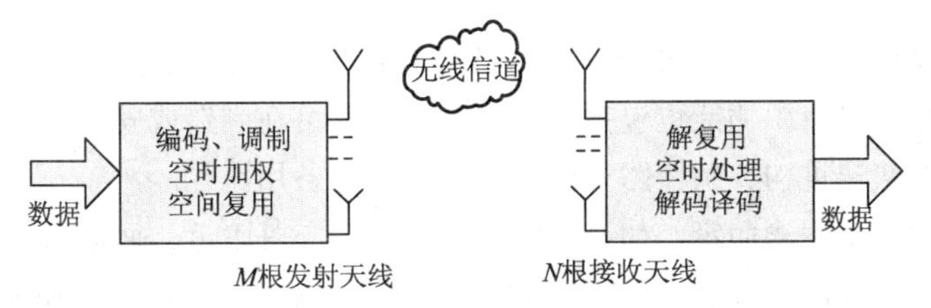

图 7-8　多输入多输出/智能天线收发示意图

智能天线通过利用多径可改善链路的质量，通过减小相互干扰来增加系统容量，并且允许不同的天线发射不同的数据。智能天线可以增加覆盖范围，可以降低功率、减小成本，可以对特定用户的传输进行优化，可以改善链路质量、增加可靠性。

7.4　无线体域网和无线个域网

无线体域网 WBAN 和无线个域网 WPAN 的概念是在无线网络中才出现的。

7.4.1 无线体域网

无线体域网 WBAN 又称身体感测网络，是由可穿戴或可嵌入设备组成的网络。这些设备需要通过无线技术进行通信。WBAN 在医疗、保健、消费类电子等多个领域应用前景广阔。WBAN 的国际标准是 IEEE 802.15.6。

1. 无线体域网技术要求

（1）数据率

由于具体应用的多样性，WBAN 的数据率范围较大，从简单数据的几 kbit/s 到视频数据流的几 Mb it/s。不同应用的数据率通过采样率、测量范围和精度计算而得。

（2）能耗

能耗主要源于感知、无线通信和数据处理，其中无线通信能耗最大。各节点的可用功率通常受限。存储能量的电池往往决定传感器的尺寸和质量。如果电池缩小，则必须减小设备功耗。某些 WBAN 应用中，传感器或执行器需考虑几个月甚至几年的电池供电，如起搏器或血糖检测仪一般要求使用长达 5 年以上。植入人体设备的工作寿命非常关键，因为频繁更换或充电在经济和实际操作中都不可行。

设备通信过程中会产生热量，并被周围人体组织吸收导致体温升高。为限制体温升高和节约电能，功耗应尽量低。被人体组织吸收的能量可通过特定吸收率（Specific Absorption Rate，SAR）测算。由于设备附于或就在人体内，局部 SAR 值可能很高，注意体内局部 SAR 必须最小化。

（3）QoS 和可靠性

QoS 是医疗应用的重要环节，关键是传输可靠性，要确保医护人员正确接收到监测数据。可靠性需从端到端或各链路等多方面考虑，包括数据的保证传输、按序传输、适时传输等。网络可靠性直接影响病人监护质量，如果发生威胁生命的事件而未能及时传输数据，后果不堪设想。

数据传输的可靠性应考虑误码率（Bit Error Ratio，BER)。通常低数据率设备能承受相对高的误码率（10^{-4}），而高速率设备则要求较低误码率（10^{-10}）。

（4）可用性

WBAN 应具有良好的自组织、自维护性。当一个节点在身体上开启时，应无须外部干预即能加入网络并建立路由。自组织功能也包括节点寻址，地址可在制造或安装时通过网络自动配置。增加新服务时网络可快速重构，某一路径中断，立即建立备用路径。

设备的具体位置要依用途而定，如心脏传感器应置于心脏附近，而运动传感器要考虑因身体运动而引发的信道衰减和阴影效应。还需考虑节点的可穿戴性和可植入性，使得 WBAN 较为隐蔽。

（5）安全和隐私

传输的健康信息属于隐私和机密，一般应加密处理。医护人员收集数据时需确信数据未被篡改，一般不允许普通人员设置和管理相应的验证和授权进程。注意安全和隐私保护机制会消耗一定的能量，节能和轻巧格外重要。

2. 无线体域网协议标准

WBAN 的典型协议标准是 IEEE 802.15.6，于 2012 年公布。其主要针对低功率、高速率、小范围的体域网，为人体周围或体内的无线设备之间及设备与基站间的通信制定了物理层和 MAC

子层的协议规范。

IEEE 802.15.6 的主要技术优势在于短距离、超低功率（最低可达-40 dB）、低成本、高速率（最高达 10 Mbit/s）和低实施复杂度。

3．无线体域网的应用

WBAN 的潜在市场非常大，尤其在医疗保健、社区医疗、特殊人群监护等领域，将帮助解决由人口老龄化引起的医疗和社会难题，提高医疗行业的效能。借助 WBAN，不论在医院、在家甚至移动中，都可持续检测病人体征参数。而且，病人长时间在自然环境中测得的数据，比短时间在医院现场测得的数据更能反映实际情况。

医疗保健领域中的 WBAN 组成一般包括传感器节点、执行器节点和个人设备等。

① 传感器节点能对物理刺激做出响应并收集数据，能适当处理数据和传输数据。其组成包括传感器硬件、能量单元、处理器、存储器和收发器等。

② 执行器节点能根据接收的或来自用户接口的数据做出反应。其组成包括执行（如药物管理）硬件、能量单元、处理器、存储器和收发器。

③ 个人设备负责收集传感器和执行器信息，并通过外部途径（执行器或 LED 屏）通知用户（病人或护士）。其组成包括能量单元、处理器、存储器和收发器。该设备可作为身体控制单元、身体网关或汇聚器，实际应用中可采用 PDA 或智能手机。

具体的节点数量受制于网络特性，一般节点数量为 20～50 之间。

7.4.2　无线个域网

无线个域网 WPAN 位于整个网络链的末端，用于实现同一地点终端与终端间的连接，如连接手机和蓝牙耳机等。WPAN 所覆盖的范围一般在 10 m 半径以内，必须运行于许可的无线频段。WPAN 设备具有价格便宜、体积小、易操作和功耗低等优点。

1．无线个域网的关键技术

WPAN 的关键技术包括蓝牙、IrDA、HomeRF、UWB 和 ZigBee 等技术。

（1）蓝牙技术

蓝牙这个颇为奇怪的名字来源于 10 世纪丹麦国王哈洛德（Harold）的称呼。据说，这位丹麦国王靠出色的沟通和说服能力统一了当时的丹麦和挪威。因为他非常爱吃蓝莓，牙齿经常被染蓝，所以得到了蓝牙这个称呼。

蓝牙技术最早由挪威的爱立信（Errison）公司于 1994 年提出，是一种用于替代便携或固定电子设备上（如手机）使用的电缆或连线的短距离无线连接技术，能够使用户不必再被电线所限制。1998 年包括 IBM、英特尔（Intel）、诺基亚（Nokia）、东芝（Toshiba）和三星（Samsung）等在内的世界著名厂商共同组成了“蓝牙友好协会”，目的是制定短距离无线数据传输标准。目前已有 1 400 多家通信、信息、电子、汽车等厂商参与。

蓝牙设备使用无须许可申请的 2.4 GHz 频段，在支持 3 个话音频道的同时还支持较高数据传输速率。早期版本数据速率为 1 Mbit/s，5.0 版达 24 Mbit/s，同时支持低功耗。蓝牙采用分散式网络结构以及快速跳频和短包技术，支持点对点及点对多点的通信，采用时分双工传输方案。早期版本中，蓝牙技术主要用于短距离（<10 m）无线通信。2014 年发布的 4.2 版中，其传输距离扩展到最高 100 m；2016 年发布的 5.0 版中，传输距离可达 300 m。

蓝牙技术能够提供数字设备之间的无线传输功能。其不仅可以使得 PC、鼠标、键盘、打印机告别电缆连线，而且可以实现将家庭中的各种电器设备如空调、电视、冰箱、微波炉、安全设备及移动电话等无线连网，从而通过手机实现遥控。蓝牙技术使得上网浏览网页和发送电子邮件更加方便，还可以使智能移动电话与笔记本电脑、掌上电脑以及各种数字化的信息设备能不再用电缆，而是用一种小型的、低成本的无线通信技术连接起来，进而形成无线个域网，实现资源无缝共享。

（2）IrDA 技术

1994 年 IrDA 1.0 红外数据通信标准发布，采用异步、半双工方式。IrDA 红外数据通信采用的波长为 850~900 nm，常见的 IrDA 分为慢速和快速两种，二者传输速率分别为 115.2 kbit/s 和 4 Mbit/s。其无须申请频率使用权，通信成本低廉。IrDA 具有体积小、功耗低、连接方便、简单易用等特点。此外，IrDA 发射角度较小，传输安全性高。

（3）HomeRF 技术

HomeRF 是数字无绳电话技术与 WLAN 技术融合发展的产物。在 ITU 和 Intel、飞利浦（Philips）、惠普（HP）、Microsoft 等公司的支持下，致力于 PC 与其他家用电器间的数字通信。它采用共享无线接入协议（Shared Wireless Access Protocol，SWAP），结合了数字无绳电话和 IEEE 802. 11 的特点，工作在 2.4 GHz 频段，使用 TDMA 和载波监听多路访问/冲突避免（CSMA/ Collision Avoid，CSMA/CA）方式，适合语音和数据业务。

（4）超宽带技术

超宽带技术 UWB 是一种基于 IEEE 802.15.3 的超高速、短距离无线接入技术，10 m 范围内能够达到每秒数百兆位的数据传输率。美国联邦通信委员会（Federal Communications Commission，FCC）定义 UWB 的带宽要大于 500MHz，或相对带宽（带宽与中心频率之比）大于 0.20，而传统通信系统的相对带宽一般都小于 0.01，宽带码分多址（Wideband Code Division Multiple Address，WCDMA）系统的相对带宽约为 0.02。UWB 在 3.1~10.6 GHz 频段内以极低功率工作，使它能够在较宽频谱上传输极低功率信号，确保其不会干扰授权频段及其他重要无线设备。它具有抗干扰性强、传输速率高、带宽大、功耗低、保密性好、多径分辨能力强、定位精确、系统实现较简单等众多优势。

UWB 开辟了一个具有极高空间容量的新无线信道。在传输距离较近的情况下，信号传播损耗较小，可以通过增加信号带宽来提高系统容量。

（5）ZigBee 技术

ZigBee 是一种短距离、低功率、低速率无线接入技术。其名称源于蜜蜂的通信方式，蜜蜂之间通过跳 ZigBee 形状的舞蹈来交流信息，以共享食物源的方向、位置和距离等信息。ZigBee 也工作于 2.4 GHz 频段，传输速率为 20~250 kbit/s，传输距离为 10~100 m。ZigBee 比蓝牙更简单，传输速率和功率更低。其大多数时间内处于休眠状态，适于不需实时传输或连续更新的场合，如工业控制和无线传感器网络（Wireless Sensor Network，WSN）。

2002 年 ZigBee 联盟成立，共同推进该技术的进一步发展和市场应用，成员包括 Philip、霍尼韦尔（Honeywell）、三星等公司。随着技术不断完善，ZigBee 逐渐显现巨大的市场潜力，其具有低功耗、低成本、低速率和使用便捷等显著优势与特点，有着广阔的应用前景。

2. 5 种 WPAN 关键技术的比较

表 7-1 比较了 5 种 WPAN 关键技术的各自特点。

表 7-1　5 种 WPAN 关键技术的特点比较

技 术 指 标	蓝　　牙	HomeRF	IrDA	UWB	ZigBee
工作频段	2.4 GHz	2.4 GHz	红外线	3.1~10.6 GHz	2.4 GHz
传输速率	1~24 Mbit/s	6~10 Mbit/s	115.2 kbit/s	480 Mbit/s	20~250 kbit/s
通信距离/m	10~300	50	1	10	10~100
应用前景	好	中	一般	好	好

WPAN 关键技术具有如下共同优点：

① 支持移动联网，用户可像使用手机那样灵活移动设备，而网络仍保持连接。

② 无须使用线缆，安装简便，高频无线电波可穿透墙壁或玻璃，设备放置灵活。

③ 多种安全防护措施以保障用户信息安全。

④ 网络结构或布局变动时，不需对网络进行重新设置。

以上技术的应用场合不同：HomeRF 可应用于家庭中的移动数据和语音设备与主机间的通信；蓝牙可应用于任何可用无线方式替代线缆的场合；IrDA 用于两台（非多台）设备之间的视距连接；UWB 更多用于 10 m 范围内的室内电子设备；ZigBee 可用于室外 WSN。

3. 无线个域网的技术标准

WPAN 网络为近距离范围内的设备建立无线连接，把几米范围内的多个设备通过无线方式连接在一起，使它们可以相互通信甚至接入 LAN 或 Internet。1998 年 3 月，IEEE 成立了 802.15 工作组。该工作组致力于 WPAN 网络的物理层和介质访问控制（MAC）子层的标准化工作，目标是为在个人操作空间 POS 内相互通信的无线通信设备提供通信标准。POS 一般是指用户附近 10 m 左右的空间范围，在这个范围内用户可以是固定的，也可以是移动的。

在 IEEE 802.15 工作组内有若干任务组，分别制定适合不同应用的标准。这些标准在传输速率、功耗和支持的服务等方面存在差异。表 7-2 列出了 IEEE 802.15 工作组常见任务组的工作内容。

表 7-2　IEEE 802.15 工作组常见任务组的工作内容

IEEE 802.15 任务组	工 作 内 容	IEEE 802.15 任务组	工 作 内 容
IEEE 802.15.1	蓝牙 1.x 版	IEEE 802.15.6	医疗用无线体域网
IEEE 802.15.2	WLAN 与 WPAN 共存	IEEE 802.15.7	可见光通信
IEEE 802.15.3	高速数据率	IEEE 802.15.8	邻居对等感知
IEEE 802.15.3a	超宽带（UWB）	IEEE 802.15.9	安全密钥管理
IEEE 802.15.4	低数据速率及 ZigBee	IEEE 802.15.10	第二层路由
IEEE 802.15.5	网状网络		

目前，WPAN 主要使用 2. 4 GHz ISM 频段，而符合 IEEE 802. 11 规范的 WLAN 设备也使用同一频段。为解决该问题，IEEE 802.15.2 标准制定了共存模型，以量化二者的冲突，同时设计了共享机制以促进两类设备共存。该标准实际上是一个策略建议，推荐了一系列解决 WPAN 与 WLAN 互扰的技术策略和方案。

IEEE 802.15.3 是针对高速 WPAN 制定的无线 MAC 子层和物理层规范，允许连接多达上百个无线应用设备，传输速率高，适合多媒体数据传输，但有效传输距离较小。随着高速 WPAN 应用范围的扩展，IEEE 802.15.3 得到迅速发展。其中，IEEE 802.15.3a 主要研究 10 Mbit/s 以上速率的图像和多媒体数据的传输，IEEE 802.15.3b 主要研究 MAC 层维护，改善其兼容性与可实施性，IEEE 802.15.3e 主要研究毫米波物理层的替代方案，将工作于一个全新频段（57~ 64 GHz），实现与其他 IEEE 802.15 标准更好的兼容性。

ZigBee 是 IEEE 802.15.4 标准的扩展集。IEEE 802.15.4 工作组负责制定物理层及 MAC 子层协议，而 ZigBee 联盟定义了应用层和安全规范。IEEE 802.15.4 标准定义的低速 WPAN 网络具有如下特点：

① 在不同的载波频率下实现了 20 kbit/s、40 kbit/s 和 250 kbit/s 三种不同的传输速率。

② 支持星状和点对点两种网络拓扑结构。

③ 有 16 位和 64 位两种地址格式，其中 64 位地址是全球唯一的扩展地址。

④ 支持 CSMA/CA 技术。

⑤ 支持确认机制，保证传输可靠性。

7.5 无线局域网

无线局域网的应用已十分广泛，下面介绍无线局域网络拓扑结构、无线局域网协议和网络设备接入方案 3 方面的内容。

7.5.1 无线局域网拓扑结构

无线局域网组网分为两种拓扑结构：对等无线网络和结构化无线网络。两种无线网络拓扑结构如图 7-9 所示。

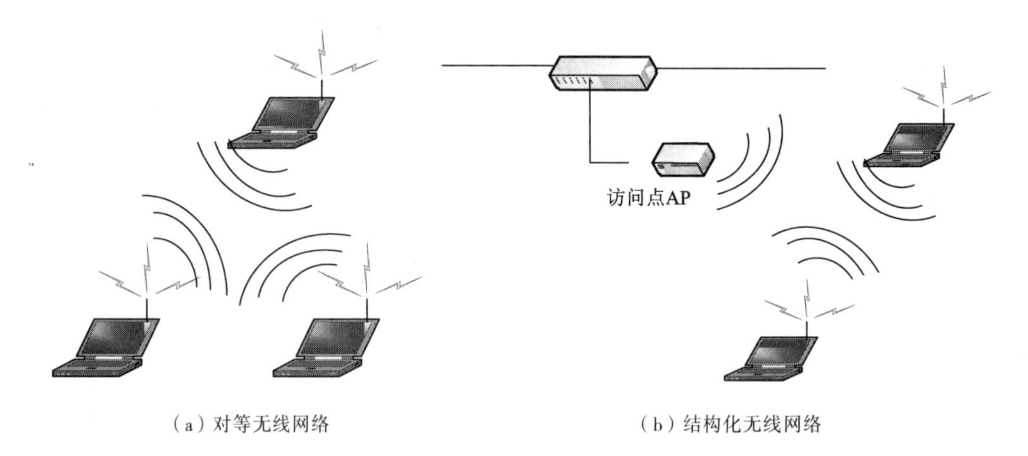

（a）对等无线网络　　（b）结构化无线网络

图 7-9 无线网络拓扑结构

1. 对等无线网络

无线局域网可以简单也可以复杂，最简单的网络可以只要两个装有无线网卡的 PC，放在有效距离内，这就是所谓的对等网络，也称 Ad Hoc（拉丁语中意为“特别的，特定的、临时的”）网络。这类简单网络无须经过特殊组合或专人管理，任何两个移动式 PC 之间无须中央服务器（Central Server）就可以相互对通。对于小型的无线网络来说，这是一种最方便的连接方式。

对等网络由若干无线节点构成，每个节点在网络中既充当终端的角色，又充当路由器的角色，是一个临时性、无中心的网络，网络中不需要任何基础设施。

对等无线网络覆盖的服务区称为独立基本服务区。对等网络用于一台无线工作站和另一台或多台其他无线工作站的直接通信，该网络无法接入有线网络中，只能独立使用。对等网络中的一个节点必须能同时对等地“看”到网络中的其他节点；否则就认为网络中断。因此，对等网络主要用于少数用户的组网环境，比如 4~8 个用户，并且距离较近。

这种结构的优点是网络抗毁性好、建网容易，且费用较低，可便捷地实现相互连接和资源共享；但当网中用户数（站点数）过多时，信道竞争成为限制网络性能的瓶颈，并且为了满足任意两个站点可直接通信，网络中站点布局受环境限制较大，因此这种拓扑结构适用于用户相对较少的工作群网络规模。

2．结构化无线网络

结构化无线网络又称基于基础架构的无线网络，是无线局域网的基本模式。这种结构要求一个无线站点充当中心站，所有站点对网络的访问均由中心站控制。由无线接入点（AP）、无线工作站（Station，STA）以及分布式嗅探器系统（Distributed Sniffer System，DSS）构成，覆盖的区域分基本服务区和扩展服务区。无线接入点也称无线 Hub，用于在无线工作站和有线网络之间接收、缓存和转发数据。无线接入点通常能够覆盖几十至几百个用户，覆盖半径达上百米或更长。

基本服务区由一个无线接入点以及与其关联的无线工作站构成。在任何时候，任何无线工作站都与该无线接入点关联。换句话说，一个无线接入点所覆盖的微蜂窝区域就是基本服务区。无线工作站与无线接入点关联采用 AP 的基本服务集标识符（Basic Service Set Identifier，BSSID）表示。在 IEEE 802.11 中，BSSID 就是 AP 的 MAC 地址。

对于结构化无线网络的设计，接入点是最重要的组件，其任务是管理网络的全部资源。它决定了可支持多少客户端、加密的水平、接入控制、登录、网络管理和客户端管理等。因此，接入点的选择很重要，必须认真对待。接入点负责频段管理及漫游等指挥工作，一个接入点理论上最多可连接 1024 台 PC（无线网卡）。当无线网络节点扩增时，网络存取速度会随着范围扩大和节点的增加而变慢，此时添加接入点可以有效控制和管理频宽与频段。无线网络需要与有线网络互连，或无线网络节点需要连接和存取有线网的资源和服务器时，接入点可以作为无线网和有线网之间的桥梁。

为了解决覆盖问题，在设计网络时可用接力器（Extension Point，EP）来增大网络的转接范围，但接力器并不接在有线网络上。接力器的作用就是把信号从一个 AP 传递到另一个 AP 或 EP 来延伸无线网络的覆盖范围。可将多个 EP 串接，延伸信号的传输距离。

7.5.2　无线局域网协议

无线局域网协议主要分为两大阵营：IEEE 802.11 系列标准和欧洲的 HiperLAN 系列。2003 年 5 月我国颁布了 WLAN 的国家标准，该标准采用 IEEE 802.11 系列国际标准，并于 2004 年 6 月正式执行，不符合此标准的 WLAN 产品将不允许出现在国内市场上。因此，关于无线局域网协议主要介绍 IEEE 802.11 系列标准。

视频 7-2　IEEE 802.11 标准

1．IEEE 802.11 系列标准

IEEE 802.11 系列是无线以太网的标准，它使用星状拓扑，其中心称为接入点 AP，在 MAC 子层使用 CSMA/CA 协议。凡使用 802.11 系列协议的局域网又称无线高保真 Wi-Fi。目前 Wi-Fi 几乎成为了无线局域网的同义词。

IEEE 802.11 是一个相当复杂的标准系列，针对无线局域网的各方面技术已经有 30 多个协议标准。在此只介绍最基本的 5 个协议。

（1）IEEE 802.11

IEEE 802.11 是早期（1997 年发布）无线局域网标准之一，工作在 2.4 ~2.5 GHz 频段，最大传输速率为 2 Mbit/s。主要用于解决办公室局域网和校园网中用户与用户终端的无线接入，业务主要限于数据存取，最高传输速率为 2 Mbit/s。

IEEE 802.11 在物理层定义了数据传输的信号特征和调制方法，定义了两个射频传输技术和一个红外线传输规范共 3 种不同的物理层实现方式。

IEEE 802.11 的介质访问控制和 IEEE 802.3 协议非常相似，都是在一个共享介质上支持多个用户共享资源，发送方在发送数据前先进行网络的可用性检测。IEEE 802.3 协议采用 CSMA/CD 介质访问控制方法。然而，在无线系统中设备不能够一边接收数据信号一边传送数据信号。无线局域网中采用了一种与 CSMA/CD 相类似的载波监听多路访问/冲突避免 CSMA/CA 协议实现介质资源共享。CSMA/CA 利用确认信号来避免冲突的发生，也就是说，只有当客户端收到网络上返回的确认信号后，才确认送出的数据已经正确到达接收方。这种方式在处理无线问题时非常有效。

因传输介质不同，CSMA/CD 与 CSMA/CA 的检测方式也不同。CSMA/CD 通过电缆中电压的变化来检测，当数据发生碰撞时，电缆中的电压就会随着发生变化；而 CSMA/CA 采用能量检测、载波检测和能量载波混合检测 3 种检测信道空闲的方式。

（2）IEEE 802.11a

由于标准的 IEEE 802.11 在速率和传输距离上都不能满足人们的需要，因此，IEEE 于 1999 年 8 月相继推出了 IEEE 802.11b 和 IEEE 802.11a 两个新标准。

IEEE 802.11a 在整个覆盖范围内提供了更高的速度，规定的频段为 5 GHz。目前该频段用得不多，干扰和信号争用情况较少。IEEE 802.11a 同样采用 CSMA/CA 协议。但在物理层，IEEE 802.11a 采用了正交频分复用 OFDM 技术。通过对标准物理层进行扩充，IEEE 802.11a 支持的最高传输速率为 54 Mbit/s。

但是，IEEE 802.11a 由于工作在 5 GHz 频段，产品中的组件研制太慢，产品于 2001 年才开始销售，比 IEEE 802.11b 的产品还要晚。而此时 IEEE 802.11b 已经被广泛采用了，再加上 IEEE 802.11a 的一些弱点和一些地方的规定限制，使其没有被广泛使用。

（3）IEEE 802.11b

IEEE 802.11b 工作于非注册的 2.4 GHz 频段。既可作为对有线网络的补充，也可独立组网，从而使网络用户摆脱网线的束缚，实现真正意义上的移动应用。IEEE 802.11b 是目前所有无线局域网标准中最著名，也是普及最广的标准之一。

IEEE 802.11b 的关键技术之一是采用补偿码键控（Complementary Code Keying，CCK）调制技术，可以实现动态速率转换。当工作站之间的距离过长或干扰过大，信噪比低于某个限值时，其传输速率可从 11 Mbit/s 自动降至 5.5 Mbit/s，或者再降至 2 Mbit/s 及 1 Mbit/s。IEEE 802.11b 标准的速率上限为 20 Mbit/s，它保持对 IEEE 802.11 的向后兼容。

IEEE 802.11b 支持的范围在室外为 300 m，在办公环境中最长为 100 m。当用户在楼房或公司部门之间移动时，允许在访问接入点之间进行无缝连接。IEEE 802.11b 还具有良好的可伸缩性，最多 3 个访问接入点可以同时定位于有效使用范围中，以支持上百个用户。

目前，IEEE 802.11b无线局域网技术已经在世界上得到广泛应用，它已经进入了写字间、饭店、咖啡厅和候机室等场所。没有集成无线网卡的笔记本电脑用户只需插进一张个人计算机存储器卡接口适配器PCMCIA或USB卡，便可通过无线局域网连到因特网。

（4）IEEE 802.11g

IEEE 802.11a与IEEE 802.11b的产品因为频段与调制方式不同而无法互通，这使得已经拥有802.11b产品的消费者可能不会立即购买IEEE 802.11a产品，阻碍了IEEE 802.11a的应用步伐。2003年7月，IEEE通过了IEEE 802.11g标准，其使命就是兼顾IEEE 802.11a和IEEE 802.11b，为IEEE 802.11b过渡到IEEE 802.11a铺平了道路。

IEEE 802.11g标准既适应传统的IEEE 802.11b标准，在2.4 GHz频率下提供11 Mbit/s的数据传输速率，也符合IEEE 802.11a标准，在5 GHz频率下提供54 Mbit/s的数据传输速率。IEEE 802.11g中规定的调制方式包括IEEE 802.11a中采用的OFDM与IEEE 802.11b中采用的CCK。通过规定两种调制方式，既达到了用2.4 GHz频段实现IEEE 802.11a的54 Mbit/s的数据传输速率，也确保了与IEEE 802.11b产品的兼容。

从IEEE 802.11b到IEEE 802.11g，可发现WLAN标准不断发展的轨迹。IEEE 802.11b是所有WLAN标准演进的基石，未来许多的系统大都需要与IEEE 802.11b向后兼容。

（5）IEEE 802.11n

为了进一步提升无线局域网的数据传输速率，实现有线与无线局域网的无缝结合，IEEE成立了IEEE 802.11n工作小组，以制定一项新的高速无线局域网标准。IEEE 802.11n将WLAN的传输速率从IEEE 802.11a和IEEE 802.11g的54 Mbit/s增加至108 Mbit/s以上，最高传输速率可达600 Mbit/s，成为IEEE 802.11a / b /g之后的另一场重头戏。和以往的IEEE 802.11标准不同，IEEE 802.11n协议为双频工作模式（包含2.4 GHz和5 GHz两个工作频段）。这样IEEE 802.11n保证了与以往的IEEE 802.11a/b/g标准兼容。IEEE 802.11n还增加了对于多输入多输出MIMO的标准。

2. HiperLAN系列

IEEE主推IEEE 802.11x系列标准，而欧洲电信标准化协会（European Telecommunications Standards Institute，ETSI）则推出另一种无线局域网系列标准——高性能无线局域网HiperLAN，其地位相当于802.11b，但二者互不兼容。HiperLAN在欧洲得到了广泛支持和应用。HiperLAN系列包含以下4个标准：

- HiperLAN1：用于高速WLAN接入，工作在5.3 GHz频段。
- HiperLAN2：用于高速WLAN接入，工作在5 GHz频段。
- HiperLink（HiperLAN3）：用于室内无线主干系统。
- HiperAccess（HiperLAN4）：用于室外对有线通信设施提供固定接入。

其中，HiperLAN2工作在5 GHz频段，速率高达54 Mbit/s，技术上有下列优点：

① 为了实现54 Mbit/s高速数据传输，物理层采用OFDM调制，MAC子层则采用一种动态时分复用的技术来保证最有效地利用无线资源。

② 为使系统同步，在数据编码方面采用了数据串行排序和多级前向纠错，每一级都能纠正一定比例的误码。

③ 数据通过移动终端和接入点之间事先建立的信令链接来进行传输，面向链接的特点使得HiperLAN2可以很容易地实现QoS支持。每个链接可以被指定一个特定的QoS，如带宽、时延、

误码率等，还可以给每个链接预先指定一个优先级。

④ 自动进行频率分配。接入点监听周围的 HiperLAN2 无线信道，并自动选择空闲信道。这一功能消除了对频率规划的需求，使系统部署变得相对简便。

⑤ 为了加强无线接入的安全性，HiperLAN2 网络支持鉴权和加密。通过鉴权，使得只有合法的用户才能接入网络，而且只能接入通过鉴权的有效网络。

⑥ 协议栈具有很大的灵活性，可以适应多种固定网络类型。它既可以作为交换式以太网的无线接入子网，也可以作为蜂窝移动网络的接入网，并且这种接入对于网络层以上的用户部分来说是完全透明的。当前在固定网络上的任何应用都可以在 HiperLAN2 网上运行。相比之下，IEEE 802.11 的一系列协议都只能由以太网作为支撑，不如 HiperLAN2 灵活。

7.5.3 网络设备接入方案

无线局域网由于其便利性和可伸缩性，特别适用于小型办公环境和家庭网络。在室内环境中，无线连网设备针对不同的实际情况，可以有不同的接入方案。

1. 对等解决方案

对等解决方案是一种最简单的应用方案，只要给每台计算机安装一块无线网卡，即可相互访问。如果需要与有线网络连接，可以为其中一台计算机再安装一块有线网卡，无线网中其余计算机即利用这台计算机作为网关，访问有线网络或共享打印机等设备。

对等解决方案是一种点对点方案，网络中的计算机只能一对一互相传递信息，而不能同时进行多点访问。如果要实现像有线局域网的互通功能，则必须借助接入点。

2. 单接入点解决方案

接入点相当于有线网络中的集线器。无线接入点可以连接周边的无线网络终端，形成星状网络结构，同时通过端口与有线网络相连，使整个无线网的终端都能访问有线网络的资源，并可通过路由器访问因特网。

3. 多接入点解决方案

当网络规模较大，超过了单个接入点的覆盖半径时，可以采用多个接入点分别与有线网络相连，从而形成以有线网络为主干的多接入点的无线网络。所有无线终端可以通过就近的接入点接入网络，访问整个网络的资源，从而突破无线网覆盖半径的限制。

4. 无线中继解决方案

无线接入器还有另外一种用途，即充当有线网络的延伸。比如，在工厂车间中，车间具有一个网络接口连接有线网，而车间中许多信息点由于距离很远使得网络布线成本很高，还有一些信息点由于周边环境比较恶劣，无法进行布线。这些信息点的分布范围超出了单个接入点的覆盖半径，可以采用两个接入点实现无线中继，以扩大无线网络的覆盖范围。

5. 无线冗余解决方案

对于网络可靠性要求较高的应用环境，比如金融、证券等，接入点一旦失效，整个无线网络会瘫痪，将带来很大损失。因此，可以将两个接入点放置在同一位置，从而实现无线冗余备份的方案。

6. 多蜂窝漫游工作方式

在一个大楼中或者在很大的平面里部署无线网络时，可以布置多个接入点构成一套微蜂窝系统，这与移动电话的蜂窝系统十分相似。微蜂窝系统允许一个用户在不同的接入点覆盖区域内任意漫游，随着位置的变换，信号会由一个接入点自动切换到另外一个接入点。整个漫游过程对用户是透明的，虽然提供连接服务的接入点发生了切换，但对用户的服务却不会中断。

7.6　无线城域网

为提供高效的移动宽带无线接入，IEEE 802 委员会成立了 IEEE 802.16 工作组，制定无线城域网接入标准。IEEE 802.16 也称全球微波接入互操作性（Worldwide interoperability for Microwave Access，WiMax），其产业联盟称为 WiMax 论坛。WiMax 能达到 30~100 Mbit/s 或更高速率，移动性优于 Wi-Fi。以 IEEE 802.16 标准为基础的无线城域网覆盖范围达几十千米，传输速率高，并提供灵活、经济、高效的组网方式，支持固定和移动的宽带无线接入方式。

1. IEEE 802.16 标准

IEEE 802.16 是宽带无线协议。IEEE 802.16 工作组成立于 1999 年，其主要使命是推动固定宽带无线接入系统的发展与应用。IEEE 802.16 工作组负责制定一个统一的宽带无线接入标准。2001 年 12 月，IEEE 批准通过了 802.16 标准。该标准定义了空中接口规范，标志宽带无线接入可将各商业机构和家庭接入全球主干网。

IEEE 802. 16a 标准于 2003 年颁布，支持 2~11 GHz 工作频段。该频段能以更低成本提供更广的用户覆盖，系统可在非视距环境下运行，降低了终端的安装要求。此外，MAC 子层提供了服务质量保证机制，可支持语音和视频等实时业务，增加了对网络拓扑结构的支持，能适应各种物理层环境。

2004 年，IEEE 802.16d 标准详细规定了 2~11 GHz 频段的 MAC 子层和相应物理层，仍属于固定宽带无线接入规范，相对成熟，且很具实用性。2005 年，IEEE 802.16e 标准发布，在 2~6 GHz 频段上支持移动宽带接入，提供了高速数据的移动宽带无线接入解决方案。2010 年，IEEE 802. 16m 被 ITU 确定为 4G 的技术标准之一。

802.16 协议标准是按照物理层、数据链路层和汇聚层的 3 层结构体系组织的。

（1）物理层

物理层协议主要是关于频率带宽、调制模式、纠错技术以及发射机同接收机之间的同步、数据传输率和时分复用结构等方面的规范。对于从用户到基站的通信，该标准使用的是“按需分配多路寻址—时分多址”（Demand Assigned Multiple Access- TDMA，DAMA-TDMA）技术。按需分配多路寻址 DAMA 技术是一种根据多个站点之间的容量需要的不同，而动态地分配信道容量的技术。时分多址技术可以根据每个站点的需要，为其在每个帧中分配一定数量的时隙来组成每个站点的逻辑信道。通过 DAMA-TDMA 技术，每个信道的时隙分配可以动态地改变。

（2）数据链路层

IEEE 802.16 规定了在数据链路层为用户提供服务所需的各种功能。这些功能都包括在介质访问控制 MAC 子层中，主要负责将数据组成帧来传输以及控制用户如何接入共享的无线介质中。MAC 协议规定基站或用户在什么时候、采用何种方式来初始化信道，并分配无线信道容量。位于多个 TDMA 帧中的一系列时隙为用户组成一个逻辑上的信道，而 MAC 帧则通过这个逻辑信道来传输。

（3）汇聚层

在数据链路层之上是汇聚层，该层根据提供服务的不同而提供不同的功能。对于IEEE 802.16来说，能提供的服务包括数字音频/视频广播、数字电话、异步传输模式 ATM、因特网接入、电话网络中无线中继和帧中继。

2. IEEE 802.16 工作特性

IEEE 802.16系统可工作在频分双工或时分双工模式，前者需成对频率，可灵活地动态调整上、下行带宽。终端采用半双工频分方式，降低收发器的要求，减少成本。

IEEE 802.16标准主要规定了两种调制方式：单载波和OFDM。对10~66 GHz频段的系统而言，工作波长较短，要求视距传输，而多径衰落可忽略，因此规定在该频段采用单载波调制方式，如QPSK、16QAM或64QAM。对2~I1 GHz频段，则须考虑多径衰落，视距传输则非必需。考虑到频域划分子信道的方式对抗多径衰落有优势，因此OFDM成为首选，每个子载波调制可选用二进制相移键控（Binary Phase Shift Keying，BPSK）、QPSK、16QAM或64QAM。

表7-3给出IEEE 802.16中若干重要标准的特点。

表7-3 IEEE 802.16主要标准特点比较

标　准	IEEE 802.16a	IEEE 802.16d	IEEE 802.16e	IEEE 802.16m
覆盖范围	几千米	几千米	几千米	几千米
工作频率	2~11 GHz	2~11/11~ 66 GHz	<6 GHz	<3.5 GHz
移动性	无	无	中低车速	高速
业务定位	个人用户，游牧式数据接入	中小企业用户的数据接入	个人用户的宽带移动数据接入	个人用户的高速移动数据接入
QoS	支持	支持	支持	支持

7.7 蜂窝移动通信系统

无线通信技术始于20世纪初，继而快速发展，使整个世界面貌发生了深刻的变化，同时也促进了移动通信的实现。

移动通信技术是建立在无线通信技术基础上的网络通信技术，由于摆脱了有线通信介质的束缚，所以连网的设备可以随心所欲地移动。早期的移动通信主要用于船舰及军队。20世纪五六十年代，移动通信大都为移动环境中的专用系统，并解决了移动电话与公用电话的接续问题。此时，移动通信技术开始转向民用，逐步成为大众化的应用技术，出现了建立在现代信息技术和公用通信网络之上的移动通信网络系统。

此后，移动通信技术的发展经历了4个阶段，也称4代。第1代（1G）是20世纪70年代初到80年代，以提供语音通信服务的模拟系统为主，频段已经扩展到800 MHz。第2代（2G）是20世纪80年代到90年代中，为数字式移动通信系统，频段扩至900 ~1800 MHz。第3代（3G）是20世纪90年代中期到2013年前的移动电话，主要向提供多媒体与可程序化的终端手机、高传输速率的移动通信服务以及定位搜索服务的方向发展。第4代是从2013年到现在。第4代（4G）

系统的最大特点是高速数据传输服务，是原有 3G 网络的 10 倍。目前，各国正向第 5 代（5G）移动通信技术迁移。韩国已于 2019 年率先进入早期版 5G 商用阶段，我国也已于 2019 年 11 月正式开通 5G 商用套餐。

7.7.1　第 1 代移动通信系统

第 1 代移动通信系统以提供语音通信服务的模拟系统为主，其代表是由美国著名的 AT&T 贝尔实验室于 1976 年开发并于 1983 年首次在美国投入商业运营的移动电话系统"高级移动电话服务"（Advanced Mobile Phone Service，AMPS）。AMPS 采用"蜂窝"概念，将通信区域划分成彼此相接的若干蜂窝，一个蜂窝被称为一个 Cell，所以俗称蜂窝电话。通常，一个蜂窝的通信范围为 10~20 km。各蜂窝都有一个低功率的无线电基站。

基站以有线的方式连到移动电话交换中心，该移动电话交换中心再与本地的公共中心网络或是另一个移动电话交换中心连接，以完成一条通话链路。当移动用户打电话时，先向基站要求频道，基站有闲置的频道时，就分配给该用户使用，用户才能打电话。图 7–10 所示为 AMPS 蜂窝示意图。

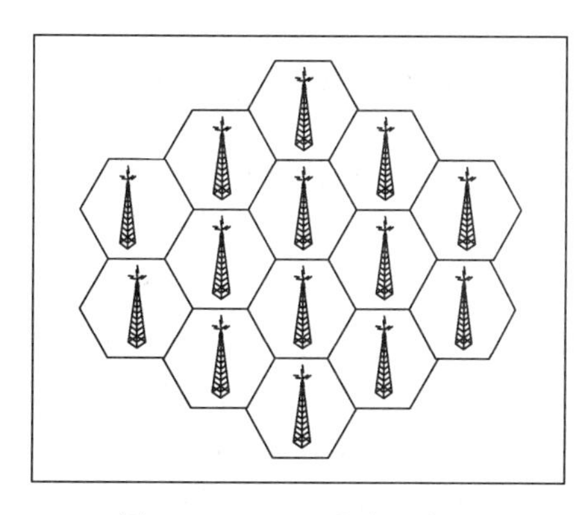

图 7–10　AMPS 蜂窝示意图

当处于通话状态的移动电话由一个 Cell 移动到属于同一个交换中心监管的另一个 Cell 时，便发生了所谓的越区切换。这时，原属的蜂窝检测到该手机的信号越来越弱。另一个蜂窝检测到有一个越来越强的移动电话信号，于是交换中心会通知这个新的蜂窝准备接管该移动电话，并在此蜂窝中选出一个可用信道，让这个移动电话切换到一个新的语音信道上，使通话不会中断。

如果移动电话移动到另一个不属于同一交换中心监管的蜂窝时，就会发生漫游现象。如果这个手机允许漫游，则由新的交换中心负责建立通信连接，否则就会出现断话现象。现在模拟式数字电话技术在我国已经被淘汰。

7.7.2　第 2 代移动通信系统

第 2 代移动通信为数字式移动电话系统，其代表是全球移动通信系统（Global System for Mobile Communication，GSM）和码分多路访问 CDMA 系统。

全球数字式移动电话系统 GSM 是 1990 年由欧洲邮电会议以及欧洲电信标准化协会 ETSI 共同负责制定的数字蜂窝式移动通信标准。在 GSM 系统中，信号的传送方式和传统有线电话的方式相同，都是采用电路交换技术。

GSM 系统的主要组成部分可分为移动台、基站子系统和网络子系统。基站子系统由基站收发台和基站控制器组成。网络子系统由移动交换中心和操作维护中心以及原地位置寄存器、访问位置寄存器、鉴权中心和设备标志寄存器等组成。

其中，移动台即便携台（手机）或车载台，可以配有终端设备或终端适配器，它还必须包含用户识别模块（Subscriber Identification Module，SIM）。没有 SIM 卡，移动台不能接入 GSM 网络

（紧急业务除外）。

基站收发台包括无线传输所需要的各种硬件和软件，如发射机、接收机、支持各种小区结构所需要的天线、连接基站控制器的接口电路以及收发台本身所需要的检测和控制装置等。

基站控制器是基站收发台和移动交换中心之间的连接点，也为基站收发台和操作维修中心之间交换信息提供接口。一个基站控制器通常控制几个基站收发台，其主要功能是进行无线信道管理、实施呼叫和通信链路的建立和拆除，并为本控制区内移动台的过区切换进行控制等。

移动交换中心（Mobile Switching Center，MSC）是蜂窝通信网络的核心，其主要功能是对位于本 MSC 控制区域内的移动用户进行通信控制和管理。

GSM 的致命缺陷是数据传输速率只有 9.6 kbit/s。这使得用户要用手机上网时会很不方便。所以在 1998 年出现了通用分组无线业务（General Packet Radio Server，GPRS）技术。GPRS 采用了报文分组交换技术，其数据最大传输速率可达 172.2 kbit/s，几乎是 GSM 技术的 20 倍。

7.7.3 第 3 代移动通信系统

第 2 代移动通信技术无法满足用户对多媒体通信以及其他日益多样化通信设备的需求。无线通信用户渴望出现带宽更宽的移动通信系统。1985 年， ITU 提出了第 3 代移动通信系统的概念，同时给出了这一新通信方式的名称：未来公共陆地移动通信系统（Future Public Land Mobile Telecommunication System，FPLMTS）。1996 年，ITU 将第 3 代移动通信系统名称变更为更容易接受与理解的“国际移动通信–2000”（International Mobile Telecom System–2000，IMT–2000），并赋予其三大含义：工作在 2000 MHz、最高传输速率为 2000 kbit/s、在 2000 年进入商业应用。

1. 3G 的功能

第 3 代移动通信系统（3G）是能支持话音、数据和移动多媒体服务的宽带数字移动网络。3G 能提供更高容量、更快速度的数据传输速率，并实现移动电话、因特网、计算机和各种家电的综合。除了为用户提供传统的语音通信外，还能提供移动上网、视频点播、视频电话、远程教学等多种个性化、全球化和多媒体化的通信服务。真正实现随时随地、随心所欲地信息沟通和交流。

根据 IMT–2000 系统基本标准，第 3 代移动通信系统主要由 4 个功能子系统构成，它们是核心网、无线接入网、移动台和用户识别模块，与 GSM 系统的交换子系统、基站子系统、移动台和用户识别模块等 4 部分基本对应。其中，核心网和无线接入网是第 3 代移动通信系统的重要内容，也是第 3 代移动通信标准制定中最难解决的技术内容。

2. 3G 的主要特点

第 3 代移动通信系统的特点是：综合了蜂窝、无绳、寻呼、集群、无线扩频、无线接入、移动数据、移动卫星、个人通信等各类移动通信功能，提供了与固定电信网络兼容的高质量业务，支持低速率话音和数据业务以及不对称数据传输。第 3 代移动通信系统可以实现移动性、交互性和分布式三大业务，是一个通过微微小区，到微小区，到宏小区，直到“随时随地”连接的全球性卫星网络。

3. 3G 的主要标准

2000 年 5 月，ITU 从全球各大公司提交的 10 种第 3 代通信技术标准建议中选择了 3 种作为 3G 应用的技术标准，分别如下：

（1）IMT-2000 DS-CDMA（Direct Sequence-CDMA，直接扩频 CDMA 技术），即 WCDMA，这一技术由欧洲的几家技术领先公司与日本联合提交，可在 5 Mbit/s 的频率带宽范围内直接对信号进行扩频。

（2）IMT-2000 MC-CDMA（Multi Carrier-CDMA，多载波 CDMA 技术），即 CDMA2000，这一标准由以美国高通公司为代表的美国技术企业提交，有多家美国公司参与其中，主要技术特征是通过多个 1.25 Mbit/s 窄带直接扩频系统组合成为一个宽带系统。

（3）IMT-2000 TDD-CDMA（时分双工 CDMA 技术），即时分-同步码分多址（Time Division - Synchronous Code Division Multiple Access，TD-SCDMA），这一技术标准建议由中国大唐电信公司提出，也是 ITU 唯一批准的基于 TDD 的第 3 代通信标准。

4．TD-SCDMA

TD-SCDMA 技术方案是我国首次向 ITU 提出的第 3 代无线通信协议标准，是一种基于 CDMA，结合智能天线、软件无线电、高质量语音压缩编码等先进技术的优秀方案。TD-SCDMA 技术的一大特点就是引入了系统管理应用协议（System Management Application Protocol，SMAP）的同步接入信令，在运用 CDMA 技术后可减少许多干扰，并使用了智能天线技术；另一大特点就是在蜂窝系统应用时的越区切换采用了指定切换的方法，每个基站都具有对移动台的定位功能，从而得知本小区各个移动台的准确位置，做到随时认定同步基站。TD-SCDMA 技术的提出，对于中国能够在第 3 代移动通信标准制定方面占有一席之地起到了关键作用。

我国在第 1 代和第 2 代移动通信领域的起步都比较晚，数据通信产业落后，几乎所有的技术、标准都是由发达国家开发和制定的，严重限制了我国通信产业的发展。中国的 TD-SCDMA 方案完全满足 ITU 对第 3 代移动通信的基本要求，在所有提交的标准提案中，是唯一采用智能天线技术的提案。更重要的是，中国的标准被采用，改变了我国以往在移动通信技术方面受制于人的被动局面；在经济方面可减少、甚至取消昂贵的国外专利提成费，为我国带来巨大的经济利益；在市场方面则会彻底改变过去只有运营市场没有产品市场的畸形布局，从而使我国获得与国际同步发展移动通信的平等地位。

7.7.4 第 4 代移动通信系统

与 3G 网络相比，4G 为用户提供了更高速率、更高质量和更加丰富的信息服务，进一步提升了通信资源利用率，降低了能耗水平。4G 手机在高速移动状态下理论传输速率可达 100 Mbit/s，整体上可以比 3G 快 50 倍。因此，有越来越多功能强大的移动软件和服务在 4G 中得到应用，移动互联网借助 4G 平台实现了快速发展，使得每一个人都能够更加自由地享受信息时代的美好生活。

1．4G 的主要特点

如果说 3G 能为人们提供一个高速传输的无线通信环境，那么 4G 通信则是一种超高速无线网络，一种不需要电缆的信息高速公路，这种新网络使电话用户以无线及三维空间虚拟实境连线。4G 网络克服了 3G 网络制式存在的不兼容问题，其信号深度覆盖能力远高于 3G 网络，在时延问题上也比 3G 网络有了显著的改善。4G 的通信速度更快，通信更加灵活，智能性能更高，兼容性能更平滑，能够提供各种增值服务，实现高质量通信，频率使用效率更高，通信费用更加便宜。

2．4G 的网络结构

4G 移动系统网络结构可分为 3 层：物理网络层、中间环境层和应用网络层。物理网络层提供接入和路由功能，由无线和核心网的结合完成。中间环境层的功能有服务质量 QoS 映射、地址变换和完全性管理等。物理网络层与中间环境层及其应用环境层之间的接口是开放的，使 4G 的推广变得更容易。4G 能运行于多个频带，能自适应多个无线标准及多模终端能力，跨越多个运营者和服务，提供大范围服务。

3．4G 的主要标准

目前通过 ITU 审批的 4G 标准有两个：一个是由我国研发的 TD-LTE(Time Division - Long Term Evolution)，由同步码分多址 SCDMA 演进而来；另外一个是欧洲研发的 FDD-LTE，由宽带码分多址 WCDMA 演进而来。

LTE 系统同时定义了 FDD 和 TDD 两种双工方式。

TD-LTE 可以根据需要随时调整上下行带宽，且速度更快，不过覆盖面积没有 FDD-LTE 广，需要建更多的基站，但二者都是基于 LTE 演化过来的。

4．TD-LTE

TD-LTE 是由我国政府主导、大唐电信集团拥有核心基础专利的第 4 代移动通信技术，是我国拥有自主知识产权的 TD-SCDMA 的 3G 国际标准的后续演进。TD-LTE 相比于 3G，其技术优势体现在速率、时延和频谱利用率等多个领域，得到了国内外移动通信企业的青睐。随着 TD-LTE 技术成为 4G 国际标准，不仅进一步提升了我国在全球移动通信技术领域的国际话语权和国际影响力，也为我国通信企业依托自主通信技术开拓国际市场提供了契机，对进一步落实创新型国家战略，提升国家竞争力均具有十分重要的意义。

TD-LTE 吸收了一些 TD-SCDMA 的设计思想。TDD 双工技术、正交频分多址 OFDMA 接入技术、多输入多输出/智能天线 MIMO/SA 技术是 TD-LTE 标准的 3 个关键技术。

7.7.5 第 5 代移动通信系统

5G 是近几年通信产业的研发重点。2012 年全球主要国家和区域纷纷启动 5G 移动通信技术需求和技术研究工作。同期 ITU 启动了一系列有关 5G 的工作，并于 2015 年 6 月正式发布了 5G 愿景，明确面向 2020 年及未来的移动通信市场、用户、业务应用的发展趋势，提出未来移动通信系统的框架和关键能力。

业界一般认为移动通信 10 年一代，到了 5G 时代，移动通信将在大幅提升移动互联网业务使用体验的同时，全面支持以物为中心的物联网业务，实现人与人、人与物和物与物的智能互联。5G 满足增强移动宽带、海量机器类通信和超高可靠低时延通信三大类应用场景。在 5G 系统设计时需要充分考虑不同场景和业务的差异化需求。

1．5G 关键技术指标

新业务、新需求对 5G 提出新的挑战。为此，相比于 4G，ITU 定义了八大关键技术指标：

- 峰值速率更快。
- 移动性更好。
- 时延更短（毫秒级时延的业务体验）。

- 频谱效率更高。
- 更高的用户体验速率（满足 20 Gbit/s 的光纤般接入速率）。
- 更高的连接数密度（千亿设备的连接能力）。
- 超高流量密度。
- 百倍网络能效提升。

2. 5G 的主要标准

第三代合作伙伴计划（3rd Generation Partnership Project，3GPP）成立于 1998 年 12 月，多个电信标准组织伙伴签署了《第三代合作伙伴计划协议》。3GPP 最初的工作范围是为第三代移动通信系统制定全球适用技术规范和技术报告，现在 3GPP 设定的标准即可成为通用标准。3GPP 标准化制定基于 Release 计划，从 Release1 到当前的 Release16 共有 16 个工作阶段。工作完成后，相应的 Release 将被冻结。如果没有特殊情况，即使出现问题，冻结的标准也不会改变。在发布变更中，标准是通过早期开发、项目建议、可行性研究、技术规范和商业部署这 5 个阶段开发的，因此存在同期有多个 Release 同时进行的情况。其中，R8、R9 是 LTE 标准，R10、R11 是 LTE-Advance 标准，R13 是 LTE-Pro 标准，R15 是 5G 标准。

5G 标准制定分为两个阶段。第一阶段是 R15 标准，第二阶段是 R16 标准。为了充分利用现有网络设备并降低网络部署成本，R15 版本分为早期版本（非独立组网，即与 4G 甚至 3G 共同组网，已被冻结）、主要版本（独立组网，即完整纯粹的 5G 网络，已被冻结）和延迟版本（原定于 2018 年 12 月冻结，后推迟到 2019 年）。满足 ITU 所有要求的 R16 标准估计将在 2020 年冻结。虽然 5G 的 R16 标准尚未冻结（预计 2020 年 6 月之后冻结），但积极的运营商已经可以使用现有技术，部署早期的 5G 网络，以抓住市场机遇。

7.8　移动 Ad Hoc 网络和无线传感器网络

随着无线技术的快速发展，面向不同应用的各种无线网络不断涌现，其中最具代表性的有移动 Ad Hoc 网络（Mobile Ad Hoc Nerwork，MANET）、无线传感器网络 WSN 等。

7.8.1　移动 Ad Hoc 网络

随着全球移动性应用巨大需求的出现，移动 Ad Hoc 网络（MANET）得到了越来越广泛的重视。MANET 又称移动多跳网或移动对等网，可以不借助任何中间网络设备在有限范围内灵活实现多个移动节点间的互联互通。

1. MANET 的拓扑结构

实际组建时，必须充分考虑网络的应用规模、扩展性、可靠性和实时性等要求，再选择合适的网络拓扑结构。常见的拓扑结构有两种：平面结构和分级结构。一般较小规模的网络采用平面结构，较大规模的网络采用分级结构。

在平面结构中，所有节点完全对等，没有角色区别，因此也称对等式结构。源节点与目的节点通信时可能存在多条路径，所以健壮性良好。其缺点是可扩充性略差，因为每个节点都需要知道到达其他所有节点的路由，而路由维护需要大量控制消息，开销随网络规模的增大呈指数增长，消耗有限的带宽。

在分级结构中，网络会划分为多个簇，各簇包含一个簇头和多个簇成员。簇头间可形成高一级网络，如果网络规模巨大，高一级网络中可再分簇，形成更高一级网络。簇头负责簇间数据转发。簇头可由节点应用算法自动产生，也可预先指定。

分级结构网络分为单频和多频分级网络。单频分级网络所有节点使用同一频率。为实现簇头间通信，需要网关节点（同时分属于两个簇）的支持。而多频分级网络中，不同级采用不同频率。低级节点的通信范围往往较小，高级节点则覆盖较大范围。分级结构网络中簇成员的功能较简单，不需维护复杂的路由信息，只向簇头发送信息即可，有效减少了网络中路由控制信息的数量，资源开销相对较小，因此具有较好的可扩充性。其缺点是维护分级结构需要节点执行簇头选举算法，且簇头节点不仅要收集本簇普通节点的信息，还要与其他簇的簇头协作将汇聚的信息传送到网络管理中心，有可能会成为网络的瓶颈。

2. MANET 协议栈

MANET 网络的协议栈层次一般分为 5 层，与 TCP/IP 网络参考模型的协议栈层次类似。

（1）物理层

实际应用中，MANET 物理层的设计视实际需要而定。首先是通信频段通常选用 ISM 非注册频段。其次，相应的无线通信机制应具有良好的收发功能。物理层设备可使用多频段、多模式的无线传输方式。

（2）数据链路层

数据链路层分为介质访问控制（MAC）子层和逻辑链路控制（LLC）子层。前者包含链路层的绝大部分功能。多跳无线网络基于共享访问传输介质，隐藏节点和暴露节点问题常用 CSMA/CA 和请求发送/允许发送（Request To Send/Clear To Send，RTS/CTS）机制解决。LLC 子层负责向网络提供统一服务，以屏蔽底层不同的 MAC 机制。

（3）网络层

网络层主要功能包括邻居发现、分组路由、拥塞控制和网络互连等。一个好的网络层路由协议应满足以下要求：分布式运行方式、提供无环回路由、按需进行协议操作、可靠性和安全性、提供设备休眠操作和支持单向链路等。

（4）传输层

为应用层提供可靠的端到端服务，隔离上层与通信子网，并根据网络层特性高效利用网络资源，包括寻址、复用、流量控制、按序交付、重传控制和拥塞控制等。

（5）应用层

提供面向用户的各种应用服务，包括有严格时延和丢包率要求的实时应用、基于实时传输协议/实时传输控制协议（RTP/RTCP）的音视频应用以及无任何服务质量保障的数据包业务。

3. MANET 的特点

MANET 结合了移动通信和计算机网络的特点，每个节点兼有路由器和终端两种功能，网络的特点主要体现在以下几方面：

（1）拓扑结构动态变化

在 MANET 中，各网络节点可随机地自由移动，且无固定通信设施和中央管理设备的辅助，所以经常导致链路失效等现象。同时，无线收发装置的功率变化、环境影响和信号间的互相干扰等因素也会造成网络拓扑结构的动态变化。

（2）资源有限

因为节点通常电池供电，所以能量受限，频繁的移动会消耗更多能量，降低网络性能。另外，网络带宽有限，信号间的冲突和干扰，使移动节点能得到的传输带宽远小于理论值。但 MANET 组网灵活，网络构建和扩展无须依赖任何基础设施，只要节点支持 Ad Hoc 通信协议即可自行建立连接。

（3）多跳通信

在 MANET 中，因为各节点的资源有限，所以发射功率常常受到限制。如果两个节点相距较远，彼此不在对方无线信号覆盖范围内，当此二者需要通信时，则需若干中间节点依次转发数据，称为多跳路由。

（4）安全性较低

节点通信依赖无线信道，传输信息易遭受窃听、篡改、伪造或重演等各种攻击的威胁，严重时整个网络可能会中断正常工作。

4. MANET 的关键技术

20 世纪 90 年代开始，随着 MANET 网络技术的不断发展和更新，其应用已经涵盖军事和民用的各个领域，如战场即时成网系统、车载通信网络、智能交通管理系统、多媒体会议、抗险救灾等，这使得 Ad Hoc 网络已经从无线网络领域中的一个小分支逐渐扩大为相对较独立的研究领域。目前，国内外对 MANET 网络的研究主要集中在以下几个关键方面：

① 路由协议，主要以广播或多播方式建立网络路由，原则是尽量避免广播风暴。MANET 路由协议较多，按算法的不同性质和执行过程可分为主动路由、被动路由、地理位置路由、地理位置多播路由、分层路由、多路径路由、能耗感知路由及混合路由等。代表性成果有无线自组网按需平面距离向量（Ad hoc On-Demand Distance Vector，AODV）路由协议、目的节点序列距离矢量（Destination-Sequenced Distance-Vector，DSDV）路由协议、无线路由协议（Wireless Routing Protocol，WRP）、动态源路由（Dynamic Source Routing，DSR）协议、临时按序路由算法（Temporally-Ordered Routing Algorithm，TORA）和区域路由协议（Zone Routing Protocol，ZRP）等。

② MAC 协议包括 RTS/CTS/ACK 方案、控制信道和数据信道分裂的双信道方案、定向天线 MAC 协议和其他改进 MAC 协议。其中定向天线 MAC 协议理论性能较好，但技术实现上难度较大。

③ Ad Hoc 网络与蜂窝网络相结合，以拓宽 WLAN 与蜂窝通信系统的应用范围。

④ 多播协议、地址分配、TCP 协议、节能控制、安全性、分布式算法和 QoS 等。

⑤ 用蓝牙节点组建 Ad Hoc 网络。应用蓝牙技术可组成微微网（Piconet），再通过桥节点互连，即可形成多跳 Ad Hoc 网络，称为蓝牙散射网（Scatternet）。

7.8.2 无线传感器网络

随着无线通信技术的不断发展和应用，许多新型网络不断涌现，无线传感器网络 WSN 就是其中之一。WSN 综合了传感器、嵌入式计算、分布式信息处理和无线通信等技术。传感器间能协同地实时感知、监测、采集一定范围内的相关信息，是物联网不可或缺的重要技术，得到了广泛关注和深入研究。

传感器、感知对象和用户是 WSN 的三要素。一组功能有限的传感器节点协作完成感知任务，用户是感知信息的接收者和使用者，感知对象是用户感兴趣的检测目标，一般通过物理、化学或其他现象的数字量来表征，如温度、湿度等。无线网络是传感器之间、传感器与用户之间的通信路径。协作式地感知、采集、处理和发布感知信息是 WSN 的基本功能。

WSN 可以被理解为 Ad Hoc 网络（非 MANET）的一种特殊形式，因此具有与 Ad Hoc 网络相同的拓扑结构，即根据节点数量的多少，WSN 的结构一般可分为平面结构和分级结构。在分级结构中，也分普通节点和簇头节点。

WSN 由基站和大量节点组成。例如，为了实现对森林火灾的防控，可通过飞行器播撒、人工埋置和火箭弹射等方式在野外林区布置大量传感器节点。这些传感器节点往往被任意部署，并以自组织方式构成网络，小规模网络多采用平面结构，较大规模的网络则多采用分级结构。组建网络后，传感器节点协同感知林区各种信息，经微处理器初步处理原始数据后，通过无线收发模块将数据发送给相邻节点。数据经由网络节点逐级转发，最终发至基站，再传给管理中心，从而实现对整个林区的监控。

1. WSN 的特点

因为 WSN 是 Ad Hoc 网络的一种特殊形式，因此具有 Ad Hoc 网络的自组织性，此外还具有如下特点：

（1）低功耗

一般传感器节点体积较小，只能利用微型电池供电，而且分布区域广阔、复杂，难以通过更换电池来补充能量，所以要求节点功耗尽量低。

（2）低速率

单个 WSN 节点需要采集的信息量通常都较少，采集数据频率较低。

（3）低成本

WSN 的监测区域广、节点多，有些区域环境复杂。传感器一旦部署完毕较难更换，大多为一次性产品，因而要求其成本低廉。

（4）动态性

复杂环境下的组网会遇到各种因素的干扰而导致节点故障，加之能量不断损耗最终引起节点永久性报废，因此要求 WSN 具有自组网、智能化和协同感知等功能。

（5）可靠性

信息获取源自分布于监测区域内的各个传感器。如果传感器本身不可靠，则其信息的传输和处理没有意义。

（6）近距离

为组网和传输数据方便，相邻节点的距离一般为几十至几百米。

（7）以数据为中心

应用只关心某个区域的某项观测指标值，而不关心具体某个节点的观测值，即 WSN 以数据为中心。这个特点要求 WSN 脱离传统网络的寻址过程，快速有效地融合各节点的感知信息，提取有用信息传输给用户。

（8）网络规模大

为提高监测精确度，通常会部署大量传感器，通过分布式协作来处理采集的大量数据，以降低对单个节点的精度要求。大量冗余节点能使系统具备很强的容错性，并减少监测盲区。

2. WSN 的技术挑战

无线传感器网络面临以下几种主要技术挑战，但并不仅局限于此。

① 单个节点有限的通信能力，易受风雨雷电等自然环境影响的特点，以及需要高质量完成信息感知和信息处理与传输之间的矛盾。WSN 的通信带宽很窄且经常变化，每个节点的通信覆盖范围仅几十到几百米，而且节点间链路经常中断，通信断接频繁，有时单个节点可能会长时间脱离网络。

② 尽可能节省节点能量和尽可能使网络生命周期最大化之间的矛盾。传感器节点的电池能量有限，电池能量一旦耗尽该节点将被废弃，因此能量约束是影响 WSN 应用发展的关键问题之一，传感器传输信息通常比执行计算更消耗电能。

③ 单个传感器有限的计算能力和众多传感器间分布式协作运算来处理大量感知信息之间的矛盾。传感器一般采用嵌入式结构，其嵌入式处理器和存储器的能力和容量均有限，使传感器的计算能力有限。需要研究有效的分布式数据流管理、查询、分析和挖掘方法。

④ 节点个体的频繁失效与整个网络高健壮性、高容错性需求之间的矛盾。WSN 中传感器节点密集，数量庞大，可分布在很广泛的地理区域，维护十分困难，甚至不可维护。因此需要根据新节点加入或旧节点失效等具体情况，能够自动对网络拓扑结构进行重构或自调整。

⑤ 单个传感器节点有限的计算资源和所面临的较大的感知数据流之间的矛盾，需要研究有效的分布式数据流管理、查询、分析和挖掘方法。

3. WSN 协议栈

与 Ad Hoc 网络相同，无线传感器网络的协议栈也设计为 5 层，还包括能量管理平台、移动管理平台和任务管理平台。需要说明的是，不是每个节点都必须具备 5 层协议栈，而是可以根据需要进行组合。5 层协议栈分别负责：

（1）物理层

物理层负责数据调制、发送与接收，涉及具体介质、频段及调制方式等。

（2）数据链路层

数据链路层负责成帧、帧检测、介质访问和差错控制等。其中，MAC 协议尤其重要。MAC 协议负责组网、为节点公平有效分配通信资源，并提供网络自组织能力；负责共享信道访问机制，为数据传输建立连接，形成无线逐跳的通信架构。各环节都要体现有效的功率控制。

（3）网络层

网络层负责数据的路由转发，要求协议简单、节能、以数据为中心、具有数据融合能力，可扩展性和健壮性良好。

（4）传输层

传输层负责维护数据流，保证通信质量。当 WSN 需与其他网络连接时，如基站节点与任务管理节点之间的连接可采用传统 TCP 协议。但 WSN 内部不能采用这些传统协议，因为能源和内存资源有限，需要代价较小的协议。

（5）应用层

应用层提供各种实际应用，解决各种安全问题。主要应用层协议有传感器管理协议（Sensor

Management Protocol，SMP）、任务分配与数据公告协议（Task Assignment and Data Advertisement Protocol，TADAP）和传感器查询及数据分发协议（Sensor Query and Data Dissemination Protocol，SQDDP）等。而密钥管理和安全多播则一般由基础安全机制提供。

管理平台的主要目的是使各节点以较低能耗协作完成任务，无线传感器网络的5层协议栈都要参与其中。管理平台中，能量管理平台负责如何使用能量。例如，节点收到邻节点的消息后，可关闭接收器避免重复接收。又如，节点能量过低时，会主动广播消息，通知其他节点自己已无多余能量转发数据，然后不再充当路由器角色，而将剩余能量只用于接收和发送自己的数据。移动管理平台能记录节点移动。任务管理平台负责平衡和规划监测区域的感知任务，根据各节点剩余能量情况分配和协调各节点的任务量大小。

4. WSN节点体系结构

WSN节点体系结构由网络通信协议、网络管理平台和应用支撑组成。网络通信协议的5层架构已在上面介绍。

（1）网络管理平台

网络管理平台主要负责对节点自身的管理以及用户对WSN的管理，有能量管理、拓扑控制、网络管理、QoS支持与安全机制等。

① 能量管理。除物理层外其他各协议栈均要参与控制节点对能量的使用。由于电池能量对节点而言至关重要，为延长节点存活时间，应当高效利用能源。

② 拓扑控制。主要由数据链路层和网络层参与，负责网络连通和数据有效传输。如果节点大量密集部署，为节能和延长寿命，部分节点可休眠。拓扑管理在保持网络正常前提下，协调各节点的状态转换。

③ 网络管理。需要5层协议栈一起参与负责网络维护、诊断，并提供网络管理接口，包含数据收集、处理、分析和故障处理等功能。分布式管理应充分考虑能量受限、自组织、节点易损等特性。

④ QoS支持与安全机制。数据链路层、网络层和传输层等都可根据需求提供QoS支持。WSN多用于军事、商业等领域，安全性较为重要。而节点随机部署、网络拓扑的动态性以及信道的不稳定性，会使传统安全机制无法直接适用。

（2）应用支撑平台

应用支撑平台包括一系列检测为主的应用层软件,并通过应用服务和网络管理接口提供支持：

① 时间同步。由于晶体振荡器频率差异及诸多物理因素干扰，各节点的时钟会出现时间偏差，时钟同步对WSN非常重要，如安全协议中的时间戳、数据融合中数据的时间标记、带有休眠机制的MAC子层协议等都需要不同程度的时间同步。

② 定位。节点采集的数据往往需要与位置信息相结合，定位即对未知节点通过定位技术获取其位置信息。WSN中常使用三角（或三边）测量法、极大似然估计法等。

5. 无线传感器网络和传统无线网络的区别

无线传感器网络的节点普遍体积较小，这就决定了它们的处理、存储、通信能力和电池能量等都十分有限，可这些节点在很多情况下往往又属于一次性产品，因此，为了延长网络的使用寿命，能量的高效利用便成为设计WSN时的首要目标。而传统无线网络的终端因体积较大，能量比较充沛，因此，其首要目的是提供高质量服务和高效带宽利用，其次才考虑节能。

另外，无线传感器网络中节点数目庞大，分布密集，由于环境影响和能量耗尽，平面网络中时常会出现路由失效的现象，分级网络中则簇头节点要承担更多的数据接收和转发任务，更容易因能量耗尽而“报废”，这些都有别于传统无线网络。

小　　结

随着手机等无线设备的日益普及，无线通信和无线网络的重要性越来越显现出来。无线网络的很多概念和有线网络相融合，但由于使用了不同的传输介质，所以产生了许多新的概念和技术。学习的时候可以采用比较的方法。

无线网络和有线网络最大的区别是使用电磁波传输信息。对电磁波及其传输特性的理解是无线网络知识的基础。

本章的重点是无线电频谱的特点、射频传播特性、无线通信主要技术、主要无线网络及其协议。无线通信主要技术主要介绍了多址技术、双工技术和多输入多输出/智能天线技术。关于无线网络则按照无线体域网、无线个域网、无线局域网、无线城域网、蜂窝移动通信系统及其他无线网络的顺序进行了介绍。重点介绍了 IEEE 802.11 系列协议标准，同时介绍了目前发展势头较好的 Wi-Fi 技术。

习　　题

1. 无线网络按照信号覆盖范围可分为哪些类型？
2. 简单描述无线电频谱的特点。
3. 微波有什么传输特征？
4. 无线通信中用到的主要技术有哪些？
5. 什么是多输入多输出系统？它有什么优点？首先采用的是哪种标准？
6. 简述 UWB 和 ZigBee 的特点。
7. 简述 IEEE 802.15 工作组中前 5 个子工作组的工作内容。
8. 无线局域网的拓扑结构主要有哪些类型？
9. 简述 IEEE 802.11 系列协议。
10. 简述 MANET 网络和传感器网络的拓扑结构及特点。

第8章 网络安全

计算机网络的应用越来越广泛，人们的日常生活、工作、学习等各个方面几乎都会应用到计算机网络。尤其是计算机网络应用到电子商务、电子政务以及企、事业单位的管理等领域，对计算机网络的安全要求也越来越高。一些恶意者利用各种手段对计算机网络的安全造成多种威胁。因此，计算机网络的安全越来越受到人们的关注，成为一个研究的热点课题。

8.1 网络安全概述

网络安全是信息安全的重要分支，是一门涉及计算机技术、网络技术、通信技术、密码技术、信息安全技术、应用数学、数论、信息论等多学科的综合性学科。网络安全不仅是信息安全研究体系中一个重要的研究领域，而且随着网络技术的不断发展，已经成为信息安全研究体系中的研究热点。

8.1.1 计算机网络面临的安全威胁

计算机网络的系统设计、配置和管理方面的漏洞，造成了安全隐患，使得计算机网络面临多种安全威胁。这些威胁行为从广义上说包括对系统的探测、攻击和入侵。国际标准化组织 ISO 对 OSI/RM 环境定义了以下几种威胁：

① 伪装，威胁源成功地假扮成另一个实体，随后滥用这个实体的权利。

② 非法连接，威胁源以非法的手段形成合法的身份，在网络实体与网络资源之间建立非法的连接。

③ 非授权访问，威胁源成功地破坏访问控制服务，如修改访问控制文件的内容，实现了越权访问。

④ 拒绝服务，阻止合法的网络用户或其他合法权限的执行者使用某项服务。

⑤ 抵赖，网络用户虚假地否认递交过信息或接收到信息。

⑥ 信息泄露，未经授权的实体获取到传输中或存放着的信息，造成泄密。

⑦ 通信量分析，威胁源观察通信协议中的控制信息，或对传输过程中信息的长度、频率、源及目的进行分析。

⑧ 无效的信息流，威胁源对正确的通信信息序列进行非法修改、删除或重复，使之变成无效信息。

⑨ 篡改或破坏数据，威胁源对传输的信息或存放的数据进行有意的非法修改或删除。

⑩ 推断或演绎信息，由于统计数据信息中包含原始的信息踪迹，非法用户利用公布的统计数据，推导出信息源的来源。

⑪ 非法篡改程序，威胁源破坏操作系统、通信软件或应用程序。

以上所描述的种种威胁大多由人为造成，威胁源可以是用户，也可以是程序。除此之外，还有其他一些潜在的威胁，如电磁辐射引起的信息失密、无效的网络管理等。研究网络安全的目的就是尽可能地消除这些威胁。

8.1.2　网络安全的攻防体系

网络安全是指网络系统的硬件、软件及其系统中的数据受到保护，不因偶然或者恶意的原因而遭受到破坏、更改、泄露，系统连续可靠正常运行，且网络服务不中断。从系统安全的角度可以把网络安全的研究内容分成两大体系，即攻击技术和防御技术，该体系研究内容如图 8-1 所示。

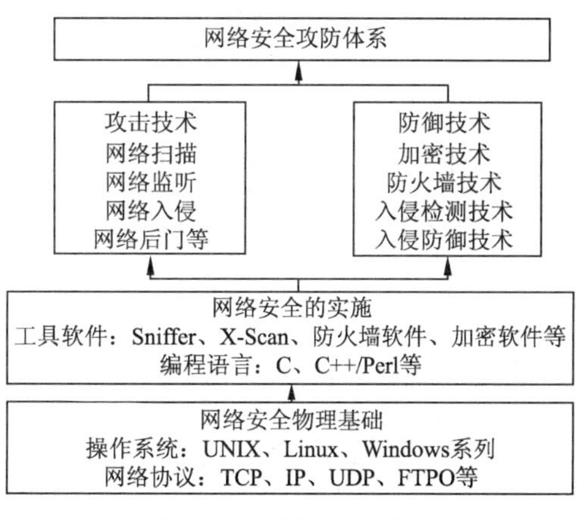

图 8-1　网络安全的体系

1. 攻击技术

从系统安全的角度讲，如果不知道如何攻击，那么再好的防守也将无济于事。

（1）攻击技术种类

总体来说，攻击技术主要包括以下几个方面：

① 网络监听：不是主动攻击的方式，即自己不主动去攻击别人，而是在计算机中设置一个程序，从而监听目标计算机的通信数据或者监视网络状态及数据流程等。

② 网络扫描：利用程序去扫描目标计算机开放的端口等，目的是确认网络运行的主机的工作程序，或是发现漏洞对主机进行攻击，或是为了网络安全评估。

③ 网络入侵：当探测发现目标计算机存在漏洞后，入侵并获取信息。

④ 网络后门：成功入侵目标计算机后，为了实现对该主机的长期控制，在目标计算机中种植木马等后门。

⑤ 网络隐身：入侵完毕退出目标计算机并将入侵的痕迹抹掉，从而防止对方管理员发现。

（2）攻击技术形式

计算机网络的主要功能之一是通信，信息在网络中的流动过程有可能受到中断、截取、修改或捏造等形式的安全攻击。

① 中断：是指破坏者采取物理或逻辑方法中断通信双方的正常通信，如切断通信线路、禁用文件管理系统等。

② 截取：是指未授权者非法获得访问权，截获通信双方的通信内容。

③ 修改：是指未授权者非法截获通信双方的通信内容后，进行恶意篡改。

④ 捏造：是指未授权者向系统中插入伪造的对象，传输欺骗性消息。

信息在网络中正常流动和受到安全攻击的示意如图 8-2 所示。

上述 4 种对网络的威胁可划分为被动攻击和主动攻击两大类。

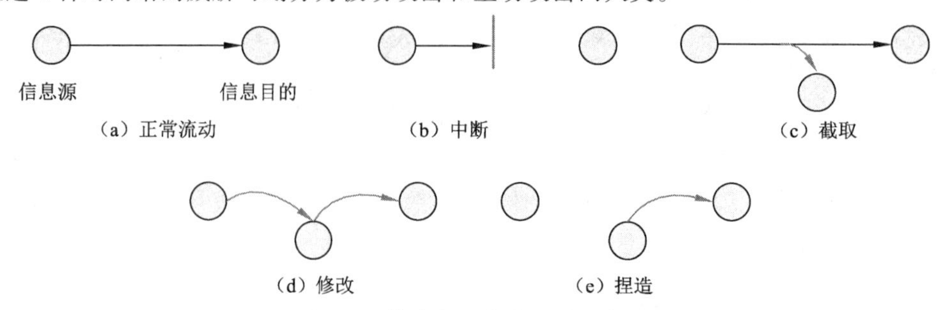

图 8-2　信息在网络中流动示意图

被动攻击的特点是偷听或监视传送，目的是获得正在传送的信息。被动攻击因为不改变数据很难被检测到，处理被动攻击的重点是预防。截获属于被动攻击。

主动攻击涉及对数据的修改或创建，主动攻击比被动攻击容易检测，但很难完全预防，重点应该放到检测上。主动攻击包括中断、修改和捏造。

2. 防御技术

只有充分了解了攻击技术之后，主机系统才能做好防御工作。防御技术主要包括以下几个方面：

（1）安全操作系统和操作系统的安全配置

操作系统是网络安全的关键因素，包括所安装的操作系统本身的安全性和操作系统的安全配置。

（2）加密技术

在通信的过程中，为了防止通信双方的数据被监听和数据被盗取，将所有的数据加密处理。

（3）防火墙技术

利用防火墙可以对网络中传输的数据进行限制，从而防止主机被入侵攻击。

（4）入侵检测

如果网络防线最终被攻破，攻击者成功入侵主机，主机需及时发出被入侵的警报。

（5）入侵防御

入侵防御不仅具有入侵检测系统检测攻击行为的能力，而且具有防火墙拦截攻击并且阻断攻击的功能，在攻击响应上采取的是主动、全面、深层次的防御。

（6）网络安全协议

网络安全协议是为了保证传输的数据不被截获和监听。

为了保证网络的安全，在软件方面可以有两种选择：一种是使用已经成熟的工具，比如抓数据包软件 Sniffer，网络扫描工具 X-Scan、Nagios 等；另一种是自己编制程序，目前常用的网络安全编程语言为 C、C++或 Perl 语言等。

8.1.3　网络安全的层次体系及等级保护制度

下面先介绍网络安全层次体系，再介绍网络安全等级保护制度。

1. 层次体系

网络安全层次体系可以从两个角度分析：一是从网络安全整体的角度出发，分析网络安全体系的层次是如何考虑的；二是从 OSI/RM 分层结构的角度出发，分析网络安全服务层次模型是如何设计实现的。

（1）网络安全层次体系

从层次体系上看，可以将网络安全分成 5 个层次：物理安全、操作系统安全、应用安全、联网安全和管理安全。

① 物理安全。物理安全也就是物理环境的安全性，包括通信线路的安全，物理设备的安全以及设备所在机房的安全等，归纳起来分为 5 个方面：防盗、防火、防静电、防雷击和防电磁泄漏。

② 操作系统安全。操作系统安全是系统层安全，来自网络内使用的操作系统的安全。同一计算机可以安装几种不同的操作系统，而系统的安全问题就包括身份认证、访问控制策略的配置等问题。同时，系统本身也存在一定的缺陷，主要表现为系统漏洞等，面临着病毒等恶意软件对系统的威胁。

③ 应用安全。应用安全是指提供服务所采用的应用软件和数据的安全性，包括 Web 服务、FTP 服务、电子邮件系统、DNS 等，同时还包括提供这些应用服务的系统安全问题。

④ 联网安全。联网安全也就是网络层安全，主要表现网络层方面的安全性，包括网络层身份认证、网络资源的访问控制、数据传输的保密性和完整性等。总体来说，通过以下两方面的安全服务来保障：

- 访问控制服务：用来保护计算机和联网的资源不被非授权使用。
- 通信安全服务：用来认证数据保密性与完整性，以及通信双方的可信赖性。

⑤ 管理安全。管理安全主要是指安全技术和设备的管理、制度管理、人员部署管理等。管理的制度化极大程度影响着整个网络的安全。

（2）OSI 安全层次体系

OSI 安全体系结构是按 OSI/RM 模型的层次来实现安全服务的，OSI/RM 模型的 7 个不同层次需要提供不同的安全机制和安全服务。安全模型中每层提供的安全服务是可以选择的，并且各层提供服务的重要性也不完全相同。物理层要保证通信线路的可靠；数据链路层通过加密技术保证通信链路的安全；网络层通过增加防火墙等措施保护内部的局域网不被非法访问；传输层保证端到端传输的可靠性；高层可通过权限、密码等设置，保证数据传输的完整性、一致性及可靠性。表 8-1 列出了网络安全服务层次模型的具体内容。

表 8-1　网络安全服务层次模型的具体内容

OSI/RM 层次	对应的安全服务模型的内容
应用层	身份认证、访问控制、数据保密、数据完整
表示层	
会话层	
传输层	端到端的数据加密
网络层	防火墙、IP 安全
数据链路层	相邻节点的数据加密
物理层	安全物理信道

2. 网络安全等级保护制度

目前研究网络安全已经不仅仅为了信息和数据的安全性，网络安全已经渗透到国家的经济、军事和国计民生等领域，因而网络安全需要有其自身的评价标准。在评价标准中，比较流行的是 1985 年美国国防部的可信任计算机标准评价准则（Trusted Computer Standards Evaluation Criteria，

TCSEC），各国根据自己的国情也都制定了相关的标准。

我国在网络安全的评价标准中，早在1999年10月经国家质量技术监督局就批准发布了《计算机信息系统安全保护等级划分准则》（GB 17859—1999），而后陆续出台了称为等保1.0的十大重要标准，如《信息系统安全管理要求》（GB/T 20269—2006）、《信息系统安全保护等级定级指南》（GB/T 22240—2008）、《信息系统安全等级保护测评要求》（GB/T 28448—2012）等。

2019年5月13日，国家市场监督管理总局、国家标准化管理委员会召开新闻发布会，等保2.0相关的《信息安全技术网络安全等级保护基本要求》（GB/T 22239—2019）、《信息安全技术网络安全等级保护测评要求》（GB/T 28448—2019）、《信息安全技术网络安全等级保护安全设计技术要求》（GB/T 25070—2019）等国家标准正式发布，于2019年12月1日开始实施。

在等保1.0的相关标准中，将计算机安全保护划分为以下5个级别。

① 第1级为用户自主保护级（GB1安全级）：其安全保护制度使用户具备自主安全保护的能力，保护用户信息免受非法的读写破坏。

② 第2级为系统审计保护级（GB2安全级）：除具备第1级所有的安全保护功能外，要求创建和维护访问的审计跟踪记录，使所有的用户对自己的行为的合法性负责。

③ 第3级为安全性标记保护级（GB3安全级）：除继承第2级的安全功能外，还要求以访问对象标记的安全级别限制访问者的访问权限，实现对访问对象的强制保护。

④ 第4级为结构化等级保护（GB4安全级）：在继承前面安全级别安全功能的基础上，将安全保护制度划分为关键部分和非关键部分，对关键部分直接控制访问者对访问对象的存取，从而加强系统的抗渗透能力。

⑤ 第5级为访问验证保护级（GB5安全级）：这一个级别特别增设了访问验证的功能，负责仲裁访问者对访问对象的所有访问活动。

等保2.0对安全保护的等级划分没有改动，而是规定了第1～4级等级保护对象的安全要求。同时在GB/T 22239—2019中还提出了安全扩展要求，包括云计算安全扩展要求，移动互连安全扩展要求，物联网安全扩展要求和工业控制系统安全扩展要求。下面介绍几种安全扩展要求。

（1）云计算安全扩展要求

云计算安全扩展要求是针对云计算平台提出的安全通用要求之外额外需要实现的安全要求。云计算安全扩展要求涉及的控制点包括基础设施位置、网络架构、网络边界的访问控制、网络边界的入侵防范、网络边界的安全审计、集中管控、计算环境的身份鉴别、计算环境的访问控制、计算环境的入侵防范、剩余信息保护、云服务商选择、供应链管理和云计算环境管理。

（2）移动互连安全扩展要求

移动互连安全扩展要求是针对移动终端、移动应用和无线网络提出的特殊安全要求，它们与安全通用要求一起构成针对采用移动互连技术的等级保护对象的完整安全要求。移动互连安全扩展要求涉及的控制点包括无线接入点的物理位置、无线和有线网络之间的边界防护、无线和有线网络之间的访问控制、无线和有线网络之间的入侵防范，移动终端管控、移动应用管控、移动应用软件采购、移动应用软件开发和配置管理。

（3）物联网安全扩展要求

物联网安全扩展要求涉及的控制点包括感知节点的物理防护、感知网的入侵防范、感知网的接入控制、感知节点设备安全、网关节点设备安全、抗数据重放、数据融合处理和感知节点的管理。

（4）工业控制系统安全扩展要求

工业控制系统安全扩展要求是针对现场控制层和现场设备层提出的特殊安全要求，它们与安全通用要求一起构成针对工业控制系统的完整安全要求。工业公职系统安全扩展要求涉及的控制点包括室外控制设备防护、网络架构、通信传输、访问控制、拨号使用控制、无线使用控制站、控制设备安全、产品采购和使用以及外包软件开发。

8.2　数据加密技术

网络中两台计算机要建立通信，数据从源主机到达目的主机中间需要经过许多交换机和路由器等中间设备，而黑客可以使用监听软件截获通信双方传输的数据信息。数据加密技术既能为传输的数据提供保密性，也能为通信业务流信息提供保密性，是身份认证、数据完整性检验、密码交换与检验、数字签名（Digital Signature）和抗抵赖等安全服务的基础。

8.2.1　数据加密技术基础

数据加密技术是密码学在计算机网络中的应用。

1. 密码学概述

密码学是一门古老而深奥的学科，对一般人来说是非常陌生的。长期以来，密码学只在很小的范围内使用，如军事、外交、情报等部门。

密码学的历史悠久。在 4000 年前，古埃及人开始使用密码来保密传递信息。2000 多年前，恺撒大帝（Gaius Julius Caesar）开始使用目前称为“恺撒密码”的密码系统。但是密码技术直到 20 世纪 40 年代以后才有了重大突破和发展。特别是 20 世纪 70 年代后期，由于计算机、电子通信的广泛使用，现代密码学得到了空前的发展。

现代密码技术的应用已经深入数据处理过程的各个环节，包括数据加密、密码分析、数字签名、信息鉴别、密钥共享等。

在密码学中，密码是通信双方按约定的法则进行信息交换过程中对数据特殊变换的一种重要保密手段。密码技术的实现是使发送方对传输的数据进行伪装，而入侵者不能从截获的数据中获得任何信息，同时，接收方必须能够从伪装的数据中恢复出原始的数据信息，如图 8-3 所示。

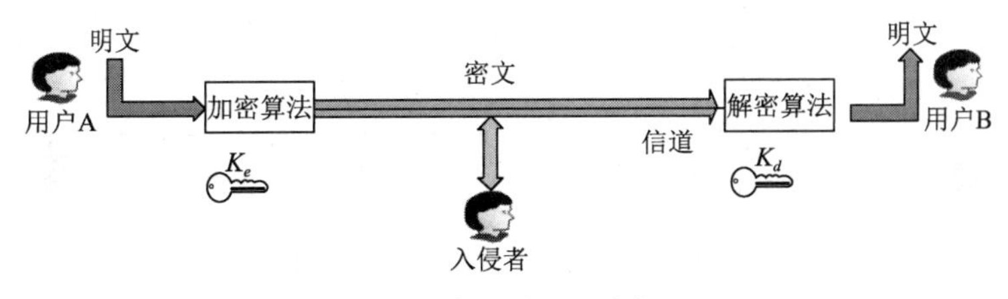

图 8-3　密码学的基本概念

假设用户 A 想要向用户 B 发送一个信息。A 的信息原始形式是明文（Plaintext），A 使用加密算法加密（Encryption）该信息，生成的加密信息称为密文（Ciphertext），那么该密文对任何入侵者来说是读不懂的。用户 B 接收到密文，使用解密算法解密（Decryption）该密文，将其还原为明文。

密钥（Key）是加密和解密算法中的一个重要参数。密钥分为加密密钥（k_e）和解密密钥（k_d），分别控制加密和解密的计算过程。

2. 加密算法的分类

（1）传统加密算法和现代加密算法

从密码技术的发展出发，加密算法可以分为传统加密算法和现代加密算法两类。

传统加密算法又称古典加密算法，其核心思想是“置换”。简单来说就是将信息进行“特定信息”处理。加密本身不涉及密钥、工具，加密解密的关键就在于信息处理的手段。传统加密算法的典型代表有恺撒密码、多字密码和变位密码等。

现代加密算法按照密钥的使用情况，可分为可逆加密和不可逆加密两种。

可逆加密在数据传输的过程中需要使用密钥。明文在发送方利用密钥进行加密，转变成密文，然后在网络中进行传输；在接收方利用密钥进行解密，恢复成明文。这个加密与解密的过程是可逆的，所以称为可逆加密。可逆加密又分为对称数据加密技术和非对称数据加密技术两种。

不可逆加密是数据在加密后不能被解密，也就不需要使用密钥。加密后的数据被截获也是得到无法破解的密文，只有进行明文加密后和之前加密过的密文比较才能得知是否是同一数据。不可逆加密常用作加密数据的消息摘要和登录密码验证等。常见的算法有 MD5、SHA-1 等。

（2）对称密码算法和非对称密码算法

目前网络上常见的加密技术主要是对称数据加密技术和非对称数据加密技术。对称数据加密技术的加密和解密过程采用同一个密钥，即加密密钥和解密密钥相同，这就需要通信双方事先约定好密钥。非对称数据加密技术的加密和解密过程采用不同的密钥，即加密密钥和解密密钥不同，发送方只知道加密密钥，而解密密钥只有接收方自己知道，这种情况可以使所有向同一个接收方发送信息的人，使用同一个公开的加密密钥。

① 对称密码算法。

对称密码算法又称单钥加密算法、共享密钥加密算法，是对称数据加密技术所采用的算法。在这种加密算法中，首先要在通信的对等双方之间协商建立一个共享的秘密密钥，并且不能让第三者知道，然后双方都用这个密钥对报文进行加解密。由于双方使用的密钥是一样的，加密和解密的过程是对称的，因此称为对称密码算法。

对称加密系统的工作过程如图 8-4 所示。假设 A 想发一个秘密信息给 B，A 和 B 共享一个秘密密钥 K，那么密钥 K 如何获得呢？这里密钥可以通过人工传送或者由密钥分发中心（Key Distribution Center，KDC）分发，或用其他任何安全的秘密信道事先约定协商。

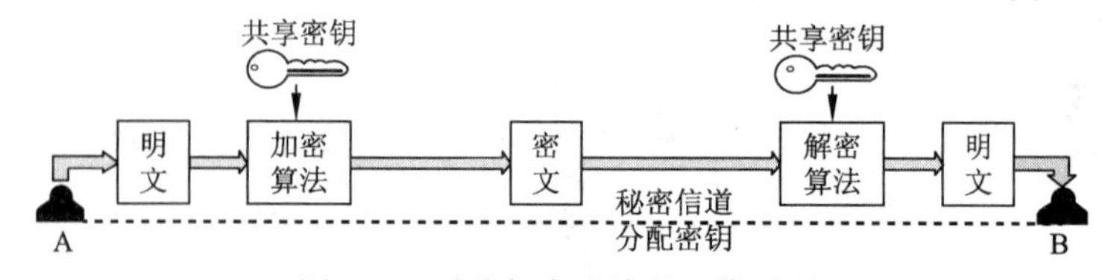

图 8-4 对称加密系统的工作过程

首先，A 用一个加密算法 E 和密钥 K 对消息 M 进行加密，得到密文 $C=E_K(M)$；然后，把得到的密文 C 发送给 B。

B 收到密文 C 之后，用解密算法 D 和密钥 K 对密文 C 进行解密，就可以计算出明文 $M=D_K(C)=D_K(E_K(M))$。

目前广泛使用的对称加密系统有数据加密标准（Data Encryption Standard，DES）、三重数据加密算法（Triple Data Encryption Algorithm，TDEA）、国际数据加密算法（International Data Encryption Algorithm，IDEA）、高级加密标准（Advanced Encryption Standard，AES）、Blowfish 和 CAST 等。

在数据通信过程中，对称密码算法必须首先约定持相同的密钥才能进行，不论是个人主机之间的通信，还是企业通过网络进行的电子商务，都需要保证通信过程数据的保密性。有时很难做到实现通过安全信道商定密钥。从表面上看，通信双方的通信只有一个密钥来保证通信的安全性，但是，随着计算机网络的应用，计算机之间的通信日益繁多。如果网络上有 n 个用户，任意两个用户之间都可能进行通信，那么密钥的个数是 $n(n-1)/2$。而为了保证密钥的安全，还应经常更换密钥。在网络上产生、存储、分配、管理如此多的密钥，其复杂性和危险性都是很大的。

② 非对称密码算法。

1976 年，W. Diffie 和 M. E. Hellman 首次提出了非对称密码算法思想，引入了一个与对称密码算法不同的概念：将密码的密钥一分为二，使加密密钥 K_e 和解密密钥 K_d 成对出现，而且由计算复杂度确保由加密密钥 K_e 在计算上不能推出解密密钥 K_d。这里，加密密钥 K_e 可以公开，称为公钥；解密密钥 K_d 需要保密，称为私钥。由于加密密钥公开，因此这种非对称密码算法又称公开密钥密码算法。

在非对称密码算法中，每个用户的密钥数目为 2，即公开的加密密钥和保密的解密密钥，与对称密码算法的密钥数不同，便于维护。

假设有两个实体想要建立通信，分别是实体 A 和实体 B，其中，M 为消息明文，C 为密文，E 为非对称密码的加密算法，D 为解密算法。(K_{eA},K_{dA})，(K_{eB},K_{dB}) 分别为 A 和 B 的密钥对，K_{eA}、K_{eB} 为公开的加密密钥，K_{dA}、K_{dB} 为保密的解密密钥。根据非对称密码算法的基本思想，可知非对称密码算法的基本要求如下：

- 参与通信的双方实体 A、B 容易产生密钥对 (K_{eA},K_{dA})，(K_{eB},K_{dB})。
- 已知 K_{eB}，A 对消息 M 进行加密操作，得到 C：$C=E(M, K_{eB})$。
- 已知 K_{dB}，B 能从密文 C 获取明文 M：$D(E(M, K_{eB}),K_{dB})=M$，即解密算法 D 与加密算法 E 是互逆的，若已知解密密钥，能正确地得到明文。
- 已知 K_{eB}，求 K_{dB} 是计算上不可行。
- 已知 K_{eB} 和密文 C，欲得到明文 M 是计算上不可行。

和对称密码算法一样，非对称密码算法可以用于数据加密，其工作过程如图 8-5 所示。

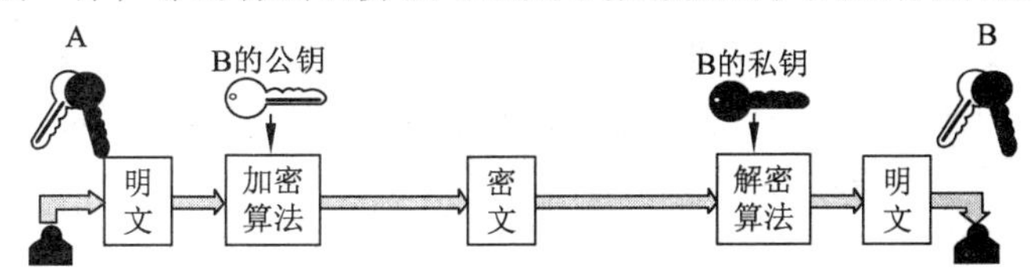

图 8-5　非对称密码算法工作过程

- 发送方 A 查得 B 的公开的加密密钥 K_{eB}，用它加密 M 得到密文 C。

$$C=E(M, K_{eB})$$

- A 将 C 发送给 B。
- B 接收 C。
- B 用自己的保密的解密密钥 K_{dB} 机密 C，得到明文 M。

$$M=D(C, K_{dB})$$

任何想与 B 通信的实体，只要使用同一个密钥（B 的公开密钥）对消息进行加密，就都能与

B 建立通信；而由于 B 的私钥是保密的，只有 B 才拥有保密的解密密钥，因此，只有 B 才能获得消息明文，从而确保了数据的完整性和保密性。

然而，从网络安全的角度讲，这一通信协议却不能保证数据的真实性，因为 B 的加密密钥是公开的，任何人都可以冒充 A 向 B 发送假消息，而 B 并不能发现消息是伪造的。同时，B 也不能发现消息在传输过程中是否被他人修改过。

由以上分析可以看出，对称数据加密技术与非对称数据加密技术存在较大差异，两者的区别如表 8–2 所示。

表 8–2　对称数据加密技术和非对称数据加密技术的区别

比较项目	技术	
	对称密码算法	非对称密码算法
密码个数	1 个	2 个
算法速度	较快	较慢
算法对称性	对称，解密密钥可以从加密密钥中推算出来	不对称，解密密钥不能从加密密钥中推算出来
主要应用领域	数据的加密和解密	对数据进行数字签名、确认、鉴定、密钥管理和数字封装等
典型算法实例	DES 等	RSA 等

8.2.2　传统加密算法

在传统加密算法中，根据明文转换的情况，可以将加密技术分为替代密码加密和变位密码加密。替代密码加密就是隐藏明文，将明文中的字符替换成另外的字符，接收者对密文进行逆替换就能恢复出明文。变位密码加密是不隐藏明文中的字符，只是将明文中的字符的顺序打乱，从而达到保密的效果。

本节主要讲述传统加密算法，传统加密算法都是基于字符的加密。下面将介绍恺撒密码、多字密码和变位密码。

1. 恺撒密码

恺撒（公元前 101—前 44 年），罗马共和国末期杰出的军事统帅、政治家，出身贵族，担任过执政官、高卢行省总督。恺撒出于当时军事的需要发明了恺撒密码。恺撒密码是一种替代密码，它的加密方法就是把明文中所有字母都用它右边的第 K 个字母替代，并认为 z 后边又是 a，K 就是密钥。这种映射关系可以表示为如下函数；

由明文加密转换为密文：　　$P(a)=(a+K)\bmod n$

由密文转换为明文：　　$E(b)=(b-K)\bmod n$

其中，a 表示明文字母的代码，b 表示密文字母的代码，n 为字符集中的字母个数，K 为密钥。英文明文字母集中的字母按顺序分别与 0 ~ 25 代码对应。

恺撒密码是一种古老的加密方法，加密和解密都非常简单，只要知道密钥 K，就可以构造出一张字母对应表，于是，加密和解密就都可以用此对应表进行。

例如，用恺撒密码加密后的密文是 fcvc eqoowpkecvkqpu cpf eqorwvgt pgvyqtmu，密钥 $K=2$，则解密后得到明文为 data communications and computer networks。

加密/解密的过程可以先构造出表 8–3 所示的 $K=2$ 的恺撒密码明文/密文对应表。

表 8-3　K=2 的恺撒密码明文/密文对应表

明文	a	b	c	d	e	f	g	h	i	j	k	l	m
密文	c	d	e	f	g	h	i	j	k	l	m	n	o
明文	n	o	p	q	r	s	t	u	v	w	x	y	z
密文	p	q	r	s	t	u	v	w	x	y	z	a	b

解密也可以使用模运算公式转换，如 f 的代码为 5，运算公式为：

$$E(\mathrm{f})=(5-2)\bmod 26=3$$

代码为 3 的字母是 d。其他字母转换的方法相同。

恺撒密码的优点是密钥简单易记，但它的密文与明文的对应关系过于简单，故安全性较差。

2. 多字密码

多字密码的加密方法仍然属于替代密码，与恺撒密码的区别是选择替换的密文不仅依赖于明文字母，还和明文字母的位置有关。多字密码对于给定的明文字母并不总是用相同的字母替代，这样做可以改变字母出现的频率，就可以避免破译者根据字母出现频率的多少进行推测。

一种使用较多的多字密码方法是密钥为一个二维数组，二维数组的每一行都是 1 个字母表，各行字母表的排列稍加变动。如第 1 行为大写字母 A ~ Z，第 2 行为大写字母 B ~ ZA……每一行的起始字母都比上一行向后移 1 个，构成 1 个从第 0 ~ 25 行和从第 0 ~ 25 列的大写字母表，如表 8-4 所示。

表 8-4　多字密码二维密钥表

行	字　母
第 0 行	A B C D E F G H I J K L M N O P Q R S T U V W X Y Z
第 1 行	B C D E F G H I J K L M N O P Q R S T U V W X Y Z A
第 2 行	C D E F G H I J K L M N O P Q R S T U V W X Y Z A B
第 3 行	D E F G H I J K L M N O P Q R S T U V W X Y Z A B C
第 4 行	E F G H I J K L M N O P Q R S T U V W X Y Z A B C D
…	…
第 23 行	X Y Z A B C D E F G H I J K L M N O P Q R S T U V W
第 24 行	Y Z A B C D E F G H I J K L M N O P Q R S T U V W X
第 25 行	Z A B C D E F G H I J K L M N O P Q R S T U V W X Y

具体的替代公式是　　　　　　$V[(i \bmod 26), j]$

其中，V 为二维密钥阵列，i 为明文字母在明文中的位置，$(i \bmod 26)$为明文字母在字母表中的行的位置，j 为明文字母在字母表中的列的位置。多字密码的具体实例如表 8-5 所示。

表 8-5　多字密码的具体实例

明文字母	i（明文中的位置）	i mod 26（字母表中行的位置）	j（字母表中列的位置）	密文字母
T	25	25	19	S
H	26	0	7	H
E	27	1	4	F
T	54	2	19	V

续表

明文字母	i（明文中的位置）	i mod 26（字母表中行的位置）	j（字母表中列的位置）	密文字母
H	55	3	7	K
E	56	4	4	I
T	104	0	19	T
H	105	1	7	I
E	106	2	4	G

下面以在明文中的位置为 25 的明文字母 T 为例，分析转换成密文的过程。

从表 8-5 可以很容易地得出位置为 25 的 T 的 i mod 26=25，j=19，关键是如何根据这两个值得出密文 S。由替代公式可知，i mod 26 的值确定了密文在密钥阵列的行值，j 确定了密文在密钥阵列的列值，从密钥阵列中，找到第 25 行、第 19 列（都是从 0 开始）交叉位置的字母是 S，因此得出明文中的位置为 25 的明文字母 T 转换为密文是 S。其他明文转换成密文的过程相同。

分析表 8-5 可以发现，明文中的 3 个 T，由于其在明文中的位置不同转换成不同的密文，分别是 S、V 和 T。同样，明文中的 3 个 H，在密文中分别转换成 H、K 和 I；3 个 E 分别转换成 F、I 和 G。也就是说，多字密码的方法将同样的明文字母转换成不同的密文字母，增加了破译的难度。

对于多字密码可以通过改变密钥的二维表阵列排序的方法形成不同的密钥，改变转换出的密文。

3. 变位密码

变位密码是通过重排明文字母的顺序进行加密，这种加密方法不是用密文替代明文，即明文仍然出现只不过排列顺序打乱了。变位密码加密的方法有很多种，下面只列举其中的一种。

将明文按照密钥字符个数为一组分为若干组，每一组为一行排列构成一个二维阵列。按照约定顺序再以列为单位发送数据，形成密文。例如，双方约定一个密钥 CIPHER（字符个数为 6），该单词中各个字母在字母表中的位置分别是 3、9、16、8、5 和 18，假设双方约定按照位置从小到大的顺序发送数据，则发送列的顺序为第 1、5、4、2、3 和 6 列。

例如，有明文 data communications and computer networks，按照 6 个字母为一组（因为密钥的长度为 6）排列成行，如表 8-6 所示。

表 8-6 变位密码的二维阵列

列　　号	第 1 列	第 2 列	第 3 列	第 4 列	第 5 列	第 6 列
密　　钥	C	I	P	H	E	R
发送顺序	1	4	5	3	2	6
数　　据	d	a	t	a		c
	o	m	m	u	n	i
	c	a	t	i	o	n
	s		a	n	d	
	c	o	m	p	u	t
	e	r		n	e	t
	w	o	r	k	s	

按照第 1、5、4、2、3 和 6 列的顺序重新排列，得出密文为 docscew noduesauinpnkama orotmtam rcin tt。接收方收到密文后再按照约定的顺序重新排列得到明文。

8.2.3　数据加密标准 DES

视频 8-1　数据加密标准 DES

数据加密标准 DES 是由 IBM 公司于 20 世纪 70 年代初开发的，于 1977 年被美国政府采用，作为商业和非保密信息的加密标准被广泛采用。

尽管该算法较复杂，但易于实现。它只对小的分组进行简单的逻辑运算，用硬件和软件实现起来都比较容易，尤其是用硬件实现使该算法的速度很快。

1. DES 算法的描述

DES 算法将信息分成 64 bit 的分组，并使用 56 bit 长度的密钥。它对每个分组使用一种复杂的变位组合、替换，再进行异或运算和其他一些过程，最后生成 64 bit 的加密数据。对每一个分组进行 19 步处理，每一步的输出是下一步的输入。图 8-6 显示了 DES 算法的主要步骤。

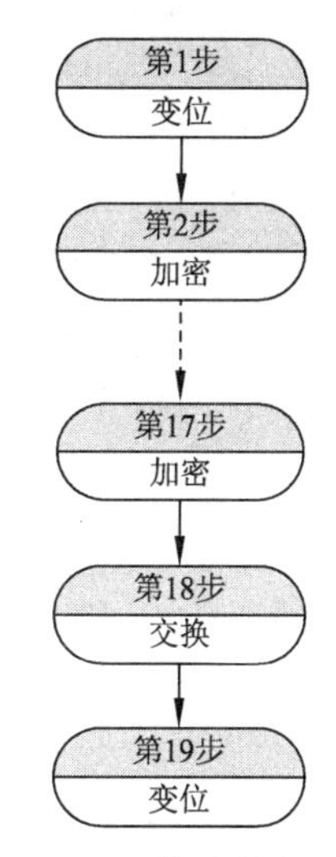

图 8-6　DES 算法的主要步骤

第 1 步对 64 bit 数据和 56 bit 密钥进行变位；第 2 ~ 17 步（共 16 步）除使用源于原密钥的不同密钥外，每一步的运算过程都相同，包括很多操作；第 18 步将前 32 bit 与后 32 bit 交换；第 19 步是第 1 步的逆过程，进行另一个变位。

图 8-7 显示了第 2 ~ 17 步每一步的主要操作。

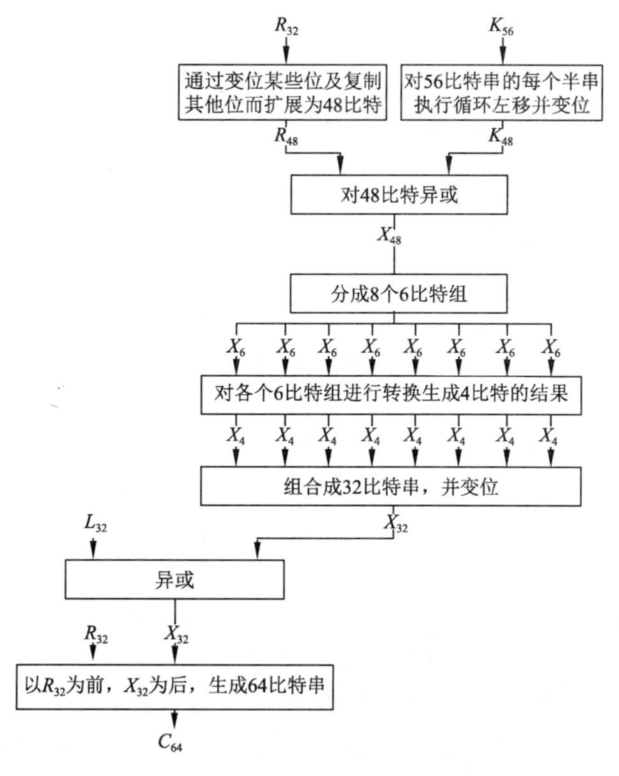

图 8-7　DES 算法的加密操作流程

图 8-7 中的符号说明如下：

- C_{64}：64 比特的待加密的信息；
- K_{56}：56 比特的密钥；
- L_{32}：C_{64}的前 32 比特；
- R_{32}：C_{64}的后 32 比特。

其他带下标的字母中的下标都表示比特数，如 X_{48}代表处理过程中的 48 比特的中间比特串。

在每一步中，密钥先移位，再从 56 bit 的密钥中选出 48 bit。数据后 32 bit 扩展为 48 bit，并与经过移位和置换的 48 bit 密钥进行一次异或操作，其结果通过 8 组（每组 6 bit）输出，将这 48 bit 替代成新的 32 bit 数据，再将其变位一次，生成 32 bit 串 X_{32}。X_{32}与前半部分的 32 bits 进行异或运算，其结果即成为新的后半部分的 32 bit，原来的后半部分的 32 bit 成了新的前半部分。将该操作重复 16 次，就实现了 DES 的 16 轮“加密”运算。

经过精心设计，DES 的解密和加密可使用相同的密钥和相同的算法，二者的唯一不同之处是密钥的次序相反。

2. DES 算法的安全性

DES 算法的加密和解密密钥相同，属于对称数据加密技术。对称数据加密技术从本质上说都是使用替代密码和变位密码进行加密的。

DES 的安全性长期以来一直都受到人们的怀疑。主要是因为 DES 算法的安全性对于密钥的依赖性太强，一旦密钥泄露，则和密文相对应的明文内容就会暴露无遗。DES 对密钥的过分依赖使得穷举破解成为可能。在早期（20 世纪七八十年代）由于专门用于穷举破译 DES 的并行计算机的造价太高，而且要从 $2^{56} \approx 7 \times 10^{16}$种密钥中找出一种来，还是相当费时、费力的，用 DES 算法来保护数据是安全的。现在，由于计算机的运算速度、存储容量以及计算相关的算法都有了比较大的改进，56 位长的密钥对于保密价值高的数据来说已经不够安全了。当然，可以通过增加密密钥长度来增加破译的难度进而增加其安全性。

3. 密钥的分发与保护

DES 算法加密和解密使用相同的密钥，通信双方进行通信前必须事先约定一个密钥，这种约定密钥的过程称为密钥的分发或交换。关键是如何进行密钥的分发才能在分发的过程中对密钥保密，如果在分发过程中密钥被窃取，再长的密钥也无济于事。

最常用的一种交换密钥的方法是“难题”的使用。“难题”是一个包含潜在的密钥、标识号和预定义模式的加密信息。通信双方约定密钥的过程如下：

① 发送方发送 n 个难题，各用不同的密钥加密。接收方并不知道解密密钥，必须去破解。

② 接收方随机地选择一个难题并破解。因为，在难题中含有双方协商的相关加密信息，使接收方能判断出是否破解。

③ 接收方从难题中抽出加密密钥，并返回给发送方一个信息指明其破解难题的标识号。

④ 发送方接收到接收方的返回信息后，双方即按照此难题的密钥进行加密了。

人们可能会问，其他人也可能截获这些难题，他们也可以去破解。关键是他们不知道接收方选择的难题的标识号，即便是他们又截获了接收方返回给发送方的信息，得到难题的标识号，但等他们破解以后，通信双方的通信过程可能已经结束了。

还有其他密钥分发和保护的方法，在此不再赘述。

4．三重数据加密算法

三重数据加密算法 TDEA 在 1985 年第一次为金融应用进行了标准化，在 1999 年合并到数据加密标准中。

TDEA 使用 3 个密钥，按照加密—解密—加密的次序执行 3 次 DES 算法。TDEA 加密、解密的过程分别如图 8-8（a）、图 8-8（b）所示。

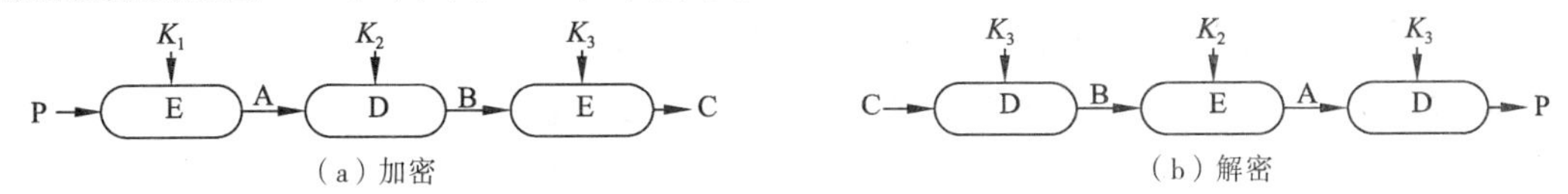

图 8-8　TDEA 加密、解密过程

图 8-8 中，P 为明文、C 为密文，E 为使用密钥 K_n 加密，D 为使用密钥 K_n 解密。

TDEA 中 3 个不同的密钥总有效长度为 168 bit，加强了算法的安全性。

5．国际数据加密算法

TDEA 算法增加了密钥长度，加强了安全性，但同时也带来了在软件中实现速度变慢的问题。另外，由于 TDEA 是基于 DES 算法的，因此仍然是以 64 比特块为基准，对安全性存在一定的局限性。

美国国家标准与技术协会（National Institute for Standards and Technology，NIST）于 1997 年发出号召，寻求新的高级加密标准 AES，要求其安全性等同或高于 TDEA，但效率应大大提高。并要求是以块长度为 128 bit 的加密算法，支持 128 bit、192 bit 和 256 bit 长度的密钥。

由瑞士联邦理工学院研制的国际数据加密算法 IDEA 是近几年提出的用来替代 DES 的许多算法中的较成功的一种。

IDEA 使用 128 bit 密钥，以 64 bit 分组为单位进行加密。IDES 的设计考虑通过硬件或软件都能方便地实现。通过使用超大规模集成电路的硬件实现加密具有速度快的特点，而如果通过软件实现具有灵活及价格便宜的特点。

IDEA 算法通过 8 次循环和 1 次变换函数 9 部分组成，每一部分都将 64 bit 分成 4 个 16 bit 的组。每个循环使用 6 个 16 bit 的子密钥，最后的变换也使用 4 个子密钥，因此，共使用 52 个子密钥，这些子密钥都是从 128 bit 的密钥中产生。

8.2.4　公开密钥加密算法 RSA

公开密钥加密算法展现了密码应用中的一种崭新的思想，公开密钥加密算法采用非对称数据加密算法，即加密密钥和解密密钥不同。因此，在采用加密技术进行通信的过程中，不仅加密算法本身可以公开，甚至加密用的密钥也可以公开，而解密密钥由接收方自己保管，增加了保密性。

RSA 算法是由 R. Rivest，A. Shamir 和 L. Adleman 于 1977 年提出的。RSA 的取名就来自于这 3 位发明者姓的首字母。后来，他们在 1982 年创办了以 RSA 命名的公司 RSA Data Security Inc.和 RSA 实验室，该公司和实验室在公开密钥密码系统的研究和商业应用推广方面具有举足轻重的地位。

目前，RSA 被广泛应用于各种安全和认证领域，如 Web 服务器和浏览器信息安全、E-mail

的安全和认证、对远程登录的安全保证和各种电子信用卡系统等。

1. RSA 算法的加密过程

RSA 算法使用模运算和大数分解，算法的部分理论基于数学中的数论。下面通过具体实例说明该算法是如何工作的。为了简化起见，在该实例中仅考虑包含大写字母的信息，实际上该算法可以推广到更大的字符集。

RSA 算法加密过程的具体步骤如下：

① 为字母制定一个简单的编码，如 A~Z 分别对应 1~26。

② 选择一个足够大的数 n，使 n 为两个大的素数（只能被 1 和自身整除的数）p 和 q 的乘积。为便于说明，在此使用 $n=p\times q=3\times 11=33$。

③ 找出一个数 k，k 与 $(p-1)\times(q-1)$ 互为素数。此例中选择 $k=3$，与 $2\times 10=20$ 互为素数。数字 k 就是加密密钥。根据数论中的理论，这样的数一定存在。

④ 将要发送的信息分成多个部分，一般可以将多个字母分为一部分。在此例中将每一个字母作为一部分。若信息是 SUZAN，则分为 S、U、Z、A 和 N。

⑤ 对每部分，将所有字母的二进制编码串接起来，并转换成整数。在此例中各部分的整数分别为 19、21、26、1 和 14。

⑥ 将每个部分扩大到它的 k 次方，并使用模 n 运算，得到密文。在此例中分别为 $19^3 \bmod 33=28$，$21^3 \bmod 33=21$，$26^3 \bmod 33=20$，$1^3 \bmod 33=1$ 和 $14^3 \bmod 33=5$。接收方收到的加密信息是 28、21、20、1 和 5。

2. RSA 算法的解密过程

接上例，RSA 算法的解密过程具体步骤如下：

① 找出一个数 k' 使得 $(k\times k'-1)\bmod((p-1)\times(q-1))=0$，即 $k\times k'-1$ 能被 $(p-1)\times(q-1)$ 整除。k' 的值就是解密密钥。在此例中选择 $k'=7$，$3\times 7-1=20$，$(p-1)\times(q-1)=20$，能整除。

② 将每个密文扩大到它的 k' 次方，并使用模 n 运算，可得到明文。在此例中分别为 $28^7 \bmod 33=19$，$21^7 \bmod 33=21$，$20^7 \bmod 33=26$，$1^7 \bmod 33=1$ 和 $5^7 \bmod 33=14$。接收方解密后得到的明文的数字是 19、21、26、1 和 14，对应的字母是 S、U、Z、A 和 N。

为了清楚起见，将上述的加密和解密过程用表 8-7 表示。

表 8-7 RSA 加密和解密过程

发送方计算机				接收方计算机		
明文		P^3	密文	E^7	解密	
符号	数值		P^3 mod 33		E^7 mod 33	符号
S	19	6859	28	13492928512	19	S
U	21	9261	21	1801088541	21	U
Z	26	17576	20	1280000000	26	Z
A	1	1	1	1	1	A
N	14	2744	5	78125	14	N

3. RSA 算法的安全性

RSA 算法的加密过程要求 n 和 k，解密过程要求 n 和 k'。n 和 k 以及算法都是公开的。在已知 n 和 k 的情况下是否能很容易或很快求出 k'，是衡量 RSA 算法安全性的关键因素。

在已知 n 和 k 的情况下求 k' 的关键是对 n 的因式分解，找出 n 的两个素数 p 和 q。而对于 n 的位数足够大，例如 200 位的情况，这是很困难的或者是相当费时的。因此，要保证 RSA 算法的安全，就必须选择大的 n，也就意味着密钥的长度要足够长。

密钥长度越大，安全性也就越高，但相应的计算速度也就越慢。由于高速计算机的出现，以前认为已经很具安全性的 512 bit 密钥长度已经不再满足人们的需要。1997 年，RSA 组织公布当时密钥长度的标准是个人使用 768 bit 密钥，公司使用 1024 bit 密钥，而一些非常重要的机构使用 2048 bit 密钥。

8.2.5　数据加密技术的应用

综合应用数据加密技术产生了数字签名、数字摘要（Digital Digest）、数字时间戳（Digital Time-Stamp，DTS）、数字信封和数字证书等多种应用。下面仅对数字签名、数字摘要和数字时间戳进行简单介绍。

1. 数字签名

数字签名与传统方式的签名具有同样的功效，可以进行身份的认证以及当事人的不可抵赖性。数字签名采用公开密钥加密技术，是公开密钥加密技术应用的一个实例。

数字签名使用两对公开密钥的加密/解密的密钥，将它们分别表示为(k,k')和(j,j')。其中 k 和 j 是公开的加密密钥，k' 和 j' 是只有一方知道的解密密钥，k'是发送方的私钥，j'是接收方的私钥。

密钥对具有以下的性质：

$$E_k(D_{k'}(P))= D_{k'}(E_k(P))=P$$

以及

$$E_j(D_{j'}(P))= D_{j'}(E_j(P))=P$$

式中的 P 为明文。从上述公式可以看出，对明文先加密、再解密，仍然得到明文；同样，对明文先解密、再加密，也得到明文。

图 8-9 所示说明了利用两对加密/解密密钥进行数字签名的过程。

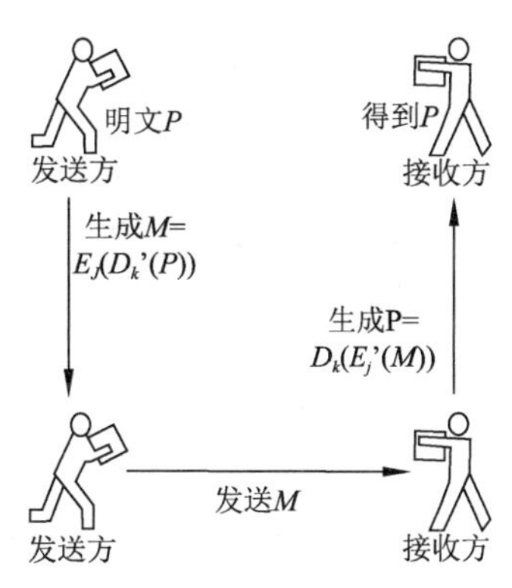

图 8-9　利用两对密钥数字签名的过程

数据签名的具体步骤如下：

① 发送方将明文 P 先用发送方的私钥解密，再用与接收方私钥相对应的公钥加密，生成 M，将 M 发送给接收方。

② 接收方接收到 M 后，先用接收方的私钥对 M 解密，得到 $D_{k'}(P)$，再用与发送方的私钥相对应的公钥加密，得到明文 P。

③ 接收方将 $D_{k'}(P)$与 P 同时保存。

④ 如果发送方对曾经发送过 P 抵赖或者认为接收方保存的 P'（为了与发送方原始发送的 P 区别，暂且标为 P'）被修改过，可以请第三方公证。

⑤ 可将 $D_{k'}(P)$用与其相对应的公钥加密得到原始的 P，与接收方保存的 P'对照，如果相同说

明未被修改。同时，因为 $D_{k'}(P)$是用只有发送方知道的私钥进行的解密，因此发送方不可抵赖。

2．数字摘要

在实际应用中，有些信息并不需要加密，但需要数字签名。上述介绍的数字签名的方法需要对传输的整个信息文档进行两次加密/解密，这就需要占用较多的时间，并且混淆了提供安全和鉴别之间的区别。可以使用数字摘要的方法，将整个信息文档与唯一的、固定长度（28 bit）的值（数字摘要）相对应，只要对数字摘要进行加密就可以达到身份认证和不可抵赖的作用。

数字摘要一般通过使用散列函数（Hash 函数）获得。

（1）散列函数满足的条件

单向散列函数应具备下列条件：

① 若 P 是任意长度的信息或文档，H 就是将文档与唯一的固定长度相对应的函数，写成数学形式为：$H(P)=V$（数字摘要）。

② 由 V 不能发现或得出 P。

③ 对于不同的 P 不能得出相同的 V，对于同一个 P 只能得出唯一的 V，就如同人的指纹。

（2）采用散列函数的数字签名

采用散列函数的数字签名过程如下：

① 发送方将发送文档 P 通过散列函数，求出数字摘要，$V=H(P)$。

② 发送方用自己的私钥对数字摘要加密，产生数字签名 $E_{k'}(V)$。

③ 发送方将明文 P 和数字签名 $E_{k'}(V)$同时发送给接收方。

④ 接收方用公钥对数字签名解密，同时对接收到的明文 P 用散列函数 H 产生另一个摘要。

⑤ 将解密后的摘要与用散列函数产生的另一个摘要相互比较，若一致说明 P 在传输过程中未被修改。

⑥ 接收方保存明文 P 和数字签名。

⑦ 如果发送方否认所发送的 P 或怀疑 P 被修改过，可以用数字签名的方法认证及不可抵赖。

图 8-10 说明了采用散列函数的数字签名过程。

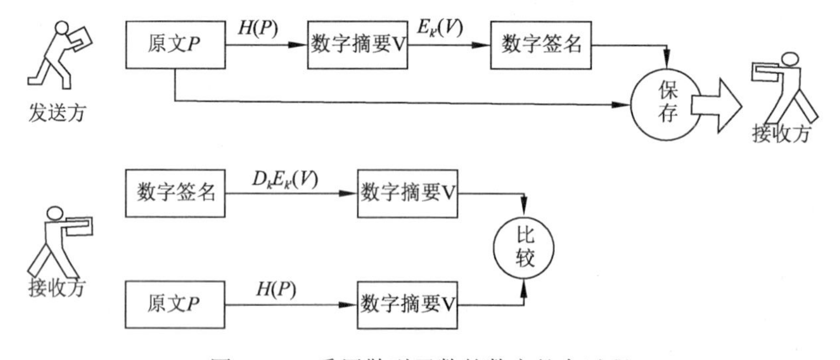

图 8-10　采用散列函数的数字签名过程

数字签名能够鉴别电子信息是否被修改、或冒用他人名义发送信息，能够防止发出（或收到）信息后又加以否认等情况发生。

3．数字时间戳

在实际应用中，某些情况下时间同样是十分重要的信息。数字时间戳 DTS 能提供电子文件发表时间的安全保护。

数字时间戳是一种网上安全服务项目，由专门的机构提供。实际上，时间戳是一个经加密后形成的凭证文档，它包括 3 个部分：

① 需加时间戳的文件的摘要。

② DTS 收到文件的日期和时间。

③ DTS 的数字签名。

时间戳产生的过程为：用户首先将需要加时间戳的文件用散列函数加密形成数字摘要；然后将数字摘要发送到 DTS 认证单位；该认证单位在收到的数字摘要文档中加入收到数字摘要的日期和时间信息，再对该文档加密（数字签名）；最后送回用户。

注意：书面签署文件的时间是由签署人自己写上的，而数字时间戳则不同，它是由 DTS 认证单位来加的，以该认证单位收到文件的时间为依据。

8.3　因特网的安全协议

网络安全技术运用在因特网中，体现在网络层、传输层和应用层都有相应的网络安全协议。下面分别介绍这些协议的要点。

8.3.1　网络层安全协议

网络层中最主要的安全协议是 IP 安全（IP Security，IPSec）协议簇。

1. IPSec 协议簇

由于所有支持 TCP/IP 协议的主机进行通信时，都要经过 IP 层的处理，所以提供了 IP 层的安全性就相当于为整个网络提供了安全通信的基础。IPSec 并不是一个单一协议，而是能够在 IP 层提供因特网通信安全的协议簇。IPSec 并没有限定用户必须使用何种特定的加密和鉴别算法。实际上，IPSec 就是一个框架，它允许通信双方选择合适的算法和参数。

IPSec 在很多 RFC 文档中已给出了详细的描述。在这些文档中，最重要的就是描述 IP 安全体系结构的 RFC4301 和提供 IPSec 协议簇概述的 RFC6071。

IPSec 主要功能为加密和认证，为了进行加密和认证，IPSec 还需要有密钥的管理和交换功能，以便为加密和认证提供所需要的密钥及对密钥的使用进行管理。以上工作分别由鉴别首部（Authentication Header，AH）、封装安全载荷（Encapsulation Security Payload，ESP）和因特网密钥交换（Internet Key Exchange，IKE）3 个协议规定。下面介绍这 3 个主要协议。

AH 协议可对整个 IP 数据报（包括 IP 首部与数据负载）提供身份验证、完整性与抗重播保护。但是它不提供保密性，即它不对数据进行加密。数据可以读取，但是禁止修改。AH 协议使用加密哈希算法签名数据报以求得完整性。

ESP 协议通过加密需要保护的数据以及在 ESP 的数据部分放置这些加密的数据，来提供机密性和完整性。ESP 加密采用的是对称密码算法，能够提供无连接的数据完整性验证、数据来源验证和抗重放攻击服务。ESP 协议在使用过程中可以根据用户安全要求，既可加密一个传输层的段（如 TCP、UDP、ICMP、IGMP），也可加密整个 IP 数据报。

AH 协议提供源点鉴别和数据完整性，但不能保密。而 ESP 协议比 AH 协议复杂得多，它提供源点鉴别、数据完整性和保密。IPSec 支持 IPv4 和 IPv6。使用 ESP 或 AH 协议的 IP 数据报称为

IP 安全数据报（或 IPSec 数据报），可以在两台主机之间、两个路由器之间或一台主机和一个路由器之间发送。

IP 安全数据报有以下两种不同的工作模式：

① 运输模式（Transport Mode）。运输模式对 IP 数据报的地址部分不处理，仅对数据净载荷进行加密。

② 隧道模式（Tunnel Mode）。隧道模式对整个 IP 数据报进行加密，使用一个新的 IPSec 数据报封装。

无论使用哪种方式，最后得出的 IP 安全数据报的 IP 首部都是不加密的。只有使用不加密的 IP 首部，因特网中的各个路由器才能识别 IP 首部中的有关信息，把 IP 安全数据报在不安全的因特网中进行转发。这里所谓"安全数据报"是指数据报的数据部分是经过加密的，并能够被鉴别的。

IPSec 兼容设备在 OSI/RM 的第 3 层提供加密、验证、授权和管理，对用户来说是透明的，用户使用时与平常没有任何区别。密钥交换、核对数字签名及加密等操作都在后台自动进行。

IKE 是 IPSec 的信令协议。到目前为止，该协议依然存在安全缺陷。IKE 解决了在不安全的网络环境中安全地建立或更新共享密钥的问题。IKE 是通用协议，不仅可为 IPSec 协商安全关联，而且可以为 SNMPv3、RIPv2、OSPFv2 等要求保密的协议协商安全参数。

2. 安全关联

在发送 IP 安全数据报之前，通信的两个实体之间必须创建一条网络层的逻辑连接，即安全关联（Security Association，SA）。安全关联是从源端到目的端的单向连接，并提供安全服务。如要进行双向安全通信，则两个方向都需要建立安全关联，即一个用于入站通信，另一个用于出站通信。建立安全关联 SA 的路由器或主机，必须维护这条 SA 的状态信息，该状态信息由 3 个元素组成：安全参数索引（Security Parameter Index，SPI）、IP 地址和安全协议，其状态信息项目如下：

① 一个 32 位的连接标识符，即安全参数索引 SPI。

② 安全关联 SA 的源端和目的端的 IP 地址。

③ 所使用的加密类型（如 DES 或 AES）。

④ 加密密钥。

⑤ 完整性检查的类型，例如使用报文摘要 MD5 或 SHA-1 的报文鉴别码（Message Authentication Code，MAC）。

⑥ 鉴别使用的密钥。

其中，③～⑥归属于安全协议元素。

3. IP 安全数据报的格式

IP 安全数据报也分为运输模式和隧道模式两种格式，与其工作模式相匹配。

（1）AH 封装的 IP 安全数据报格式

图 8-11 是 AH 封装的 IP 安全数据报格式。

AH 首部中的字段含义如下：

① 下一个首部：8 比特，表示认证头部之后的下一个负载。

② 载荷长度：8 比特，AH 的长度减 2，4 字节为计数单位。对于 IPv6，头部总长度必须为 8 字节的倍数。

③ 保留：16 比特，预留将来使用。必须置 0，接收时忽略。

④ 安全参数索引 SPI：32 比特，用于给报文接收端识别 SA。

⑤ 序列号：32 比特，每发送一个报文，计数加 1。例如，每发一个 SA 报文序列号增加 1。

⑥ 验证数据（变长）：可变长度，长度必须为 32 比特的整数倍，用于封装验证。

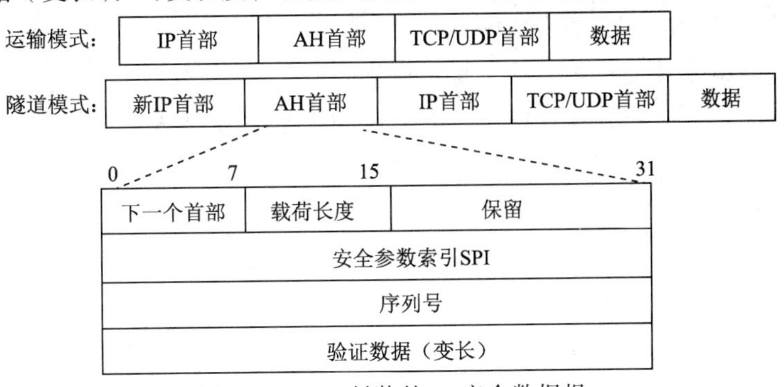

图 8-11　AH 封装的 IP 安全数据报

（2）ESP 封装的 IP 安全数据报格式

图 8-12 是 ESP 封装及 IP 安全数据报格式。其中，ESP 首部中的安全参数索引 SPI 和序列号字段同 AH 封装，其他的字段含义如下：

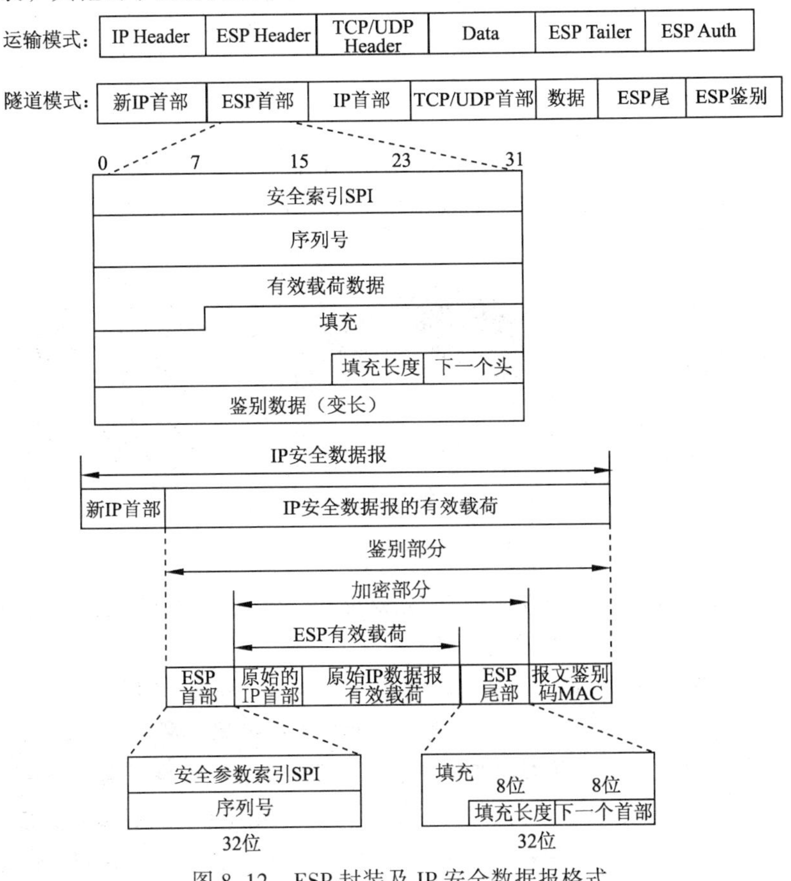

图 8-12　ESP 封装及 IP 安全数据报格式

① 有效载荷数据：变长，有效的载荷数据。

② 填充：0~255 字节，填充字段。

③ 填充长度：8 比特，表示填充字段的长度。

④ 下一个头：8 比特，下一个负载的首部。

⑤ 鉴别数据（变长）：用于验证数据。

（3）AH 和 ESP 组合封装的 IP 安全数据报格式

图 8-13 是 AH 和 ESP 协议组合使用时的 IPSec 安全数据报格式，各字段含义与图 8-11 和图 8-12 相同。

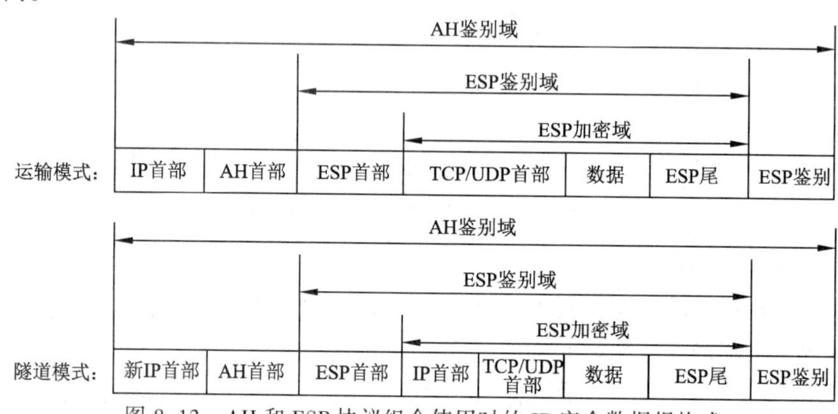

图 8-13 AH 和 ESP 协议组合使用时的 IP 安全数据报格式

4. IPSec 的工作原理

下面以 ESP 协议封装格式，采用隧道方式传输数据报为例，介绍 IPSec 的工作原理。假设两个公司 A、B 中的两台主机 a1 和 b1 之间传输 IPSec 数据报，如图 8-14 所示。

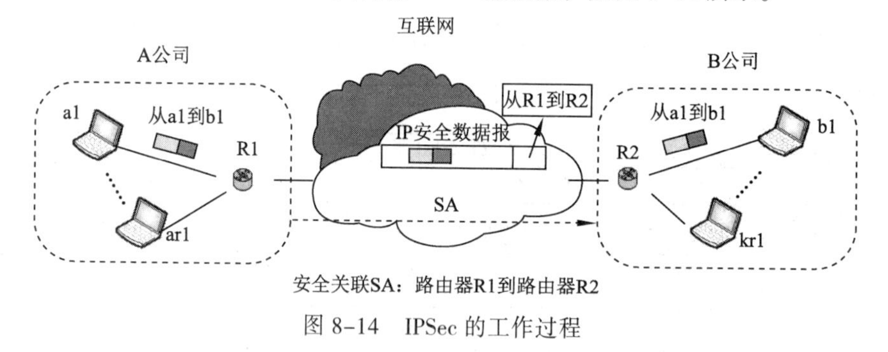

图 8-14 IPSec 的工作过程

当 b1 的路由器 R2 收到 IP 安全数据报后，先检查首部中的目的地址。发现目的地址就是 R2，于是路由器 R2 就继续处理这个 IP 安全数据报。

路由器 R2 找到 IP 首部的协议字段值，就把 IP 首部后面的所有字段都用 ESP 协议进行处理。先检查 ESP 首部中的安全参数索引 SPI，以确定收到的数据报属于哪一个安全关联 SA。路由器 R2 接着计算报文鉴别码 MAC，看是否和 ESP 尾部后面添加的报文鉴别码 MAC 相符。如果是，即知收到的数据报的确是来自路由器 R1。再检验 ESP 首部中的序号，以证实有无被入侵者重放。接着要用这个安全关联 SA 对应的加密算法和密钥，对已加密的部分进行解密。再根据 ESP 尾部中的填充长度，去除发送端填充的所有 0，还原出加密前的 ESP 有效载荷，也就是 A 公司中的主机 a1 发送的原始 IP 数据报。

根据解密后得到的 ESP 尾部中“下一个首部”的值，把 ESP 的有效载荷交给 IP 来处理。当找到原始的 IP 首部中的目的地址是公司 A 的 IP 地址时，就把整个的 IP 数据报传送给公司 B 的主机 b1。整个 IP 数据报的传送过程至此结束。

8.3.2　传输层安全协议

传输层的安全协议，现在广泛使用的有安全套接字层（Secure Socket Layer，SSL）和传输层安全（Transport Layer Security，TLS）两个协议。

SSL 协议是 Netscape 公司在 1994 年开发的安全协议，用以保证在因特网上数据传输的安全，利用数据加密技术，可确保数据在网络传输过程中不会被截获及监听，最新版本为 3.0。该协议广泛应用于基于万维网的各种网络应用（但不限于万维网应用）。SSL 协议位于 TCP/IP 协议与各种应用层协议之间，在 TCP 之上建立起一个安全通道，为数据通信提供安全保障。

TLS 协议用于两个应用程序之间提供保密性和数据完整性。最新版本 TLS 1.0 是 IETF 制定的一种新的协议，它建立在 SSL 3.0 协议规范之上，是 SSL 3.0 的后续版本。两者差距极小，可以理解为 SSL 3.1。

现在很多浏览器都已使用了 SSL 和 TLS。例如，在 IE 11.0、360 浏览器中都有相关的选项与设置。以 360 浏览器为例，打开“工具”菜单，选择“Internet 选项”项目，弹出“Internet 选项”对话框，再选择“高级”，在“安全”选项卡中就可以看见“使用 SSL 3.0”“使用 TLS 1.0”“使用 TLS 1.1”“使用 TLS 1.2”选项，如图 8-15 所示。

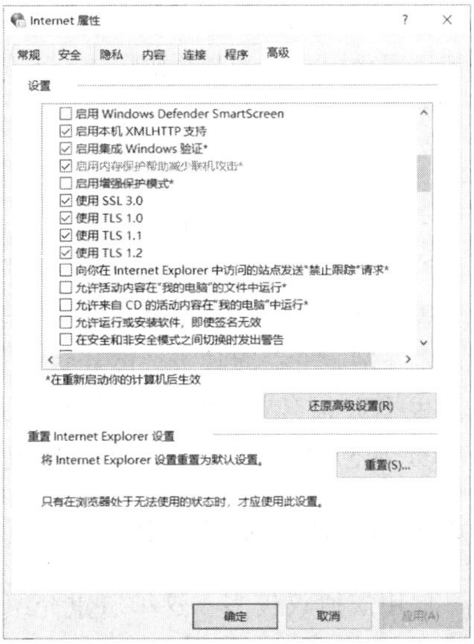

图 8-15　在 360 浏览器中使用 SSL 和 TLS

由于 SSL 和 TLS 逐渐趋同，所以下面只介绍 SSL 协议。

1. SSL 协议的工作流程

SSL 协议的工作流程包括服务器认证和用户认证两个阶段。

（1）服务器认证阶段

① 客户端向服务器发送一个开始信息 Hello 以便开始一个新的会话连接。

② 服务器根据客户端的信息确定是否需要生成新的主密钥，如需要则服务器在响应客户端的 Hello 信息时将包含生成主密钥所需的信息。

③ 客户端根据收到的服务器响应信息，产生一个主密钥，并用服务器的公开密钥加密后传给服务器。

④ 服务器回复该主密钥，并返回给客户端一个用主密钥认证的信息，以此让客户端认证服务器。

（2）用户认证阶段

在此之前，服务器已经通过了客户端认证，这一阶段主要完成对客户端的认证。经认证的服务器发送一个提问给客户端，客户端则返回（数字）签名后的提问和其公开密钥，从而向服务器提供认证。

SSL 协议提供的安全通道有以下 3 个特性：

- 机密性。SSL 协议使用密钥加密通信数据。
- 可靠性。服务器和客户端都会被认证，客户端的认证是可选的。
- 完整性。SSL 协议会对传送的数据进行完整性检查。

2. SSL 协议的应用

在未使用 SSL 时，应用层的应用程序数据是通过 TCP 套接字与传输层进行交互的。应用层使用 SSL 最多的就是 HTTP，但 SSL 并非仅用于 HTTP，而是可用于任何应用层的协议。例如，SSL 也可用于 IMAP 邮件存取的鉴别和数据加密。当使用普通不加密的浏览器浏览网页时，HTTP 就直接使用 TCP 连接，这时 SSL 不起作用。但使用信用卡进行网上支付，要输入信用卡密码时，就需要使用安全的浏览器。这时，应用程序 HTTP 就调用 SSL 对整个网页进行加密。网页上就提示用户，同时网址栏显示 http 的地方变成了 https。在 http 后面加上 s 代表 security，表明现在使用的是提供安全服务的 HTTP 协议（TCP 的 HTTPS 端口号是 443，而不是平时使用的端口号 80）。这时在发送方，SSL 从 SSL 套接字接收应用层的数据（如 HTTP 或 IMAP 报文），对数据进行加密，然后把加密的数据送往 TCP 套接字；在接收方，SSL 从 TCP 套接字读取数据，解密后，通过 SSL 套接字把数据交给应用层。

SSL 提供的安全服务可归纳为以下 3 种：

① SSL 服务器鉴别，允许用户证实服务器身份。支持 SSL 的客户端通过验证来自服务器的证书，来鉴别服务器的真实身份并获得服务器的公钥。

② SSL 客户端鉴别，SSL 的可选安全服务，允许服务器证实客户端的身份。

③ 加密的 SSL 会话，对客户端和服务器间发送的所有报文进行加密，并检测报文是否被篡改。

8.3.3 应用层安全协议

应用层协议较多，这里着重介绍有关电子邮件的安全协议——优良保密协议（Pretty Good Privacy，PGP）。

电子邮件在网络上传输的过程中要经过路由器等多个中间设备，其中任何一台中间设备都有可能对转发的邮件进行阅读。电子邮件也有其特殊的地方，这就是发送电子邮件是个即时的行为，没有会话存在。也就是说，当 A 向 B 发送一个电子邮件时，A 和 B 并不会为此建立任何会话。如果 B 读取了该邮件，其有可能会也有可能不会回复这个邮件，因此电子邮件涉及的安全问题是单向报文的安全问题。

那么，如何保证电子邮件在传输过程中的安全性呢？这就需要发送方和接收方使用加密算法，而电子邮件的安全协议就应当为每种加密操作定义相应的算法，以便用户在其系统中使用。

PGP 是一个完整的电子邮件安全软件包，包括加密、鉴别、电子签名和压缩等技术。PGP 是 1990 年由菲利普·季墨曼（Philip R. Zimmermann）个人编写的密码软件，现在依然在世界上被广泛使用。PGP 可以在 Windows、Mac OS X、Linux 等很多平台上运行，版本包括商用版和免费版。

PGP 的工作原理并不复杂，实际操作由 5 种服务组成：鉴别、机密性、电子邮件的兼容性、压缩、分段和重装。假定发送方 A 向接收方 B 发送电子邮件明文 X，现在用 PGP 加密。A 有 3 个密钥：自己的私钥、B 的公钥和自己生成的一次性密钥。B 有两个密钥：自己的私钥和 A 的公钥。

1．鉴别

鉴别的具体实现步骤如下：

① A 创建报文。

② A 使用 SHA-1 生成报文的 160 bit 散列代码。

③ A 使用自己的私钥，采用 RSA 算法对散列代码进行加密，串接在报文的前面。

④ B 使用 A 的公钥，采用 RSA 解密和恢复散列代码。

⑤ B 为报文生成新的散列代码，并与被解密的散列代码相比较。若两者匹配，则报文作为已鉴别的报文而接收。

2．机密性

在 PGP 中，每个常规密钥只使用一次，即对每个报文生成新的 128 bit 的随机数。为了保护密钥，使用接收者的公钥对其进行加密。

① A 生成报文和用作该报文会话密钥的 128 bit 随机数。

② A 采用 CAST-128 加密算法（也可以是 IDEA 或 3DES），使用会话密钥对报文进行加密。

③ A 采用 RSA 算法，使用 B 的公钥对会话密钥进行加密，并附加到报文前面。

④ B 采用 RSA 算法，使用自己的私钥解密和恢复会话密钥。

⑤ B 使用会话密钥解密报文。

除了使用 RSA 算法加密外，PGP 还提供 DiffieHellman 的变体 EIGamal 算法。

在 PGP 中，发件方和收件方是如何获得对方的公钥呢？PGP 可以通过认证中心（Certificate Authority，CA）签发的证书来验证公钥持有者的合法身份。在 PGP 中不要求使用 CA，而允许用一种第三方签署的方式来解决问题。例如，如果用户 A 和用户 B 和第三方 C 已经确认对方拥有的公钥属实，则 C 可以用其私钥分别对 A 和 B 的公钥进行签名，为这两个公钥进行担保。当 A 得到一个经 C 签名的 B 的公钥时，可以用已确认的 C 的公钥对 B 的公钥进行鉴别。不过，用户发布其公钥的最常见的方式还是把公钥发布在他们的个人网页上，或仅仅通过电子邮件进行分发。

3．电子邮件的兼容性

当使用 PGP 时，至少传输报文的一部分需要加密，因此部分或全部的结构报文由任意 8 bit 字节流组成。但是由于很多的电子邮件系统只允许使用 ASCII 正文组成的块，所以 PGP 提供了 radix-64 转换方案，将原始二进制流转化为可打印的 ASCII 字符。

4．压缩

PGP 在加密前进行预压缩处理，PGP 内使用 PKZIP 算法压缩加密前的明文。这样，压缩后的明文再进行 radix-64 编码后可能比原明文更短，节省了网络传输代价，并且经过压缩相当于一次变换，对明文攻击的抵御力更强。

5．分段和重装

电子邮件设置受限于最大报文长度，分段是在所有其他处理完成后才进行的，因此会话密钥部分和签名部分只在第一个报文段的开始位置出现。在接收端，PGP 剥掉所在电子邮件首部，并重新组装。

8.4 防火墙

随着因特网的广泛应用以及企业内部网的发展，防火墙（Firewall）成为人们讨论的热门话题。虽然网络安全可以在网络模型的多个层次上实现（如物理层、数据链路层、网络层、传输层、应用层），但防火墙技术以其独特的魅力在实现网络安全方面独占鳌头。

8.4.1 防火墙的概念

防火墙是加强因特网与内联网（Intranet）或内联网与外联网（Extranet）之间安全防范的一个或一组系统。具体来说是指设置在不同网络（如可信任的企业内部网和不可信的公共网）或网络安全域之间的一系列部件的组合。它可通过监测、限制、更改跨越防火墙的数据流，尽可能地对外部屏蔽网络内部的信息、结构和运行状况，以此来实现网络的安全保护。

在逻辑上，防火墙是一个分离器，一个限制器，也是一个分析器，有效地监控了它所隔离的网络之间的任何活动，保证了所保护的网络的安全。

防火墙是在两个网络之间执行控制策略的系统，可以是软件，也可以是硬件，或两者的结合。

1. 防火墙的特征

防火墙能够使所有从内到外和从外到内的数据包都经过防火墙，只有被安全政策允许的数据包才能够通过防火墙，防火墙本身具有预防入侵的功能。除此之外，防火墙还具有以下特征：

① 广泛的服务支持。通过将动态的、应用层的过滤能力和认证相结合，可支持对 WWW 浏览器、Web 服务器、FTP 服务器等的服务。

② 对私有数据的加密支持。

③ 客户端认证只允许指定的用户访问内部网络或选择服务。

④ 反欺骗。欺骗是从外部获取网络访问权的常用手段，它使数据包好像来自网络内部。防火墙能监视这样的数据包并能丢弃它们。

⑤ C/S 模式和跨平台支持。能使运行在一个平台的管理模块控制运行在另一个平台的监视模块。

2. 防火墙的功能

防火墙具有以下功能：

① 过滤掉不安全服务和非法用户。

② 控制对特殊站点的访问。

③ 提供监视因特网安全和预警的方便端点。

3. 防火墙的局限性

虽然防火墙具有多种防范功能用以提高网络的安全性，但由于因特网的开放性，防火墙也有一些防范不到的地方，不可能保证网络的绝对安全。

① 防火墙不能防范不经由防火墙的攻击。例如，如果允许从受保护网内部不受限制的向外拨号，一些用户可以形成与因特网的直接连接，从而绕过防火墙，造成一个潜在的后门攻击渠道。

② 防火墙不能防止感染了病毒的软件或文件的传输。这个问题只能通过安装反病毒软件来解决。

③ 防火墙不能防止数据驱动式攻击。当有些表面看来无害的数据被邮寄或复制到因特网主机上并被执行而发起攻击时，就会发生数据驱动攻击。

因此，防火墙只是整体安全防范策略的一部分。

4. 防火墙安全控制模型

根据防火墙作用的不同，可将防火墙的安全控制模型分为以下两种：

① 禁止没有被列为允许的访问。在防火墙看来，允许访问的站点是安全的，开放这些服务并封锁没有被列入的服务。这种模型安全性较高，但较保守，即提供的能穿越防火墙的服务数量和类型均受到很大限制。

② 允许没有被列为禁止的访问。在防火墙看来，只有被列为禁止的站点才是不安全的。其他站点均可以安全地访问。这种模型比较灵活，但风险较大，特别是网络规模扩大时，监控比较困难。

5. 防火墙的分类

从不同的角度对防火墙可以有不同的分类，按照防火墙技术可根据防范的方式和侧重点的不同分为包过滤、应用级网关和代理服务等几种类型；按照防火墙的体系结构可分为屏蔽路由器、双穴主机网关、被屏蔽主机网关和被屏蔽子网等，并可以有不同的组合。

8.4.2 防火墙技术

实现防火墙的技术大体上分为两类：一类作用于数据链路层或网络层之上，保护整个网络不受非法用户侵入，这类防火墙可以通过包过滤技术实现；另一类防火墙作用于应用层之上，控制对应用程序的访问。

视频 8-2　防火墙技术

1. 包过滤技术

作用于数据链路层或网络层之上的防火墙技术又称电路层网关或报文过滤网关，通过包过滤技术实现。电路层网关与报文过滤网关实现原理类似，下面以报文过滤网关为例说明其工作原理。

报文过滤器通常放在路由器上，对用户具有透明性，它通常只对 IP 数据报的源地址、目的地址及端口进行检查。报文过滤器收到报文后，先扫描报文头，检查报文头中的报文类型（TCP/UDP 报文）、源 IP 地址、源端口号、目的 IP 地址、目的端口号等，再将规则库中的规则与该报文头比较，从而决定是否转发该报文，即将不符合预先设定标准的报文拒绝在网络之外。

图 8-16 是瑞星个人防火墙规则库的部分列表。

瑞星个人防火墙规则设置

操作(O)　规则(R)　帮助(H)　瑞星个人防火墙 V1.2.5 版

规则描述：

瑞星公司经过多年的技术跟踪，对网络攻击手段和黑客木马程序进行了大量深入的分析，在此基础上，总结出一套行之有效的个人信息安全保护策略，能够防范绝大多数种类的黑客程序的攻击，同时根据用户的网络使用习惯，制定了这套智能判断系统。

序号	规则	方向	协议	操作
1	缺省的HTTP入站	接收	TCP	允许
2	缺省的HTTP出站	发送	TCP	允许
3	缺省的Telnet入站	接收	TCP	允许
4	缺省的Telnet出站	发送	TCP	允许
5	缺省的POP3入站	接收	TCP	允许
6	缺省的POP3出站	发送	TCP	允许
7	缺省的ICMP入站	接收	ICMP	禁止
8	缺省的ICMP出站	发送	ICMP	允许
9	缺省的DNS入站	接收	UDP	允许
10	缺省的DNS出站	发送	UDP	允许
11	缺省的FTP入站	接收	TCP	允许
12	缺省的FTP出站	发送	TCP	允许
13	缺省的Bootp入站	接收	UDP	允许
14	缺省的Bootp出站	发送	UDP	允许
15	缺省的NETBIOS Name Service入站	接收	UDP	允许
16	缺省的NETBIOS Datagram Service入站	接收	UDP	允许
17	缺省的NETBIOS出站	发送	TCP或UDP	允许
18	缺省的NETBIOS Datagram Service	接收	TCP或UDP	允许
19	缺省的HTTPS入站	接收	TCP	允许
20	缺省的HTTPS出站	发送	TCP	允许
21	缺省的Internet Explorer Web Folders入站	接收	TCP	允许
22	缺省的Internet Explorer Web Folders入站	接收	UDP	允许
23	缺省的Block Back Orifice 2000 Trojan	接收	TCP或UDP	禁止
24	缺省的Block NetBus Trojan	接收	TCP或UDP	禁止
25	缺省的GirlFriend Trojan	接收	TCP或UDP	禁止
26	缺省的DeepThroat Trojan	接收	TCP或UDP	禁止

北京瑞星科技股份有限公司

图 8-16　瑞星个人防火墙规则库的部分列表

下面是规则库中的一部分访问控制规则：

① 允许网络 223.1.0.0 使用 FTP（21 口）访问主机 250.0.0.1。

② 允许 IP 地址为 202.103.1.18 和 202.103.1.14 的用户 Telnet（23 号端口）登录到主机 250.0.0.2 上。

③ 允许任何地址的 E-mail（25 号端口）进入主机 250.0.0.3。

④ 允许任何 WWW 数据（80 号端口）通过。

⑤ 不允许其他数据包进入。

报文过滤器不要求应用程序做任何改动，也不要求用户学习任何新知识。对小型的、不太复杂的站点过滤比较容易实现。但对复杂的站点，规则库会变得很大，以至规则库结构出现漏洞的可能性增加。防火墙作为一个单一的部件来保护系统，如果出现故障，网络大门将会对所有人敞开，而管理员却有可能不知道。

电路层网关与报文过滤网关同样具有上述不足，但增加了安全性和灵活性。

2. 应用层网关

作用于应用层的防火墙技术称为应用层网关，应用层网关控制对应用程序的访问。应用层网关运行一个接收连接的程序，需要进行密码确认、身份验证等。与报文过滤网关不同的是，应用层网关对用户不透明。

应用层网关有 3 种基本类型：双穴主机网关、屏蔽主机网关和屏蔽子网网关。它们的共同点是，用一台主机来充当应用程序转发者、通信登记者及服务提供者的代理服务角色，该主机通常称为堡垒主机。下面对这 3 种应用层网关分别进行介绍。

（1）双穴主机网关

双穴主机网关是用一台装有两块网卡的主机（即双穴主机或堡垒主机）做防火墙。两块网卡各自与受保护网和外部网相连。堡垒主机上运行着防火墙软件，可以转发应用程序、提供服务等。双穴主机网关结构如图 8-17 所示。

双穴主机网关易于安装，硬件设备简单，能够保护网络与外界完全隔离，并且提供日志功能，有助于发现入侵；但是，一旦堡垒主机系统特权被泄露，安全系数被恶意修改或者堡垒主机瘫痪，则防火墙即被破坏。

（2）屏蔽主机网关

屏蔽主机网关结构如图 8-18 所示。堡垒主机置于内部网中，在内外部网间增加路由器，堡垒主机上运行防火墙软件，路由器使用包过滤技术，只允许外部网络访问内部网络中的堡垒主机。这样，内外部网络的连接需要经过路由器和堡垒主机两道屏障，增加了网络的安全性。对于屏蔽主机网关，堡垒主机上只有一块网络接口卡。

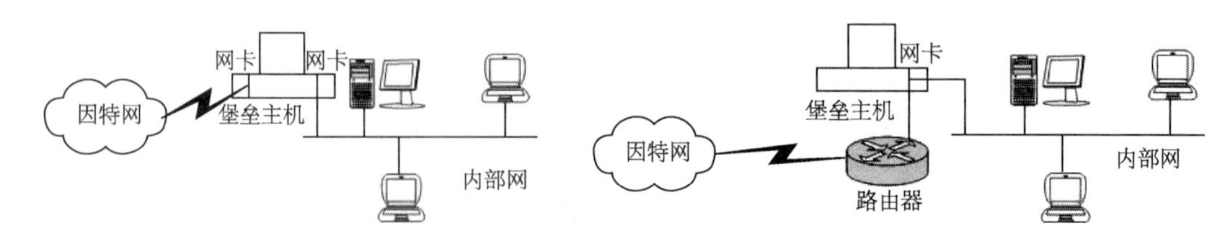

图 8-17 双穴主机网关结构　　图 8-18 屏蔽主机网关结构

屏蔽主机网关增加了防火墙的灵活性。如果堡垒主机出现故障，防火墙软件可以暂时运行于路由器之上，等堡垒主机恢复正常后继续运行，提高了系统的可靠性，但维护难度增大。

（3）屏蔽子网网关

屏蔽子网网关结构如图 8-19 所示。屏蔽子网网关在屏蔽主机网关的基础上，又增加了一个内部路由器，并且堡垒主机也不止一个，形成了一个独立的小型堡垒主机子网。对这个子网的访问受路由器中屏蔽规则的保护，子网中的堡垒主机是唯一能被内外部网络访问到的系统。与屏蔽主机网关相比，屏蔽子网网关增加了路径选择，提高了网络的可靠性及安全性，是一种比较好的大型网络保护方案。

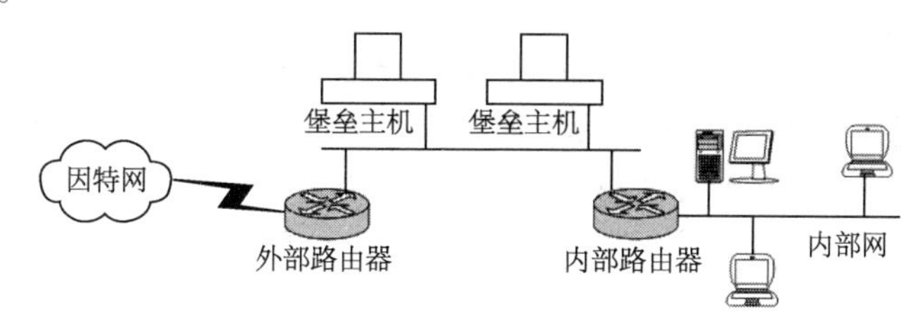

图 8-19　屏蔽子网网关结构

上面介绍的几种防火墙技术，安全级别越来越高，成本造价也越来越大。在实际构造防火墙时，需要考虑已有的网络技术、投资资金代价、网络安全级别等各种因素，确定符合实际情况的防火墙方案。

3．防火墙的组合形式

架设防火墙时，一般很少采用单一的技术，通常是多种解决不同问题的技术的组合。这种组合主要取决于网管中心向用户提供什么样的服务，以及网管中心能接受什么等级风险。采用哪种技术主要取决于经费，投资的大小或技术人员的技术、时间等因素。一般有以下几种形式：

① 使用多堡垒主机。

② 合并内部路由器与外部路由器。

③ 合并堡垒主机与外部路由器。

④ 合并堡垒主机与内部路由器。

⑤ 使用多台内部路由器。

⑥ 使用多台外部路由器。

⑦ 使用多个周边网络。

⑧ 使用双穴主机与屏蔽子网。

4．代理服务

代理服务是将所有跨越防火墙的网络通信链路分为两段，外部计算机的网络链路只能到达代理，与内部计算机的网络链路的所有通信都通过代理完成。代理服务也对通信的数据包进行分析、注册登记、形成报告，当发现被攻击迹象时向网络管理员发出警报，并保存被攻击痕迹。应用层代理数据控制及传输过程如图 8-20 所示。

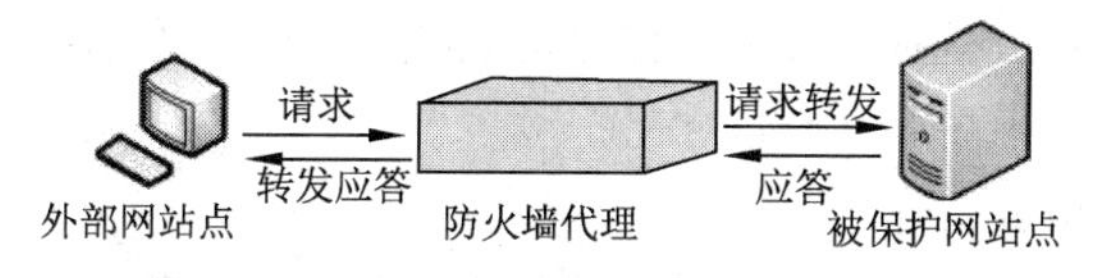

图 8-20　应用层代理数据控制及传输过程

8.5 入侵检测和入侵防御

入侵检测和入侵防御技术是继数据加密技术、防火墙等传统安全保护措施后，新一代的安全保障技术。

8.5.1 入侵检测

防火墙通常不能提供实时的入侵检测能力，为了弥补防火墙存在的缺陷，引入了入侵检测系统（Intrusion Detection System，IDS）。入侵检测系统是防火墙之后的第二道安全闸门，是对防火墙的合理补充。入侵检测系统通过对网络的监测，帮助系统应对网络攻击，扩展系统管理员的安全管理能力，包括安全审计、监视、进攻识别和响应。提供对内部攻击、外部攻击和误操作的实时保护。

1. 入侵检测系统的作用

入侵检测系统是进行入侵检测的软件与硬件的组合，对系统资源的非授权使用能够做出及时的判断、记录和报警。入侵检测是一种增强系统安全的有效方法，能检测出系统中违背系统安全性规则或者威胁到系统安全的活动。

入侵检测系统可以被定义为对计算机和网络资源的恶意使用行为进行识别和相应处理的系统。其具体作用为以下几方面：

① 发现受保护系统中的入侵行为或异常行为。

② 检验安全保护系统的有效性。

③ 分析受保护系统所面临的威胁。

④ 阻止安全事件扩大，可以及时报警并触发网络安全应急响应。

⑤ 可以为网络安全策略指导提供依据。

⑥ 报警信息可作为网络犯罪取证。

2. 入侵检测系统的组成

入侵检测系统分为 4 个组件。在此将入侵检测系统中的数据统称为事件。

① 事件产生器：从整个计算环境中获得事件，并向系统的其他部分提供事件。

② 事件分析器：分析得到的数据，并产生分析结果。

③ 响应单元：是对分析结果做出反应的功能单元，其可以做出切断连接、改变文件属性等反应，也可以只是简单的报警。

④ 事件数据库：是存放各种中间和最终数据的地方的统称，其可以是复杂的数据库，也可以是简单的文本文件。

3. 入侵检测系统的分类

按照检测对象可以分为基于主机的入侵检测系统（Host-based Intrusion Detection System，HIDS）、网络入侵检测系统（Network Intrusion Detection System，NIDS）和混合型入侵检测系统（Hybrid Intrusion Detection System，Hybrid IDS）。

（1）基于主机的入侵检测系统

HIDS 分析的数据是计算机操作系统的事件日志、应用程序的事件日志、系统调用、端口调用和安全审计记录。HIDS 保护的一般是所在的主机系统，是由代理来实现的。代理是运行在目标主机上的小的可执行程序，它们与命令控制台通信。

（2）网络入侵检测系统

NIDS 分析的数据是网络上的数据包，担负着保护整个网段的任务。NIDS 由遍及网络的传感器组成，传感器是一台将以太网卡置于混杂模式的计算机，用于嗅探网络上的数据包。

（3）混合型入侵检测系统

NIDS 和 HIDS 都有不足之处，会造成防御体系的不全面。综合了 NIDS 和 HIDS 的混合型入侵检测系统既可以发现网络中的攻击信息，也可以从系统日志中发现异常情况。

4. 入侵检测技术

入侵检测技术主要有异常检测技术和误用检测技术。

（1）异常检测技术

异常检测技术是先定义一组系统“正常”情况的数值，如 CPU 利用率、内存利用率、文件检验和等。这类数据可以人为定义，也可以通过观察系统并用统计的办法得出。然后，将系统运行时的数值与所定义的“正常”情况比较，得出是否有被攻击的迹象。这种检测方式依赖于模型的建立，不同模型可构成不同的检测方法。

① 基于统计的异常检测方法：利用数学统计理论技术，通过构建系统正常行为的特征轮廓来检测入侵。其中统计的特征数据包括系统的登录与注销时间、资源被占用的时间以及设备使用时间等。统计的抽样周期可以是几分钟、几个月甚至更长。通过对收集的数据进行统计处理，并与正常行为的统计特征轮廓比对来判断和处理。许多入侵检测系统都采用这种统计模型。

② 基于模式预测的异常检测方法：此方法的前提条件是，事件序列不是随机发生的，而是服从某种可辨别的模式，其特点是考虑了事件序列之间的相互联系。首先通过归纳学习建立能识别正常行为特征的规则集，并能动态地修改系统中的规则，使其具有较高的预测性、准确性和可信度；然后将观测到的事件序列与规则集中的事件序列比较，如果发现偏离则表明出现异常。这种检测方法的优点是能较好地处理变化多样的用户行为，容易发现针对检测系统的攻击。

③ 基于文本分类的异常检测方法：将程序的系统调用视为某个文档中的“字”，进程运行所产生的系统调用集合就产生一个“文档”。对于每个进程所产生的“文档”，利用文档分类算法分析文档的相似性，发现异常的系统调用。

④ 基于贝叶斯推理的异常检测方法：在任意时刻，测量一系列变量值，推理判断系统是否发生入侵行为。其中的每一个变量值都表示系统某一方面的特征。计算出每个异常变量的异常可靠性和敏感性，再根据各种异常测量的值、入侵的先验概率、入侵发生时每种测量得到的异常概率，就能判断出系统入侵的概率。

（2）误用检测技术

误用检测技术是检测与已知的不可接受行为之间的匹配程度，是一种基于标识的检测技术，需要定义违背安全策略的事件的特征。检测主要判别这类特征是否在所收集到的数据中出现，此方法非常类似杀毒软件。误用入侵检测系统中常用的检测方法有：

① 模式匹配法：通过把收集到的信息与网络入侵和系统误用模式数据库中的已知信息进行比较，从而对违背安全策略的行为进行发现。模式匹配法可以显著地减少系统负担，有较高的检测率和准确率。

② 专家系统法：把安全专家的知识制作成规则知识库，再用推理算法检测入侵。主要是针

对有特征的入侵行为。

③ 基于状态转移分析的检测法：将攻击看成一个连续的、分步骤的并且各个步骤之间有一定关联的过程。在网络中发生入侵时及时阻断入侵行为，防止可能还会进一步发生的类似攻击行为。

5. 入侵检测的实现步骤

入侵检测分为信息收集、信息分析和结果处理 3 个实现步骤。

（1）信息收集

信息收集的内容包括系统、网络、数据及用户活动的状态和行为。由放置在不同网段的传感器或不同主机的代理来收集信息，包括系统和网络日志文件、网络流量、非正常的目录和文件改变、非正常的程序执行。

（2）信息分析

收集到的有关系统、网络、数据及用户活动的状态和行为等信息，被送到检测引擎。检测引擎驻留在传感器中，一般通过 3 种技术手段进行分析：模式匹配、统计分析和完整性分析。当检测到某误用模式时，产生一个告警并发送给控制台。

（3）结果处理

控制台按照告警产生预先定义的响应采取相应措施，可以是重新配置路由器或防火墙、终止进程、切断连接、改变文件属性，也可以只是简单的告警。

6. 入侵检测系统的部署

入侵检测系统是一个监听设备，没有跨接在任何链路上，无须网络流量流经便可以工作。因此，对 IDS 的部署，唯一的要求是：IDS 应当挂接在所有所关注流量都必须流经的链路上。在此，“所关注流量”是指来自高危网络区域的访问流量和需要进行统计、监视的网络报文。在如今的网络拓扑中，绝大部分网络区域都已经全面升级到交换式的网络结构。因此，IDS 在交换式网络中的位置一般选择在尽可能靠近攻击源或者尽可能靠近受保护资源的位置。这些位置通常是服务器区域的交换机上、Internet 接入路由器之后的第一台交换机上以及重点保护网段的局域网交换机上。

7. 入侵检测系统的局限性

入侵检测系统虽然弥补了防火墙的不足，但仍存在一些缺陷：

① 现有的入侵检测系统检测速度远小于网络传输速度，导致误报和漏报。

② 入侵检测产品和其他网络安全产品结合问题，即其间的信息交换，共同协作发现并阻击攻击等。

③ 基于网络的入侵检测系统对加密的数据流及交换网络下的数据流不能进行检测，并且其本身易受攻击。

④ 入侵检测系统体系结构问题。

8.5.2 入侵防御

入侵防御系统（Intrusion Prevention System，IPS）是防病毒软件和防火墙的补充，能够监视网络或网络设备的网络资源传输行为，能够即时地中断、调整或隔离一些不正常或是具有伤害性的网络资源传输行为。入侵防御系统一般部署于防火墙和外网设备之间，依靠对数据包的检测进行防御。

1. 入侵防御系统的作用

入侵防御系统不仅可以进行入侵防护，还有助于流量和应用管理。

（1）入侵防护

实时主动拦截黑客攻击、蠕虫、网络病毒、后门木马、拒绝服务（Denial of Service，DoS）等恶意流量，使受保护的系统和网络架构免遭侵害，防止操作系统和应用程序损坏或死机。

（2）流量管理

阻断一切非授权用户流量，管理合法网络资源的利用，有效保证关键应用畅通无阻。

（3）应用管理

全面检测和管理即时通信、在线视频等网络行为，协助系统和网络架构辨识和限制非授权网络流量，以便更好地执行安全策略。

2. 入侵防御系统的分类

按照检测对象可以分为基于主机的入侵防御系统（Host-based Intrusion Prevention System，HIPS）、网络入侵防御系统（Network Intrusion Prevention System，NIPS）和应用入侵防护系统（Application Intrusion Prevention System，AIPS）。

（1）基于主机的入侵防御系统

HIPS 能够监控系统中运行的文件，以及文件运用了哪些其他文件和文件对注册表的修改，并报告请求允许的软件信息。HIPS 是系统安全发展的趋势，但是 HIPS 并不能成为防火墙，最多只能称为系统防火墙，它不能阻止网络上其他计算机对系统的攻击行为，只起到对系统的防御作用。

（2）网络入侵防御系统

NIPS 作为网络之间或网络组成部分之间的独立的硬件设备，切断通信，对过往数据包进行深层检查，然后确定是否放行。NIPS 借助于病毒特征和协议异常，阻止有害代码传播，同时能够跟踪和标记对可疑代码的回答，然后查看是谁在使用这些回答并请求连接，从而确认入侵事件。

（3）应用入侵防护系统

AIPS 是把 HIPS 扩展成为位于应用服务器之前的网络设备。AIPS 被设计成一种高性能的设备，配置在应用数据的网络链路上，以确保用户遵守设定好的安全策略，保护服务器的安全。

AIPS 是用来保护特定应用服务（如 Web 和数据库等应用）的网络设备，通常部署在应用服务器之前，通过 AIPS 系统安全策略的控制来防止基于应用协议漏洞和设计缺陷的恶意攻击。

3. 入侵防御技术

入侵防御系统一般采用特殊应用集成电路 ASIC、现场可编程逻辑门阵列（Field Programmable Gate Array，FPGA）或网络处理器（Network Processor，NP）等硬件设计实现网络数据流的捕获，实现引擎综合特征检测、异常检测、DoS 检测、缓冲区数据包分析处理等，能高效、准确地检测和预防已知、未知的攻击以及 DoS 攻击。

入侵防御系统采用嵌入式的运行方式，只有以嵌入式模式运行的 IPS 设备才能够实现实时的安全防护，实时阻拦可疑的数据包。同时，入侵防御系统具有深入分析和控制能力，以便于确定哪些恶意流量已经被拦截，根据策略和攻击类型等来确定哪些流量应该被拦截。在入侵防御系统中，高质量的入侵特征库是 IPS 高效运行的必要条件，同时，还应该定期升级入侵特征库，并快速应用。高效处理能力也是 IPS 必须具备的，这样对整个网络性能的影响保持在最低水平。

入侵防御技术主要包括以下几个方面：

① 异常侦查。入侵防御系统知道正常数据以及数据之间关系的特征，采用特征比对的方式可以识别异常。

② 在遇到动态代码（ActiveX、JavaApplet、各种指令语言 Script Languages 等）时，先把它们放在沙盘内，观察其行为动向，如果发现有可疑情况，则停止传输，禁止执行。

③ 有些入侵防御系统结合协议异常、传输异常和特征侦查，对通过网关或防火墙进入网路内部的有害代码实行有效阻止。

④ 核心基础上的防护机制。用户程序通过系统指令享用资源 （如存储区、输入/输出设备、中央处理器等）。入侵防御系统可以截获有害的系统请求。

⑤ 对 Library、Registry、重要文件和重要的文件夹进行防守和保护。

IPS 与 IDS 都是基于模式匹配、协议分析以及异常流量统计等技术。这些检测技术的特点是主要针对已知的攻击类型，进行基于攻击特征串的匹配。但对于应用层的攻击，通常是利用特定的应用程序的漏洞，无论是 IDS 还是 IPS 都无法通过现有的检测技术进行防范。

4. 入侵防御系统的部署

HIPS 监视的是单个主机，通常运行在需要保护的主机之上。它会自动读取主机上的日志，并进行异常检测。基于主机的入侵防御系统的缺点是：它可能需要部署到网络中的所有主机上，如果网络中有众多的主机，那么开销比较大。

NIPS 可以部署在路由器、防火墙上。路由器是大多数网络流量的必经之路，特别是通往外部网络的路由器可以直接连接到因特网，这使得路由器成为网络安全设计中的安全要塞。在此部署，可以构筑一道外部威胁的防线。防火墙可以用来检测网络外部的入侵并阻止它们进入网络，但是不能监视内部网络的活动，如果有些攻击行为是由内部网络发起的，那么防火墙将无所察觉。因此，在防火墙上部署入侵防御系统也能够为网络提供安全防御，同时也为防火墙提供了额外的保护功能。

AIPS 是基于应用的入侵防御系统，这种部署方式是直接部署在物理服务器或虚拟服务器的应用服务器上，或者在应用服务器接入网络之前。在这种部署下，该系统需要有两个接口，分别用于传入和传出网络流量的检测。

小　结

计算机网络的安全问题越来越引起人们的关注。本章从计算机网络的安全体系入手，按照安全体系的结构模型，在计算机网络的不同层次应用不同的安全技术和措施。物理层主要涉及安全、可靠的物理连接；数据链路层应用链路级的加密技术；网络层因为要进行路径的选择，安全问题更加复杂，主要应用的是 IP 安全和防火墙技术；传输层的主要功能是要保证端到端的可靠数据传输，故其安全性更加重要，主要是通过数据加密技术实现。由于计算机网络的应用范围的不断增加，在应用层的安全更复杂、安全措施要求更多，主要技术有数字签名、数字时间戳、认证和应用层防火墙网关等。

数据加密技术经历了较悠久的发展历程，从传统的加密技术到对数字信息的加密，加密密钥的长度越来越长、加密方法越来越复杂。读者应通过本章的学习，了解基本的加密方法和原理。

防火墙、入侵检测系统和入侵防御系统都属于计算机网络安全的防护技术，可以说它们是网络安全的屏障。

计算机网络的安全问题是目前一个需要重点研究的问题。

习　　题

1. 计算机网络面临哪些安全威胁？
2. 对计算机网络安全有哪些攻击方式？
3. 什么是计算机网络的安全体系结构？
4. 计算机网络的不同层次应该采用哪些安全技术？
5. 什么是数据加密标准 DES？
6. 假设截获到如下加密信息：20 5 21 3 49 4 49 3 4 15 ，已知加密密钥为 K=7，并且它是由 n=55 确定的，解密该信息。（假定 A~Z 的编码为 1~26，空格的编码为 27）
7. 对称加密算法与非对称加密算法的最大区别是什么？
8. 什么是数字签名？
9. 怎样可以防止抵赖和鉴别文档是否被修改？
10. 防火墙有哪些功能？防火墙是如何分类的？
11. 什么是入侵检测系统？它的作用是什么？
12. 入侵检测技术分为哪几类？分别如何实现？
13. 什么是入侵防御系统？如何部署入侵防御系统？

第9章 多媒体网络

随着 Web 2.0 和视频技术的发展，网络视频应用成了人们生活中的一部分。人们不仅是因特网视频的消费者，还可以是视频的生产者。人们不仅可以通过因特网打“电话”，还可以以视频和多方会议的形式来强化通话体验，与此同时，人们对于视觉享受上的要求也在不断提高。多媒体网络应用就是指这些包含音视频数据的网络应用，其对于网络时延具有很高的敏感性，但却对网络丢包具有一定的容忍度。如何在当前“尽力而为”的网络服务模型上部署这些音视频服务，如何结合客户端缓存和自适应带宽等手段来缓解延迟和抖动带来的不良影响，为音视频应用提供良好的服务质量 QoS 是本章研究的重要课题。

9.1 多媒体网络概述

随着新一代信息技术的不断突破和应用，网络视听多媒体行业取得前所未有的快速发展。多媒体网络已经成为当今 Internet 中最为激动人心的发展之一。当前，网络视频已经成为仅次于即时通信应用的中国第二大因特网应用。特别是随着 5G 时代的到来，网络视听多媒体行业将迎来历史性、突破性的发展机遇。

9.1.1 多媒体网络的定义

据思科公司预计，未来各种形式的 IP 视频流量将占据到 IP 整体流量的 80%～90%，这些 IP 视频流量主要包括因特网视频、IP VOD（Video On Demand）、视频文件共享交换、视频流游戏以及视频会议等。随着视频流量的增长，因特网流量正从相对稳定的流量（P2P 流量的特点）演变为更加动态的流量模式。同时，网络直播视频流量也已经占到因特网视频流量的 5%左右，到 2022 年占比将达到 17%左右。然而，计算机网络最初是为传输数据而设计，提供的是“尽最大努力交付”的服务，当大量的音视频多媒体数据在因特网上传输时，多媒体应用业务对网络的性能提出了较高的要求，特别是对网络端到端的时延和抖动具有较高的敏感性，但却对偶而的数据丢包具有一定的容忍性。多媒体应用对网络性能需求的不同使得传统用于数据通信的网络架构不能很好地支持多媒体业务应用。一般来说，多媒体传输网络需要扩展现有的因特网架构，以现有的多媒体技术和网络技术为基础，提供传输包括文本、图形、声音、图像、动画以及将这些媒体结合在一起的超媒体的网络服务。本书中将这些包含音频或视频的网络应用统称为多媒体网络应用或多媒体业务。

多媒体应用传输具有两个显著的特点：

（1）多媒体应用传输的数据信息量大

随着因特网的普及，利用网络传输声音与视频信号的需求也越来越大。广播电视等媒体上网后，都希望通过因特网来发布自己的音视频节目。存储这些音视频文件所需存储容量一般都十分庞大，文件自身所包含的数据信息量也非常大。例如，高清因特网视频应用传输的数据量很大，往往需要达到 3 Mbit/s 的传输速率才能够保证音视频播放不出现“卡顿”现象。

（2）多媒体应用传输对网络性能要求高

传统的网络传输音视频等多媒体信息的方式是完全下载后再播放，下载常常要花数分钟甚至数小时。本章所指的多媒体网络应用更多的是指网络在线流媒体技术，其数据传输对网络的时延和时延抖动要求高。在线流媒体业务一边传输数据一边播放音视频，在数据源一端的数据分组发送到网络的时间间隔是恒定等速率的，但由于因特网中的 IP 分组是独立传输，在到达客户端时的分组速率就变成了非恒定速率，这样用户播放音视频时就会不流畅，失真较大。

9.1.2　多媒体网络的特征

多媒体网络是可以综合、集成地运行多种媒体音视频数据的计算机网络，网络上的任意节点都可共享运行于其中的多媒体信息，可对多媒体数据进行获取、存储、处理、传输等操作。多媒体网络系统本质上是一种计算机网络系统，可以是局域网，也可以是广域网。多媒体网络技术关注的内容包括多媒体网络的传输机制、网络模型、通信协议和网络结构等。

多媒体网络应同时具备如下几个基本特征：

（1）集成性

多媒体网络节点应能同时处理两种以上的多种表示媒体,并且应能同时显示两种以上的多种显示媒体，对这些媒体的处理和传输是集成、综合地以一体化方式进行的。

（2）交互性

交互性包括两个层面，即多媒体网络节点与网络系统的交互通信，以及用户与多媒体网络节点或系统的交互性。多媒体网络通信应是双向及多点的，用户能灵活地控制和操纵通信的全过程。

（3）同步性

各多媒体网络节点应能同步地显示图、文、声、视信息，把它们构成一个完整的信息提供给用户。多媒体数据的音频、视频等媒体都是具有很强的时间相关性（即对时间敏感，Time -sensitive）的连续媒体，只有表现统一对象的不同媒体在时间上同步才能自然、有效地表达关于对象的完整信息。

（4）实时性

实时性即信息的传输不能有延迟。用户在多媒体网络中交换的信息主要涉及人的感觉，如听觉、视觉，具有很强的时间相关性和连续性，这要求信息能及时地获取、传输和显示，如用户利用视频会议系统进行交谈，就要求能实时地听到对方的语音（Voice）和看到对方的影像（Video），不能有太长延迟，否则对话很难进行。因为目前网络的传输速率受到限制，多媒体网络通信的数据量又非常庞大，所以实时性的要求很难满足，但一般要求多媒体网络至少应具备即时性。

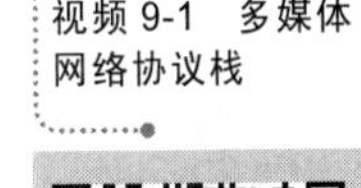

9.1.3　多媒体网络协议栈

为了在因特网中提供实时交互式的音视频服务，需要研发支持实时多媒体通信传输为目标的新型网络体系结构。

图 9-1 所示为多媒体网络协议栈。该协议体系中，多媒体通信协议聚焦于应用层协议，主要包括 3 种应用层协议。第一种协议与信令相关，如 H.323 和会话发起协议（Session Initiation Protocol，SIP）等；第二种协议是直接传送音频和视频数据的协议，如 RTP；第三种协议是为了提高多媒体通信网络的服务质量 QoS，如资源预留协议（Resource Reservation Protocol，RSVP）和实时传输控制协议 RTCP。

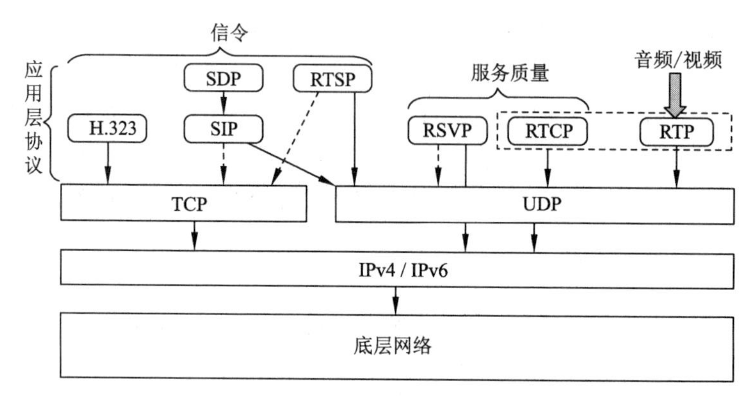

图 9-1　多媒体网络协议栈

下面简要介绍多媒体通信协议栈中各协议的功能及协议之间的关系。

（1）H.323

H.323 是 ITU-T 提出的建议标准，由一组协议构成。其中有负责音频与视频信号的编码、解码和包装的信念，有负责呼叫信令收发和控制的信令，还有负责能力交换的信令。H.323 协议簇的应用目标是在基于 IP 的网络环境中，实现可靠的面向音视频和数据的实时应用。

（2）SIP

会话发起协议 SIP 是一个应用层的信令控制协议，用于创建、修改和释放一个或多个参与者的会话。这些会话可以是 Internet 多媒体会议、IP 电话或多媒体分发。SIP 的重要特点是简单，它不定义会话类型，只定义如何管理会话，这使得 SIP 非常灵活，可以用于众多应用和服务中。会话类型是由和 SIP 协作的会话描述协议（Session Description Protocol，SDP）来完成。

（3）SDP

会话描述协议 SDP 是一个用来描述多媒体会话的应用层控制协议，为会话通知、会话邀请和其他形式的多媒体会话初始化等目的提供了多媒体会话描述。SDP 完全是一种会话描述格式，它不属于传输协议，在流媒体中只用来描述媒体信息。SDP 一般不单独使用，当与 SIP 配合使用时会放到 SIP 协议的正文中。

（4）RTP

实时传输协议 RTP 是 IETF 提出的一个标准，对应的 RFC 文档为 RFC3550。RTP 协议是一种基于 UDP 的传输协议，用来为 IP 网上的语音、图像、传真等多种需要实时传输的多媒体数据提供端到端的实时传输服务。RTP 本身并不能为按顺序传送数据包提供可靠的传送机制，也不提供流量控制或拥塞控制，而是依靠 RTCP 协议来提供 QoS。

（5）RTCP

实时传输控制协议 RTCP 的主要功能是 QoS 的监视与反馈、媒体间的同步，以及多播组中成员的标识。在 RTP 会话期间，各参与者周期性地传送 RTCP 报文。RTCP 报文中含有已发送的数据包的数量、丢失的数据包的数量等统计资料，因此，各参与者可以利用这些信息动态地改变传输速率，甚至改变有效载荷类型。RTP 和 RTCP 配合使用，它们能以有效的反馈和最小的开销使传输效率最佳化，因而特别适合传送网上的实时数据。因此，RTCP 的主要功能是为用户提供对 RTP 的 QoS 保证。

（6）RTSP

实时流协议（Real-Time Streaming Protocol，RTSP）在 TCP/IP 协议体系中也是一个应用层协议，主要用来控制具有实时特性的数据发送，但它本身并不传输数据，而是必须依赖于下层传输协议（RTP）所提供的某些服务。因此 RTSP 在体系结构上位于 RTP 和 RTCP 之上，RTSP 使用 TCP 或 UDP 完成自身报文的传输。

（7）RSVP

资源预留协议 RSVP 是一种用于实现 QoS 集成服务（Integrated Service，IntServ）模型的协议。RSVP 允许主机在网络上请求特殊服务质量用于特殊应用程序数据流的传输。路由器也使用 RSVP 发送 QOS 请求给所有节点（沿着流路径），并建立和维持这种状态，以提供请求服务资源预留的目的。大多数情况下，RSVP 消息被封装在 IP 数据报中，即 RSVP 运行在 IPv4 或 IPv6 的上层，占据协议栈中传输协议的空间。但有时 RSVP 消息也被封装在 UDP 报文段中，因此在图 9-1 中将 RSVP 放置在应用协议空间。需要注意的是，尽管 RSVP 消息被封装在 IP 报文中时属于传输协议空间，但是 RSVP 并不传输应用层的数据，也不属于路由协议，它是与单播和多播路由协议同时运行并相互配合，来实现资源预留的功能。

9.1.4　多媒体网络应用的分类

目前因特网提供的多媒体音视频服务主要有 3 种类型：

1. 流式存储音视频

流式存储（Streaming Stored）音视频是把录制好的音视频文件经过压缩之后预先存储在服务器上，客户端常常以点播的方式播放音视频文件，音视频文件采用流式传输的方式在 Internet 上传输到客户端，用户一边不断地接收一边观看或收听被传输的媒体。在这个过程中，网络上传输的一系列相关的数据包称为流（Stream）。“流”是指这种媒体的传输方式，而并不是指媒体本身。流式媒体具有连续性、实时性、时序性 3 个特点。

2. 流式实况音视频

流式实况（Streaming Live）音视频与传统无线电广播和电视广播类似，只不过音视频文件是在因特网上进行广播传送的。流式实况音视频服务是一对多的通信，其突出的特点是音视频节目不是预先录制存储到服务器中，而是以实况直播的形式出现，音视频在发送方边录制边发送。考虑到网络带宽限制，在实况直播的接收方可能存在一定的延迟，接收方不能对音视频实况直播进行快进操作。由于流式实况直播音视频采用的许多技术（如缓存、自适应带宽、CDN 分发等）都和流式存储音视频实现技术相似，因此本书不再单独讨论流式实况直播音视频的实现技术。

3. 会话式 IP 语音视频

会话式语音和视频广泛地应用于当今的因特网，如 Skype、QQ、微信等应用每天都有数亿用户在线，而且当前大多数语音和视频会话式应用系统都能够允许多个用户参与音频或视频会议。在因特网上的实时会话式语音通常称为因特网电话，也常称 IP 语音（Voice-over-IP，VoIP）。会话式 IP 语音视频应用对于网络时延具有高度的敏感性，对于会话式音视频会议来说，从用户讲话或肢体移动开始到其他接收端接收到该语音或显示肢体动作之间的时延应该小于几百毫秒。另外，会话式音视频应用能够容忍偶尔的网络丢包，少量的丢包在视频回放时会出现干扰信号。会话式音视频应用的时延敏感且容忍丢包的特性是区别于传统网络应用如 FTP、E-mail 等的重要特性。

9.2 流式存储音视频

流式存储音视频是指音视频流不是实时产生的，而是预先录制的音视频文件存储在服务器上，当用户发起音视频点播服务时，可以对音视频流进行暂停、回放、快进等交互式操作。流式音视频系统可以分为 3 种类型：UDP 流、HTTP 流和自适应 HTTP 流。目前绝大多数系统应用了 HTTP 流和动态适应性 HTTP 流。

9.2.1 UDP 流

音视频服务器以 UDP 协议向客户端传输音视频，由于传输层的 UDP 协议没有提供拥塞控制机制，因此服务器能够以客户端音视频的播放速率将分组推送到网络中，而不受 TCP 协议速率控制的限制。使用 UDP 流传输音视频数据通常在客户端所需要缓存容量较小，能够容纳 1 s 视频容量即可。音视频服务器将音视频数据块传递给 UDP 协议之前，需将音视频数据块封装在专门为传输音视频而设计的协议数据单元（PDU）中，例如使用实时传输协议 RTP，然后再将封装好的音视频数据块交由传输层的 UDP 协议传送。关于 RTP 协议将在本章 9.4 节中详细讨论。除了服务器到客户端的视频流外，服务器与客户端之间还需要并行地维护一个单独的控制连接。通过该连接，客户端能够发送有关会话状态变化的命令（如视频暂停、重放、拖动等操作），如实时流协议 RTSP 就是用于这样的控制连接的常用协议。

尽管 UDP 流在某些开源或专用产品中得到了应用，但是采用 UDP 流会有以下几个缺点：

① 由于网络情况多变，在客户端的播放器很难做到始终按规定的速率播放。

② 很多单位的防火墙往往阻拦外部 UDP 报文段的进入，因而使用 UDP 传送多媒体文件时会被防火墙阻拦掉。

③ 使用 UDP 传送流式多媒体文件时，如果客户端希望能够控制媒体的播放，如进行暂停、快进等操作时，需要使用额外的协议 RTP 和 RTSP，从而增加系统实现的成本和复杂性。

下面介绍一个 UDP 流中应用 RTSP 协议的简单示例。

RTSP 是 IETF 的多方多媒体会话控制（Multiparty Multimedia Session Control，MMUSIC）工作组开发的协议，现在为因特网建议标准 RFC 2326。RTSP 协议以 C/S 方式工作，用来使用户在播放从因特网下载的实时数据时能够进行控制，如暂停/继续、后退、前进等，因此 RTSP 又称“因特网录像机遥控协议”。要实现 RTSP 的控制功能，不仅要有协议的支持，而且还要有专门的媒体播放器（Media Player）和媒体服务器（Media Server）。图 9-2 所示为 UDP 流中应用 RTSP 协议的工作过程。

视频 9-2 UDP 流中应用 RTSP 协议的工作过程

具体工作步骤如下：

① 客户端浏览器向 Web 服务器请求音频/视频文件。

② Web 服务器向浏览器发送携带有元文件的响应。

③ 客户端浏览器把收到的元文件传送给媒体播放器。

④ RTSP 客户端发送 SETUP 报文与媒体服务器的 RTSP 服务器建立连接。

⑤ RTSP 服务器发送响应 RESPONSE 报文。

⑥ RTSP 客户端发送 PLAY 报文，开始下载音频/视频文件。

⑦ RTSP 服务器发送响应 RESPONSE 报文。

⑧ 用户不想继续观看时，由 RTSP 客户端发送 TEARDOWN 报文断开连接。

⑨ RTSP 服务器发送响应 RESPONSE 报文。

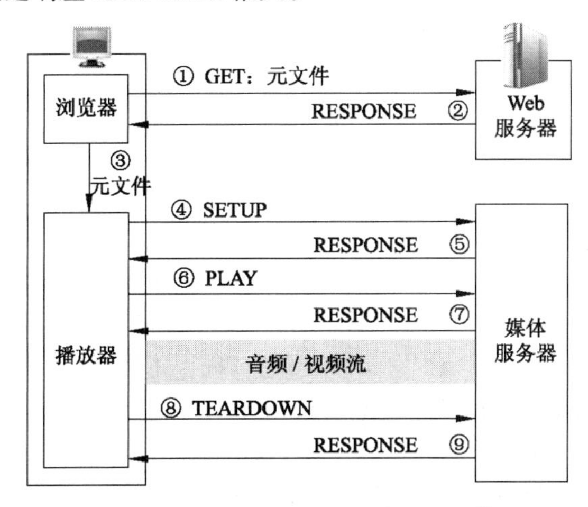

图 9-2 UDP 流中应用 RTSP 协议的工作过程

图 9-2 中标号④～⑨都是使用的 RTSP 协议，可以看出 RTSP 协议本身并不传送数据，它仅仅是一个多媒体播放控制协议。标号⑦与⑧之间的音视频下载即采用的 UDP 流。

9.2.2 HTTP 流

视频 9-3 HTTP 流传送流式音视频的过程

在 HTTP 流中，音视频文件直接存储在 HTTP 服务器上，每个音视频文件都有其特定的 URL。当用户需要观看视频时，客户端和服务器之间建立一个 TCP 连接，并且发送一个对该 URL 的 HTTP GET 请求。在 TCP 上使用 HTTP 流使得音视频数据包穿越防火墙和 NAT 更为容易，同时由于不需要媒体控制服务器，减少了在因特网上部署的成本，因此，当今大多数流式视频应用（如 YouTube 和 Netflix）都使用 HTTP 流作为底层流式协议。

图 9-3 所示为使用 HTTP 传送流式视频的过程。

使用 HTTP 传送流式视频的主要步骤如下：

① 用户使用 HTTP 获取存储在 Web 服务器中的视频文件，然后把视频数据传送到 TCP 发送缓存中。若 TCP 发送缓存已填满，就暂时停止发送。

② 从 TCP 发送缓存通过因特网向客户端机中的 TCP 接收缓存传送视频数据，直到接收缓存被填满。

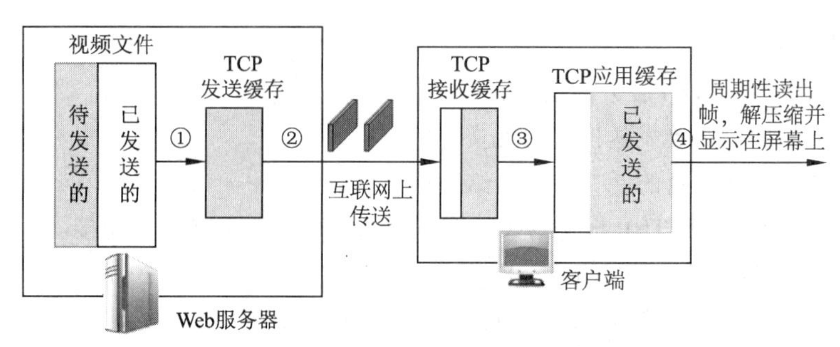

图 9-3 使用 HTTP 传送流式视频的过程

③ 从 TCP 接收缓存把视频数据再传送到 TCP 应用程序缓存（即媒体播放器的缓存）。当这个缓存中的视频数据存储到一定程度时，就开始播放。这个过程一般不超过 1 min。

④ 在播放时，媒体播放器周期性地把视频数据按帧读出。经解压缩后，把视频节目显示在用户的屏幕上。

9.2.3 DASH 流

从 YouTube 发展初期开始，HTTP 流在实践中已经得到了广泛的部署，但 HTTP 流存在一个重要的缺陷，即没有考虑到不同的客户端或同一客户端不同时间的网络可用带宽差异非常大这一影响因素。HTTP 流统一地向所有的客户端发送相同编码质量的视频，从而导致不同用户在视频观看体验上的差异。这直接催生了一种新型的基于 HTTP 流的研发，即经 HTTP 的动态适应性流（Dynamic Adaptive Streaming over HTTP，DASH）。

在 DASH 中，视频文件被划分成等长的视频块，每个视频块编码为几个不同的版本，其中每个版本具有不同的比特率，对应于不同的视频质量水平。客户端根据自身可用带宽的大小，动态地请求来自不同版本且长度为几秒的视频数据块。当客户端可用带宽量较高时，客户端会选择来自高速率版本的视频块；当可用带宽量较低时，客户端会选择来自低速率版本的视频块。客户端通过 HTTP GET 请求报文一次请求一个不同的视频块。

在使用 DASH 以后，每个视频版本存储在 HTTP 服务器中，每个版本的视频都有一个不同的 URL。HTTP 服务器保存有一个告示文件（Manifest File），为每个版本的视频提供了一个 URL 及其比特率。客户端首先请求该告示文件并且得知各种各样的视频版本，然后客户端通过 HTTP GET 请求报文中指定每个视频块的 URL 和字节范围，一次选择一个视频块。在下载视频块的同时，客户端也在测试接收带宽并运行一个速率决策算法来选择下次请求的视频块。因此，DASH 允许客户端根据自身可用带宽动态、自由地在不同的视频质量等级之间进行切换。

9.3 交互式 IP 语音

相较于 IP 语音（VoIP）和会话式视频，会话式视频除了包括参与者的视频信息和语音外，在许多方面类似于 IP 语言，因此本章重点关注 IP 语音实现的基本原理和通话质量。

9.3.1 IP 语音概述

IP 语音（VoIP）基于 IP 分组交换网络，通过对传统的模拟语音信号进行数字化、压缩、打包，封装成帧等一系列处理，使得语音业务可以通过 IP 网进行承载。广义上讲，VoIP 指在数据网络上承载数据、语音、传真和图像等多媒体业务，甚至包括即时通信 IM，而在狭义上即是指在 IP 网络上传送语音业务。人们日常所说的 IP 电话就是 VoIP 的一项典型应用。传统语音通信和 VoIP 通信的比较如表 9-1 所示。

表 9-1　传统语音通信和 VoIP 通信的比较

传统语音通信	VoIP 通信
基于电路交换	基于包交换
物理连接。通话时，通话两端独占一条物理连接线路	虚拟连接。通话时，通话两端之间可以共用一条物理连接线路
语音业务受通信规程、传输速率和编解码方式的限制	可通过控制信令实现语音增值业务
通信成本高	通信成本低

VoIP 最大的优势是能广泛地采用 Internet 和全球 IP 互连的网络环境，提供比传统电话业务更多、更好的服务。VoIP 可以在 IP 网络上便宜的传送语音、传真、视频和数据等业务，如统一消息、虚拟电话、虚拟语音/传真邮箱、查号业务、Internet 呼叫中心、Internet 呼叫管理、电视会议、电子商务、传真存储转发和各种信息的存储转发等。对于网络客户端之间的通话，客户端只需要能够接入 Internet 就可以了，因此 VoIP 的通话成本相对便宜，尤其是国际长途，而如果是从网络客户端与传统电话、手机之间的通话，则需要向固话网络运营商以及无线通信运营商支付一定的通话费用。

目前，我国 VoIP 主要的商业运作模式有两种：一是完全依赖于因特网的虚拟 VoIP，主要业务形式是语音聊天室和即时通信的语音聊天功能；二是以电信网为基础的传统 VoIP，主要业务形式是电信运营商提供的 IP 电话业务。当前 VoIP 自身存在的技术问题需要进一步解决和完善，如使用 VoIP 会给用户网络带来负担、VoIP 系统实现需要进行复杂且工作量较大的配置操作等。但是 VoIP 的先进性和发展潜力是巨大的，未来几年，企业向 IP 语音通信过渡是不可逆转的趋势。VoIP 技术将向由可听向可视、由有线向无线、由硬件向软件的方向过渡。

9.3.2　IP 语音的基本原理

对于传统语音业务，从呼叫方到接收方的所有功能全部由公共交换电话网络（Public Switched Telephone Network，PSTN）完成。IP 语音业务与之不同。图 9-4 所示为传统 VoIP 系统的基本架构。

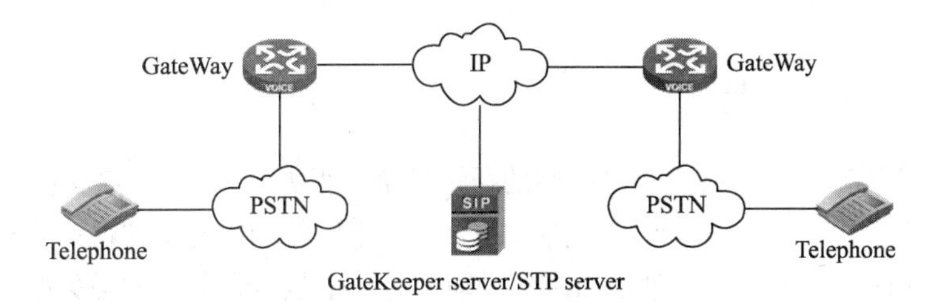

图 9-4　传统 VoIP 系统的基本架构

图 9-4 中，IP 语音网关（GateWay）提供 IP 网络和 PSTN 间的接口，用户通过 PSTN 连接到 IP 语音网关，由 IP 语音网关负责将模拟信号转换为数字信号并压缩打包，使之成为可以在 IP 网络上传输的分组语音信息，然后再经 IP 网络传送到被叫侧 IP 语音网关，由被叫端的 IP 语音网关

将分组语音数据包还原为可识别的模拟语音信号，并通过 PSTN 传送给被叫电话终端，这样就完成了一个完整的电话到电话的通信过程。在实际 VoIP 组网中，还可能需要用到网守(Gate-Keeper)和会话发起协议 SIP 的各种服务器，由它们来完成路由和访问控制等功能。

图 9-4 中各组成部分及功能描述如下：

(1) PSTN 网络和 IP 网络

公共交换电话网络 PSTN 又称传统电话网或电信网。PSTN 是一种以模拟技术为基础的电路交换网络，是一种全球语音通信电路交换网络。IP 网络即当前的 Internet 网络，是一种分组交换网络。

(2) IP 语音网关的功能

① 在电话呼叫阶段和呼叫释放阶段进行电话信令的转换。

② 在通话期间进行话音编码的转换。

(3) Gate-Keeper 服务器的功能

在进行 VoIP 的呼叫时，语音网关根据用户拨打的号码，需要去查找该电话号码的语音网关的 IP 地址，然后和对方的 IP 语音网关建立呼叫连接，所以在路由器内部需要维护一份电话号码和语音网关的 IP 地址对应的关系表，在 VoIP 网络规模比较小的时候，可以将这对应关系直接利用命令行的方式，静态地配置到路由器内部，但是当 VoIP 网络的规模增大时，因为这种对应关系可能会随时发生变动，也有可能随时增减，还继续采用静态的映射方式，在路由器内部维护这种对应关系便很困难了，所以便引入了网守 Gate-Keeper 的概念。

Gate-Keeper 服务器的主要功能是为路由器 IP 语音网关提供地址翻译、访问许可、带宽管理和路由器 IP 语音网关的管理等服务，Gate-Keeper 服务器可以在工作站或路由器上实现。

(4) SIP 服务器的功能

SIP 服务器主要包括代理服务器和重定向服务器。代理服务器主要用来接收来自主叫用户的呼叫请求，并将其转发给下一跳代理服务器，最后将呼叫请求转发给被叫用户。重定向服务器不接收呼叫，它通过响应告诉客户端下一跳代理服务器的地址，由客户端按此地址向下一跳代理服务器重新发送呼叫请求。有关 SIP 服务器的详细内容见本章 9.4 节。

图 9-5 所示为虚拟 VoIP 系统的基本架构。在进行 VoIP 语音通信之前，两个客户端之间需要同时接入因特网，之后通过一定的会话协议就可以完成 VoIP 通话。

图 9-5 虚拟 VoIP 系统的基本架构

9.3.3 IP 语音的通话质量

VoIP 电话的通话质量与电路交换电话网的通话质量有很大区别。在传统电路交换电话网中，任意两端之间的通话质量都是有保证的，但 VoIP 电话则不然。IP 电话的通话质量主要由两个因素决定：一个是通话双方端到端的时延和时延抖动，另一个是语音分组的丢失率。

1. 端到端时延及时延抖动

对于实时会话式应用(如 VoIP)，语音的接收端对于小于 150 ms 的端到端时延是察觉不到的；当时延在 150~400 ms 之间时语音接收端能够接收，但是不够理想；当时延超过 400 ms 时就会严重影响双方谈话的交互性。通常 VoIP 应用程序的接收方会忽略时延超过特定阈值(如超过 400 ms)

的任何分组。因此，VoIP 语音必须努力减少端到端的时延，当通信线路产生回声时，容许的端到端时延就会变得更小。

VoIP 语音端到端时延的主要影响因素有：

① 话音信号进行模数转换要经受时延。

② 话音比特流装配成话音分组的时延。

③ 话音分组的发送需要时间，此时间等于话音分组长度与通信线路的数据率之比。

④ 话音分组在因特网中的存储转发时延。

⑤ 话音分组在接收端缓存中暂存所引起的时延。

⑥ 话音分组还原成模拟话音信号的时延。

⑦ 话音信号在通信线路上的传播时延。

⑧ 终端设备的硬件和操作系统产生的接入时延。

在网络中传输的数据分组由于在路由器所经历的排队时延不同，可能会导致不同分组的端到端时延产生的波动，这个现象称为时延抖动。如果接收方忽略了端到端时延抖动的存在，当分组到达后就开始播放，那么在接收方的语音质量就会变得不可理解。通常在接收方可以通过为每个音视频块设置一个时间戳，采用延迟播放的策略来消除音频的时延抖动。

2. 丢包率

计算机网络中的分组在发送方超时以后，TCP 协议会采用重传机制进行处理，但是引入重传机制后无疑会增加分组端到端的时延，这对于像 VoIP 这样的会话式实时音视频应用是不可接受的。同样，当丢包发生时，由于 TCP 的拥塞控制机制，发送方的传输速率可能会调整到低于接收方的排空速率，从而导致接收方的缓存“饥饿”现象。因此，当前几乎所有的 VoIP 应用都默认运行在 UDP 协议之上，如 Skype 应用在正常情况下就使用了 UDP 传输，而在穿越 NAT 或防火墙时才会使用 TCP 传输。

分组的丢失不一定会对 VoIP 造成特别大的影响，这取决于发送方语音是如何编码和传输的，取决于接收方是如何隐藏丢包的方式，1% ~ 20%的丢包率是可以忍受的。VoIP 应用通常采用前向纠错、交织发送和差错掩盖 3 种方案从丢包中恢复。

（1）前向纠错

前向纠错的基本思想是在给初始的分组流增加冗余信息，当有分组丢失时，接收方可以通过冗余块来完全重建丢失的分组或通过冗余块补全丢失的分组。前向纠错方案引入了冗余信息，因此增加了对网络的传输带宽的占用，增加了接收方的播放时延。

（2）交织发送

作为冗余传输的替代方案，VoIP 应用可以发送交织的音频。发送方在传输之前对音频数据单元重新进行排序，发送方在发送音频时不再顺序相邻发送各个数据单元，而以一定的距离分离开来。例如，第一个发送的音频块可能包括 1、5、9 和 13 单元，第二个发送的音频块包括 2、6，10 和 14 单元等，交织发送的优点是开销低，无须额外增加流的带宽需求就能减轻丢包的影响。

（3）差错掩盖

差错掩盖方案试图为丢失的分组产生一个与初始分组类似的替代物。该方案的理论基础是音频信号呈现的短期自相似性。基于接收方恢复分组的最简单的方式就是分组重复，即用在丢失之前刚刚到达的分组的副本来替代丢失的分组，该方法计算复杂度低，效果尚可。另外一种形式是内插法，即使用在丢失之前和之后的音频之间内插一个合适的分组来隐藏丢失的分组，该方法效果比分组重复方法稍好，但是计算复杂度高。

9.4 交互式会话应用的协议

当前实时会话式多媒体应用（包括 VoIP 和视频会议）已经非常广泛，国际标准化机构 IETF 和 ITU 已经制定了有关多媒体实时会话式应用的多个标准。本节将讨论用于实时会话式应用的协议和标准，包括会话发起协议 SIP 和 RTP，这两个标准正广泛应用于工业产品中。

9.4.1 实时传输协议 RTP

实时传输协议 RTP，顾名思义是用来为实时应用提供端到端的传输，但不提供任何 QoS 的保证。

1. RTP 概述

RTP 通常运行在 UDP 之上，向多媒体应用程序提供服务，因而可以看成是传输层的一个子层。发送端在 RTP 分组中封装多媒体数据块，然后在 UDP 报文段中封装该分组，最后将 UDP 报文段交由 IP 封装。接收端从 UDP 报文段中提取出 RTP 分组，然后从 RTP 分组中提取出多媒体数据块，并将这个媒体块传递给媒体播放器来解码和播放。目前 RTP 已经成为因特网正式标准并被广泛使用。实际上，RTP 是一个协议框架，只包含了实时应用的一些共同的功能。RTP 不对多媒体数据块做任何处理，而只是向应用层提供一些附加的信息（如音视频的编码类型、序号和时间戳等信息），让应用层知道应当如何进行处理。

从应用开发者的角度来说，操作系统中的 TCP/IP 等协议所提供的是最常用的服务，而 RTP 协议的实现需要靠开发者自己完成。RTP 实现者在发送 RTP 分组时，需先将媒体数据进行 RTP 封装，而在接收到 RTP 分组时，需要从中提取媒体数据。因此从开发的角度来说，RTP 也可以看成应用层协议，这也是图 9-1 中将 RTP 放置在应用层的原因。

需要强调的是，RTP 并不提供任何机制来确保数据的及时交付，或者提供其他 QoS 保证。RTP 不能保证分组的交付或防止分组的失序交付。RTP 封装后的分组仅为端系统所见，路由器不区分携带 RTP 分组的 IP 数据报和不携带 RTP 分组的 IP 数据报。RTP 借助于 UDP 进行传输时，端口号是在 1025～65535 范围内选择一个未使用的偶数端口号，而在同一次会话中 RTCP 则使用下一个奇数端口号。RTP 和 RTCP 的默认端口号为 5004 和 5005。

2. RTP 分组格式

图 9-6 是 RTP 分组的头部格式，下边对各字段含义进行简单介绍。

图 9-6 RTP 分组的头部格式

① 版本号（V）：2 比特，用来标志使用的 RTP 版本。

② 填充位（P）：1 比特，若该位置位（为 1），则 RTP 分组的尾部就包含附加的填充字节。

③ 扩展位（X）：1 比特，若该位置位，则 RTP 分组的固定头部后面就跟有一个扩展头部。

④ 参与源数：4 比特，头部中含有的参与源标识符（Contributing Source Identifier，CSRC）的数目。

⑤ 标记位（M）：1 比特，该位置 1 表示该 RTP 分组具有特殊意义。

⑥ 有效载荷类型（Payload Type）：7 比特，标识了 RTP 载荷的类型。对于音视频流来说，该字段主要用来指示所用的音频或视频编码的类型。如果发送方在会话过程中决定改变音视频编码，发送方可以通过有效载荷类型来通知接收方这种变化。

⑦ 序列号（SN）：16 比特，发送方在每发送完一个 RTP 分组后就将该域的值增加 1，接收方可以由该域检测 RTP 分组的丢失及恢复 RTP 分组序列。序列号的初始值是随机的。

⑧ 时间戳：32 比特，记录了该包中数据第一个字节的采样时刻。在一次会话开始时，时间戳初始化成一个初始值。即使在没有信号发送时，时间戳的数值也要随时间而不断增加。时间戳是去除抖动和实现同步不可缺少的重要字段。

⑨ 同步源标识符（Synchronous Source Identifier，SSRC）：32 比特，同步源就是指 RTP 流的来源。在同一个 RTP 会话中不能有两个相同的 SSRC 值。该标识符是随机选取的。

⑩ 参与源标识符（CSRC）：共 0～15 项，每项 32 比特，用来标识来源于不同地点的 RTP 流。在多播环境中，由混合器将这些发往同一地点的 RTP 流混合成一个流，在目的站再根据 CSRC 的数值把不同的 RTP 流分开。

3. RTP 的会话过程

RTP 需要 RTCP 为其 QoS 提供保证。在 RTP 会话期间，各参与者周期性地传送 RTCP 分组。RTCP 分组中含有已发送的分组的数量、丢失的分组的数量等统计资料，因此，各参与者可以利用这些信息动态地改变传输速率，甚至改变有效载荷类型。RTP 和 RTCP 配合使用，它们能以有效的反馈和最小的开销使传输效率最佳化，因而特别适合传送网上的实时数据。

当应用程序建立一个 RTP 会话时，应用程序将确定目的传输地址。目的传输地址由一个网络地址和一对端口号组成。如前所述，两个端口号：一个给 RTP 使用，一个给 RTCP 使用。RTP 数据发向偶数的 UDP 端口，而对应的控制信号 RTCP 数据发向相邻的奇数 UDP 端口（偶数的 UDP 端口 + 1），这样就构成一个 UDP 端口对。

RTP 的发送过程如下，接收过程则相反。

① RTP 协议从上层接收流媒体信息码流（如 H.263），封装成 RTP 数据分组；RTCP 从上层接收控制信息，封装成 RTCP 控制分组。

② RTP 将 RTP 数据分组发往 UDP 端口对中的偶数端口号；RTCP 将 RTCP 控制分组发往 UDP 端口对中的奇数端口号。

9.4.2　会话发起协议 SIP

现在 VoIP 语音有两套信令标准：一套是 ITU-T 定义的 H.323 协议簇；另一套是 IETF 提出的会话发起协议 SIP。由此可见，H.323 和 SIP 分别是通信领域与因特网两大阵营推出的建议标准。H.323 企图把 IP 电话当作众所周知的传统电话，只是传输方式发生了改变，由电路交换变成了分组交换。而 SIP 协议侧重于将 IP 电话作为因特网上的一个应用，较其他应用（如 FTP、E-mail 等）增加了信令和 QoS 的要求。两者支持的业务基本相同，也都利用 RTP 作为媒体传输的协议。

由于 H.323 的出发点是以电路交换网络为基础，并且是一个相对复杂的协议簇，不便于发展基于 IP 的新业务。而 SIP 协议是以 IP 网络为基础，以简单实用为原则，因此本小节重点介绍 SIP 协议的相关知识。

1. SIP 协议概述

SIP 协议是由 IETF 制定的多媒体通信协议，它是一个基于文本的应用层控制协议，用于创建、修改和释放一个或多个参与者的会话。SIP 属于 IETF 制定的多媒体通信系统框架协议之一， SIP 协议单独不能完成多媒体呼叫，必须要与其他协议一起才能组建完整的多媒体通信系统，例如，与 RTP/RTCP、SDP 等协议配合共同完成多媒体会话过程。

（1）SIP 协议的功能

SIP 是一种源于因特网的 IP 语音会话控制协议，其具体功能如下：

① 提供在主叫者和被叫者之间经过 IP 网络创建呼叫的机制。它允许主叫者通知被叫者将要开始一个呼叫；允许参与者协商约定媒体编码；允许参与者结束呼叫。

② 提供主叫者确定被叫者当前 IP 地址的机制。因为网络用户可能会使用 DHCP 动态分配到的 IP 地址，而且可能会存在多个 IP 设备，每个设备都有不同的 IP 地址，所以用户不具有单一的、固定的 IP 地址。

③ 提供用于呼叫管理的机制，这些机制包括在呼叫期间增加新媒体流、在呼叫期间改变编码、在呼叫期间邀请新的参与者、呼叫转移和呼叫保持等。

（2）SIP 协议的特点

SIP 协议是一个开放和轻量的信令协议，具有如下特点：

① 借鉴了其他 Internet 标准和协议的设计思想，在风格上遵循因特网一贯坚持的简练、开放、兼容和可扩展等原则，并充分注意到因特网开放而复杂的网络环境下的安全问题。

② 充分考虑了对传统公共电话网的各种业务，包括对 IN 业务（Internet）和 ISDN 业务的支持。

③ 通过代理和重定向请求用户当前位置，以支持用户的移动性。

④ 独立于传输层协议，可以承载在不同的传输协议上（UDP、TCP、TLS 等），因此可以灵活方便地扩展其他附加功能。

⑤ SIP 协议独立于业务，协议不限制具体业务范畴，只描述建立/更改/终止一个会话，并不描述会话的内容，所以可以承载任何的会话内容，如语音/视频/游戏等。

SIP 协议的典型应用包括 IP 电话（VoIP）、移动游戏、即时通信、视频与协调等领域。

2. SIP 系统的逻辑构件

SIP 在网络中存在多种逻辑实体，不同实体作用互不相同。如图 9-7 所示，具体来说，一个 SIP 系统主要存在两大逻辑构件，SIP 用户代理 UA 和 SIP 服务器。不同的逻辑实体可以存在于同一个物理实体之上。

SIP 是一个 C/S 模式的协议。客户端和服务器之间的操作从第一个请求至最终响应为止的所有消息构成一个 SIP 事务。在用户代理 UA 中包括两个程序，即用户代理客户端（User Agent Client，UAC）和用户代理服务器（User Agent Server，UAS）。针对一个 SIP 事务而言，发起请求的一方称为 UAC，接收请求并产生响应的一方称为 UAS。

SIP 服务器又分为注册服务器（Register Server）、代理服务器（Proxy Server）和重定向服务器

（Redirect Server），各服务器主要功能如下：

① 注册服务器：包含域中所有用户代理位置的数据库。在 SIP 协议通信中，这些服务器会检索参与方的 IP 地址和其他相关信息，并将其发送到 SIP 协议代理服务器。

② 代理服务器：接收 SIP 协议 UA 的会话请求并查询 SIP 协议注册服务器，获取收件方 UA 的地址信息，然后将会话邀请信息直接转发给收件方 UA（如果它位于同一域中）或代理服务器（如果 UA 位于另一域中）。

③ 重定向服务器：允许 SIP 协议代理服务器将 SIP 协议会话邀请信息定向到外部域。SIP 协议重定向服务器可以与 SIP 协议注册服务器和 SIP 协议代理服务器同在一个硬件上。

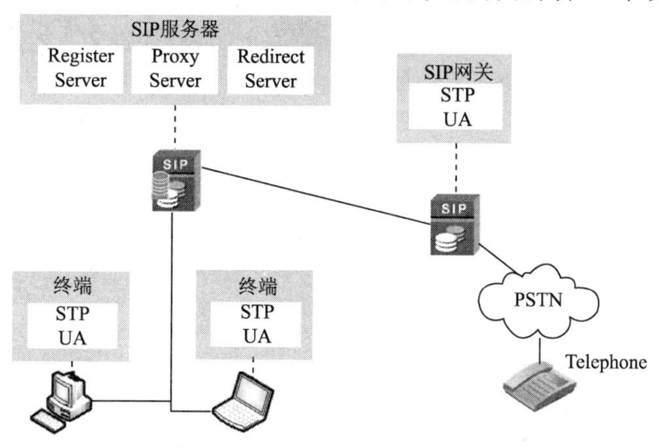

图 9-7　SIP 系统的逻辑构件

在 SIP 中还经常提到“定位服务器”的概念，但是定位服务器不属于 SIP 服务器。SIP 服务器请求定位服务的方式也不在 SIP 的讨论范围之内。

3. SIP 地址格式

为了能正确传送协议消息，SIP 还需解决两个重要的问题：一是寻址，即采用什么样的地址形式标识终端用户；二是用户定位。SIP 沿用 WWW 技术解决这两个问题。

寻址采用 SIP URL，按照 RFC2396 规定的 URI 导则定义其语法，特别是用户名字段可以是电话号码，以支持 IP 电话网关寻址，实现 IP 电话和 PSTN 的互通。

SIP URL 的一般结构为：

```
SIP: 用户名: 密码@主机: 端口;传送参数;用户参数;方法参数;生存期参数;服务器地址参数
```

下面给出若干 SIP URL 的示例：

```
Sip:55500200@191.169.1.112;
```

55500200 为用户名，191.169.1.112 为 IP 电话网关的 IP 地址。

```
Sip:55500200@ 191.169.1.112 :5061; User=phone;
```

55500200 为用户名，191.169.1.112 为主机的 IP 地址，5061 为主机端口号。用户参数为“电话”，表示用户名为电话号码。目前华为设备 SoftX3000 只支持用户名是电话号码，不支持这种形式的用户名。

```
Sip:alice@registrar.com; method=REGISTER;
```

Alice 为用户名，registrar.com 为主机域名。方法参数为“登记”。

```
Sips:1234@10.110.25.239;
```

SIPS 表示安全的 SIP URI，传输层使用的是基于安全的 TLS 协议。

4．SIP 会话过程

SIP 的会话共有 3 个阶段：建立会话、通信和终止会话。图 9-8 是一个简单的 SIP 会话过程。图中会话建立阶段和终止会话阶段都是使用 SIP 协议，而中间的通信阶段则使用如 RTP 这样的实时传送语音的协议。

在图 9-8 中，假设主叫方知道被叫方的 IP 地址，那么主叫方可以直接对被叫方发起呼叫。主叫方先向被叫方发出 INVITE 报文，在这个报文中含有双方的地址信息以及其他一些信息（如通话时的语音编码、端口等）。被叫方如接受呼叫，则发回 OK 响应报文，然后主叫方再发送 ACK 报文作为确认。之后双方就可以进行语音通话，通话完毕后，双方中的任何一方都可以发送 BYE 报文以终止本次会话。

5．SIP 用户定位

假设主叫方不知道被叫方的 IP 地址时，图 9-8 中的主叫方是不能直接和被叫方建立会话连接的，这里就需要用到 SIP 代理服务器和 SIP 注册服务器。SIP 系统中，每一个用户都有一个关联的 SIP 注册服务器，任何时刻 SIP 用户在终端设备上发起 SIP 应用时，该应用给 SIP 注册服务器发送注册报文，通知注册服务器该用户现在所用的 IP 地址。下面结合图 9-9 所示具体实例来说明 SIP 协议对用户进行定位和地址翻译的过程。

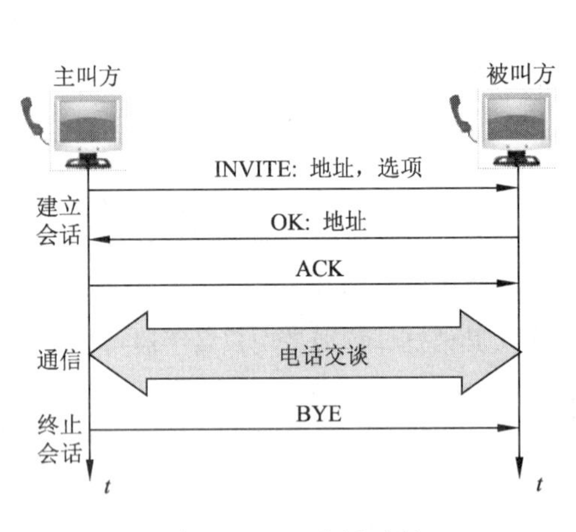

图 9-8　SIP 会话过程

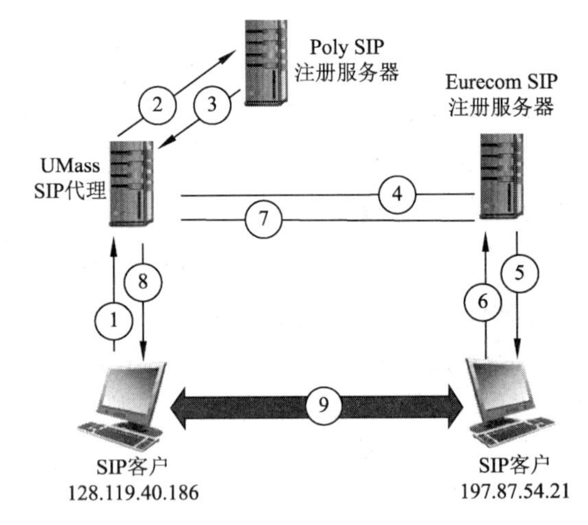

图 9-9　SIP 会话建立过程

图 9-9 中，假设 SIP 用户 jim@umass.edu 在 IP 地址为 128.119.40.186 的终端上工作，keith@poly.edu 用户工作在 IP 地址为 197.87.54.21 的终端。

现在用户 jim@umass.edu 要对用户 keith@poly.edu 发起 IP 语音会话，具体工作步骤如下：

① Jim 向 UMass 的 SIP 代理服务器发起 INVITE 报文。该 INVITE 报文中只有 Keith 的 SIP 用户地址而没有其 IP 地址。

② UMass 代理服务器需要确定 Poly.edu 域的 SIP 服务器，在此 UMass 使用 DNS 查询 Poly.edu 域的注册服务器（图中未显示），然后将该报文转发给注册服务器。

③ 如果被叫 Keith 在 Poly 域的注册服务器登记过，Poly 注册服务器会通过应答报文告知代理

服务器被叫方的 IP 地址。在此假设 keith@poly.edu 没有在 Poly 注册服务器上注册过，此时 Poly 注册服务器会发送一个重定向应答报文，告诉 UMass 代理服务器去 keith@eurecom.fr 试试。

④ UMass 代理服务器向 Eurecom 的 SIP 注册服务器（SIP 注册服务器和 SIP 代理服务器通常运行在同一台主机上）发送 INVITE 报文。

⑤ 假设此时 Eurecom 注册服务器知道 keith@poly.edu 的 IP 地址，即将 INVITE 报文转发给正在运行 Keith 用户的主机 197.87.54.21。

⑥ ~ ⑧ 通过注册/代理服务器把 SIP 响应返回给呼叫方所在主机 128.119.40.186 的 Jim 用户。

⑨ SIP 会话连接建立之后，多媒体数据直接在两个客户端之间发送。

尽管本小节有关 SIP 的讨论集中在 SIP 语音呼叫发起方面，但 SIP 通常是一个语音发起和结束呼叫的信令协议，它还能够应用于视频会议呼叫和基于文本的会话。当前 SIP 已经成为许多即时消息应用的基本组件。

9.5　网络服务质量

当前因特网的网络本身只能提供“尽最大努力交付”的服务，而多媒体网络应用要求网络必须提供一定的服务质量。为了改善多媒体应用的用户体验和性能，在提供尽力而为服务的网络基础设施上，提出诸如客户端缓存、预取、对可用带宽适应性媒体质量、延迟播放等技术和机制应用于多媒体应用，从而为用户提供端到端的多媒体交付服务。当前能够对多媒体应用提供网络层支持的 3 种服务模型，即尽力而为（Best-Effort）、集成服务（IntServ）和区分服务（Differentiated Service，DiffServ）模型。

9.5.1　Best-Effort 模型

目前，由于 Internet 带宽的不足和 TCP/IP 技术本身的局限性，制约了网络自身的发展。传统网络的最初设计目的是进行高效的数据传输。因此所使用的 TCP/IP 协议簇是一种无连接的、基于数据报的传输模式。IPv4 所提供的“尽力而为”服务，无法保证吞吐量和传送时延等 QoS 要求。TCP 使用的重传和滑动窗口机制给实时数据的传输带来难以预料的时延及抖动。因此，最迫切需要解决的问题是如何保障 Internet 的 QoS。

QoS 是服务性能的总效果，此效果决定了一个用户对服务的满意程度。因此在最简单的意义上，有 QoS 的服务就是能够满足用户的应用需求的服务。QoS 可用若干性能指标来描述，包括可用性、差错率、响应时间、吞吐量、分组丢失率、连接建立时间、故障检测和改正时间等。

所谓 Best-Effort 模型就是不提供任何 QoS 保证的模型，它是一个单一的服务模型。对 Best-Effort 服务，网络尽最大的可能性来发送报文，但对时延、可靠性等性能不提供任何保证，因此它也是最简单的服务模型。Best-Effort 服务模型适用于对时延、丢包率等性能要求不高的业务，是现在 Internet 的默认服务模型，它适用于绝大多数网络应用，如 FTP、E-mail 等。

9.5.2　IntServ 模型

集成服务 IntServ 模型是指用户在发送报文前，需要通过信令向网络描述自己的流量参数，申请特定的 QoS 服务。网络根据流量参数，预留资源以承诺满足该请求。在收到确认信息，确定网络已经为这个应用程序的报文预留了资源后，应用程序才开始发送报文。应用程序发送的报文应该控制在流量参数描述的范围内。网络节点需要为每个流维护一个状态，并基于这个状态执行相应的 QoS 动作，来实现对应用程序的承诺。

IntServ 模型使用了 RSVP 协议作为信令标准，在一条已知路径的网络拓扑上预留带宽、优先级等资源，路径沿途的各网元必须为每个要求 QoS 保证的数据流预留想要的资源，通过 RSVP 信息的预留，各网元可以判断是否有足够的资源可以使用。只有所有的网元都给 RSVP 提供了足够的资源，“路径”方可建立。

9.5.3 DiffServ 模型

区分服务 DiffServ 模型的基本原理是将网络中的流量分成多个类，每个类享受不同的处理，尤其是网络出现拥塞时不同的类会享受不同级别的处理。同一类的业务在网络中会被聚合起来统一发送，保证相同的时延、抖动、丢包率等 QoS 指标。

与 Intserv 模型相比，DiffServ 模型不需要信令。在 DiffServ 模型中，应用程序发出报文前，不需要预先向网络提出资源申请，而是通过设置报文的 QoS 参数信息，来告知网络节点它的 QoS 需求。网络不需要为每个流维护状态，而是根据每个报文流指定的 QoS 参数信息来提供差分服务，即对报文的服务等级划分，有差别地进行流量控制和转发，提供端到端的 QoS 保证。DiffServ 模型充分考虑了 IP 网络本身灵活性、可扩展性强的特点，将复杂的 QoS 保证通过报文自身携带的信息转换为单跳行为，从而大大减少了信令的工作，是当前网络中的主流服务模型。

9.5.4 基于 DiffServ 模型的 QoS 业务

交换机、路由器、防火墙和 WLAN 等产品均支持配置基于 DiffServ 服务模型的 QoS 业务。基于 DiffServ 模型的 QoS 业务主要分为以下几大类：

1. 报文分类和标记

要实现区分服务，需要首先将数据包分为不同的类别或者设置为不同的优先级。报文分类即把数据包分为不同的类别，可以通过模块化 QoS 命令行（Modular QoS Command，MQC）配置中的流分类实现。报文标记即为数据包设置不同的优先级，可以通过优先级映射和重标记优先级实现。

2. 流量监管整形和接口限速

流量监管和流量整形可以将业务流量限制在特定的带宽内，当业务流量超过额定带宽时，超过的流量将被丢弃或缓存。其中，将超过的流量丢弃的技术称为流量监管，将超过的流量缓存的技术称为流量整形。接口限速分为基于接口的流量监管和基于接口的流量整形。

3. 拥塞管理和拥塞避免

拥塞管理在网络发生拥塞时，将报文放入队列中缓存，并采取某种调度算法安排报文的转发次序。而拥塞避免可以监督网络资源的使用情况，当发现拥塞有加剧的趋势时采取主动丢弃报文的策略，通过调整流量来解除网络的过载。

在上述基于 DiffServ 模型的 QoS 业务中，报文分类和标记是实现区分服务的前提和基础；流量监管、流量整形、接口限速、拥塞管理和拥塞避免从不同方面对网络流量及其分配的资源实施控制，是提供区分服务的具体体现。

小　结

多媒体网络应用主要包括会话式和非会话式音视频服务，其中会话式音视频服务包括视频会议和可视电话，非会话式音视频服务包括流媒体、广播、文档下载、媒体存储/播放和数字摄像机等。

本章主要描述了多媒体视频和语音区别于其他因特网应用的特点，并分别介绍了多媒体网络应用的流式存储音视频、会话式 IP 语音视频和流式实况音视频的应用特点；深入探讨了实现流式存储音视频的 UDP 流、HTTP 流和 DASH 流技术；重点研究了 VoIP 等会话式多媒体应用的工作原理及通话质量要求；重点介绍了两种最为重要的用于 VoIP 的标准化协议：RTP 和 SIP 简单介绍了当前因特网的 QoS 模型以及基于区分服务模型的 QoS 业务。

习　题

1. 多媒体网络应用分为哪 3 种类型？各有什么特点？
2. 流式多媒体系统能够分为哪 3 种类型？各有什么特点？
3. 列举 UDP 流的局限性。
4. 端到端时延和时延抖动的区别是什么？网络中为什么会有时延抖动？
5. SIP 系统中的网络逻辑构件都有哪些？各自的功能是什么？
6. 影响 VoIP 语音通话质量的因素有哪些？
7. VoIP 语音系统采用哪几种方案来应对网络中的传输丢包问题？
8. 实时流式协议 RTSP 的功能是什么？
9. 为什么说 RTP 协议同时具有传输层和应用层的特点？
10. RTP 分组首部中为什么要使用序号、时间戳和标记字段？
11. 因特网中网络 QoS 的 3 种模型是什么？简述各自的工作原理。
12. 区分服务 DiffServ 模型能提供哪些 QoS 业务？

第10章 网络前沿技术

伴随着物联网的蓬勃发展，云计算作为21世纪新兴的网络技术将会使未来的生活发生根本性的变化，接入云的设备数量会日益增多，去中心化、去中介化已经成为IT技术发展的必然趋势。云计算技术的广泛应用和成熟发展，计算资源被虚拟池化，新的业务场景和需求日益增多，传统网络体系架构已经不能很好地满足诸如云计算、数据中心等相关业务对网络灵活部署和管控的需求。据此，产业界提出网络控制平面与数据平面解耦合的软件定义网络来应对这一挑战，从而使得网络管理变得轻松、便捷。与此同时，以未来网络、移动通信5G为核心的新一代因特网技术正在引发产业的巨大变革，未来的网络将会是支撑万亿级、人机物、全时空、安全、智能的连接与服务，万物互联的时代已然到来。而传统承载网的带宽瓶颈、时延抖动等性能问题难以突破，引入边缘计算技术后将会使大量业务在网络边缘终结，较好地解决了万物互联时代大数据处理中存在的问题。所有的这些新技术包括云计算、虚拟化、软件定义网络等在数据中心持续落地，又促使数据中心网络不得不做出变革以满足这些新的技术需求。数据中心网络架构正在从传统的三层网络向大二层网络架构转变。本章将围绕云计算、软件定义网络、边缘计算和数据中心网络等前沿技术进行阐述，介绍新技术的基本概念和原理，探讨新技术的应用和发展趋势。

10.1 云计算技术

云计算作为21世纪新兴的网络技术和服务模式，其发展和应用速度十分惊人。本节将在概述云计算的基础之上，介绍云计算的应用特例云存储的相关技术，以及当前云计算技术的发展趋势。

10.1.1 云计算概述

下面将简要介绍云计算，包括云计算的概念、关键技术、云服务及云平台。

1. 云计算的概念

目前对云计算虽有上百种解释，但还没有统一的定义。其中美国国家标准与技术研究院NIST的定义是：云计算是一种按使用量付费的模式，这种模式提供可用的、便捷的、按需的网络访问，从可配置的计算资源共享池中获取资源。只需投入很少的管理工作或与服务供应商进行很少的交互，这些资源即能够被快速提供。

从上述定义可以看出，云计算具有以下特征：

① 云计算是通过网络访问共享计算资源的一种计算方式。计算资源是通过虚拟化技术将网络、服务器、存储、应用软件和服务等资源形成的资源池。

② 云计算是快捷接入因特网所提供的远端站点的一种延伸。对用户来说，云将实现的技术细节抽象了，用户不需要了解和控制组成云的技术架构。

③ 云计算描述了一种新的基于 IT 服务的补充、消费和交付模式，它提供动态可扩展的和虚拟的资源作为服务。

④ 典型的云计算提供商交付公共在线商业应用，这些商业应用在客户端通过网页浏览器访问，而软件和数据则被存储在服务器端。

2. 云计算的关键技术

云计算是分布式计算、并行计算、效用计算、网络存储、虚拟化、负载均衡和热备份冗余等传统计算机和网络技术发展融合的产物。归纳起来，它涉及的关键技术包括以下 5 种：

（1）虚拟化技术

虚拟化通常可以理解为将一台计算机的物理资源抽象成逻辑资源,使之变成多台逻辑计算机。每台逻辑计算机可运行不同的操作系统，应用程序都可以在相互独立的空间内运行而互不影响，从而显著提高计算机的工作效率。同样，也可以将 CPU、操作系统、服务器等物理资源虚拟化，提高网络服务的效率。

虚拟化技术指计算元件是在虚拟的基础上运行，它可以扩大硬件的容量，简化软件的重新配置过程，减少软件虚拟机相关开销和支持更广泛的操作系统。通过虚拟化技术可实现软件应用与底层硬件相隔离，它包括将单个资源划分成多个虚拟资源的裂分模式，也包括将多个资源整合成一个虚拟资源的聚合模式。虚拟化技术根据对象可分成存储虚拟化、计算虚拟化、网络虚拟化等。在云计算实现中，计算系统虚拟化是一切建立在“云”上的服务与应用的基础。

（2）分布式海量数据存储技术

云计算系统由大量服务器组成，同时为大量用户服务，因此云计算系统采用分布式存储的方式存储数据，用冗余存储的方式（集群计算、数据冗余和分布式存储）保证数据的可靠性。冗余的方式通过任务分解和集群，用低配置机器替代超级计算机的性能来保证低成本。这种方式保证分布式数据的高可用、高可靠和经济性，即为同一份数据存储多个副本。

（3）海量数据管理技术

云计算需要对分布的、海量的数据进行处理和分析，因此数据管理技术必须能够高效地管理大量的数据。由于云数据存储管理形式不同于传统的关系数据库管理系统（DataBase Management System，DBMS）的数据管理方式，如何在规模巨大的分布式数据中找到特定的数据，是云计算数据管理技术所必须解决的问题。同时，由于管理形式的不同，造成传统的结构化查询语言（Structured Query Language，SQL）数据库接口无法直接移植到云管理系统中来，因此研究者需要为云数据管理提供 DBMS（如 SQL）的接口。另外，在云数据管理方面，如何保证数据安全性和数据访问高效性也是研究者关注的重点问题之一。

（4）编程方式

云计算提供了分布式的计算模式，客观上要求必须有分布式的编程模式。云计算采用了一种思想简洁的分布式并行编程模型 MapReduce。MapReduce 是一种编程模型和任务调度模型，主要用于数据集的并行运算和并行任务的调度处理。在该模式下，用户只需要自行编写 Map 函数和

Reduce 函数即可进行并行计算。其中，Map 函数定义各节点上的分块数据的处理方法，而 Reduce 函数定义中间结果的保存方法以及最终结果的归纳方法。

（5）云计算平台管理技术

云计算资源规模庞大，服务器数量众多并分布在不同的地点，同时运行着数百种应用。如何有效地管理这些服务器，保证整个系统提供不间断的服务是巨大的挑战。云计算系统的平台管理技术能够使大量的服务器协同工作，方便地进行业务部署和开通，快速发现和恢复系统故障，通过自动化、智能化的手段实现大规模系统的可靠运营。

3. 云服务

NIST 在云计算定义中，明确了云计算的 3 种服务模式：软件即服务（Software-as-a-Service, SaaS）、平台即服务（Platform-as-a-Service, PaaS）和基础架构即服务（Infrastructure-as-a-Service, IaaS）。

（1）软件即服务

在 SaaS 模式中，消费者使用应用程序，但并不掌控操作系统、硬件或网络基础架构。SaaS 是一种服务观念的基础，软件服务供应商以租赁的方式提供客户服务。SaaS 是所有云计算服务的最终呈现形式，因此它是普通用户面对的主要云计算服务模式。

（2）平台即服务

在 PaaS 模式中，消费者使用主机操作应用程序。消费者掌控应用程序的环境（也拥有主机部分掌控权），但并不掌控操作系统、硬件或网络基础架构。平台通常是应用程序基础架构，即将应用软件研发平台作为服务提供给用户，用户则能够在此平台上开发应用程序，因此 PaaS 的主要用户群是程序设计人员。程序设计人员开发出新的应用程序，可作为新的 SaaS 应用服务，扩展云服务的业务范围。

（3）基础架构即服务

在 IaaS 模式中消费者使用“基础计算资源”，如处理能力、存储空间、网络组件或中间件（Middle Box）。消费者能掌控操作系统、存储空间、已部署的应用程序及网络组件（如防火墙、负载平衡器等），但并不掌控云基础架构。这里的消费者主要是基础架构设计人员，他们按需租赁硬件、计算能力和存储资源，开展研发工作。这样可以大大降低用户在硬件上的开销，进而节约研发经费。

4. 云平台

由于云计算技术发展十分迅速，因此近年来涌现出的云平台数量众多。主要的开源云计算平台有 abiCloud、abiNtense、abiData、Eucalyptus 项目、MongoDB、Enomalism 弹性计算平台和 Cloud Foundry 等。

应用较为普遍的商业化云计算平台有 Microsoft、Google、IBM、Oracle、Amazon、软营（Saleforce）、阿里巴巴、百度、腾讯、华为和中国移动等公司推出的云平台产品。

10.1.2 云计算的应用

云计算技术的主要应用有云物联、云安全、云游戏、云存储、大数据等。下面重点介绍云计算的应用特例云存储的相关技术。

1．云存储的概念

云存储是在云计算概念上延伸和发展出来的一个概念，是指通过集群应用、网格技术或分布式文件系统等功能，将网络中大量各种不同类型的存储设备通过应用软件集合起来协同工作，共同对外提供数据存储和业务访问功能的一个系统。

当云计算系统运算和处理的核心是大量数据的存储和管理时，就需要配置大量的存储设备，那么云计算系统就转变成为一个云存储系统，所以云存储是一个以数据存储和管理为核心的云计算系统。

2．云存储的结构模型

云存储系统的结构模型由存储层、基础管理层、应用接口层和访问层组成，如图 10-1 所示。

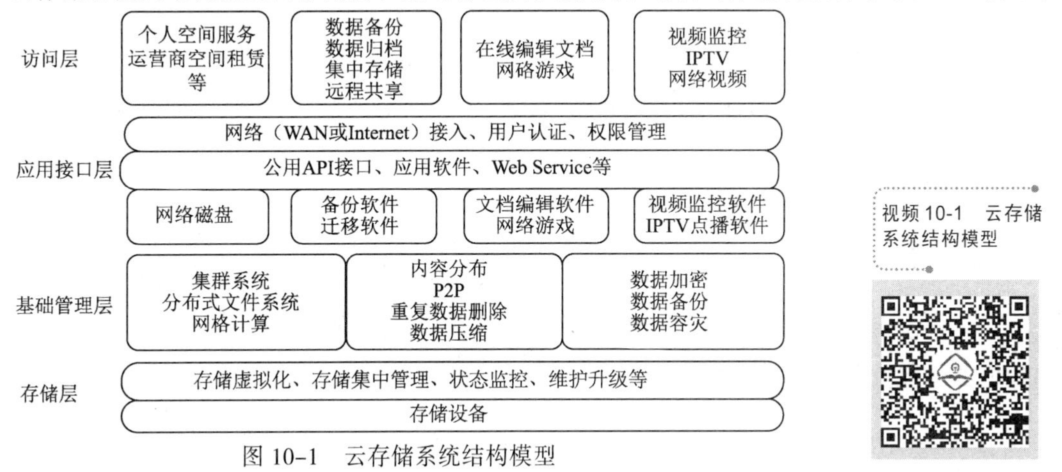

图 10-1 云存储系统结构模型

（1）存储层

存储层是云存储的基础部分。存储设备可以是光纤通道（Fibre Channel，FC）存储设备，可以是网络接入服务器（Network Access Server，NAS）和因特网小型计算机系统接口（Internet Small Computer System Interface，iSCSI）等 IP 存储设备，也可以是小型计算机系统接口（Small Computer System Interface，SCSI）或串行连接 SCSI 接口（Serial Attached SCSI，SAS）等开放系统的直连式存储（Direct-Attached Storage，DAS）存储设备。云存储中的存储设备往往数量庞大且分布在不同地域，彼此之间通过广域网、因特网或者 FC 光纤通道网络连接在一起。

存储设备之上是一个统一存储设备管理系统，可以实现存储设备的逻辑虚拟化管理、多链路冗余管理，以及硬件设备的状态监控和故障维护。

（2）基础管理层

基础管理层是云存储的核心部分。基础管理层通过集群、分布式文件系统和网格计算等技术，实现云存储中多个存储设备之间的协同工作，使多个存储设备可以对外提供同一种服务，并提供更大、更强、更好的数据访问性能。

（3）应用接口层

应用接口层是云存储中灵活多变的部分。不同的云存储运营单位可以根据实际业务类型，开发不同的应用服务接口，提供不同的应用服务。比如视频监控应用平台、IPTV 和视频点播应用平台、网络硬盘引用平台、远程数据备份应用平台等。

（4）访问层

任何一个授权用户都可以通过标准的公用应用接口来登录云存储系统，享受云存储服务。云存储运营单位不同，云存储提供的访问类型和访问手段也不同。

3．云存储的分类

云存储可分为公共云存储、内部云存储和混合云存储3类。

（1）公共云存储

公共云存储可以低成本提供大量的文件存储。供应商可以保持每个客户的存储、应用都是独立和私有的。其中以Dropbox为代表的个人云存储服务是公共云存储发展较为突出的代表，国内比较突出的代表的有搜狐企业网盘、百度云、移动彩云、金山快盘和腾讯微云等。

（2）内部云存储

内部云存储和私有云（私有云是为一个客户单独使用而构建的，可部署在企业数据中心的防火墙内，也可以部署在一个安全的主机托管场所）存储比较类似，唯一的不同点是它位于企业防火墙内部。

（3）混合云存储

混合云存储把公共云和私有云及内部云结合在一起。主要用于按客户的要求（特别是需要临时配置容量时），从公共云上划出一部分容量配置私有云，可以帮助公司面对迅速增长的负载波动或高峰。混合云存储带来了跨公共云和内部云分配应用的复杂性。

10.1.3 云计算的发展趋势

云计算作为第三次IT信息技术革命，全球加速云化的浪潮势不可挡。当前全球云计算市场规模总体呈稳定增长态势，我国公共云市场也保持了高速增长态势。云管理服务开始兴起，企业上云已成为趋势，云端开发成为新模式，软件开发一体化云平台将逐步商用。云计算的技术已经涉及因特网的方方面面。下面从云计算的技术发展角度，讨论云计算未来的发展趋势和特点。

1．云原生技术将重构未来的IT运维和开发模式

当前“云原生”这个词被大量引用，尤其是云服务商，云原生甚至还有自己的基金会：云原生计算基金会（Cloud Native Computing Foundation，CNCF）。一般来说，所谓“云原生”是指一种构建和运行应用程序的方法，它充分利用了云计算交付模型的优势。它是一系列云计算技术和企业管理方法的集合，既包含了实现应用云原生化的方法论，也包含了落地实践的关键技术。

云计算技术经过十多年的发展，云的形态不断演进。基于传统技术栈构建的应用包含了太多的开发需求（后端服务、开发框架、类库等），而传统的虚拟化平台只能提供基本的运行资源，云端强大的服务能力没有得到完全释放。云原生理念的出现在很大程度上改变了这种现状。云原生专为云计算模型而开发，用户可快速将这些应用构建和部署到与硬件解耦的平台上，为企业提供更高的敏捷性、弹性和云间的可移植性。以容器、微服务、研发运营一体化（Development和Operations的组合词，DevOps）为代表的云原生技术能够构建容错性好、易于管理和便于监测的松耦合系统，让应用随时处于待发布状态。

2．云计算架构向使能机器学习的智能云技术体系转变

人工智能（Artificial Intelligence，AI）技术正在逐渐实现从理论概念到场景落地的转变，云计算技术正在向使能人工智能应用的智能云体系转变。如图 10-2 所示，智能云体系从下至上主要分为基础资源层、使能平台和应用服务三大部分。以图形处理器（Graphics Processing Unit，GPU）、现场可编程逻辑门阵列（FPGA）、专用集成电路（ASIC）为代表的异构计算成为云计算基础资源层的发展方向和趋势。智能云使能平台搭载云原生技术，集合了众多智能开发必备工具，如主流的机器学习算法框架、工具组件、资源调度等为用户提供一站式机器学习平台服务。智能云应用层提供越来越多的智能化的 SaaS 服务，而且呈现极高的定制化特点，如人脸识别、图像光学字符识别（Optical Character Recognition，OCR）、语音转写等服务。

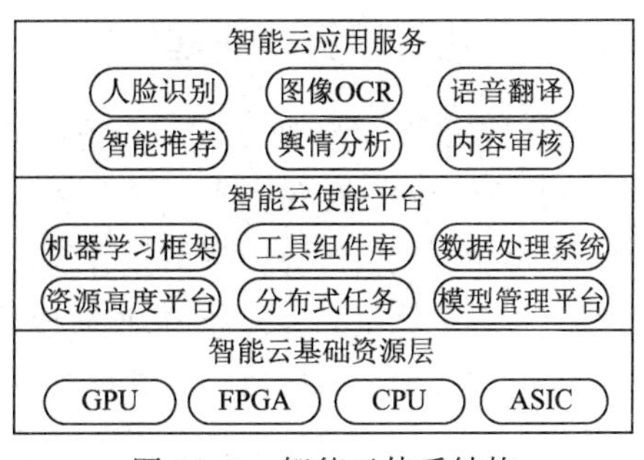

图 10-2　智能云体系结构

3. 云计算的研发运营一体化技术向智能化运维长期演进

研发运营一体化（DevOps）将从概念炒作向落地实践不断演进，持续高效的云服务交付能力使得 DevOps 成为一种趋势。DevOps 的敏捷开发和持续交付阶段已经在因特网、金融行业、运营商和制造业等行业得到广泛的应用。随着机器学习、深度学习等人工智能技术的不断成熟，运维平台向智能化的延伸和发展将成为必然趋势。由于运维场景的多样性和复杂性，不同运维场景采用的 AI 算法差异较大且通用性较差，通常需要多种 AI 算法的组合，因而使得智能运维平台在整体上技术并未成熟，仍然是一个长期演进的过程。

4. 云网融合服务能力体系促成企业上云成为大势所趋

随着云计算产业的不断成熟，企业对网络的需求也在不断变化，这使得云网融合成为企业上云的显性刚需。云网融合是一种基于业务需求和技术创新并行驱动带来的网络架构的深刻变革，使得云和网高度协同、互为支撑、互为借鉴的概念模式。同时要求承载网络可根据各类云服务需求按需开放网络能力，实现网络与云的敏捷打通、按需互联，并体现出智能化、自服务和灵活性等特性。

云网融合服务体系主要包括 3 个层次：底层为云专网，为企业上云、各类云互联提供高质量高可靠的承载能力，是云网融合服务能力的核心；中间层是为云平台提供的云网产品，如云专线、对等连接、云联网等，是基于底层云专网的资源池互联能力，为云网融合的各种连接场景提供互联互通服务；顶层应用为行业应用场景，云网融合向具体行业应用场景拓展，并带有明显的行业属性，体现出“一行业一网络”“一场景一网络”的特点。

10.2　边缘计算技术

随着万物联网的趋势不断推进，智能手机、智能眼镜等终端设备的数量不断增加，数据的增长速度远远超过了网络带宽的增速。同时，增强现实、无人驾驶等众多新应用的出现对网络时延提出了更高的要求。移动边缘计算（Mobile Edge Computing，MEC）将网络边缘上的计算、网络与存储资源组成统一的平台为用户提供服务，使数据在源头附近就能得到及时有效的处理。不同于云计算要将所有数据传输到数据中心，边缘计算模式绕过了网络带宽与时延的瓶颈，从而引起了业界的广泛关注。

10.2.1 边缘计算的兴起

随着物联网的快速发展和 4G/5G 无线网络的普及，万物互联的时代已经到来，网络边缘设备数量的迅速增加，使得该类设备所产生的数据已达到泽字节（ZettaByte，ZB，1 ZB=2^{70}B）级别。

本书中将以云计算模型为核心的大数据处理阶段称为集中式大数据处理时代，由于云计算中心具有较强的计算和存储能力，该阶段的特征主要表现为大数据的计算和存储均在云计算中心（数据中心）采用集中方式执行。这种资源集中的大数据处理方式可以为用户节省大量开销，创造出有效的规模经济效益。但是，以云计算模型为核心的集中式大数据处理时代，其关键技术已经不能高效处理边缘设备所产生的数据，主要存在的问题是：

① 计算能力问题。线性增长的集中式云计算能力无法匹配爆炸式增长的海量边缘数据。

② 实时性问题。从网络边缘设备传输海量数据到云计算中心致使网络传输带宽的负载量急剧增加，造成较长的网络时延。

③ 隐私保护问题。网络边缘数据涉及个人隐私，解决隐私安全问题变得尤为困难。

④ 能耗问题。大部分网络边缘设备为电池供电场景，传输大量数据到云计算中心需要消耗较大电源能耗。

因此，万物互联时代如果仍然采用集中式大数据处理模式下的云计算模型，现有的云计算相关技术并不能完全高效地处理网络边缘设备所产生的海量数据。为此，以边缘计算模型为核心的面向网络边缘设备所产生海量数据计算的边缘式大数据处理应运而生，其与现有以云计算模型为核心的集中式大数据处理相结合，即二者相辅相成，应用于云中心和网络边缘端的大数据处理，较好地解决了万物互联时代大数据处理中存在的上述问题。

10.2.2 边缘计算的定义

边缘计算目前还没有一个严格而统一的定义，不同研究者从各自的视角来描述和理解边缘计算。

视频 10-2 边缘计算的定义

美国卡内基·梅隆大学的 Mahadev Satyanarayanan 教授把边缘计算描述为：边缘计算是一种新的计算模式，这种模式将计算与存储资源部署在更贴近移动设备或传感器的网络边缘。

美国韦恩州立大学的施巍松等人把边缘计算定义为：边缘计算是指在网络边缘执行计算的一种新型计算模式，边缘计算中边缘的下行数据表示云服务，上行数据表示万物互联服务，而边缘计算的边缘是指从数据源到云计算中心路径之间的任意计算和网络资源。

ISO/IEC 下辖的云计算和分布式平台工作组 ISO/IEC JTC1/SC38 对边缘计算的定义为：边缘计算是将主要处理和数据存储放在网络的边缘节点的分布式计算形式。

欧洲电信标准化协会 ETSI 的定义为：在移动网络边缘提供 IT 服务环境和计算能力，强调靠近移动用户，以减少网络操作和服务交付的时延，提高用户体验。

边缘计算产业联盟（Edge Computing Consortium，ECC）的定义：在靠近物或数据源头的网络边缘侧，满足行业数字化在敏捷连接、实施业务、数据优化、应用智能、安全与隐私保护等方面的关键需求。

以上定义都强调边缘计算是一种新型计算模式，它的核心理念是“计算应该更靠近数据的源头，更贴近用户，在更靠近终端用户的网络边缘上提供服务”。

图 10-3 表示基于双向计算流的边缘计算模型。云计算中心不仅从数据库收集数据，也从传感器和智能手机等边缘设备收集数据。这些设备兼顾数据生产者和消费者。因此，终端设备和云中心之间的请求传输是双向的。网络边缘设备不仅从云中心请求内容及服务，而且还可以执行部分计算任务，包括数据存储、处理、缓存、设备管理和隐私保护等。因此，需要更好地设计边缘设备硬件平台及其软件关键技术，以满足边缘计算模型中对可靠性、数据安全性的需求。

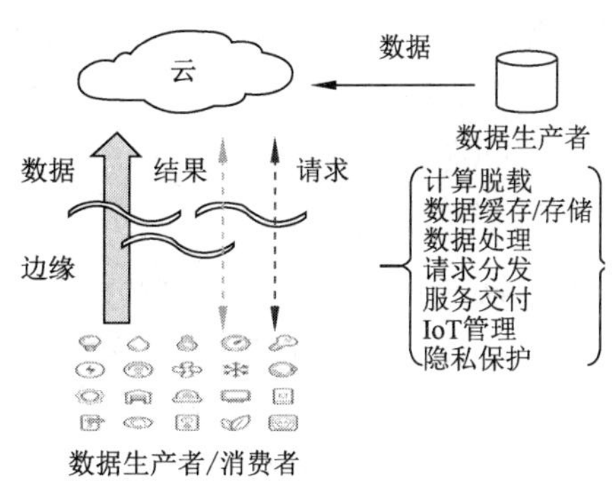

图 10-3　边缘计算模型

在集中式大数据处理时代，数据的类型主要以文本、音视频、图片以及结构化数据库等为主，数据量维持在拍字节（PetaByte，PB，1 PB=2^{50}B）级别，云计算模型下的数据处理对实时性要求不是很高。而在万物互联背景下的边缘式大数据处理时代，数据类型变得更加复杂多样，其中万物互联设备的感知数据急剧增加，原有作为数据消费者的用户终端已变成了具有可产生数据的生产者终端，使得该时期的数据量达到 ZB 级。另外，边缘式大数据处理时代，数据处理的实时性要求较高。因此，在边缘式大数据处理时代，由于数据量的增加以及对实时性的需求，需将原有云中心的计算任务部分迁移到网络边缘设备上，以提高数据传输性能，保证处理的实时性，同时降低云计算中心的计算负载。

10.2.3　边缘计算的平台

随着数据的爆发性增长，研究者开始探索万物互联服务的上行功能，具有代表性的是移动边缘计算（MEC）、雾计算（Fog Computing）和海云计算。

1. 移动边缘计算

移动边缘计算技术出现于 2013 年，是在接近移动用户的无线接入网范围内，提供信息技术服务和云计算能力的一种新的网络结构，并已成为一种标准化、规范化的技术。2014 年欧洲电信标准化组织 ETSI 提出移动边缘计算术语的标准化，并指出：移动边缘计算提供一种新的生态系统和价值链。利用移动边缘计算可将密集型移动计算任务迁移到附近的网络边缘服务器。移动边缘计算同时也是发展 5G 的关键技术之一，有助于从时延、可编程性和扩展性等方面满足 5G 的高标准要求。

移动边缘计算模型强调在云计算中心与边缘设备之间建立边缘服务器，在边缘服务器上完成终端数据的计算任务，但移动终端设备基本被认为不具有计算能力。相比而言，边缘计算模型中的终端设备具有较强的计算能力。因此，移动边缘计算类似一种边缘计算服务器的架构和层次，作为边缘计算模型的一部分。

2. 雾计算

雾计算于 2012 年由思科提出，并被定义为迁移云计算中心任务到网络边缘设备执行的一种高度虚拟化的计算平台。雾计算通过在云与移动设备之间引入中间层，扩展基于云的网络结构，而中间层实质是由部署在网络边缘的雾服务器组成的“雾层”。通过雾计算服务器，可以显著减少主干链路的带宽负载和能耗。此外，雾计算服务器可以与云计算中心互连，并使用云计算中心强大的计算能力、丰富的应用和服务。

边缘计算和雾计算的概念具有很强的相似性，在很多场合表示同一个意思。二者的区别主要体现在处理能力的位置：雾计算的处理能力在物联网设备所连接的局域网里，网络内的物联网网关（雾节点）用于数据收集、处理和存储，处理后的数据发送回需要该数据的设备。而边缘计算进一步推进了雾计算局域网内处理的理念，在网络内的各设备中实施处理，处理能力更靠近数据源。

3. 海云计算

万物互联背景下，待处理数据量达到 ZB 级，信息系统的感知、传输、存储和处理的能力需相应提高。针对这一挑战，中国科学院于 2012 年启动了下一代信息与通信技术倡议。倡议的主旨是要开展“海云计算系统项目”的研究，其核心是通过“云计算”系统与“海计算”系统的协同和集成，增强传统云计算的能力，其中，“海”端指由人类本身、物理世界的设备和子系统组成的终端（客户端）。

与边缘计算相比而言，海云计算关注“海”的终端设备，而边缘计算关注从“海”到“云”数据路径之间的任意计算、存储和网络资源，海云计算是边缘计算的一个非常好的子集实例。

10.2.4 边缘计算的典型应用

边缘计算的应用主要有云计算任务迁移、边缘计算视频监控、智能家居、智慧城市、智能交通和云边协同等。

1. 云计算任务迁移

云计算中，大多数计算任务在云计算中心执行，这会导致响应时延较长，用户体验较差。根据用户设备的环境可确定数据分配和传输方法，边缘加速 Web 平台（Edge Accelerated Web Platform，EAWP）模型改善了传统云计算模式下较长响应时间的问题。许多研究团队已经开始研究解决云迁移在移动云环境中的能耗问题。边缘计算中，边缘端设备借助其一定的计算资源实现从云中心迁移部分或全部任务到边缘端执行。

例如，在线购物应用中，消费者可能频繁地操作购物车。默认条件下，用户购物车状态的改变先在云中心完成，然后再更新用户设备上购物车内产品视图。这个操作时间取决于网络带宽和云中心负载状况。由于移动网络的带宽较低，移动端购物车的更新时延较长。目前，使用移动客户端网购变得流行，因此缩短响应时延、改善用户体验的需求日益增加。如果购物车内产品视图的更新操作从云中心迁移到边缘节点，这样会降低用户请求的响应时延。购物车数据可被缓存在边缘节点，相关的操作可在边缘节点上执行。当用户的请求到达边缘节点时，新的购物车视图立即推送到用户设备。边缘节点与云中心的数据同步可在后台进行。

2. 边缘计算视频监控

城市安全视频监控系统主要应对因万物互联的广泛应用而引起的新型犯罪及社会管理等公共安全问题。传统视频监控系统前端摄像头内置计算能力较低，而现有智能视频监控系统的智能处理能力不足。为此，以云计算和万物互联技术为基础，融合边缘计算模型和视频监控技术，构建基于边缘计算的新型视频监控应用的软硬件服务平台，以提高视频监控系统前端摄像头的智能处理能力，进而实现重大刑事案件和恐怖袭击活动预警系统和处置机制，提高视频监控系统的防范刑事犯罪和恐怖袭击的能力。

3. 智能家居

家居生活随着万物互联应用的普及变得越来越智能和便利，如智能照明控制系统、智能电视、智能机器人等。然而，在智能设备中，仅通过一种 Wi-Fi 模块连接到云计算中心的做法，远远不能满足智能家居的需求。智能家居环境中，除了联网设备外，廉价的无线传感器和控制器应部署到房间、管道、地板和墙壁等，出于数据传输负载和数据隐私的考虑，这些敏感数据的处理应在家庭范围内完成。传统的云计算模型已不能完全适用于智能家居类应用，而边缘计算模型便成为组建智能家居系统的最优平台。

4. 智慧城市

边缘计算模型可从智能家居灵活地扩展到社区甚至城市的规模。根据边缘计算模型中将计算最大程度迁移到数据源附近的原则，用户需求在计算模型上层产生并且在边缘处理。边缘计算可作为智慧城市中一种较理想的平台，主要取决于以下 3 个方面：

（1）大数据量

据思科公司全球云指数数据显示，2019 年一个百万人口的城市每天会产生 180 PB 的数据，其主要来自于公共安全、健康数据、公共设施以及交通运输等领域。用云计算模型处理这些海量数据是不现实的，因为云计算模型会引起较大的传输带宽负载和较长的传输延时。在网络边缘设备进行数据处理的边缘计算模型将是一种高效的解决方案。

（2）低时延

万物互联环境下，大多数应用具有低时延的需求（如健康急救和公共安全），边缘计算模型可以降低数据传输时间，简化网络结构。此外，与云计算模型相比，边缘网络对决策和诊断信息的收集将更加高效。

（3）位置识别

如运输和设施管理等基于地理位置的应用，对于位置识别技术，边缘计算模型优于云计算模型。在边缘计算模型中，基于地理位置的数据可进行实时处理和收集，而不必传送到云计算中心。

5. 智能交通

智能交通是解决城市居民面临的出行问题，如恶劣的交通现状、拥塞的路面条件、贫乏的停车场地和窘迫的公共交通能力等。智能交通控制系统实时分析由监控摄像头和传感器收集的数据，并自动做出决策。这些传感器模块用于判断目标物体的距离和速度等。随着交通数据量的增加，用户对交通信息的实时性需求也在提高，若传输这些数据到云计算中心，将造成带宽浪费和延迟等待，也不能优化基于位置识别的服务。在边缘服务器上运行智能交通控制系统可实时分析数据，根据路面的实况，利用智能交通信号灯减轻路面车辆拥堵状况或改变行车路线。同样，智能停车系统可收集用户周围环境的信息，在网络边缘分析用户附近的可用资源，并给出指示。

6. 云边协同

云计算中，由于隐私和数据传输成本，数据拥有者很少与他人分享数据。边缘可以是物理上具有数据处理能力的一种微型数据中心，连接云端和边缘端。协同边缘是连接多个数据拥有者的边缘，这些数据拥有者在地理上是分布的，但具有各自的物理位置和网络结构。类似于点对点的边缘连接方式，可在数据拥有者之间提供数据的共享。

10.2.5 边缘计算的挑战

目前有关边缘计算的研究已经成为学术界和产业界的热点之一，在发展成熟的过程中无疑会遇到多种挑战。

1．多主体的资源管理

边缘计算资源分散在数据的传输路径上，被不同的主体所管理和控制，比如用户控制终端设备、网络运营商控制通信基站、网络基础设施提供商控制路由器、应用服务供应商控制边缘服务器与内容传输网络。云计算中的资源都是集中式的管理，因此云计算的资源管理方式并不适用管理边缘计算分散的资源，而目前关于边缘计算的研究也主要集中在对单一主体资源的管理和控制，还未涉及多主体资源的管理。

2．应用的移动管理

边缘计算依靠资源在地理上广泛分布的特点来支持应用的移动性，一个边缘计算节点只服务周围的用户。应用的移动就会造成服务节点的切换。而云计算对应用移动性的支持则是“服务器位置固定，数据通过网络传输到服务器”，所以在边缘计算中应用的移动管理也是一种新模式，主要涉及以下两个问题：

① 资源发现。应用在移动的过程中需要快速发现周围可以利用的资源，并选择最合适的资源。当前虽然也有很多成熟的资源发现技术，在云监控与云中介中被广泛运用，但边缘计算的资源发现需要适应异构的资源环境，还需要保证资源发现的速度，才能使应用不间断地为用户提供服务。

② 资源切换。用户移动时，移动应用使用的计算资源可能会在多个设备间切换，而资源切换要将服务程序的运行现场迁移。热迁移技术可以解决这个问题，但是传统热迁移技术的目标是最小化停机时间，而资源切换需要最小化总迁移时间，因为在迁移的过程中用户要忍受升高的时延。另外，传统的虚拟机迁移是在数据中心的内部进行，设备的计算能力与网络带宽比较固定。而边缘计算资源的异构性与网络的多样性，需要迁移过程自适应设备计算能力与网络带宽的变化。所以，边缘计算需要一套自适应的快速热迁移方案，来满足移动应用资源切换的需求。

3．虚拟化技术

为了方便资源的有效管理，边缘计算需要虚拟化技术的支持，为系统选择合适的虚拟化技术是边缘计算的一个研究热点。边缘计算对虚拟化技术的要求体现在如下 3 个方面：

① 边缘计算资源是一种基础设施，要尽可能地保持通用性，所以虚拟化技术应该实现最小化对应用程序运行时环境的约束，不应强制使用特定的操作系统、函数库等。

② 边缘计算资源的能力有限，不能像计算中心一样为应用提供充足的资源，虚拟化技术应最大化资源利用率，使有限的资源在同一时间内满足更多的请求。

③ 有些边缘计算资源在处理用户任务的同时还要对外提供其他服务，虚拟化技术应将不同的任务彻底隔离。一个应用的崩溃、内存溢出、高 CPU 占用不会对其他任务造成影响。例如，在移动边缘计算中，基站能够处理用户的任务，但是这些任务不能影响基站最基本的无线接入功能。

上述 3 个方面可能会出现冲突，系统要根据自己的需求在三者之间做出权衡。

4．编程模型

边缘计算资源动态、异构与分散的特性使应用程序的开发十分困难。为减少应用的开发难度，需要可以适应边缘计算资源的编程模型。佐治亚理工学院 Kirak Hong 等研究人员提出了一个边缘计算编程模型，该模型针对地理空间分布的时延敏感的大规模应用设计，适应分散、异构的资源环境，并使程序可以根据负载动态伸缩。但是，该模型假设资源之间的网络拓扑必须是树状的，无法适应边缘计算资源的动态性。瑞典皇家理工学院的 Sajjad 等研究人员研究了流处理应用的编程模型，该模型利用空间上分散的计算资源处理数据，将任务区分为本地任务和全局任务，本地任务可以在更靠近数据源的计算节点上执行，从而减少应用在网络上传输的数据量。

10.2.6　边缘计算、雾计算与云计算模式的比较

边缘计算是一种新型的计算模式。从边缘计算的定义可以看出，边缘计算并不是为了取代云计算，而是对云计算的补充，为移动计算、物联网等提供更好的计算平台。边缘计算可以在保证低时延的情况下为用户提供丰富的服务，克服移动设备资源受限的缺陷；同时也减少了需要传输到云端的数据量，缓解了网络带宽与数据中心的压力。目前，移动应用越来越复杂，接入因特网的设备越来越多，边缘计算的出现可以很好地应对这些趋势。但并不是所有服务都适合部署在网络边缘，很多需要全局数据支持的服务依然离不开云计算。例如电子商务应用，用户对自己购物车的操作都可以在边缘节点上进行，以达到最快的响应时间；而商品推荐等服务则更适合在云中进行，因为它需要全局数据的支持。边缘计算的架构是“端设备—边缘—云”3 层模型，3 层都可以为应用提供资源与服务，应用可以选择最优的配置方案。

雾计算是另一个与边缘计算相关的概念，它由思科公司在 2012 年提出，以应对即将到来的万物联网时代。同边缘计算一样，雾计算也是将数据、数据相关的处理和应用程序都集中于网络边缘的设备，而不是全部保存在云端。雾计算的名字也源自于此，雾比云更贴近地面。与边缘计算不同的是，雾计算更强调在数据中心与数据源之间构成连续统一体（Cloud to Things Continuum）来为用户提供计算、存储与网络服务，为数据处理的“流水线”，而不仅仅是“数据管道”。也就是说，边缘和核心网络的组件都是雾计算的基础设施。而边缘计算更强调用户与计算之间的“距离”。目前，思科公司对雾计算的实现是它推出的 IOx 系统。IOx 运行在路由器、交换机等网络设备上，可以使技术人员轻松地在这些设备上开发应用，部署服务。

虽然雾计算与边缘计算不尽相同，但都体现出了万物联网时代对计算模式的要求，实时的服务响应、稳定的服务质量已经渐渐成为用户关注的焦点。从这一点上来看，两者是对同一目标的两种不同的实现方法。边缘计算、雾计算与云计算的对比如表 10-1 所示。

表 10-1　边缘计算、雾计算与云计算的对比

项　　目	边缘计算	雾 计 算	云 计 算
目标应用	物联网或移动应用	物联网或移动应用	一般因特网应用
服务器节点位置	局域网的边缘	数据源与数据中心间的路径	Internet 内部
“最后一公里”连接	无线	租用线路	租用线路
用户/设备数量	千万或上亿	千万或上亿	数十亿
服务类型	受限的本地信息服务	受限的本地信息服务	全局信息服务

边缘计算利用数据传输路径上的资源为用户提供服务，作为一种新型的计算模式，边缘计算在很多应用领域都具有巨大的潜力，并对未来万物联网的趋势有着巨大的推动作用。

10.3 软件定义网络技术

软件定义网络（Software Defined Networking，SDN）将传统封闭的网络体系解耦为数据平面、控制平面和应用平面，在逻辑上实现了网络的集中控制与管理。SDN 的突出特点是开放性和可编程性，目前已在网络虚拟化、数据中心网络、无线局域网和云计算等领域得到广泛应用。

10.3.1 SDN 的设计思想

SDN 起源于 2006 年斯坦福大学的 Clean Slate 研究课题。2009 年 Mckeown 教授正式提出了 SDN 概念，利用分层的思想，SDN 将网络层的数据层面与控制层面相分离。在控制层面包括具有逻辑中心化和可编程的控制器，可掌握全局网络信息，方便运营商和科研人员管理配置网络和部署新协议等。在数据层面，包括哑的（Dumb）交换机（与传统的二层交换机不同，专指用于转发数据的设备）。交换机仅提供简单的数据转发功能，可以快速处理匹配的数据包，适应流量日益增长的需求。两层之间采用开放的统一接口（如 OpenFlow 等）进行交互。控制器通过标准接口向交换机下发统一标准规则，交换机仅需按照这些规则执行相应的动作即可。因此，SDN 技术能够有效降低设备负载，协助网络运营商更好地控制基础设施，降低整体运营成本，成为最具前途的网络技术之一。SDN 曾被麻省理工学院列为“改变世界的十大创新技术之一”。近年来，SDN 相关技术的研究已经成为重要的研究热点之一。

SDN 是一种集中控制的网络架构，其核心是在网络中引入了一个 SDN 控制器，实现转控分离和集中控制。SDN 控制器就如同网络的大脑一样，可以完成对管辖范围内设备的控制，这些被控制的设备称为转发器。转发器如同手脚，本身基本不具备智能，听命于控制器控制，其转发所依赖的数据完全来自控制器的计算和生成。

SDN 网络试图解决传统网络遇到的一些问题，包括转发路径调整困难、网络协议复杂、运行维护困难、业务创新速度慢等。其实现的关键在于引入 SDN 控制器，把传统网络中分布式控制平面集中到一个 SDN 控制器上，由这个集中的控制器实现集中控制。转控分离、集中控制、开放接口是 SDN 网络架构的 3 个基本特征。

10.3.2 SDN 的层次架构

SDN 架构的核心思想是逻辑上集中控制和数据转发分离，基于 OpenFlow 协议的网络架构初步实现了 SDN 的原型设计思想。随着 SDN 概念的不断推广，不同的研究机构和标准化组织分别从用户和产业需求等角度出发，提出了 SDN 的其他参考架构，如欧洲电信标准化组织 ETSI 从网络运营商的角度出发，提出了网络功能虚拟化（Network Function Virtualization，NFV）架构；思科、IBM、微软等设备厂商和软件公司从 SDN 的具体实现和部署的角度出发，共同提出了 OpenDaylight 项目。目前，开放式网络基金会（Open Networking Foundation，ONF）作为业界非常活跃的 SDN 标准研究机构，正致力于 SDN 的发展和标准化，并对 SDN 的定义、架构和南/北向接口规范等内容不断地加以完善。

如图 10-4 所示，ONF 提出的 SDN 架构主要分为基础设施层、控制层和应用层。基础设施层由网络底层的转发设备组成，主要负责数据的处理、转发和状态收集。控制层集中维护网络状态，一方面，它通过自身与基础设施层之间的接口获取底层基础设施信息，对数据平面的资源进行编排；另一方面，它对全网的拓扑和状态等信息进行实时维护，并为应用层提供可扩展的编程接口。应用层位于 SDN 架构的顶层，主要包括不同类型的业务和应用。此外，按照接口与控制层的位置关系，ONF 分别定义了 SDN 架构中的南向接口和北向接口。在南向接口，ONF 定义了开放的 OpenFlow 协议标准。然而，由于应用层中各类业务和应用的复杂性和多样性，控制层与应用层之间的北向接口目前尚无统一的规范和标准。

1. 应用层

应用层包含满足用户需要的各种应用程序。例如，如果用户希望在应用层部署一个安全应用程序，通过分析网络的攻击事件，调用控制层提供的服务接口，阻断攻击流量或引流那些特定攻击流量到流量清洗中心。而这些阻断攻击流量的网络服务接口是一种控制器提供的网络服务调用接口。通常安全应用程序只需调用控制器的一个服务接口阻断某一类流量，而无须关心具体在哪些设备阻断。然后控制器就会给基础设施网络的各个边界转发器下发流表，阻断这些符合特征的数据报文。

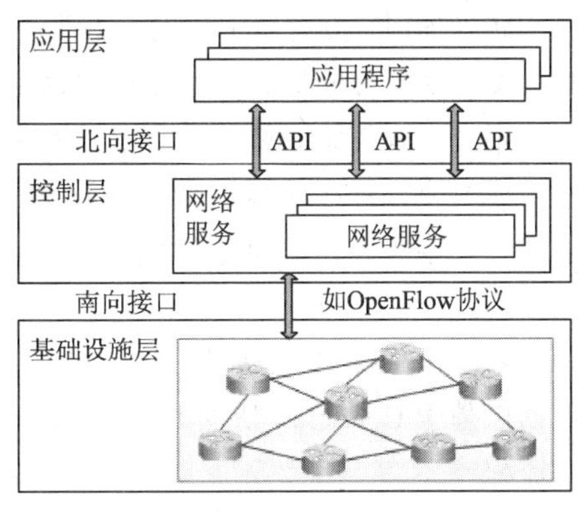

图 10-4　SDN 网络的分层架构

2. 控制层

控制层是系统的控制中心，负责网络的内部交换路径和边界业务路由的生成，并负责处理网络状态变化事件。当网络发生状态变化时，例如链路故障、节点故障、网络拥塞等，控制层会根据这些网络状态变化调整网络交换路径和业务路由，使得网络始终能够处于一个正常服务的状态，避免用户数据在穿过网络过程中受到损失（如丢包、时延增大等）。

控制层实现的实体就是 SDN 控制器，也是 SDN 网络架构中最核心的部件。控制层的接口主要是通过南向接口与基础设施层交互，北向提供网络业务接口和应用层交互。

3. 基础设施层

基础设施层主要是由转发路由器和连接转发路由器的线路构成的基础转发网络。这一层负责执行用户数据的转发，转发过程中所需要的转发表项是由控制层生成的。基础设施层是系统的执行单元，本身通常不做决策。其核心部件是系统的转发引擎，由转发引擎负责根据控制层下发的转发数据进行报文转发。该层和控制层之间通过控制接口交互，基础设施层一方面上报网络资源的信息和状态，另一方面接收控制层下发的转发信息。

10.3.3　SDN 的工作流程

SDN 的基本工作流程如下：

① 控制器和转发器之间的控制通道建立，通常使用传统的 IGP 来打通控制通道。

② 控制器和转发器建立控制通道连接后，需要从转发器收集网络资源信息，包括设备信息、接口信息、标签信息等，控制器还需要通过拓扑收集协议收集网络拓扑信息。

③ 控制器利用网络拓扑信息和网络资源信息，计算网络内部的交换路径，同时控制器会利用一些传统路由协议，包括 BGP、IGP 等，来学习业务路由并向外扩散业务路由，并把这些业务路由和内部交换路径转发信息下发给转发器。

④ 转发器接收控制器下发的网络内部交换路径转发表和业务路由转发表，并依据这些转发表进行报文转发。

⑤ 当网络状态发生变化时，SDN 控制器会实时感知网络状态，并重新计算网络内部交换路径和业务路由，以确保网络能够继续正常提供业务。

SDN 控制器实现架构中有两种流表生成技术：一是流触发生成转发表，也就是当一个用户流进入转发器时，没有命中转发表（即转发表中不存在该用户的转发表数据），转发器需要把这个用户报文递交给控制器，控制器根据这个报文来生成一个转发表下发给转发器，使得该用户流的下一个报文进入系统时就可以命中转发表进行转发了；另外一种流表生成技术类似于传统的 IP 网络技术或 IP 网络转发理念，当一个报文进入转发器时，如果没有命中转发表，意味着这个报文无法转发，直接丢弃，这种理念源于控制层会提前把所需要的转发表下发到转发器，这种方式称作预路由方式。

基于 OpenFlow 协议的 SDN 架构初步实现了 SDN 的原型设计思想，是 SDN 技术的典型实例。下面以基于 OpenFlow 协议的流触发生成转发表的 SDN 架构，来简单描述一个 SDN 网络实例的工作流程。

如图 10-5 所示，在基于 OpenFlow 协议的 SDN 网络中，当终端 A 初次和终端 B 进行通信时，其基本通信流程大致包括 7 步。

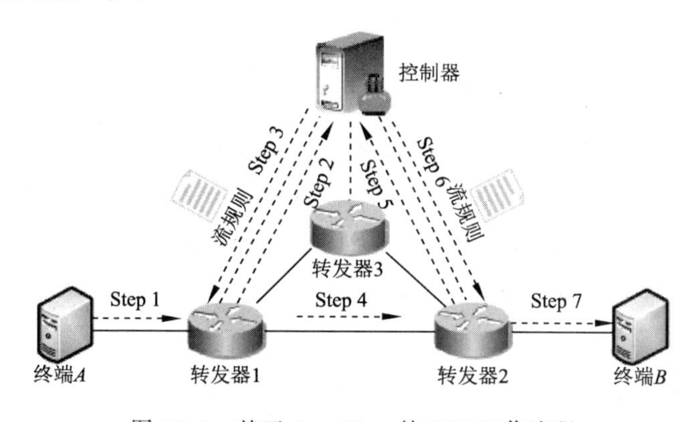

图 10-5 基于 OpenFlow 的 SDN 工作流程

① 图中 Step 1 表示终端 A 加入网络，并向转发器 1 发送数据包。

② 图中 Step 2 表示转发器 1 查询自身的流表，若流表中没有与该数据包匹配的表项，则转发器 1 通过 Packet-In 事件将该数据包转发给控制器。在向控制器发送消息时，转发器 1 可以通过 TCP 协议直接将数据包发送给控制器，也可以采用安全传输层协议 TLS 对数据包进行加密传送。

③ 图中 Step 3 表示控制器收到转发器 1 的请求信息后，生成相应的应答策略，并通过 Packet-Out 事件下发至转发器 1 的指定端口。

④ 图中 Step 4 表示转发器 1 执行控制器下发的应答策略，将数据包转发至转发器 2。

⑤ 图中 Step 5 表示若转发器 2 的流表中无该数据包匹配项，与 Step 2 处理方式相似，转发器 2 将通过 Packet-In 事件把收到的数据包信息转发给控制器；若转发器 2 的流表中含有匹配项，则跳转至 Step 7，即转发器 2 按流表中相应的转发规则将数据包转发至终端 B。

⑥ 图中 Step 6 与 Step 3 相似，控制器根据转发器 2 的请求信息，下发相应的应答策略至转发器 2 的指定端口。

⑦ Step 7 转发器 2 执行控制器下发的应答策略，数据包被转发至终端 B。

10.3.4　SDN 的应用场景

随着 SDN 的快速发展，SDN 已应用到各个网络场景中，从小型的企业网和校园网扩展到数据中心与广域网，从有线网扩展到无线网。无论应用在何种场景中，大多数应用都采用了 SDN 控制层与数据层分离的方式获取全局视图来管理自己的网络。

1．企业网与校园网

企业网或校园网的部署应用多见于早期的 SDN 研究中，为 SDN 研究发展提供了可参考的依据。在之后的实际部署中，由于不同企业或校园对 SDN 的需求存在差异性，无法根据自身的特点进行部署。针对该问题，研究人员完善了 SDN 的功能，支持对企业网和校园网的个性管理。美国斯坦福大学的 Nick McKeown 教授团队提出了精灵架构，该架构允许企业网根据各自需求自主增加新功能，该架构采用外包的形式进行，并且支持企业网增加终端主机、部署中间件、增加交换机和路由器等。佐治亚理工学院的 Kim 等人进一步研究了利用 SDN 改善网络管理，以更好地支持校园网的部署。

2．数据中心与云

数据中心中成千上万的机器会需要很高的带宽，如何合理利用带宽、节省资源、提高性能，是数据中心的一个重要问题。SDN 具有集中式控制、全网信息获取和网络功能虚拟化等特性。利用这些特性，可以解决数据中心出现的各种问题。例如，在数据中心网络中，可以利用 SDN 通过全局网络信息消除数据传输冗余，也可利用 SDN 网络功能虚拟化特性达到数据流可靠性与灵活性的平衡。

节能一直是数据中心研究中不容忽视的问题。由于数据中心需要具有大规模因特网服务稳定性和高效性等特性，因而常以浪费能源为代价。然而通过关闭暂时没有流量的端口，仅能节省少量能耗。最有效的办法是通过 SDN 掌握全局信息能力，实时关闭暂未使用的设备，当有需要时再打开，将会节省约一半的能耗。可以预见，SDN 在数据中心提升性能和绿色节能等方面将会扮演十分重要的角色。

3．广域网

广域网连接着众多数据中心，这些数据中心之间的高效连接与传输等流量工程问题，是众多大型因特网共同努力的目标。为了能够提供可靠的服务，应确保当任意链路或路由出现问题时仍能使网络高效运转。传统的广域网以牺牲链路利用率为代价，使得广域网的平均利用率仅为 30%～40%，繁忙时的链路利用率也仅为 40%～60%。为了提高利用率，Google 公司搭建了基于 SDN 架构的 B4 系统。该系统利用 SDN 获取全局信息，并采用等价多路径（Equal-Cost Multipath Routin，ECMP）哈希技术来保证流量平衡，实现对每个单独应用的平等对待，确保每位用户的应用不会受到其他用户应用的影响。通过近些年实际的运行测试结果表明：该系统最高可达到几乎 100%的资源使用率，长期使用率稳定在平均 70%的水平上。此外，由于 B4 系统采用的是 Google 公司专用设备，从而能够保证提升利用率的效果达到最佳。

同样，微软公司的软件驱动广域网（Software-driven Wide Area Network，SWAN）系统也利用 SDN 体系结构，实现数据中心间高效的利用率。

4．无线网络

SDN 技术研究初期就开始部署在无线网络之中，目前已广泛应用在无线网络的各个方面。美国斯坦福大学的 Kok-Kiong Yap 等人利用 OpenFlow 和 NOX（NOX 是一个 SDN 生态系统，也是用来构建网络控制应用的平台）在校园网搭建了无线 SDN 平台，该平台分别在 Wi-Fi 热点和 WiMAX 基站增加 OpenFlow 设备，并使用 NOX 控制器与 OpenFlow 设备进行无线通信。SDN 技术可以应用在企业网上搭建无线局域网（WLAN），将企业 WLAN 服务作为网络应用来处理，确保网络的可管可控特性。SDN 同样可以简化设计和管理 LTE 网络。

10.3.5 SDN 的研究发展

SDN 目前已经得到各方面的关注，不仅在学术界对 SDN 关键技术进行了深入研究，而且在产业界已经开始了大规模应用。SDN 技术的出现带来了诸多机遇，同时也面临着更多的挑战。

1．SDN 的可扩展性研究

SDN 的可扩展性限制了 SDN 的进一步发展。OpenFlow 协议成为 SDN 普遍使用的南向接口规范。然而 OpenFlow 协议并不成熟，版本仍在不断更新中。由于 OpenFlow 对于新应用支持力度不足，需要借助交换机的软硬件技术增强支持能力，为接口抽象技术和支持通用协议的相关技术带来发展契机。然而应用的差异性增加了通用北向接口设计的难度，需要考虑灵活性与性能的平衡。

2．SDN 的规模部署和跨域通信

鉴于 SDN 的种种优势，大规模部署 SDN 网络势在必行。实现由传统网络向 SDN 网络的转换，可以通过增量部署的方式完成。大规模部署 SDN，需要充分考虑网络可靠性、节点失效和流量工程等问题，以适应未来网络的发展需求。此外，大规模 SDN 网络还存在跨域通信问题，如果不同域属于不同的经济利益实体，SDN 将无法准确获取对方域内的全部网络信息，从而导致 SDN 域间路由无法达到全局最优。因此 SDN 跨域通信将是亟待解决的问题之一。

3．传统网络与 SDN 共存问题研究

随着 SDN 的持续发展，传统网络将与 SDN 长期共存。为了使 SDN 设备与传统网络设备兼容，节约成本，大多数设备生产厂商选择在传统设备中嵌入 SDN 相关协议，这样造成传统网络设备更加臃肿。采用协议抽象技术可确保各种协议安全、稳定地运行在统一模块中，从而可减轻设备负担，成为兼容性研究进展的趋势之一。

中间件在传统网络中扮演着重要角色，例如网络地址转换 NAT 可以缓解 IPv4 地址危机问题、防火墙可以保证安全问题等。然而中间件种类繁多，且许多设备都被中间件屏蔽，无法灵活配置，造成 SDN 与传统网络无法兼容。建立标签机制，统一管理中间件，将逻辑中间件路由策略自动转换成所需的转发规则，以实现对存在中间件网络的高效管理。

4．SDN 融合 IPv6 过渡研究

传统因特网面临着 IPv4 地址耗尽的问题，解决这个问题最有效的办法是全网使用 IPv6 地址。然而 IPv4 因特网的规模相当庞大，短时间内难以实现全网 IPv6 互连。为了实现平滑过渡，IPv6 过渡技术成为当前因特网的热点。现存的 IPv6 过渡机制种类繁多，适用场景局限。利用 SDN 掌握全局信息的能力来融合各种过渡机制，可充分提升过渡系统的灵活性，最终实现 IPv6 网络的快速平稳过渡。因此 SDN 将成为 IPv6 过渡技术中可借鉴的指导思想之一。

5. SDN与新型网络架构融合

SDN与其他新型网络架构融合，可以使两种架构形成互补，推动未来网络的进一步发展。例如，主动网络具有可编程性，虽然并未得到实际应用，但是该结构允许执行环境（即控制层）直接执行代码，具有很强的灵活性。借鉴主动网络可执行代码的思想，SDN可编程的灵活性将得到进一步增强。信息中心网络（Information-Centric Networking，ICN）是另一个未来的因特网发展方向，它采用了信息驱动的方式。ICN中同样存在数据转发与控制信息耦合的问题。在ICN中利用SDN技术分离控制信息，融合两种技术优势，将成为未来的网络值得探讨的问题。

6. SDN网络安全研究

传统的网络设备是封闭的，然而开放式接口的引入会产生新一轮的网络攻击形式，造成SDN的脆弱性。由控制器向交换机发送蠕虫病毒、通过交换机向控制器进行分布式拒绝服务攻击（Distributed Denial of Service，DDoS）、非法用户恶意占用整个SDN网络带宽等，都会导致SDN全方位瘫痪。安全的认证机制和框架、安全策略的制定（如OpenFlow协议的传输层安全TLS）等，将成为SDN安全发展的重要保证。

综上所述，SDN是当前网络领域最热门和最具发展前途的技术之一。作为新兴的技术，之所以能够得到长足发展，在于它具有传统网络无法比拟的优势——首先，数据控制解耦合使应用升级与设备更新换代相互独立，加快了新应用的快速部署；其次，网络抽象简化了网络模型，将运营商从繁杂的网络管理中解放出来，能够更加灵活地控制网络；最后，控制的逻辑中心化使用户和运营商等可以通过控制器获取全局网络信息，从而优化网络，提升网络性能。

10.4　数据中心网络

近年来，因特网公司如谷歌、微软、阿里巴巴和亚马逊等已经构建了大量的数据中心。每个数据中心都容纳了数万至数十万台主机，并且同时支持很多不同的云应用（例如搜索、电子邮件、社交网络和电子商务等）。每个数据中心都有自己的数据中心网络，这些数据中心网络将其内部主机彼此互连并与因特网的数据中心互连。在本节中，将简要介绍支持云应用的数据中心网络。

10.4.1　传统数据中心网络架构

在传统的大型数据中心网络通常是三层结构。思科公司称之为分级的互连网络模型（Hierarchical Inter-Networking Model）。

三层网络结构采用层次化架构，将网络分为接入层（Access Layer）、汇聚层（Aggregation Layer）和核心层（Core Layer）。各个层次的功能如下：

① 接入层：顾名思义，接入层的任务是将工作站接入网络。接入交换机通常位于机架顶部，所以它们也称置顶（Top of Rack，ToR）交换机。接入层交换机通常使用二层交换机，主要负责接入服务器、标记VLAN以及转发二层的流量。

② 汇聚层：汇聚层提供基于策略的连接。汇聚交换机通过使用三层交换机，主要负责同一分发点（Point of Delivery，POD）内的路由。POD是一个物理概念，是数据中心的基本部署单元。一台物理设备只能属于一个POD。汇聚层交换机连接接入层交换机，同时提供其他服务，例如防火墙、SSL卸载（SSL Offload）、入侵检测和网络分析等。

③ 核心层：核心层是网络的高速交换主干。核心交换机通常使用业务路由器，为进出数据中心的包提供高速的转发，为多个 POD 之间提供连接性，核心层通常为整个网络提供一个弹性的三层路由网络。

传统数据中心三层架构如图 10-6 所示：

通常情况下，汇聚交换机是二层（Layer 2，L2）和三层（Layer 3，L3）网络的分界点。汇聚交换机以下是二层网络，以上是三层网络。每组汇聚交换机管理一个 POD，每个 POD 内都是独立的 VLAN 网络。服务器在 POD 内迁移不必修改 IP 地址和默认网关，因为一个 POD 对应一个二层广播域。在传统三层架构的数据中心规划中，接入层和汇聚层通常是二层网络，接入交换机双上联到汇聚交换机，并运行 STP 协议来消除环路，汇聚交换机作为网关终结二层协议，并和核心交换机之间运行 IGP 来学习路由。

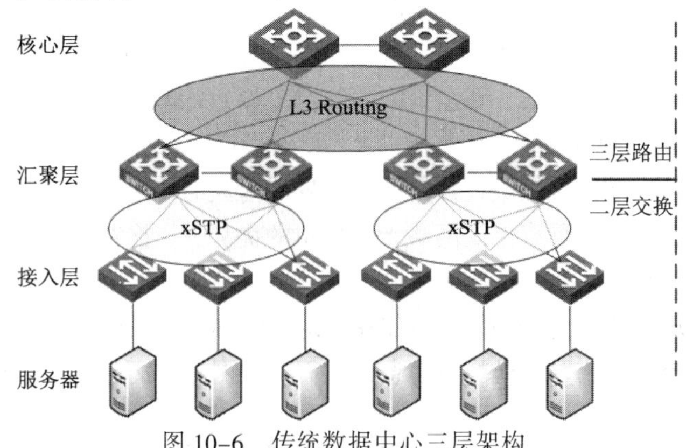

图 10-6 传统数据中心三层架构

传统的数据中心网络技术采用生成树协议（Spanning Tree Protocol，STP）自动控制，即将冗余设备和冗余链路作为备份，在正常情况下被阻塞掉，当出现链路故障时冗余的设备端口和链路才会被打开。可以说 STP 是二层网络中非常重要的一种协议。但是，STP 的引入却带来了更多的问题，如收敛慢、链路利用率低、规模受限、难以定位故障等。一般情况下 STP 的网络规模不会超过 100 台交换机。STP 的这种机制导致了二层链路利用率不足，尤其是在网络设备具有全连接拓扑关系时，这种缺陷尤为突出。

数据中心网络是一个输入/输出设备更为密集的环境，而且更追求自动化和扩展性，这些都是 STP 难以实现的。随着数据中心业务的不断发展，STP 成为网络最为明显的短板，解决 STP 的瓶颈问题也就自然成为数据中心网络架构演进打响的第一枪。

10.4.2 数据中心网络的演进

随着因特网的发展带来的数据大爆发以及虚拟化技术的发展，计算资源被池化，对数据中心也提出了新的挑战。传统数据中心是 Web 服务器的聚焦地，流量多是从 Internet 而来访问 Web 服务器，这些流量通常称为数据中心的“南北”向流量。与“南北”向流量相对应的是发生在数据中心内部服务器之间的“东西”向流量。所谓“南北”向流量指的是数据中心外部用户和内部服务器之间交互的流量；“东西”向流量指的是数据中心内部服务器之间交互的流量，也叫横向流量。

1. 流量模型由“南北”向“东西”转变

早期数据中心的流量，80%为“南北”向流量，现在已经转变为 70%为“东西”向流量。数据中心流量之所以由“南北”为主转变为“东西”为主，主要是随着云计算的到来，越来越丰富的业务对数据中心的流量模型产生了巨大的冲击，诸如搜索、并行计算等业务，需要大量的服务器组成集群系统，协同完成工作，这导致服务器之间的流量变得非常大。以搜索为例，用户只是发出一个搜索指令，服务器集群就要在海量数据之中进行搜索与计算，这个过程是非常复杂的，但最后只是将结果传递给用户。早期数据中心主要满足外部对数据中心的访问，所以流量就以“南北”为主。这种流量模型受到出口带宽的限制，一般的数据中心访问都会存在收敛比，即网络接入带宽比较大，而出口带宽比较小，访问的速度无法提升，在业务高峰期时，用户访问数据中心的体验感下降。这种网络模型已经不适应现今数据中心的发展需要。

2. 虚拟机动态迁移呼唤大二层网络

早期的数据中心网络架构是典型的三层树状结构，现在已经转变为大二层结构。早期数据中心网络由接入层、汇聚层、核心层三层网络构成，实践证明这种拓扑网络不能很好地适应云计算、大数据等新兴业务的部署。这种树状结构对顶层网络设备的要求非常高，尤其是当网络规模比较大时，树状结构存在单点失效的问题，容错性差。另外，类似于虚拟路由冗余协议（Virtual Router Redundancy Protocol，VRRP）、OSPF、BGP 等协议都属于软件计算收敛比较慢的高层协议。当有对时延、切换速度要求比较高的业务时，这种网络结构力不从心。因此，业界提出了大二层网络的概念。

大二层网络减少了网络级联的层数，去掉了汇聚层，只有核心层和接入层，并且减少了接入层级联层数。例如，现在的核心设备有的可以提供上千个万兆端口，一个核心设备就可以下挂上千台万兆服务器。通过虚拟化技术，核心层的数台设备虚拟化为一台设备，就可以直接连接几千台服务器。如果是服务器通过接入层交换机接入，那么至少可以连接数万台服务器，这是一个大型数据中心的规模。现在的大二层概念已经不再局限于一个数据中心内部，而是在数据中心之间也是二层互通，这种二层是逻辑上的二层，并不是物理上的二层，实际物理上还是存在三层转发。

大二层技术是一种 L2 over L3 的新技术，例如虚拟扩展局域网（Virtual extensible LAN，VxLAN）技术等。早期的数据中心之间都是通过 OSPF、BGP 等动态路由协议完成三层转发的，而现在为了实现虚拟机的跨数据中心迁移，多个数据中心之间也要实现大二层互通。这样的网络更适用于 Web-DB 应用、高性能计算以及搜索等业务，并且结构简单，便于管理。促使网络发生这种改变的主要推动力来自于虚拟化技术，虚拟化可以支持动态迁移技术，这才使得大二层架构能够实现。

3. 胖树架构

早期的数据中心网络是逐层收敛的，出口存在带宽瓶颈。美国加利福尼亚大学计算机科学与工程系以 Mohammad Al-Fares 为代表的几位教授于 2008 年提出了一种新的网络架构，就是胖树（Fat-Tree）网络，即离出口越近的地方带宽越高，从接入到出口网络带宽不收敛。利用这种架构方法可以采用一种固定数量端口的盒式交换机搭建一个大规模服务器接入的网络。

具体地说，当采用端口数为 k 的交换机时，核心交换机数量为 $(k/2)^2$ 个，共有 k 个 Pod，每个 Pod 各有 $k/2$ 个汇聚和接入交换机，可接入的服务器数量为 $k^3/4$，并且这种架构可以保证接入、汇聚、核心的总带宽一致，保证服务器接入带宽 1∶1 的超载比（接入端口带宽之和与上连汇聚层端口带宽之和的比例）。图 10-7 所示为该架构当 $k = 4$ 时的简单示例，连在同一个接入交换机下的服务器处于同一个子网，它们之间的通信需要通过二层报文交换。不同接入交换机下的服务器通信需要通过路由进行通信。

显然，当 $k=48$，即采用 48 端口千兆盒式交换机时，这个架构的核心交换机数量为 576 台，共有 48 个 Pod，每个 Pod 有 24 台汇聚交换机和 24 台接入交换机，全网共 2880 台交换机，可以支持 27 648 台千兆服务器的 1∶1 超载比接入。设备的数量虽然看上去很惊人，但毫无疑问胖树架构的确是可扩展的，而且对设备没有特别的要求。

传统的树状网络拓扑中，带宽是逐层收敛的，树根处的网络带宽要远小于各个叶子处所有带宽的总和。而胖树则更像是真实的树，越到树根，枝干越粗，即从叶子到树根，网络带宽不收敛，这是胖树能够支撑无阻塞网络的基础。为了实现网络带宽的无收敛，胖树中的每个节点（根节点除外）都需要保证上行带宽和下行带宽相等，并且每个节点都要提供对接入带宽的线速转发能力。因此，这种网络类型对核心设备带宽提出了较高的要求，例如整个网络有 1 万台千兆服务器，需要的无阻塞带宽就是 1 000 Gbit/s 带宽，即在网络出口需要提供 10 个 100 Gbit/s 的出口。那么理论上至少需要两台核心设备做虚拟化，并支持 10 个 100 Gbit/s 的聚合。当然，也可以通过三层路由实现，但在新的数据中心网络中，三层路由协议不作为重点技术推荐部署。

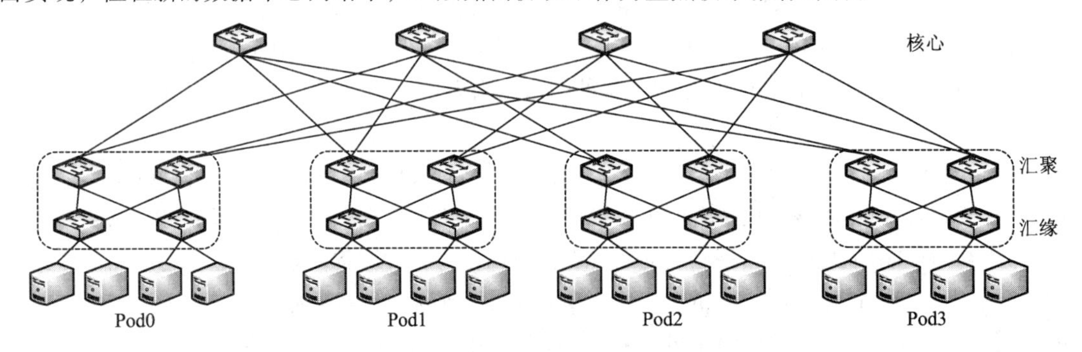

图 10-7　胖树架构（k=4）

在胖树架构中，通过部署二层的多路径传输技术，如多链接透明互连（Transparent Interconnection of Lots of Links，TRILL）等无阻塞的二层网络新技术来缓解胖树网络的带宽压力。另外，数据中心流量由“南北”向转变成为“东西”向，也减轻了出口带宽的压力，使得数据中心的处理能力提升，但是，出口的网络带宽并不需要增加很多，这也使得胖树架构能够在数据中心有效实施。在胖树网络中，要求所有网络设备的要素完全一样，从而有可能为通信架构中的所有网络设备使用廉价的商品化部件。但是，实际上接入网络设备只负责少量的服务器接入，在转发能力要求上，要比核心网络设备低得多。因此，在接入位置部署低端网络设备，在核心部署高性能框式设备。在满足网络需求的同时，还可以达到增强网络性能、简化网络部署的目的。

胖树架构也存在一定的局限性。例如，胖树的扩展规模在理论上受限于核心层交换机的端口数目，不利于数据中心的长期发展要求；对于 Pod 内部，胖树容错性能差，对底层交换设备故障非常敏感，当底层交换设备故障时，难以保证服务质量；胖树拓扑结构的特点决定了网络不能很好的支持 One-to-All 及 All-to-All 网络通信模式，不利于部署 MapReduce、Dryad 等高性能分布式应用；胖树网络中交换机与服务器的比值较大，在一定程度上使得网络设备成本依然很高，不利于企业的经济发展。

4. 叶脊网络架构

叶脊（Spine-Leaf）网络架构也称分布式核心网络，由于这种网络架构来源于交换机内部的

Switch Fabric（利用新一代开关器件结合交叉分组技术实现的一种交叉开关网络），因此也称 Fabric 网络架构，同属于 CLOS 网络模型。事实已经证明，Spine-Leaf 网络架构可以提供高带宽、低延迟、非阻塞的服务器到服务器连接。图 10-8 所示为数据中心 Spine-Leaf 网络架构。对比传统网络三层架构，可以看出传统的三层网络架构是垂直的结构，而 Spine-Leaf 网络架构是扁平的结构。从结构上看，Spine-Leaf 叶脊架构更易于水平扩展。

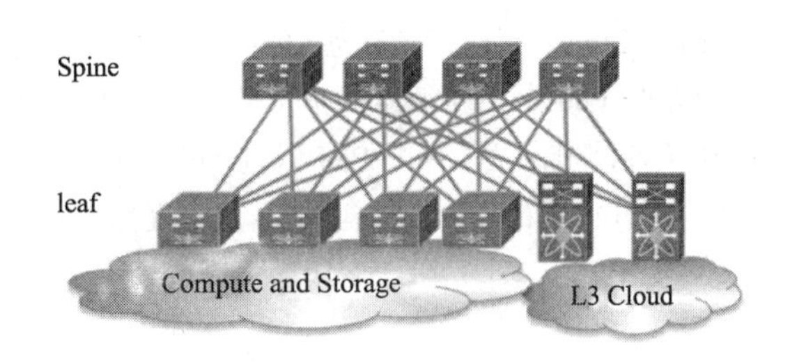

图 10-8　数据中心 Spine-Leaf 网络架构

Leaf 交换机相当于传统三层架构中的接入交换机，作为 ToR 交换机直接连接物理服务器。与接入交换机的区别在于 L2/L3 网络的分界点现在为 Leaf 交换机。Leaf 交换机之上是三层网络，Leaf 交换机之下都是独立的 L2 广播域，这就解决了大二层网络的广播单播多播（Broadcast Unicast Multicast，BUM）问题。如果说两个 Leaf 交换机下的服务器需要通信，需要通过 L3 路由，经由 Spine 交换机进行转发。

Spine 交换机相当于核心交换机。Spine 和 Leaf 交换机之间通过等价多路径（Equal Cost Multi Path，ECMP）动态选择多条路径。二者的区别在于，Spine 交换机现在只是为 Leaf 交换机提供一个弹性的 L3 路由网络，数据中心的"南北"流量可以不用直接从 Spine 交换机发出。一般来说，"南北"流量可以从与 Leaf 交换机并行的交换机（Edge Switch）连接到广域网路由器实现"南北"流量的转发。

Fabric 网络架构中的 Leaf 层由接入交换机组成，用于接入服务器，Spine 层是网络的主干，负责将所有的 Leaf 连接起来。每一个低层级的 Leaf 交换机都会连接到每个高层级的 Spine 交换机上，即每个 Leaf 交换机的上行链路数等于 Spine 交换机数量。同样，每个 Spine 交换机的下行链路数等于 Leaf 交换机的数量，形成一个全连接网状拓扑。当 Leaf 层的接入端口和上行链路都没有瓶颈时，这个架构就实现了无阻塞网络架构。由于任意跨 Leaf 的两台服务器的连接都会经过相同数量的设备，所以保证了时延是可预测的。数据包只需要经过一个 Spine 和另一个 Leaf 就可以到达目的端，即网络中任意两个服务器都是 Leaf-Spine-Leaf 三跳可达的。

因为 Fabric 网络架构中的每个 Leaf 都会连接到每个 Spine，所以，如果一个 Spine 发生宕机，那么原来经过该 Spine 转发的流量可以被迅速地切换到其他的 Spine 交换机上。Spine-Leaf 架构的扩容过程也很简单，添加一个 Spine 交换机就可以扩展每个 Leaf 的上行链路，增大了 Leaf 和 Spine 之间的带宽，缓解了上行链路带宽不足的问题。如果接入层的端口数量成为瓶颈，那就直接添加一个新的 Leaf，然后将其连接到每个 Spine 并进行相应的配置即可。这不仅降低了系统的构建成本，还极大地提高了网络的可扩展性。

下面简单介绍一个基于 Spine-Leaf 架构的数据中心实例：Facebook 数据中心的设计方案。

Facebook 的全球用户总数已经超过 15 亿，其每天处理来自全球的 3.5 亿张照片、45 亿个"点赞"和 100 亿条消息，这意味着 Facebook 需要为此配备巨大的基础设施。为了存储海量数据，Facebook 数据中心通常部署几万甚至十几万台服务器。同时，为了应对快速的数据增长速度，Facebook 数据中心的存储架构和网络架构必须具备高可扩展特性。

图 10-9 所示为 Facebook 数据中心网络的立体结构。其中，每个服务器分发点（Server Pod）中都由 48 台机架交换机（Rack Switch）和 4 台 Fabric 交换机（Fabric Switch）做 40 千兆以太网

(Gigabit Ethernet, GE)全互连。Pod 间的组网被分为 4 个 Spine 平面(Spine Plane),每个 Spine Plane 中由各个 Pod 内相同编号的 Fabric Switch 和 48 台 Spine 交换机(Spine Switch)做 40GE 的全互连。单独从各部分来看,每个 Pod 以及 Spine Plane 中都是 Leaf-Spine 的组网结构。不过从整体上来看,Fabric Switch 和 Spine Switch 并不是全互连 Leaf-Spine 结构。

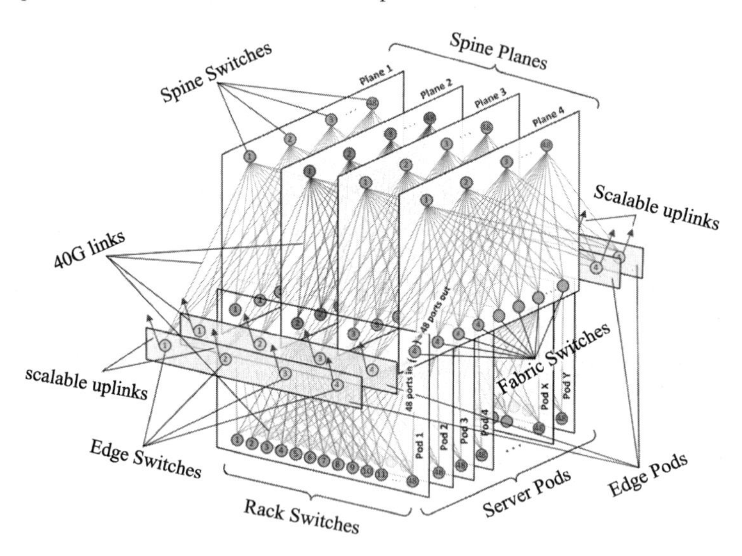

图 10-9 Facebook 数据中心网络设计的立体结构

10.4.3 数据中心网络的发展趋势

随着因特网及大数据的强劲发展,信息基础建设如火如荼。伴随着中国制造 2025、两化融合、云计算等国家战略政策的实施,预计未来几年数据中心市场将保持快速增长。“用数据爆炸形容今天的 IT 发展一点也不为过,数据增长永无止境。”数据中心建设正在向着高密度、绿色节能、模块化和智能化方向发展。

1. 高密度绿色数据中心

在有限的数据中心空间中,如何容纳更多的使用产品、布置更多的光纤,一定是未来几年不断研发的方向。高密度的布线能更好地节省空间,带来更多的数据传输。如今在标准的 19 英寸(1 英寸=2.54 cm)机架中,最高的光纤芯数已经达到 480 芯的密度,而这个数字将会随着光纤行业的不断发展而越来越大。未来的数据中心综合布线密度将会越来越大。

同时,受高成本、高能耗驱动,数据中心供电架构逐步简化。作为一种新型制冷方式,液冷正在全球范围内兴起。与传统风冷不同,液冷通过液体直接导向热源带走热量,不需要像风冷一样间接通过空气循环降温,因而散热效率更高、更节能,且运行噪声更小。当前在人工智能技术兴起下,GPU、张量处理单元(Tensor Processing Unit, TPU)服务器应用规模不断增长,液冷应用逐渐由超算中心向各行业数据中心渗透。

2. 智能化数据中心

数据中心的智能化发展已经越来越成熟,在发达国家出现了很多智能化管理布线方案。智能化的管理可以更方便地监控数据,实时处理突发事故,还能检测数据中心的环境温度、气压和湿度等各方面的参数。在未来的发展方向中,智能化将会进一步升级,传感器将会在数据中心中得到更加广泛的应用。

特别是随着人工智能（AI）、大数据时代的到来，数据中心的业务也不断在演变，新的技术不断地融入数据中心。智能化的数据中心主要包含两方面的建设：一方面是数据中心如何基于海量数据，利用人工智能的技术，进一步优化数据中心的运营，例如智能化的数据中心节能技术、AI辅助下的智能化数据中心运维等；另一方面是数据中心会越来越多地承载大数据业务，承载人工智能训练的场景以及人工智能应用的场景。在这个场景下数据中心自身需要去适应新的智能化业务的需求，例如，面向人工智能的定制化服务器研究、面向人工智能的 PaaS 平台研发等。

3. 模块化数据中心

预计 2021 年，耗电量巨大的加速计算技术的推广将迫使大多数数据中心运营商采用模块化的方法，在其数据中心里部署电力或冷却设备。从配置形态上，可分为模块数据中心（Modular Data Center，MDC）和集装箱数据中心（Container Data Center，CDC）。集装箱数据中心的概念最早源于 Sun 公司在 2006 年 10 月提出的“黑盒子计划”。Sun 公司当时的想法是将构成数据中心的一些基本元件，包括计算机硬件、供电和冷却设备等全部塞到一个 20 英尺（1 英尺=30.48 cm）长、8 英尺宽、8 英尺高的标准集装箱中。这样的设计带来很多优势：易搬运、低成本、建设速度快，并且不受场地限制，可以利用废弃的场地在短期内快速构建起一个数据中心。如今，集装箱数据中心已经成为行业热点，IBM、HP、谷歌、SGI、思科、微软等巨头纷纷提出自己的 CDC 设计实现方案和产品。

今天大数据时代已经到来，未来数据中心的发展必将是潜力无限的。

小　结

物联网、大数据、人工智能、云计算作为当今信息通信产业的四大板块，其间有着本质的联系，具有融合的特质和趋势。大数据通过物联网产生，海量的数据存储于云平台，再通过大数据分析，甚至更高形式的人工智能提取云计算平台存储的数据为人类的生产活动、生活所需提供更好的服务。随着 5G 时代的到来，因特网新技术和创新应用不断涌现，未来可期。

网络前沿技术层出不穷，绝不限于本章所选主题，网络安全技术、区块链技术、工业互联网、人工智能技术等都在不断发展，有兴趣的读者可以自行查阅相关资料。本章主要围绕云计算的相关概念和模型，介绍了云计算的应用和发展趋势；介绍了万物互联的物联网时代边缘计算的兴起及模型，重点介绍了边缘计算的平台和应用情况，介绍了边缘计算所面临的挑战；围绕 SDN 技术，介绍了 SDN 的模型及工作流程，重点介绍了 SDN 的相关应用和未来研究方向；围绕数据中心网络架构的演进，介绍了当前数据中心网络架构模型，并在最后给出了未来数据中心的发展趋势。

习　题

1. 查阅云计算相关研究论文，了解云计算相关研究热点及问题。
2. 查阅边缘计算相关研究论文，了解边缘计算相关研究热点及问题。
3. 查阅 SDN 相关研究论文，了解 SDN 研究进展及不同实现方案。
4. 查阅云数据中心相关论文，了解有关数据中心网络的设计及实现方案。
5. 查阅文献，综述当前数据中心大二层技术有哪些。

附录A 缩 略 词

AES（Advanced Encryption Standard）：高级加密标准，8.2.1 节

AH（Authentication Header）：鉴别首部，8.3.1 节

AI（Artificial Intelligence）：人工智能，10.1.3 节

AIPS（Application Intrusion Prevention System）：应用入侵防护系统，8.5.2 节

AM（Amplitude Modulation）：振幅调制，2.1.2 节

AMPS（Advanced Mobile Phone Service）：高级移动电话服务，7.7.1 节

ANSI（American National Standards Institute）：美国国家标准协会，1.5.1 节

AODV（Ad hoc On-Demand Distance Vector）：无线自组网按需平面距离向量，7.8.1 节

AP（Access Point）：无线接入点，7.2.2 节

API（Application Program Interface）：应用程序编程接口，1.3.2 节

APDU（Application Protocol Data Unit）：应用协议数据单元，1.5.2 节

ARP（Address Resolution Protocol）：地址解析协议，1.5.3 节

ARPANET（Advanced Research Projects Agency Network）：美国国防部高级研究计划署研制的网络，1.1.1 节

ARQ（Automatic Repeat-request）：自动重传请求，3.3 节

ASIC（Application Specified Integrated Circuit）：特殊应用集成电路，4.6.2 节

ASK（Amplitude Shifting Keying）：幅移键控，2.1.2 节

ATDM（Asynchronous TDM）：异步时分多路复用，2.3.4 节

ATM（Asynchronous Transfer Mode）：异步传输模式，1.2.2 节

BER（Bit Error Ratio）：误码率，7.4.1 节

BGP（Border Gateway Protocol）：边界网关协议，4.2.1 节

BPSK（Binary Phase Shift Keying）：二进制相移键控，7.6 节

B/S（Browser/Server）：浏览器/服务器，1.1.2 节

BS（Base Station）：基站，7.2.1 节

BUM（Broadcast Unicast Multicast）：广播单播多播，10.4.2 节

CA（Certificate Authority）：认证中心，8.3.3 节

CARP（Cache Array Routing Protocol）：缓存阵列选路协议，6.7.1 节

CCK（Complementary Code Keying）：补偿码键控，7.5.2 节

CCITT（Consultative Committee on International Telephone and Telegraph）：国际电报电话咨询委员会，1.5.1 节

CDC（Container Data Center）：集装箱数据中心，10.4.3 节

CDDI（Copper Distributed Data Interface）：铜线分布式数据接口，2.2.1 节

CDM（Code Division Multiplexing）：码分多路复用，2.3.4 节

CDMA（Code Division Multiple Access）：码分多址，7.3.1 节

CDN（Content Distribution Network）：内容分布网，6.7 节

CELP（Code Excited Linear Prediction）：激励线性预测编码，7.3.1 节

CERN（Conseil Européenn pour la Recherche Nucléaire）：欧洲核子研究组织，1.1.1 节

CHAP（Challenge-Handshake Authentication Protocol）：询问握手鉴别协议，3.4.3 节

CIDR（Classless Inter-Domain Routing）：无类域间路由，4.2.1 节

CMIP（Common Management Information Protocol）：公共管理信息协议，1.5.2 节

CNAME（Canonical Name）：别名指向，6.5.3 节

CNCF（Cloud Native Computing Foundation）：云原生计算基金会，10.1.3 节

CNNIC（China Internet Network Information Center）：中国互联网络信息中心，6.2.1 节

CP（Cyclic Prefix）：循环前缀，7.3.1 节

C/S（Client/Server）：客户机/服务器，1.1.2 节

CSMA/CA（CSMA/ Collision Avoid）：载波监听多路访问/冲突避免，7.4.2 节

CSMA/CD（Carrier Sense Multiple Access/Collision Detection）：带有冲突检测的载波监听多路访问，1.2.2 节

CSNET（Computer Science Network）：计算机科学网（美国的教育科研网），1.1.1 节

CSRC（Contributing Source Identifier）：参与源标识符，9.4.1 节

DAMA-TDMA（Demand Assigned Multiple Access- TDMA）：按需分配多路寻址—时分多址，7.6 节

DAO（Data Access Object）：数据访问对象，6.8 节

DAS（Direct-Attached Storage）：直连式存储，10.1.2 节

DASH（Dynamic Adaptive Streaming over HTTP）：HTTP 的动态适应性流，9.2.3 节

DB/IR（Direct-Beam Infrared）：直接红外线，7.2.1 节

DBMS（DataBase Management System）：关系数据库管理系统，10.1.1 节

DCE（Data Communication Equipment）：数据通信设备，2.4.2 节

DDoS（Distributed Denial of Service）：分布式拒绝服务攻击，10.3.5 节

DEC（Digital Equipment Corporation）：数字设备公司，1.5.1 节

DEMUX（Demultiplexer）：多路分解器，2.3.4 节

DES（Data Encryption Standard）：数据加密标准，8.2.1 节

DevOps（Development 和 Operations 的组合词）：研发运营一体化，10.1.3 节

DF/IR（Diffuse Infrared）：反射式红外线，7.2.1 节

DFT（Discrete Fourier Transform）：离散傅里叶变换，7.3.1 节

DHCP（Dynamic Host Configuration Protocol）：动态主机配置协议，4.4.2 节

DiffServ（Differentiated Service）：区分服务，9.5 节

DNA（Digital Network Architecture）：数字网络体系结构，1.5.1 节
DNS（Domain Name System）：域名系统，1.5.3 节
DoS（Denial of Service）：拒绝服务，8.5.2 节
DR（Designated Router）：指定路由器，4.7.3 节
DS（Directory Service）：目录服务，1.5.2 节
DS-CDMA（Direct Sequence-CDMA）：直接扩频 CDMA 技术，7.7.3 节
DSDV（Destination-Sequenced Distance-Vector）：目的节点序列距离矢量，7.8 节
DSL（Digital Subscriber Line）：数字用户线，1.1.1 节
DSP（Digital Signal Processor）：数字信号处理器，7.3.3 节
DSR（Dynamic Source Routing）：动态源路由，7.8.1 节
DTE（Data Terminal Equipment）：数据终端设备，2.4.2 节
DTS（Digital Time-Stamp）：数字时间戳，8.2.5 节
DVA（Distance Vector Algorithm）：距离向量算法，4.5.1 节
DWDM（Dense Wavelength Division Multiplexing）：密集型光波复用技术，3.6.4 节
EAWP（Edge Accelerated Web Platform）：边缘加速 Web 平台，10.2.4 节
ECC（Edge Computing Consortium）：边缘计算产业联盟，10.2.2 节
ECMP（Equal-Cost Multipath Routing）：等价多路径，10.3.4 节
EIA（Electronic Industries Association）：电子工业协会，1.5.1 节
ESP（Encapsulation Security Payload）：封装安全载荷，8.3.1 节
ETSI（European Telecommunications Standards Institute）：欧洲电信标准化协会，7.5.2 节
FC（Fibre Channel）：光纤通道，10.1.2 节
FCC（Federal Communications Commission）：美国联邦通信委员会，7.4.2 节
FCS（Frame Check Sequence）：帧检验序列，3.4.2 节
FDD（Frequency Division Duplex）：频分双工，7.3.2 节
FDDI（Fiber Distributed Data Interface）：光纤分布式数据接口，1.2.2 节
FDM（Frequency Division Multiplexing）：频分多路复用，2.3.4 节
FDMA（Frequency Division Multiple Access）：频分多址，7.3.1 节
FEC（Forwarding Equivalence Class）：转发等价类，4.8.2 节
FFT（Fast Fourier Transform）：快速傅里叶变换，7.3.1 节
FM（Frequency Modulation）：频率调制，2.1.2 节
FPGA（Field Programmable Gate Array）：可编程逻辑门阵列，8.5.2 节
FPLMTS（Future Public Land Mobile Telecommunication System）：未来公共陆地移动通信系统，7.7.3 节
FSK（Frequency Shifting Keying）：频移键控，2.1.2 节
FTAM（File Transfer，Access and Management）：文件传送、访问与管理，1.5.2 节
FTP（File Transfer Protocol）：文件传输协议，1.5.3 节
FTTH（Fiber To The Home）：光纤到家庭，1.1.1 节
FTTO（Fiber To The Office）：光纤到办公室，1.1.1 节
GE（Gigabit Ethernet）：千兆以太网，10.4.2 节

GPRS（General Packet Radio Server）：通用分组无线业务，7.7.2 节
GPU（Graphics Processing Unit）：图形处理器，10.1.3 节
GSM（Global System for Mobile Communication）：全球移动通信系统，7.7.2 节
GUI（Graphical User Interface）：图形用户界面，1.1.1 节
HDLC（High-level Data Link Control）：高级数据链路控制，1.5.2 节
HIDS（Host-based Intrusion Detection System）：基于主机的入侵检测系统，8.5.1 节
HiperLAN（High Performance Radio LAN）：高性能无线局域网，7.1.2 节
HIPS（Host-based Intrusion Prevention System）：基于主机的入侵防御系统，8.5.2 节
HTTP（Hypertext Transfer Protocol）：超文本传输协议，1.5.3 节
Hybrid IDS（Hybrid Intrusion Detection System）：混合型入侵检测系统，8.5.1 节
IaaS（Infrastructure-as-a-Service）：基础架构即服务，10.1.1 节
IAB（Internet Architecture Board）：因特网体系结构委员会，1.5.3 节
IANA（Internet Assigned Numbers Authority）：因特网赋号管理局，1.5.3 节
IBM（International Business Machines Corporation）：国际商业机器公司，1.1.1 节
ICANN（Internet Corporation for Assigned Names and Numbers）：因特网名称和号码分配公司，1.5.3 节
ICMP（Internet Control Message Protocol）：网际控制报文协议，1.5.3 节
ICN（Information-Centric Networking）：信息中心网络，10.3.5 节
ICP（Internet Cache Protocol）：因特网缓存协议，6.7.1 节
ID（Identity Document）：账号，6.3.7 节
IDEA（International Data Encryption Algorithm）：国际数据加密算法，8.2.1 节
IDS（Intrusion Detection System）：入侵检测系统，8.5.1 节
IEC（International Electrotechnical Commission）：国际电子技术委员会，1.5.1 节
IEEE（Institute of Electrical and Electronic Engineers）：电气与电子工程师协会，1.1.1 节
IETF（Internet Engineering Task Force）：因特网工程部，1.5.3 节
IFFT（Inverse Fast Fourier Transform）：快速傅里叶反变换，7.3.1 节
IGMP（Internet Group Management Protocol）：因特网组管理协议，1.5.3 节
IKE（Internet Key Exchange）：因特网密钥交换，8.3.1 节
IM（Instant Messaging）：即时通信，1.1.1 节
IMAP4（Internet Mail Access Protocol）：因特网邮件存取协议的第 4 个版本，6.1.2 节
IMP（Interface Message Processor）：接口报文处理机，1.1.1 节
IMT-2000（International Mobile Telecom System-2000）："国际移动通信-2000"，7.7.3 节
IntServ（Integrated Service）：集成服务，9.1.3 节
IoS（Internet of Things）：物联网，1.1.1 节
IP（Internet Protocol）：网际协议，1.1.1 节
IPS（Intrusion Prevention System）：入侵防御系统，8.5.2 节
IPSec（IP Security）：IP 安全，8.3.1 节
IrDA（Infrared Data Association）：红外数据组织，7.1.2 节
IRTF（Internet Research Task Force）：因特网研究部，1.5.3 节

iSCSI（Internet Small Computer System Interface）：因特网小型计算机系统接口，10.1.2 节
ISDN（Integrated Services Digital Network）：综合业务数字网，2.4.1 节
ISM（Industrial Scientific and Medical）：工业、科学和医学频段，7.2.1 节
ISO（International Organization for Standardization）：国际标准化组织，1.1.1 节
ISOC（Internet Society）：因特网协会，1.5.3 节
ISP（Internet Service Provider）：因特网服务提供商，3.4.1 节
IT（Internet Technology）：因特网技术，1.1.1 节
ITU（International Telecommunications Union）：国际电信联盟，1.5.1 节
JDBC（Java Database Connectivity）：Java 数据库连接，6.8 节
JPA（Java Persistence API）： Java 持久化 API，6.8 节
JWCS（Janet Web Cache Service）：Janet Web 缓存服务，6.7.1 节
KDC（Key Distribution Center）：密钥分发中心，8.2.1 节
LAN（Local Area Network）：局域网，1.1.1 节
LCP（Link Control Protocol）：链路控制协议，3.4.1 节
LDP（Label Distribution Protocol）：标签分发协议，4.8.2 节
LER（Label Edge Router）：标签边缘路由器，4.8.2 节
LFIB（Label Forwarding Information Base）：标签转发表，4.8.2 节
LLC（Logical Link Control）：逻辑链路控制子层，1.5.2 节
LSR（Label Switching Router）：标签交换路由器，4.8.2 节
MAC（Medium Access Control）：介质访问控制子层，1.5.2 节
MAC（Message Authentication Code）：报文鉴别码，8.3.1 节
MAN（Metropolitan Area Network）：城域网，1.1.1 节
MANET（Mobile Ad Hoc Network）：移动 Ad Hoc 网络，7.8 节
MC-CDMA（Multi Carrier-CDMA）：多载波 CDMA 技术，7.7.3 节
MDC（Modular Data Center）：模块数据中心，10.4.3 节
MEC（Mobile Edge Computing）：移动边缘计算，10.2 节
MHS（Message Handling System）：报文处理系统，1.5.2 节
MILNET（Military Network）：美国的机密军事部门使用的网络，1.1.1 节
MIME （Multipurpose Internet Mail Extensions）：多用途因特网邮件扩展，6.5.2 节
MIMO/SA（Multiple-Input Multiple-Output/ Smart Antenna）：多输入多输出/智能天线，7.3.3 节
MLDP（Multicast Listener Discovery Protocol）：多播侦听者发现协议，4.4.2 节
MMUSIC（Multiparty Multimedia Session Control）：多方多媒体会话控制，9.2.1 节
MPLS（Multi-Protocol Label Switching）：多协议标签交换，4.8 节
MQC（Modular QoS Command）：模块化 QoS 命令行，9.5.4 节
MSC（Mobile Switching Center）：移动交换中心，7.7.2 节
MTA（Mail Transfer Agent）：邮件传输代理程序，6.5.3 节
MTU（Maximum Transmission Unit）：最大传输单元，3.4.1 节
MUA（Mail User Agent）：邮件用户代理，6.5.4 节

MUX（Multiplexer）：多路复用器，2.3.4 节
MVC（Model View Controller）：模型–视图–控制器，6.8 节
MX（Mail Exchanger）：邮件交换，6.5.3 节
NAK（Negative Acknowledgment）：非确认，3.3.2 节
NAS（Network Access Server）：网络接入服务器，10.1.2 节
NAT–PT（Network address translation–Protocol Translation）：网络地址–协议翻译，4.2.3 节
NC（Node Computer）：网络节点，1.1.2 节
NCP（Network Control Protocol）：网络控制协议，3.4.1 节
NDP（Neighbor Discovery Protocol）：邻居发现协议，4.4.2 节
NFV（Network Function Virtualization）：网络功能虚拟化，10.3.2 节
NGN（Next Generation Network）：下一代网络，1.1.1 节
NIC（Network Interface Card）：网卡，1.1.2 节
NIDS（Network Intrusion Detection System）：网络入侵检测系统，8.5.1 节
NII（National Information Infrastructure）：美国国家信息基础设施发展计划，1.1.1 节
NIPS（Network Intrusion Prevention System）：网络入侵防御系统，8.5.2 节
NIST（National Institute for Standards and Technology）：美国国家标准与技术协会，8.2.3 节
NP（Network Processor）：网络处理器，8.5.2 节
NVP（Network Voice Protocol）：网络语音协议，1.5.3 节
NVT（Network Virtual Terminal）：网络虚拟终端，6.6.2 节
OCR（Optical Character Recognition）：光学字符识别，10.1.3 节
OFDM（Orthogonal Frequency Division Multiplexing）：正交频分复用，7.3.1 节
OFDMA（Orthogonal Frequency Division Multiplexing Access）：正交频分多址，7.3.1 节
Omni/IR（Omnidirectional Infrared）：全向型红外线，7.2.1 节
ORM（Object Relational Mapping）：对象关系映射，6.8 节
OSI/RM（Open Systems Interconnection/Reference Model）：开放系统互连参考模型，1.1.1 节
OSPF（Open Shortest Path First）：开放式最短路径优先协议，4.2.1 节
PaaS（Platform–as–a–Service）：平台即服务，10.1.1 节
PAP（Password Authentication Protocol）：密码鉴别协议，3.4.3 节
PCI（Pedpherd Component Interconnect）：周边元件扩展接口网卡，3.5.1 节
PCM（Pulse Code Modulation）：脉冲编码调制，2.1.4 节
PDA（Personal Digital Assistant）：个人数字助理，7.1.2 节
PDU（Protocol Data Unit）：协议数据单元，1.5.2 节
PGP（Pretty Good Privacy）：优良保密协议，8.3.3 节
PHP（Hypertext Preprocessor）：超文本预处理器，6.8 节
PIM（Protocol Independent Multicast）：协议无关多播，4.7.1 节
PIM–DM（Protocol Independent Multicast–Dense Mode）：协议无关多播密集方式，4.7.3 节
PIM–SM（Protocol Independent Multicast–Sparse Mode）：协议无关多播–稀疏方式，4.7.3 节
PM（Phase Modulation）：相位调制，2.1.2 节

POD（Point of Delivery）：分发点，10.4.1 节
POP3（Post Office Protocol）：邮局协议的第 3 个版本，6.1.2 节
POS（Personal Operating Space）：个人操作空间，7.1.2 节
PPP（Point to Point Protocol）：点到点协议，1.5.3 节
PPPoE（Point-to-Point Protocol Over Ethernet）：基于以太网的点对点协议，3.4.1 节
PSK（Phase Shifting Keying）：相移键控，2.1.2 节
P2P（Peer to Peer）：对等网络，1.1.1 节
QAM（Quadrature Amplitude Modulation）：正交调幅，2.1.2 节
QoS（Quality of Service）：服务质量，4.8.2 节
QPSK（Quadrature Phase Shift Keying）：正交相移键控，7.3.1 节
RARP（Reverse Address Resolution Protocol）：逆向地址解析协议，1.5.3 节
RDA（Remote Database Access）：远程数据库访问，1.5.2 节
RF（Radio Frequency）：射频，7.2.1 节
RFC（Requests For Comments）：请求评论，1.5.3 节
RIP（Routing Information Protocol）：路由信息协议，4.5.2 节
ROADM（Reconfigurable Optical Add-Drop Multiplexer）：可重构光分插复用器，3.6.4 节
RPT（Rendezvous Point Tree）：汇集树，4.7.3 节
RSVP（Resource Reservation Protocol）：资源预留协议，9.1.3 节
RTCP（Real-Time Transport Control Protocol）：实时传输控制协议，6.1.2 节
RTO（Retransmission Time-Out）：超时重传时间，5.4.2 节
RTP（Real-time Transport Protocol）：实时传输协议，6.1.2 节
RTS/CTS（Request To Send/Clear To Send）：请求发送/允许发送，7.8.1 节
RTSP（Real-Time Streaming Protocol）：实时流协议，9.1.3 节
RTT（Round-Trip Time）：往返时间，1.4.1 节
SA（Security Association）：安全关联，8.3.1 节
SaaS（Software-as-a-Service）：软件即服务，10.1.1 节
SABRE（Semi-Automated Business Research Environment）：半自动商务研究环境，1.1.1 节
SAGE（Semi-Automatic Ground Environment）：半自动地面防空系统，1.1.1 节
SAP（Service Access Pont）：服务访问点，1.5.1 节
SAR（Specific Absorption Rate）：特定吸收率，7.4.1 节
SAS（Serial Attached SCSI）：串行连接 SCSI 接口，10.1.2 节
SCSI（Small Computer System Interface）：小型计算机系统接口，10.1.2 节
SDMA（Space Division Multiple Access）：空分多址，7.3.1 节
SDN（Software Defined Networking）：软件定义网络，10.3 节
SDP（Session Description Protocol）：会话描述协议，9.1.3 节
SFTP（Shielded Foil Twisted-Pair）：双屏蔽双绞线，2.2.1 节
SIM（Subscriber Identification Module）：用户识别模块，7.7.2 节
SISO（Single-Input Single -Output）：单输入单输出，7.3.3 节

SLIP（Serial Line IP）：串行线路网际协议，1.5.3 节
SMAP（System Management Application Protocol）：系统管理应用协议，7.7.3 节
SMP（Sensor Management Protocol）：传感器管理协议，7.8.2 节
SMTP（Simple Mail Transfer Protocol）：简单邮件传输协议，1.5.3 节
SNA（System Network Architecture）：IBM 公司提出的网络体系结构，1.5.1 节
SNMP（Simple Network Management Protocol）：简单网络管理协议，1.5.2 节
SPA（Shortest Path Algorithm）：最短路径算法，4.5.1 节
SPDU（Session Protocol Data Unit）：会话协议数据单元，1.5.2 节
SPF（Shortest Path First）：最短路径优先算法，4.5.2 节
SPI（Security Parameter Index）：安全参数索引，8.3.1 节
SPT（Shortest Path Tree）：最短路径树，4.7.3 节
SQDDP（Sensor Query and Data Dissemination Protocol）：传感器查询及数据分发协议，7.8.2 节
SQL（Structured Query Language）：结构化查询语言，10.1.1 节
SSL（Secure Socket Layer）：安全套接字层，8.3.2 节
SSRC（Synchronous Source Identifier）：同步源标识符，9.4.1 节
STDM（Synchronous TDM）：同步时分多路复用，2.3.4 节
STP（Shielded Twisted-Pair）：屏蔽双绞线，2.2.1 节
STP（Spanning Tree Protocol）：生成树协议，10.4.1 节
SWAN（Software-driven Wide Area Network）：软件驱动广域网，10.3.4 节
SWAP（Shared Wireless Access Protocol）：共享无线接入协议，7.4.2 节
SYN（Synchronous）：同步字符，2.3.2 节
TADAP（Task Assignment and Data Advertisement Protocol）：任务分配与数据公告协议，7.8.2 节
TCP（Transmission Control Protocol）：传输控制协议，1.1.1 节
TCP/IP（Transmission Control Protocol/Internet Protocol）：传输控制协议/网际协议，1.5.3 节
TCSEC（Trusted Computer Standards Evaluation Criteria）：可信任计算机标准评价准则，8.1.3 节
TDD（Time Division Duplexing）：时分双工，7.3.2 节
TDEA（Triple Data Encryption Algorithm）：三重数据加密算法，8.2.1 节
TDM（Time Division Multiplexing）：时分多路复用，2.3.4 节
TDMA（Time Division Multiple Access）：时分多址，7.3.1 节
TD-SCDMA（Time Division - Synchronous Code Division Multiple Access）：时分-同步码分多址，7.7.3 节
TE（Traffic Engineering）：流量工程，4.8.2 节
TFTP（Trivial File Transfer Protocol）：简单文件传输协议，6.4.3 节
TIA（Electronic Industries Association）：电信工业协会，2.2.1 节
TLS（Transport Layer Security）：传输层安全，8.3.2 节
TORA（Temporally-Ordered Routing Algorithm）：临时按序路由算法，7.8.1 节
TP（Transaction Processing）：事务处理，1.5.2 节
TPDU（Transport Protocol Data Unit）：传输协议数据单元，1.5.2 节
TPU（Tensor Processing Unit）：张量处理单元，10.4.3 节

TRILL（Transparent Interconnection of Lots of Links）：多链接透明互联，10.4.2 节
UA（User Agent）：用户代理程序，6.5.3 节
UAC（User Agent Client）：用户代理客户端，9.4.2 节
UAS（User Agent Server）：用户代理服务器，9.4.2 节
UDP（User Datagram Protocol）：用户数据报协议，1.1.1 节
UI（User Interface）：用户界面，6.8 节
URI（Universal Resource Identifier）：统一资源标识，6.1.3 节
URL（Uniform Resource Location）：统一资源定位器，6.1.3 节
UTP（Unshielded Twisted-Pair）：非屏蔽双绞线，2.2.1 节
UWB（Ultra Wide Band）：超宽带，7.1.2 节
VLAN（Virtual LAN）：虚拟局域网，3.6.5 节
VLSM（Variable Length Subnet Mask）：可变长子网掩码，4.2.1 节
VoIP（Voice-over-IP）：IP 语音，9.1.3 节
VPN（Virtual Private Network）：虚拟专用网，4.8.2 节
VRRP（Virtual Router Redundancy Protocol）：虚拟路由冗余协议，10.4.2 节
VTP（Virtual Terminal Protocol）：虚拟终端协议，1.5.2 节
VxLAN（Virtual extensible LAN）：虚拟扩展局域网，10.4.2 节
WAN（Wide Area Network）：广域网，1.2.1 节
WBAN（Wireless Body Area Network）：无线体域网，7.1.2 节
WCDMA（Wideband Code Division Multiple Address）：宽带码分多址，7.4.2 节
WDM（Wavelength Division Multiplexing）：波分多路复用，2.3.4 节
Wi-Fi（Wireless-Fidelity）：无线高保真，7.2.2 节
WiMax（Worldwide interoperability for Microwave Access）：全球微波接入互操作性，7.6 节
WLAN（Wireless Local Area Network）：无线局域网，7.1.2 节
WMAN（Wireless Metropolitan Area Network）：无线城域网，7.1.2 节
WPAN（Wireless Personal Area Network）：无线个域网，7.1.2 节
WRP（Wireless Routing Protocol）：无线路由协议，7.8.1 节
WSN（Wireless Sensor Network）：无线传感器网络，7.4.2 节
WWAN（Wireless Wide Area Network）：无线广域网，7.1.2 节
WWW（World Wild Web）：万维网，1.1.1 节
W3C（World Wide Web Consortium）：万维网联盟，6.3.2 节
ZRP（Zone Routing Protocol）：区域路由协议，7.8.1 节
1G（First Generation）：第 1 代移动通信技术，7.1.2 节
2G（Second Generation）：第 2 代移动通信技术，7.1.2 节
3G（3rd-Generation）：第 3 代移动通信技术，1.1.1 节
3GPP（3rd Generation Partnership Project）：第 3 代合作伙伴计划，7.7.5 节
4G（4th-Generation）：第 4 代移动通信技术，1.1.1 节
5G（5th-Generation）：第 5 代移动通信技术，1.1.1 节

参 考 文 献

[1] 谢希仁. 计算机网络[M]. 7 版. 北京：电子工业出版社，2017.

[2] 特南鲍姆, 韦瑟罗尔. 计算机网络（第 5 版）[M]. 严伟，潘爱民，译. 北京：清华大学出版社，2012.

[3] KUROSE J F, ROSS K W. Computer Networking: A Top-Down Approach[M]. 7th ed. Hoboken, New Jersey: Pearson, 2017.

[4] 谢钧，谢希仁. 计算机网络教程[M]. 5 版. 北京：人民邮电出版社，2018.

[5] 吴功宜. 计算机网络[M]. 4 版. 北京：清华大学出版社，2017.

[6] 詹仕华. 数据通信原理[M]. 北京：中国电力出版社，2010.

[7] 雷震甲. 网络工程师教程[M]. 5 版. 北京：清华大学出版社，2018.

[8] 谢伊. 数据通信与网络教程[M]. 高传善，等译. 北京：机械工业出版社，2000.

[9] 福罗赞. TCP/IP 协议族（第 4 版）[M]. 谢希仁，译. 北京：清华大学出版社，2001.

[10] 刘瑞挺，张宁林. 计算机新导论[M]. 北京：清华大学出版社，2013.

[11] 中国互联网络信息中心. 第 43 次《中国互联网络发展状况统计报告》[R]. 中国互联网络信息中心, 2019.

[12] 杨传栋，张焕远. Windows 网络编程基础教程[M]. 北京：清华大学出版社，2015.

[13] 霍尔，布朗. Servlet 与 JSP 核心编程：第 1 卷（第 2 版）[M]. 赵学良，译. 北京：清华大学出版社，2004.

[14] 霍尔，布朗. Servlet 与 JSP 核心编程：第 2 卷（第 2 版）[M]. 胡书敏，等译. 北京：清华大学出版社，2004.

[15] 潘海兰，王安保. 基于 Java EE 的电子商务网站建设[M]. 西安: 西安电子科技大学出版社，2010.

[16] 高峰. HCNA-WLAN 学习指南[M]. 北京：人民邮电出版社，2019.

[17] 金光，江先亮. 无线网络技术教程[M]. 3 版. 北京：清华大学出版社，2018.

[18] 格里布奇. 高级无线通信：4G 认知与协作宽带技术（第 2 版）[M]. 郑宝玉，等译. 北京：电子工业出版社，2012.

[19] 晏峰. 网络攻击与漏洞利用安全攻防策略[M]. 北京：清华大学出版社，2017.

[20] 张玉清. 网络攻击与防御技术[M]. 北京：清华大学出版社，2011.

[21] 马春光，郭方方. 防火墙、入侵检测与 VPN[M]. 北京：北京邮电大学出版社，2008.

[22] 徐标. 多媒体网络技术的发展及应用[J]. 中国数据通信网络, 2000（7）：23-27.

[23] 郭栋. 基于 VoIP 及软交换技术的呼叫中心设计与改进[D]: 北京：中国科学院大学, 2015.

[24] 万川梅. 云计算与云应用[M]. 北京：电子工业出版社，2014.

[25] 中国信息通讯研究院. 云计算发展白皮书 2019 [R]. 中国信息通讯研究院，2019.

[26] 张晨. 云数据中心网络与 SDN：技术架构与实现[M]. 北京：机械工业出版社，2018.

[27] 闫长江，吴东君，熊怡. SDN 原理解析：转控分离的 SDN 架构[M]. 北京：人民邮电出版社，2016.

[28] 王蒙蒙，刘建伟，陈杰，等. 软件定义网络：安全模型、机制及研究进展[J]. 软件学报，2016，27（4）：969-992.

[29] 张朝昆，崔勇，唐翯祎，等. 软件定义网络（SDN）研究进展[J]. 软件学报，2015，26（1）：62-81.

[30] 赵梓铭，刘芳，蔡志平，等. 边缘计算：平台、应用与挑战[J]. 计算机研究与发展，2018，55（2）：327-337.

[31] 施巍松，孙辉，曹杰，等. 边缘计算:万物互联时代新型计算模型[J]. 计算机研究与发展，2017，54（5）：907-924.